IONIQ 정비지침서 I 권

목차

1. 일반사항
2. 차량제어 시스템
3. 배터리 제어 시스템
4. 모터 및 감속기 시스템
5. 냉각 시스템

아이오닉 정비지침서(II 권)

1. 히터 및 에어컨 장치
2. 첨단 운전자 보조 시스템(ADAS)
3. 에어백 시스템

아이오닉 정비지침서(III권)

1. 스티어링 시스템
2. 브레이크 시스템
3. 드라이브 샤프트 및 액슬
4. 서스펜션 시스템

일반사항

- 안전 및 주의사항 ·· 1
- 고전압 차단 절차 ·· 11
- 중요 안전 사항 ··· 17
- 식별번호 ··· 18
- 경고 / 주의 라벨 ·· 21
- 리프트 포인트 ··· 23
- 견인 ··· 27
- 일반 조임토크 ··· 29
- 기본 정리심볼 ··· 32
- 일반 주의사항 ··· 34

고전압 시스템 작업 시 주의사항

> ⚠ **위 험**
> - 전기 자동차는 고전압 배터리를 포함하여 있어서 시스템이나 차량을 잘못 건드릴 경우 심각한 누전이나 감전 등의 사고로 이어질 수 있다. 그러므로 고전압 시스템 작업 전에는 반드시 아래 사항을 준수하도록 한다.

> ⚠ **경 고**
> - 보호 장비를 착용한 작업 담당자 이외에는 고전압 부품과 관련된 부분을 절대 만지지 못하도록 한다. 이를 방지하기 위해 작업과 연관되지 않는 고전압 시스템은 절연 덮개로 덮어놓는다.
> - 고전압 시스템 관련 작업 시, 절연 공구를 사용한다.
> - 탈거한 고전압 부품은 누전을 예방하기 위해 절연 매트에 정리하여 보관하도록 한다.
> - 고전압 단자 간 전압이 0V 이하임을 확인한다.
> - 고전압 시스템 작업 시 체결 토크를 준수한다.
> - 고전압 케이블을 분리 할 경우, 분리 직후 절연 테이프 등을 사용하여 절연 조치한다.
> - 고전압 케이블 및 버스 바 또는 고전압 배터리 관련 부품 분해 작업 시 (+), (-) 단자 간 접촉이 발생하지 않도록 한다.

> ℹ **참 고**
> - 모든 고전압 시스템 와이어링과 커넥터는 오렌지 색으로 구분되어 있다.
> - 고전압 시스템 부품에는 "고전압 경고" 라벨이 부착되어 있다.
> - 고전압 시스템 부품 : 배터리 시스템 어셈블리(BSA), 모터 어셈블리, 인버터 어셈블리, 고전압 정션 블록, 파워 케이블 등

1. 고전압 시스템 작업 시 아래와 같이 "고전압 위험 차량" 표시를 하여 타인에게 고전압 위험을 주지시킨다.

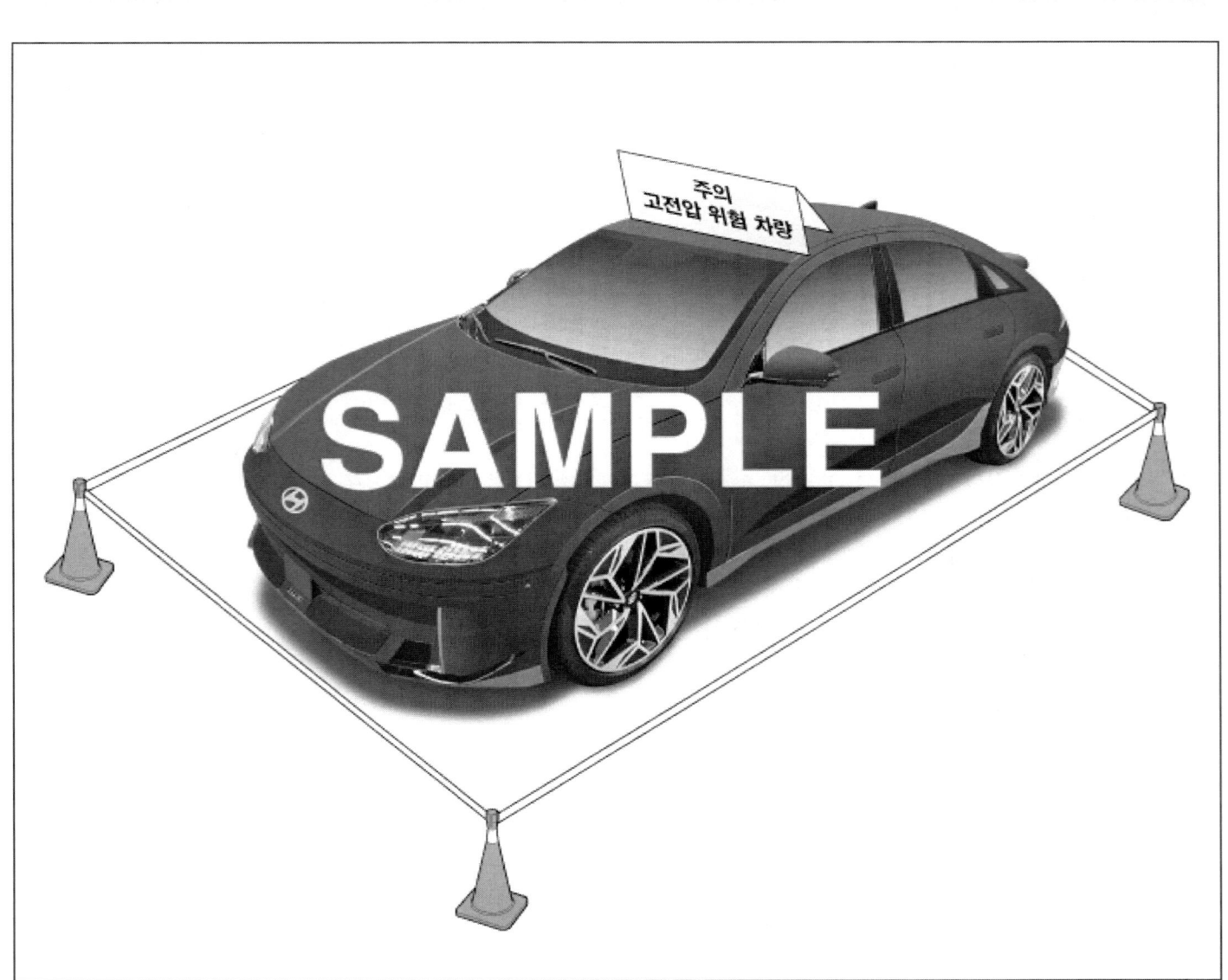

이 페이지를 복사해서 고전압 작업 중인 차량의 지붕 위에 접어서 올려 놓을 것.

담당자 : _____

차량 작업 중이니 만지지 마시오.

고전압 주의 :

경고

경고

고전압 주의 :
차량 작업 중이니 만지지 마시오.

담당자 : _____

이 페이지를 복사해서 고전압 작업 중인 차량의 지붕 위에 접어서 올려 놓을 것.

2. 금속성 물질(시계, 반지, 기타 금속성 제품 등)은 고전압 단락을 유발하여 심각한 신체 상해를 입을 수 있고, 차량이 손상될 수 있으므로 작업 전에 반드시 몸에서 제거한다.
3. 고전압 시스템 관련 작업 전에는 안전 사고 예방을 위해 개인 보호 장비를 착용하도록 한다.
   (배터리 제어 시스템 – "개인 보호 장비(PPE)" 참조)
4. 고전압 시스템을 점검하거나 정비하기 전에는 반드시 고전압 차단 절차를 수행해야 한다.
   (배터리 제어 시스템 – "고전압 차단 절차" 참조)

개인 보호 장비(PPE)

명칭	형상	용도
절연 장갑		고전압 부품 점검 및 관련 작업 시 착용 [절연 성능 : 1000V / 300A 이상]
절연화		
절연복		고전압 부품 점검 및 관련 작업 시 착용
절연 안전모		
보호 안경		아래의 경우에 착용 • 스파크가 발생할 수 있는 고전압 배터리 단자나 와이어링을 탈장착 또는 점검 • 고전압 배터리 시스템 어셈블리(BSA) 작업

안면 보호대		
절연 매트		탈거한 고전압 부품에 의한 감전 사고 예방을 위해 절연 매트 위에 정리하여 보관
절연 덮개		보호 장비 미착용자의 안전 사고 예방을 위해 고전압 부품을 절연 덮개로 차단
경고 테이프		작업 중 사고 발생할 수 있으므로 사람들의 접근을 막기위해 차량 주변에 설치

개인 보호 장비(PPE) 점검

- 절연화, 절연복, 절연 안전모, 안전 보호대등도 찢어졌거나 파손되었는지 확인한다.
- 절연 장갑 찢어졌거나 파손되었는지 확인한다.
- 절연 장갑의 물기를 완전히 제거하여 착용한다.

> **ⓘ 참 고**

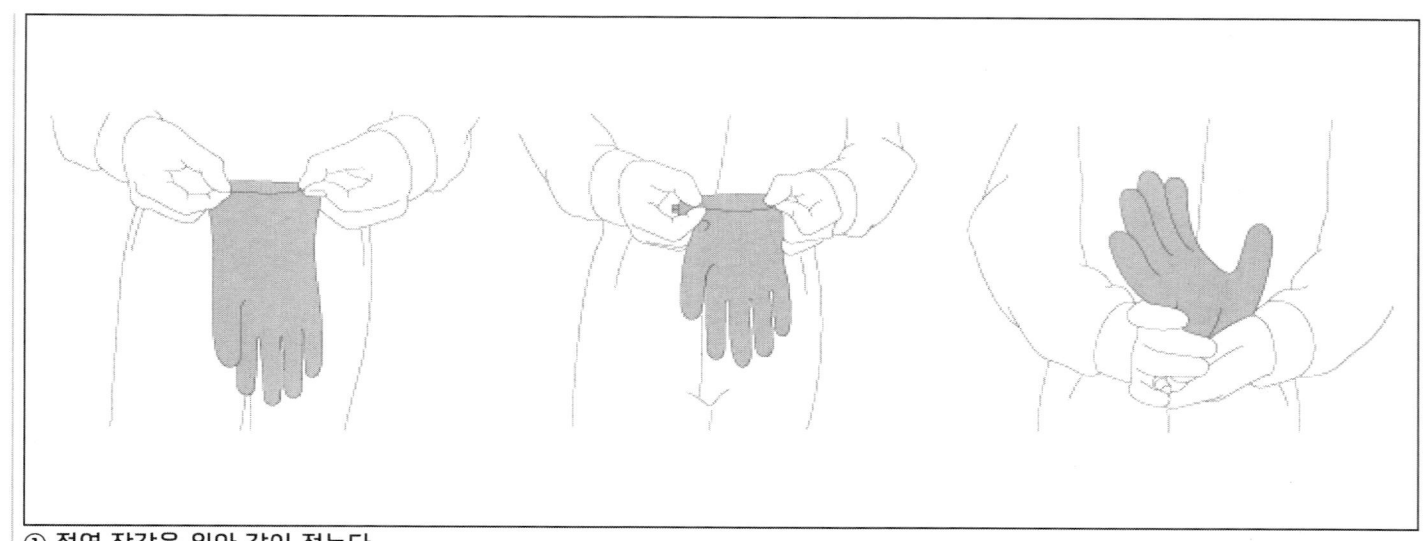

① 절연 장갑을 위와 같이 접는다.
② 공기 배출을 방지하기 위해 3~4번 더 접는다.
③ 찢어지거나 손상된 곳이 있는지 확인한다.

사고 차량 작업 및 취급 주의사항

사고 차량 작업 시 준비사항
- 개인 보호 장비(PPE)
  (배터리 제어 시스템 - "개인 보호 장비(PPE)" 참조)
- 붕소액(Boric Acid Powder or Solution)
- 이산화탄소 소화기 또는 그외 별도의 소화기
- 전해질용 수건
- 비닐 테이프(터미널 절연용)
- 메가옴 테스터(고전압 절연저항 확인용)

사고 차량 취급 시 주의사항
- 개인 보호 장비(PPE)를 착용한다.
- 절연 피복이 벗겨진 파워 케이블은 절대 접촉하지 않는다.
- 차량이 침수된 경우, 고전압 관련 부품에 절대 접근하지 않는다. 불가피한 경우, 차량을 안전한 곳으로 완전히 이동시킨 후 조치한다.
- 가스는 수소 및 알칼리성 증기이므로, 실내일 경우는 즉시 환기를 실시하여 안전한 장소로 대피한다.
- 누출된 액체가 피부에 접촉 시, 즉각 붕소액으로 중화시키고, 흐르는 물 또는 소금물로 환부를 세척한다.
- 고전압 차단이 필요할 경우, "고전압 차단 절차"를 수행한다.
  (배터리 제어 시스템 - "고전압 차단 절차" 참조)

화재시 주의사항
소규모 화재가 발생한 경우 전기 화재용 소화기(ABC 및 BC 소화기)를 사용해 진화한다.
- 초기에 신속하게 화재를 진압하지 못한 경우 안전한 장소로 대피하고 다른 사람들이 차량에 접근하지 않도록 조치한다.
- 소방서에 연락해 전기 차량 화재가 발생했음을 알리고 소방서의 지시를 따른다.

> ⚠ **주 의**
> - 차량의 진화가 어렵다고 판단되는 경우 신속하게 안전한 장소로 대피해 구조 인력이 도착할 때까지 대기한다.
> - 차량 하부의 구동용 배터리에 화재가 발생한 경우, 화재를 완전히 진압하려면 대량의 물을 긴 시간 동안 지속적으로 공급해야 한다. 충분한 양의 물이나 진화에 적합한 소화기를 사용하지 않으면 진화가 어려우며, 섣불리 차량에 접근하는 경우 감전 등 사고로 인한 인명피해가 발생할 수 있다.

사고 유형 별 조치 사항
1. 외관 점검 후 일반 고장수리 또는 사고차량 수리 해당 여부를 판단한다.
2. 일반적인 고장수리 시 DTC 코드 별 수리절차를 준수하여 고장수리를 진행한다.
3. 사고로 인한 차량수리 시 아래와 같이 사고유형을 판단하여 차량수리를 진행한다.
   (1) 전기적 사고
      - 과충전/과방전 : 배터리 과전압(P0DE7)/저전압(P0DE6) 코드 표출 (DTC 진단가이드 참조)
      - 단락 : 고전압 퓨즈 단선관련 진단(P1B77, P1B25) 코드 표출 (DTC 진단가이드 참조)
   (2) 화재 사고

구분	점검 절차	점검 결과	조치사항
고전압 배터리 탑재부위 외 화재	1. 외관 점검 (변형, 부식, 와이어링 피복 상태, 냄새, 커넥터)	고전압 배터리 손상	고전압 배터리 탈거 후 절연 처리 및 포장
	2. 고전압 차단 후, 고전압 배터리 절연 저항 측정 (고전압 배터리 시스템 - "절연 저항 점검" 참조)	고전압 배터리 절연 파괴	
	3. 고전압 배터리 메인 퓨즈 단선 유무 점검	메인 퓨즈 단선	메인 퓨즈 교환

	점검 절차	점검 결과	조치사항
	(고전압 배터리 컨트롤 시스템 - "메인 퓨즈" 참조)		
	4. 고전압 배터리 메인 릴레이 융착 유무 점검	메인 릴레이 융착	파워 릴레이 어셈블리 (PRA) 교환
	(고전압 배터리 컨트롤 시스템 - "파워 릴레이 어셈블리 (PRA)" 참조)		
	5. 기타 부품 고장 확인	기타 부품 고장	기타 부품 교환
	6. 배터리 매니지먼트 유닛(BMU)의 DTC 코드 확인	DTC 발생	DTC 진단 가이드 수리 절차 수행
고전압 배터리 탑재부위 화재	1. 외관 점검 (변형, 부식, 와이어링 피복 상태, 냄새, 커넥터)	고전압 배터리 손상	고전압 배터리 탈거 후 절연 처리 및 포장
	2. 고전압 배터리 외관 손상 유무 점검	고전압 배터리 외관 손상(열흔, 그을음 등)	고전압 배터리 탈거 후 배터리 폐기 절차 수행
	3. 고전압 차단 후, 고전압 배터리 절연 저항 측정 (고전압 배터리 시스템 - "절연 저항 점검" 참조)	고전압 배터리 절연 파괴	고전압 배터리 탈거 후 절연 처리 및 포장
	4. 고전압 배터리 메인 퓨즈 단선 유무 점검 (고전압 배터리 컨트롤 시스템 - "메인 퓨즈" 참조)	메인 퓨즈 단선	메인 퓨즈 교환
	5. 고전압 배터리 메인 릴레이 융착 유무 점검 (고전압 배터리 컨트롤 시스템 - "파워 릴레이 어셈블리 (PRA)" 참조)	메인 릴레이 융착	파워 릴레이 어셈블리 (PRA) 교환
	6. 기타 부품 고장 확인	기타 부품 고장	기타 부품 교환
	7. 배터리 매니지먼트 유닛(BMU)의 DTC 코드 확인	DTC 발생	DTC 진단 가이드 수리 절차 수행

(3) 충돌 사고

> **참고**
> - 차량 손상으로 고전압 배터리 탑재 부위로 접근 불가 시 고전압 시스템이 손상되지 않도록 차량 외부를 변형 및 절단하여 점검 및 수리 절차를 수행한다.
> - DTC 미발생 및 배터리 외관이 정상이면 고전압 배터리를 교체하지 않는다(단, 차량 폐차 수준으로 파손 시, 필요에 따라 고전압 배터리 폐기 절차를 수행한다).

점검 절차	점검 결과	조치사항
1. 외관 점검 (변형, 부식, 와이어링 피복 상태, 냄새, 커넥터)	고전압 배터리 손상	고전압 배터리 탈거 후 절연 처리 및 포장
2. 고전압 차단 후, 고전압 배터리 절연 저항 측정 (고전압 배터리 시스템 - "절연 저항 점검" 참조)	고전압 배터리 절연 파괴	
3. 고전압 배터리 메인 퓨즈 단선 유무 점검 (고전압 배터리 컨트롤 시스템 - "메인 퓨즈" 참조)	메인 퓨즈 단선	메인 퓨즈 교환
4. 고전압 배터리 메인 릴레이 융착 유무 점검 (고전압 배터리 컨트롤 시스템 - "파워 릴레이 어셈블리 (PRA)" 참조)	메인 릴레이 융착	파워 릴레이 어셈블리(PRA) 교환
5. 기타 부품 고장 확인	기타 부품 고장	기타 부품 교환
6. 배터리 매니지먼트 유닛(BMU)의 DTC 코드 확인	DTC 발생	DTC 진단 가이드 수리 절차 수행

(4) 침수 사고

> **참고**
> - 차량이 절반 이상 침수 상태인 경우, 서비스 인터록 커넥터 등 고전압 관련 부품에 절대 접근하지 않는다. 불가피

한 경우라도 차량을 안전한 곳으로 완전히 이동시킨 후 조치한다.

구분	점검 절차	점검 결과	조치사항
고전압 배터리 탑재부위 외 침수	1. 외관 점검 (변형, 부식, 와이어링 피복 상태, 냄새, 커넥터)	고전압 배터리 손상	고전압 배터리 탈거 후 절연 처리 및 포장
	2. 고전압 차단 후, 고전압 배터리 절연 저항 측정 (고전압 배터리 시스템 - "절연 저항 점검" 참조)	고전압 배터리 절연 파괴	
	3. 고전압 배터리 메인 퓨즈 단선 유무 점검 (고전압 배터리 컨트롤 시스템 - "메인 퓨즈" 참조)	메인 퓨즈 단선	메인 퓨즈 교환
	4. 고전압 배터리 메인 릴레이 융착 유무 점검 (고전압 배터리 컨트롤 시스템 - "파워 릴레이 어셈블리 (PRA)" 참조)	메인 릴레이 융착	파워 릴레이 어셈블리 (PRA) 교환
	5. 기타 부품 고장 확인	기타 부품 고장	기타 부품 교환
	6. 배터리 매니지먼트 유닛(BMU)의 DTC 코드 확인	DTC 발생	DTC 진단 가이드 수리 절차 수행
고전압 배터리 탑재부위 침수	1. 외관 점검 (변형, 부식, 와이어링 피복 상태, 냄새, 커넥터)	점검결과와 무관하게 조치사항 수행	고전압 배터리 탈거 후 절연처리/절연포장
	2. 고전압 배터리 외관 손상 유무 점검		
	3. 고전압 차단 후, 고전압 배터리 절연 저항 측정 (고전압 배터리 시스템 - "절연 저항 점검" 참조)		
	4. 고전압 배터리 메인 퓨즈 단선 유무 점검 (고전압 배터리 컨트롤 시스템 - "메인 퓨즈" 참조)		
	5. 고전압 배터리 메인 릴레이 융착 유무 점검 (고전압 배터리 컨트롤 시스템 - "파워 릴레이 어셈블리 (PRA)" 참조)		
	6. 기타 부품 고장 확인		
	7. 배터리 매니지먼트 유닛(BMU)의 DTC 코드 확인		

차량 장기 방치 및 냉매 주의사항

차량 장기 방치 시 주의사항

- 시동 스위치를 OFF 한 후, 의도치 않은 시동 방지를 위해 스마트 키를 차량으로부터 2m이상 떨어진 위치에 보관하도록 한다. (암전류 등으로 인한 고전압 배터리 심방전 방지)
- 고전압 배터리 SOC(State Of Charge, 배터리 충전률)가 30% 이하일 경우, 장기 방치를 금한다.
- 차량을 장기 방치할 경우, 고전압 배터리 SOC의 상태가 0으로 되는 것을 방지하기 위해 3개월에 한 번 보통 충전으로 만충전하여 보관한다.
- 보조 배터리 방전 여부 점검 및 교체 시, 고전압 배터리 SOC 초기화에 따른 문제점을 점검한다.

전기 자동차 냉매 회수/충전 시 주의사항

- 고전압을 사용하는 전기 자동차의 전동식 컴프레서는 절연성능이 높은 POE 오일을 사용한다.
- 냉매 회수/충전 시 일반 차량의 PAG 오일이 혼입되지 않도록 전기 자동차 정비를 위한 별도 전용 장비(냉매 회수/충전기)를 사용한다.

> ⚠ **경 고**
>
> - 반드시 전동식 컴프레서 전용의 냉매 회수/충전기를 사용하여 지정된 냉매(R-134a)와 냉동유(POE)를 주입한다. 일반 차량의 냉동유(PAG)가 혼입될 경우 컴프레서 손상 및 안전사고가 발생할 수 있다.

2023 > 엔진 > 160kW > 일반사항 > 고전압 차단 절차

고전압 차단 절차

> **⚠ 경 고**
> - 고전압 시스템 관련 작업 시, 반드시 "안전 및 주의사항" 내용을 숙지하여 준수해야 한다. 미준수 시, 감전 또는 누전 등으로 인한 심각한 사고를 초래할 수 있다.
> - 고전압 시스템 관련 작업 시, "고전압 차단절차"에 따라 반드시 고전압을 먼저 차단해야 한다. 미준수 시, 감전 또는 누전 등으로 인한 심각한 사고를 초래할 수있다.

> **ⓘ 참 고**
> - 고전압 시스템 부품 : 배터리 시스템 어셈블리(BSA), 모터 어셈블리, 인버터 어셈블리, 고전압 정선 블록, 파워 케이블 등

1. 진단 기기를 자기 진단 커넥터(DLC)에 연결한다.
2. IG 스위치를 ON 한다.
3. 진단 기기 서비스 데이터의 BMS 융착 상태를 확인한다.

   규정값 : Relay Welding not detection

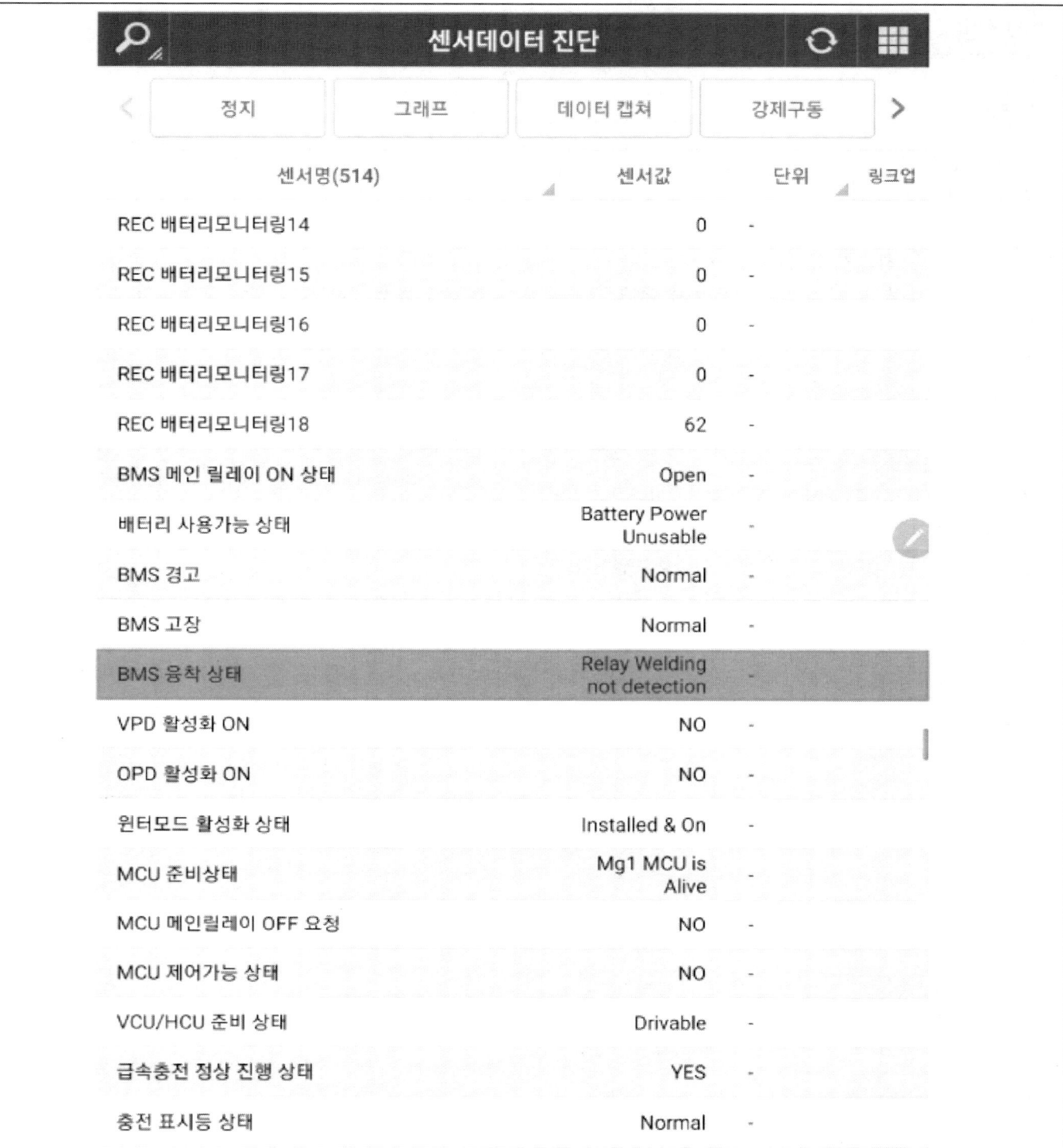

4. IG 스위치를 OFF 한다.

5. 12V 배터리 (-) 터미널을 분리한다.
   (차량 제어 시스템 - "보조 배터리 (12V)" 참조)

6. 서비스 인터록 커넥터(A)를 화살표 방향으로 분리한다.

   ⚠️ 경 고

   - 고전압 시스템의 캐패시터가 완전히 방전될 수 있도록 3분 이상 기다린다.

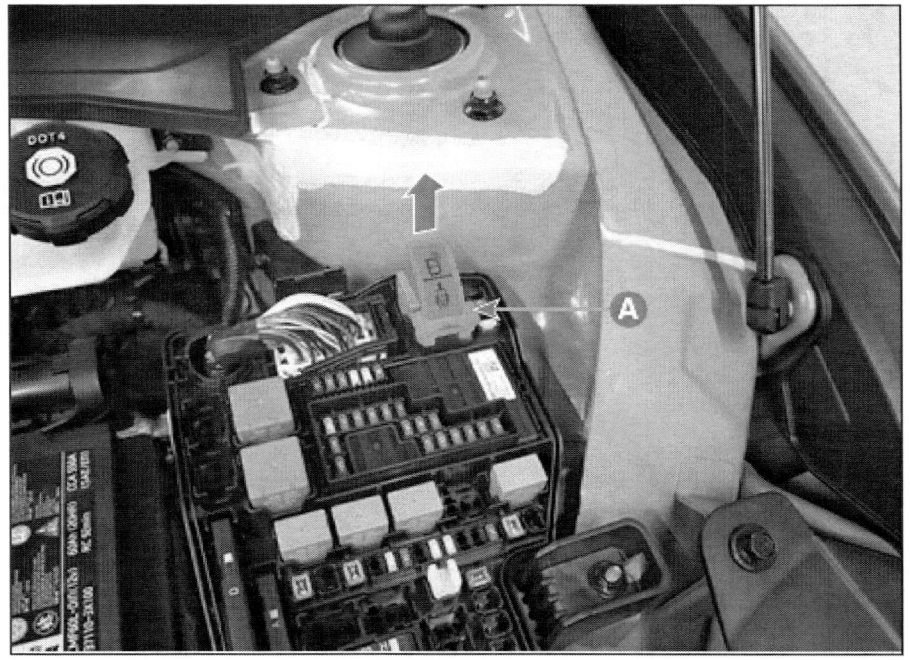

7. 인버터 단자 사이의 전압을 측정하여 인버터 캐패시터가 방전되었는지 확인한다.

    (1) 리프트를 사용하여, 차량을 들어올린다.

    (2) 프런트 언더커버를 탈거한다. [AWD]
        (모터 및 감속기 시스템 - "프런트 언더 커버" 참조)

    (3) 리어 언더커버를 탈거한다.
        (모터 및 감속기 시스템 - "리어 언더 커버" 참조)

    (4) 고전압 커넥터 커버(A)를 탈거한다. [AWD]

    체결 토크 : 0.8 ~ 1.2 kgf.m

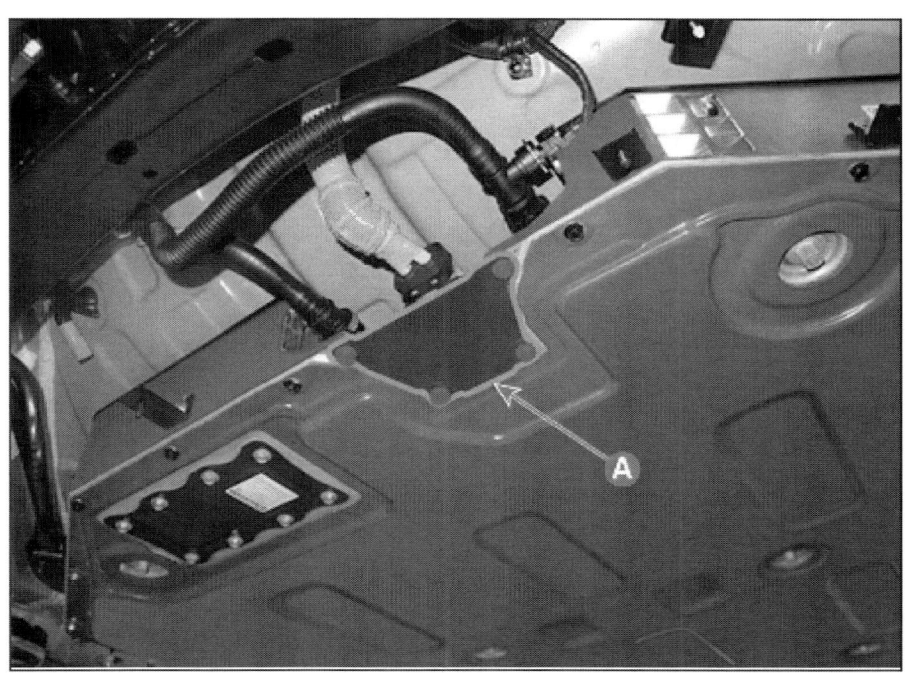

    (5) 고전압 배터리 프런트 커넥터(A)를 분리한다. [AWD]

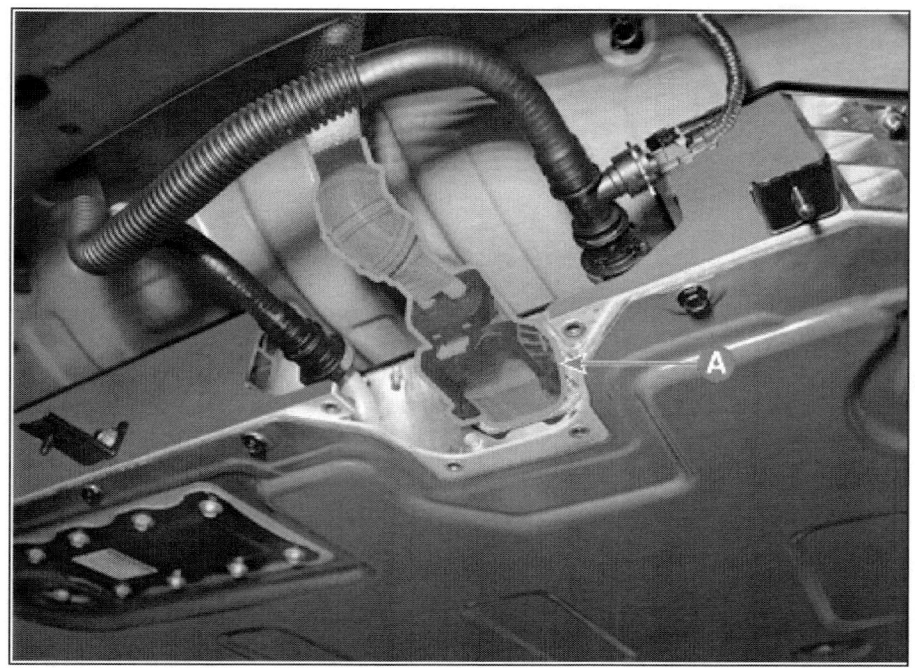

(6) 고전압 배터리 리어 커넥터(A)를 분리한다.

(7) 프런트 인버터 단자 사이의 전압을 측정한다. [AWD]

정상 : 30V 이하

(8) 리어 인버터 단자 사이의 전압을 측정한다.

정상 : 30V 이하

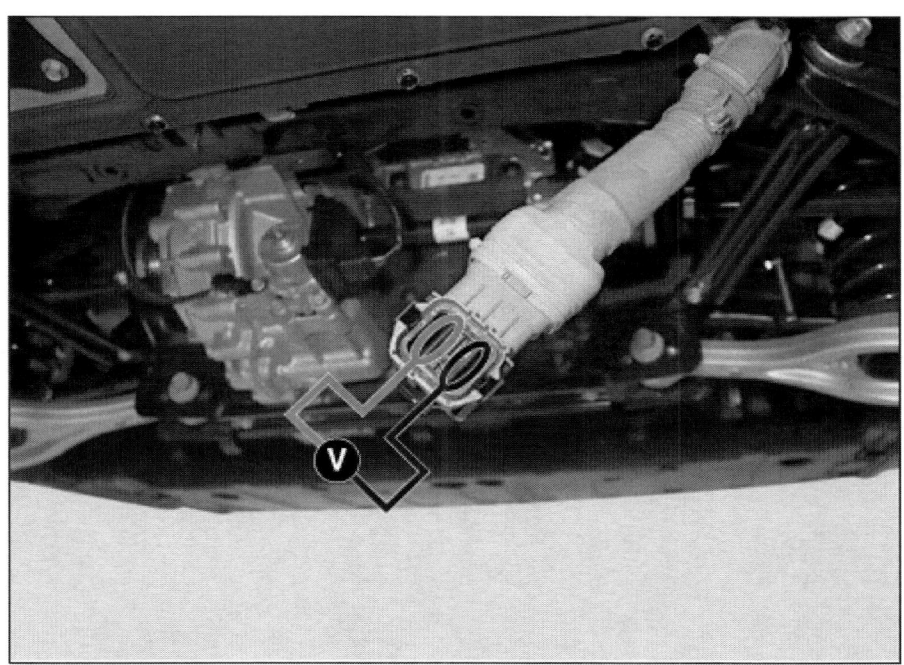

8. 배터리 시스템 어셈블리의 리어 고전압 커넥터 단자 간 전압을 측정하여 파워 릴레이 어셈블리의 융착 유무를 점검한다.

정상 : 0V

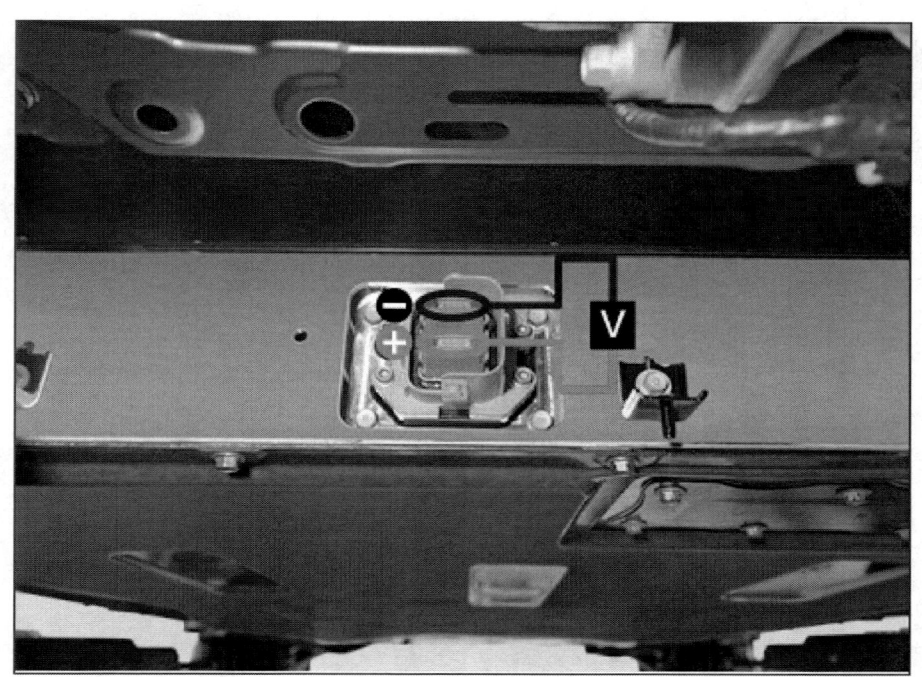

> ⚠ **경 고**
>
> - 전압이 비정상으로 측정 된 경우, 고전압 차단이 정상적으로 되지 않았을 수 있으므로 메인 퓨즈를 탈거한다.
>   (고전압 배터리 컨트롤 시스템 - "메인 퓨즈" 참조)

중요 안전 사항

적절한 정비 방법과 정확한 정비 과정이 작업자의 인적안전 뿐만 아니라 모든 차량의 정상적인 작동을 위해 필수적이다.
이 정비 매뉴얼은 효율적인 정비 방법과 과정을 위한 일반적인 지시사항을 제공한다.
작업자의 기술 뿐만 아니라, 차량 정비를 위한 방법, 기술, 도구, 부품이 다양하다.
이 매뉴얼은 이러한 다양한 사항에 대해 모두 예측하거나 각각에 대한 주의, 경고 등을 할 수 없다.
따라서 이 매뉴얼에서 제공되는 지시사항을 준수하지 않는 사람들이 선택한 방법, 도구, 부품이 인적 재해나 차량에 이상을 야기시키지 않도록 유의한다.

> **⚠ 위 험**
> - 정비시 부주의로 인하여 필연적으로 발생하는 사망 또는 심각한 신체 상해를 미연에 방지하기 위하여 제공되는 정보이다.

> **⚠ 경 고**
> - 정비시 부주의로 인하여 발생 가능한 사망 또는 심각한 신체 상해를 미연에 방지하기 위하여 제공되는 정보이다.

> **⚠ 주 의**
> - 정비시 부주의로 인하여 발생 가능한 경미한 신체 상해를 미연에 방지하기 위하여 제공되는 정보이다.

> **유 의**
> - 정비시 부주의로 인하여 발생 가능한 차량 손상을 미연에 방지하기 위하여 제공되는 정보이다.

> **ⓘ 참 고**
> - 특정 정비절차를 원활히 수행할 수 있도록 제공되는 부가적인 정보이다.

다음 항목은 차량 작업 시 따라야 하는 몇몇의 일반적인 경고를 포함한다.
- 눈을 보호하기 위해 항상 보호 안경을 착용한다.
- 차체 아래에서 작업할 경우 반드시 안전 스탠드를 사용한다.
- 절차과정에서 요구하지 않는 한 점화 스위치를 항상 OFF 위치에 둔다.
- 차량 작업 시 주차 브레이크를 작동시킨다. 만약 자동변속기 장착 차량일 경우, 특정한 작동사항이 지시되지 않는한 주차(P) 위치에 둔다.
- 차량의 급작스런 움직임에 대비하여 타이어의 앞, 뒤 쪽에 받침대를 사용한다.
- 탄화, 일산화탄소의 위험을 피하기 위해 엔진은 통풍이 잘 되는 곳에서만 작동시킨다.
- 엔진이 작동 할 때, 작동 부품에서 작업자와 작업자의 옷을 멀리한다. 특히 드라이브 벨트의 경우 주의한다.
- 심한 화상을 방지하기 위해 라디에이터, 배기 매니폴드, 테일 파이프, 촉매 컨버터, 머플러와 같은 뜨거운 금속 부품에 접촉하지 않는다.
- 차량 작업 시 금연한다.
- 작업 전 항상 반지, 시계, 보석류를 제거하고, 작업에 방해되는 옷차림을 피한다.
- 후드 아래에서 작업 시, 손 또는 다른 물체를 라디에이터 팬 블레이드에 닿게하지 않는다.
쿨링 팬 장착 차량일 경우, 점화 스위치가 OFF 위치에 있더라도 팬이 작동될 수 있으므로 엔진 룸 밑에서 작업 할 시에는 반드시 라디에이터 전기 모터를 분리한다.

식별 번호

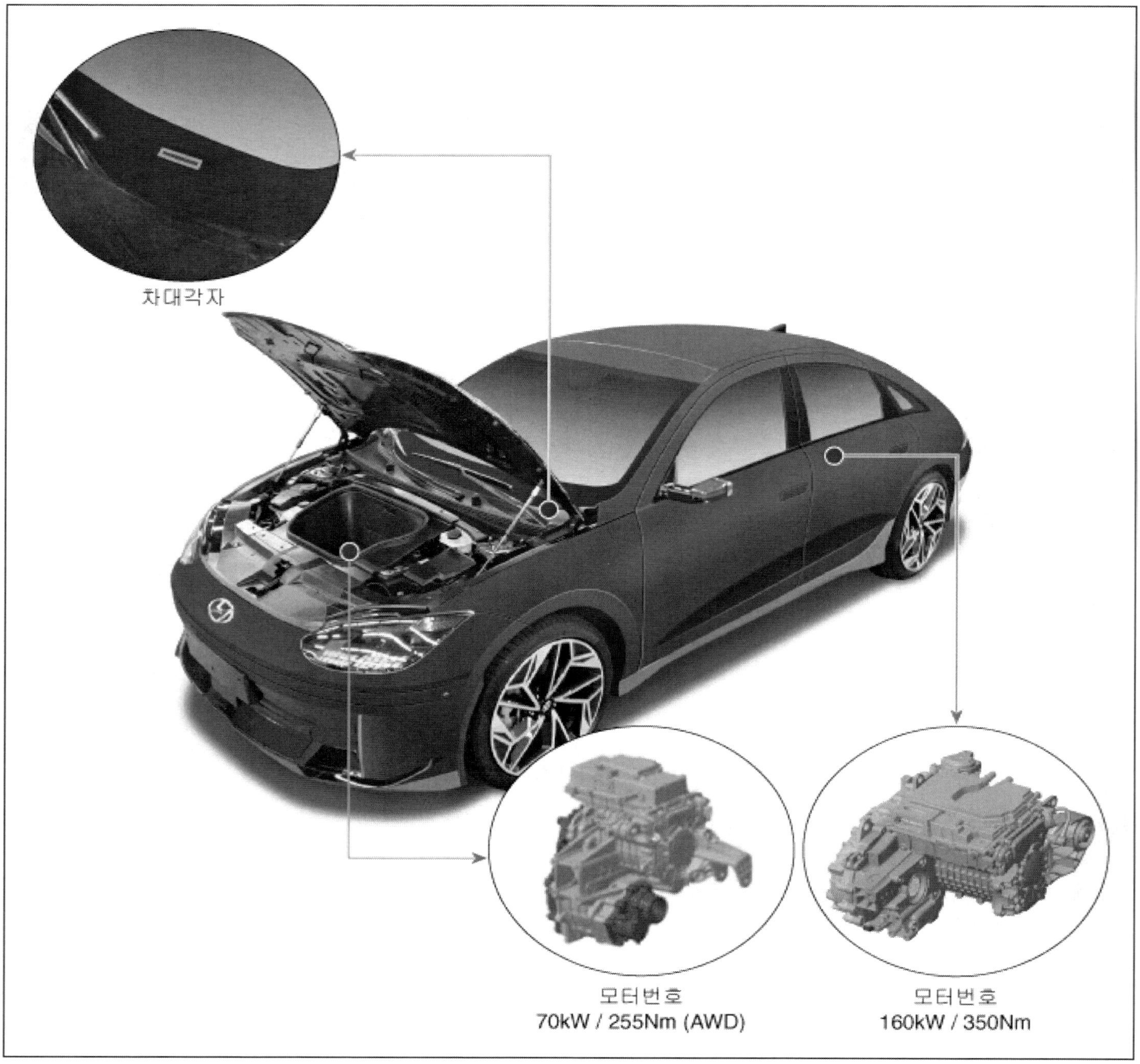

차대각자
모터번호
70kW / 255Nm (AWD)
모터번호
160kW / 350Nm

차대번호

KMH M E 8 1 A B M U 000001
1 2 3 4 5 6 7 8 9 10

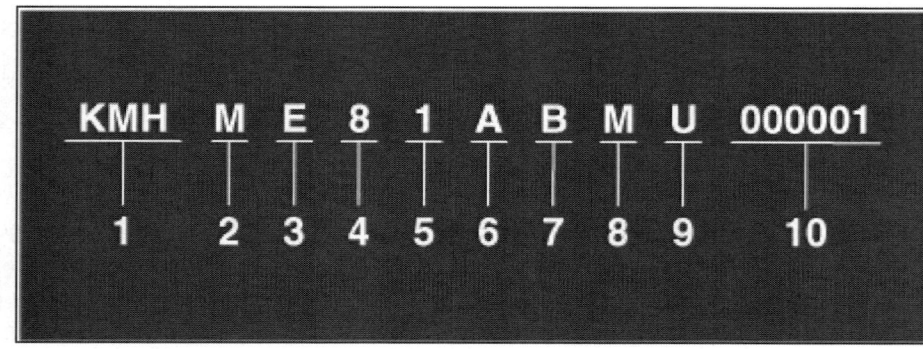

1. 국제지정제작사 (World Manufacturer Identifier: WMI)
   - KMH : 승용

2. 차종 (Vehicle Line)
   - M : CE1

3. 세부차종 및 등급 (Model & Series)
   - 1 : Low 급 (L)
   - 2 : Middle-Low 급 (GL)
   - 3 : Middle 급 (GLS, JSL, TAX)
   - 4 : Middle-High 급 (HGS)
   - 5 : High 급 (TOP)

4. 차체/캡 형상 (Body/Cabin Type)
   - 4 : 4도어

5. 안전장치 (Restraint system) 또는 브레이크 (Brake system)
   - 1 : 운전석/동승석 - 액티브(Active) 시트벨트

6. 동력 장치 (Motor Type)
   - A : 653V, 111.2Ah, + RR 160kW
   - B : 479V, 111.2Ah, + RR 160kW
   - C : 653V, 111.2Ah, + FR 70kW + RR 160kW
   - D : 479V, 111.2Ah, + FR 70kW + RR 160kW

7. 운전석 방향 및 변속기 (Driver's side & Transmission)
   - F : LHD & 감속기
   - P : LHD & 감속기 + AWD
   - R : RHD & 감속기 + AWD
   - U : RHD & 감속기

8. 모델 연도 (Model Year)
   - P : 2023, R : 2024, S : 2025, T : 2026 ...

9. 생산공장 (Plant of Manufacture)
   - A : 아산 (한국)
   - C : 전주 (한국)
   - U : 울산 (한국)

10. 생산일련번호 (Serial Number)
    - 000001 ~ 999999

모터 번호

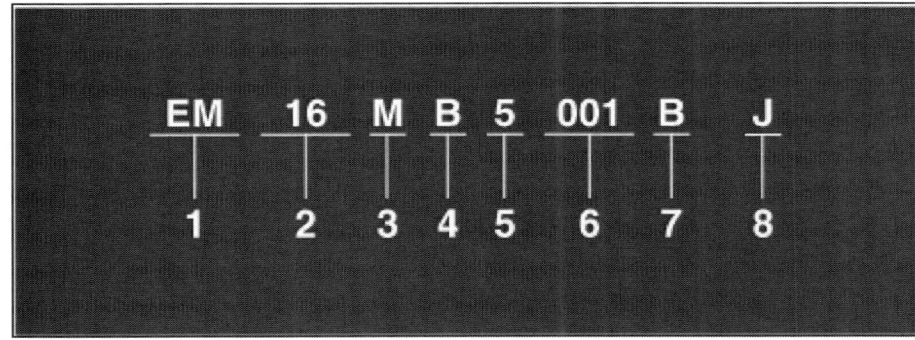

1. 사용연료
   -EM

2. 모터 형식
   - 07 : 70kW
   - 17 : 160kW

3. 제작년도
   - P : 2023, R : 2024, S : 2025, T : 2026 ...

4. 제작월
   - 1 ~ 9 : 1 ~ 9월
   - A ~ C : 10월 ~ 12월

5. 제작일
   - 1 ~ 9 : 1 ~ 9일
   - A ~ Y : 10 ~ 31일(I, O, Q 제외)

6. 생산일련번호

- 001 ~ 999
7. 차종
- 1 : NE EV
8. 생산공장
- A : 아산 (한국)
- C : 전주 (한국)
- U : 울산 (한국)

페인트 코드

코드	색상명
A2B	어비스 블랙 펄
NY9	트랜스미션 블루 펄
RG9	디지털 그린 펄
R2P	얼티메이트 레드 펄
R5M	디지털 그린 매트
R9S	큐레이티드 실버 메탈릭
T2G	녹턴 그레이 메탈릭
T9M	녹턴 그레이 매트
UCB	다이브 블루 솔리드
W3T	그래비티 골드 매트
W6H	세레니티 화이트 펄
XB9	바이오필릭 블루 펄

경고/주의 라벨

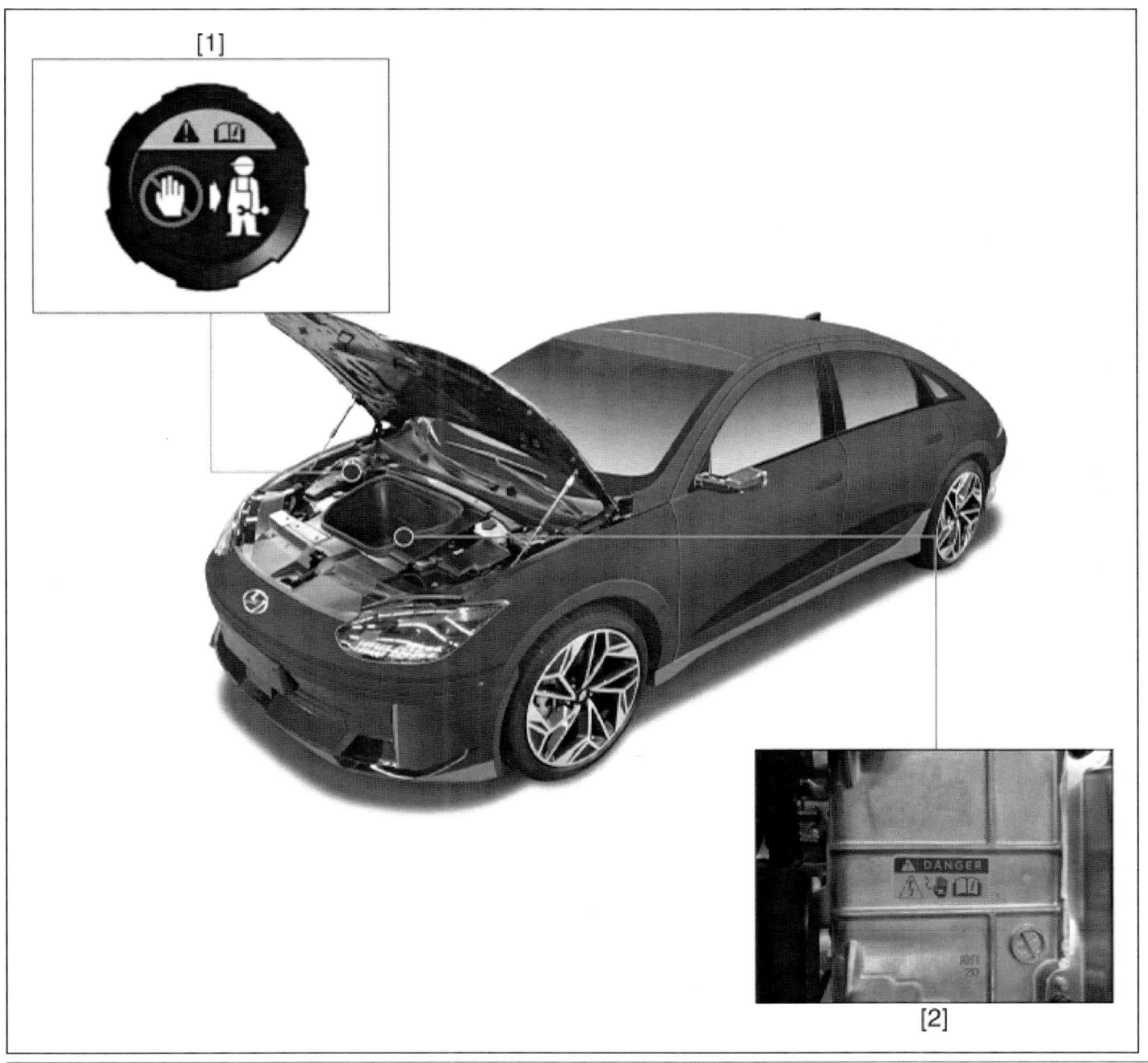

| 1. 리저버 탱크 압력캡 | 2. 고전압 취급 주의 |

배터리 주의 라벨

[화기금지] [안경착용] [어린이 접근 금지]

[배터리액 주의] [설명서 숙독] [폭발주의] [분리수거]

배터리 보관방법

취급 및 보관	배터리는 27°C 이하의 건조하고 습하지 않은 장소에 직사광선을 피해 보관하시기 바랍니다.
	배터리는 산성용액의 유출을 막기 위해 밀봉되어 있습니다. 그러나 배터리 취급 시 벽면 통풍구를 통한 용액유출이 있을 수 있으므로 45도 이상 기울이는 행위는 금하시기 바랍니다.배터리를 항상 바르게 세워서 보관하시고 배터리 윗면에 용액이나 다른 물체를 적재하지 마십시오.
	배터리에 케이블을 연결 할 때 망치와 같은 공구를 사용하는 것은 매우 위험합니다.
차량에 장착된 배터리	장시간 차량을 보관할 경우, 자연 방전을 방지하기 위해 정션박스의 배터리 퓨즈를 반드시 탈거하시기 바랍니다.
	또한, 배터리 퓨즈를 장착한 상태로 차량보관을 하였다면 1개월 안에 배터리 충전을 위한 차량 구동을 하시기 바랍니다.
	배터리 퓨즈를 제거한 상태이더라도 최소 3개월 안에 배터리 충전을 위한 차량 구동을 하시기 바랍니다.

리프트 포인트

[2주식 리프트]

> **유 의**
> - 반드시 EV 전용 리프트 잭(2주식조정볼트)을 사용한다.

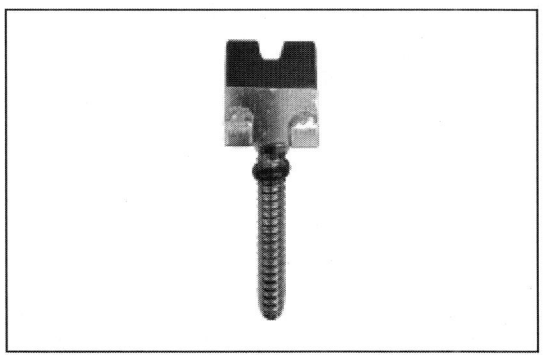

1. 리프트 블록을 지지점에 맞게 놓는다.
2. 리프트를 조금 들어 올려 차량 리프트 블록이 차량 지지점 위치에 맞추어 정상 안착 되었는지 육안으로 확인 한다.

> ⚠ **주 의**
> - 리프트 잭으로 차량을 올릴 경우 가니쉬, 플로어 언더 커버, 배터리 등 손상이 될 우려가 있으니, 반드시 육안으로 차체 하부를 확인한다.
> - 배터리 케이스에는 어떠한 리프트 포인트도 사용하여서는 안된다.
>   특히, 배터리 케이스를 리프트 포인트로 사용하여서는 안된다.

3. 리프트를 완전히 들어 올려서 차량이 단단히 지지가 되었는지 다시 한번 확인한다.

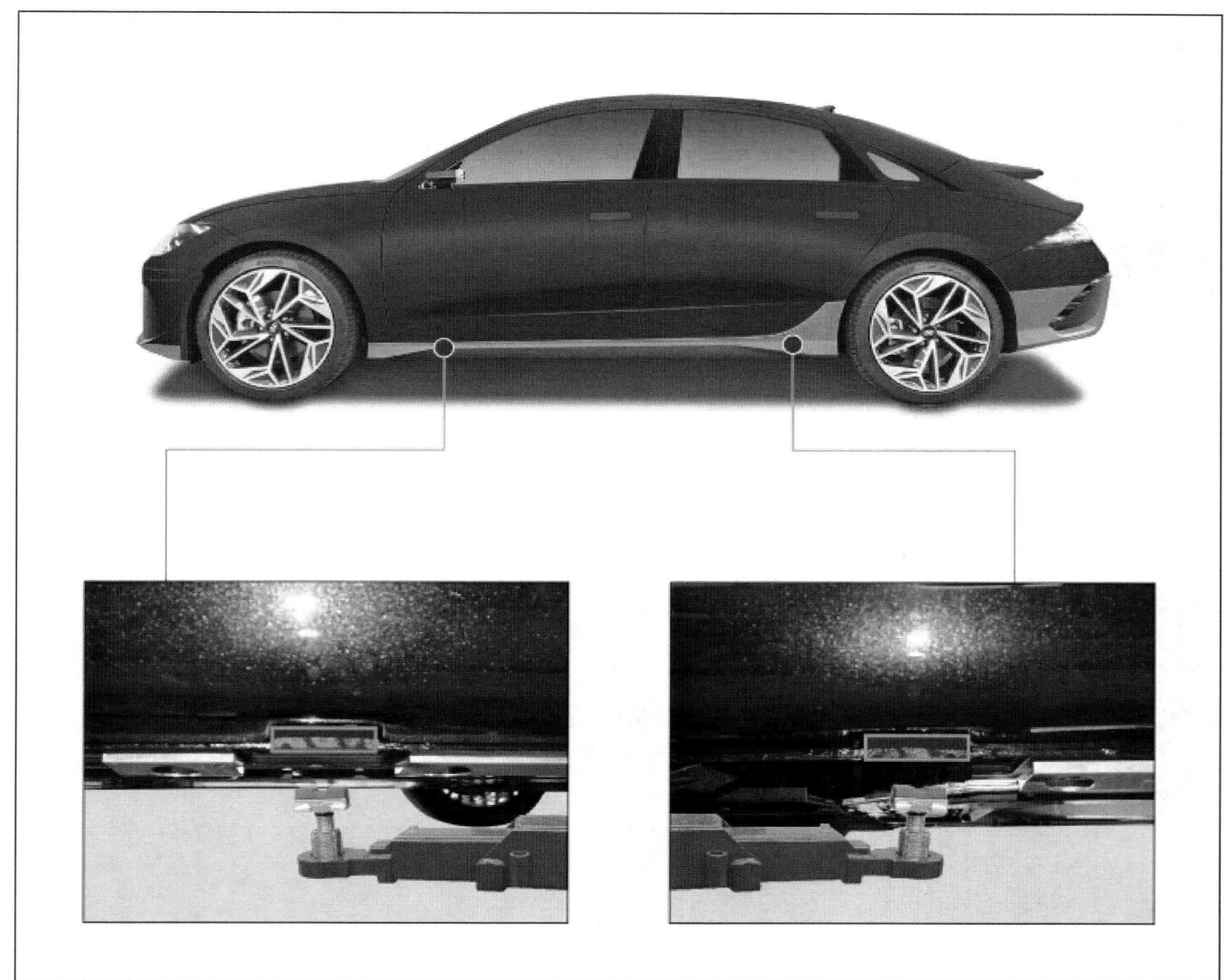

[4주식 리프트]

1. 차량을 4주식 리프트 위에 올린다.
2. 리프트 잭을 조금 들어 올려서 차량이 단단히 지지가 되었는지 확인한다.

> ⚠ **주 의**
>
> - 리프트 잭으로 차량을 올릴 경우 가니쉬, 플로어 언더 커버, 배터리 등 손상이 될 우려가 있으니, 반드시 육안으로 차체 하부를 확인한다.
> - 배터리 케이스에는 어떠한 리프트 포인트도 사용하여서는 안된다.
>   특히, 배터리 케이스를 리프트 포인트로 사용하여서는 안된다.

3. 리프트 잭을 완전히 들어 올려서 차량이 단단히 지지가 되었는지 다시 한번 확인한다.

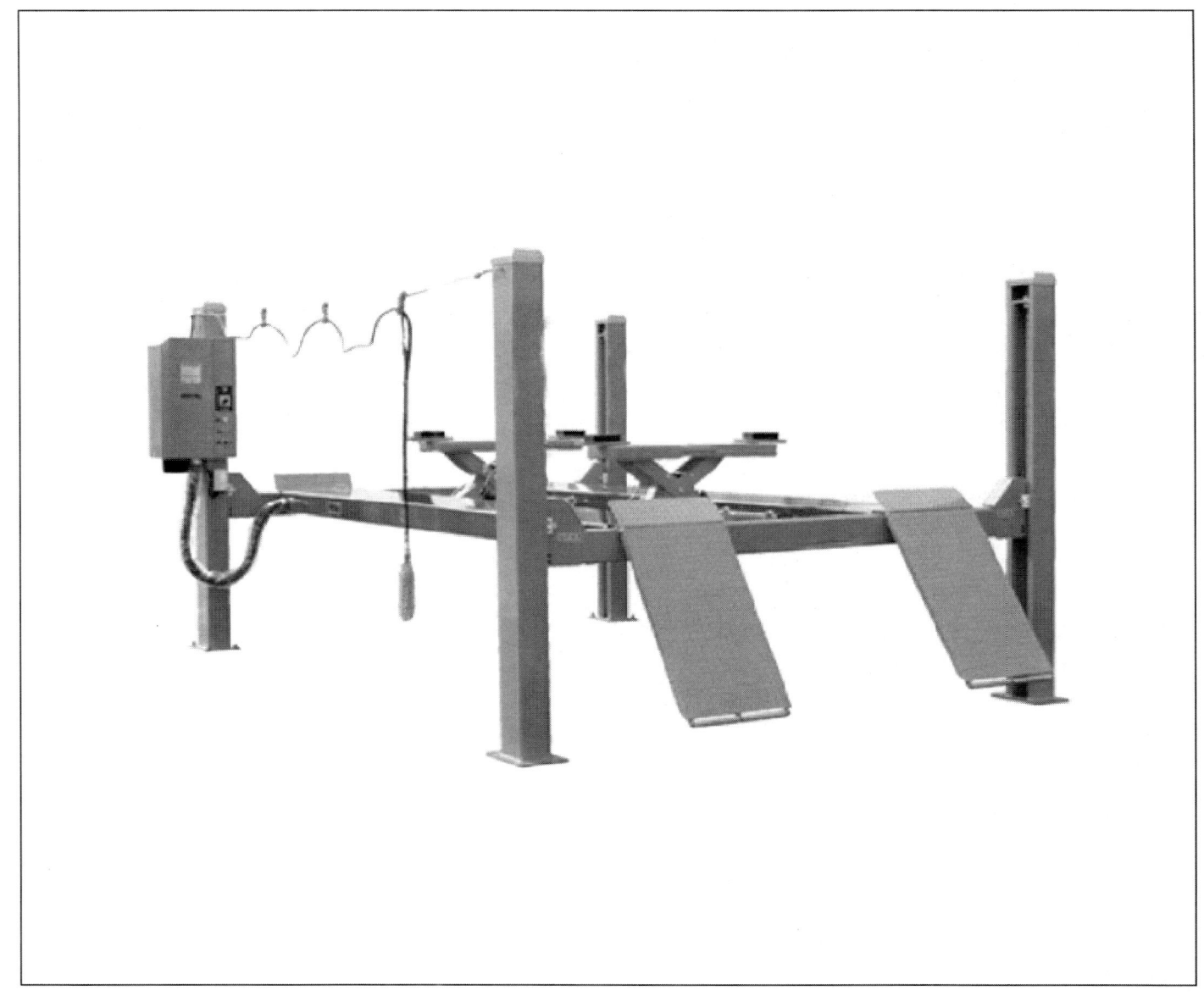

[X형 리프트]

1. 차량을 리프트 차체 하부 사이드 실면에 맞게 놓는다.
2. 지지점에 맞추어 고무 받침대 또는 버팀목을 위치한 후, 리프트를 조금 들어 올려 지지점에 정상 안착 되었는지 육안으로 확인한다.

> **⚠ 주 의**
>
> - 리프트 잭으로 차량을 올릴 경우 가니쉬, 플로어 언더 커버, 배터리 등 손상이 될 우려가 있으니, 반드시 육안으로 차체 하부를 확인한다.
> - 배터리 케이스에는 어떠한 리프트 포인트도 사용하여서는 안된다.
>   특히, 배터리 케이스를 리프트 포인트로 사용하여서는 안된다.

3. 리프트를 완전히 들어 올려서 차량이 단단히 지지가 되었는지 다시 한번 확인한다.

견인

차량의 견인이 필요시에는 전문 견인 업체에 요청한다.
로프나 체인을 이용하여 다른 차의 뒤에서 차량을 견인하는 것은 매우 위험하다.

[앞]

[뒤]

견인 방법

차량의 견인방법에는 세가지가 있다

- 플랫-베드 견인
  차량을 견인 트럭 뒤에 실어서 견인하는 방법이다.
  차량 견인의 가장 안전하고 좋은 방법이다.
- 휠 리프트 견인
  견인 트럭에 차량의 구동축 바퀴를 들어 올리고 반대쪽 바퀴는 바닥에 닿게하거나 보조 장비를 이용하여 견인하는 방법이다.

- 슬링 타입 견인
  견인 트럭의 후크가 달린 체인을 이용하여 견인하는 방법이다. 후크를 프레임이나 서스펜션에 걸고 체인을 이용하여 차량을 들어 올려 견인하는 방법이다.
  이런 방법의 견인은 차량의 서스펜션과 차체가 심하게 손상될 수 있으므로 이러한 방법으로 견인을 해서는 안된다.

[AWD]

> **⚠ 주 의**
>
> - 전기구동 차량(AWD)은 반드시 플랫-베드 견인 방법으로 견인한다.
>   (앞/뒷바퀴가 지면에 닿지 않도록 한다)
> - 만약 휠 리프트 견인을 할 경우, 앞바퀴 또는 뒷바퀴를 지그에 올리고 나머지 바퀴를 지면에 닿지 않도록 돌리를 사용하여 견인한다.
> - 견인트럭으로 상차하거나 차량의 위치 조절이 필요할 경우에만, 매우 천천히(5km/h 이하), 아주 짧은 거리(10m이내)만 이동하도록 한다.
> - 바퀴가 지면에 닿은 상태로 견인할 경우 차량 구동계 부품이 심하게 손상될 수 있다.

[2WD]

> **⚠ 주 의**
>
> - 전기구동 차량(2WD)은 플랫-베드 견인, 휠 리프트 견인 방법으로 견인한다.
> - 2륜 차량은 구동축 바퀴를 구속한 상태에서 차량 기어를 중립 상태로 두고 주차 브레이크를 풀어 반대 바퀴를 땅에 대고 견인한다.
> - 견인트럭으로 상차하거나 차량의 위치 조절이 필요할 경우에만, 매우 천천히(5km/h 이하), 아주 짧은 거리(10m이내)만 이동하도록 한다.
> - 구동축 바퀴가 지면에 닿은 상태로 견인할 경우 차량 구동계 부품이 심하게 손상될 수 있다.

일반 조임 토크

직경 (mm)	육각 볼트/너트 보통나사 피치(mm)	체결 토크 (kgf.m) 4T	8T	10T
M5	0.8	0.2 ~ 0.3	0.5 ~ 0.7	0.8 ~ 1.1
M6	1	0.3 ~ 0.5	0.9 ~ 1.3	1.4 ~ 1.9
M8	1.25	0.9 ~ 1.2	2.3 ~ 3.1	3.4 ~ 4.5
M10	1.5	1.7 ~ 2.3	4.6 ~ 6.2	6.7 ~ 9.0
M12	1.75	3.0 ~ 4.0	8.0 ~ 10.8	11.7 ~ 15.8
M14	2	4.8 ~ 6.5	12.8 ~ 17.3	18.7 ~ 25.4
M16	2	7.5 ~ 10.2	20.1 ~ 27.2	29.4 ~ 39.8
M20	2.5	14.7 ~ 19.9	40.4 ~ 54.6	57.7 ~ 78.0
M24	3	25.4 ~ 34.4	70.1 ~ 94.8	99.5 ~ 134.6
M30	3.5	50.9 ~ 68.8	140.0 ~ 189.5	199.5 ~ 270.0

직경 (mm)	육각 볼트/너트 가는나사 피치(mm)	체결 토크 (kgf.m) 4T	8T	10T
M5	0.5	0.2 ~ 0.3	0.6 ~ 0.9	0.9 ~ 1.3
M6	0.75	0.4 ~ 0.5	1.0 ~ 1.4	1.5 ~ 2.1

M8	1	0.9 ~ 1.2	2.5 ~ 3.3	3.6 ~ 4.9
M10	1.25	1.8 ~ 2.4	4.8 ~ 6.5	7.1 ~ 9.6
M12	1.25	3.3 ~ 4.5	8.8 ~ 12.0	13.0 ~ 17.6
M14	1.5	5.2 ~ 7.1	13.9 ~ 18.9	20.5 ~ 27.7
M16	1.5	8.1 ~ 11.0	21.6 ~ 29.2	31.8 ~ 43.0
M20	1.5	16.7 ~ 22.6	45.7 ~ 61.9	65.2 ~ 88.2
M24	2	28.2 ~ 38.1	77.4 ~ 104.7	110.2 ~ 149.1
M30	2	57.4 ~ 77.7	158.4 ~ 214.4	225.4 ~ 305.0

플랜지 볼트/너트 보통나사		체결 토크 (kgf.m)		
직경 (mm)	피치(mm)	4T	8T	10T
M5	0.8	0.2 ~ 0.3	0.6 ~ 0.8	0.9 ~ 1.2
M6	1	0.4 ~ 0.5	1.0 ~ 1.4	1.5 ~ 2.0
M8	1.25	0.9 ~ 1.2	2.5 ~ 3.3	3.6 ~ 4.9
M10	1.5	1.8 ~ 2.5	4.9 ~ 6.7	7.2 ~ 9.8
M12	1.75	3.2 ~ 4.4	8.6 ~ 11.6	12.6 ~ 17.1
M14	2	5.2 ~ 7.0	13.8 ~ 18.6	20.2 ~ 27.4
M16	2	8.1 ~ 11.0	21.7 ~ 29.4	31.8 ~ 43.0

플랜지 볼트/너트 가는나사		체결 토크 (kgf.m)		
직경 (mm)	피치(mm)	4T	8T	10T
M5	0.5	0.3 ~ 0.3	0.7 ~ 0.9	1.0 ~ 1.4

M6	0.75	0.4 ~ 0.6	1.1 ~ 1.5	1.7 ~ 2.2
M8	1	1.0 ~ 1.3	2.7 ~ 3.6	3.9 ~ 5.3
M10	1.25	2.0 ~ 2.6	5.2 ~ 7.0	7.7 ~ 10.4
M12	1.25	3.6 ~ 4.9	9.6 ~ 12.9	14.1 ~ 19.0
M14	1.5	5.7 ~ 7.7	15.1 ~ 20.4	22.1 ~ 29.9
M16	1.5	8.8 ~ 11.9	23.4 ~ 31.6	34.3 ~ 46.4

유 의

1) 표에 표시되어 있는 토크는 다음과 같은 조건일 때의 규정치이다.
- 볼트와 너트는 강철재질이며 아연도금이 되어 있는 것.
- 볼트, 너트는 건조한 상태이다.

2) 표의 토크는 다음과 같은 조건일때는 적용되지 않는다.
- 특수 나사 (어스볼트, 자가나사산성형 볼트 등)의 경우.
- 나사부 표면에 오일이 도포되었을 때.
- 아연도금 외 다른 표면처리가 되어있는 나사의 경우.

기본 정비심볼

도안을 보충하기 위하여 이용된 5개의 기호가 있다. 이 기호는 정비 시 부품에 적용하기 위한 자재를 나타낸다.

기 호	의 미
	재사용 금지 부품, 신품 교환.
OIL	엔진오일 또는 변속기 오일 도포 부위.
ATF	자동 변속기 오일 (ATF) 도포 부위.
GREASE	그리스 도포 부위.
	실런트 도포 부위.

일반 주의 사항

1. 차량의 보호도장면 및 내장 부품들이 오손, 손상되지 않도록 작업 커버(시트 커버) 및 테이프(공구등에 의해 손상되는 경우)로 보호한다.

   > **⚠ 주 의**
   > - 후드를 닫기 전에 엔진룸에 공구 및 부품들이 남아 있는지 확인한다.

2. 결함 부위 확인과 동시에 고장 원인을 규명하고 탈거, 분해할 필요가 있는지를 파안 후 정비 지침서의 순서대로 작업한다.
   1) 오조립 방지를 위해 펀치 및 마크를 해야 할 경우 기능상, 외관상 손상이 없는 부분에 한다.
   2) 탈거한 부품은 순서대로 잘 정리한다.
   3) 교환 부품과 재사용 부품을 구분한다.
   4) 볼트 및 너트류를 교환할 때 필히 지정 규격품을 사용한다.

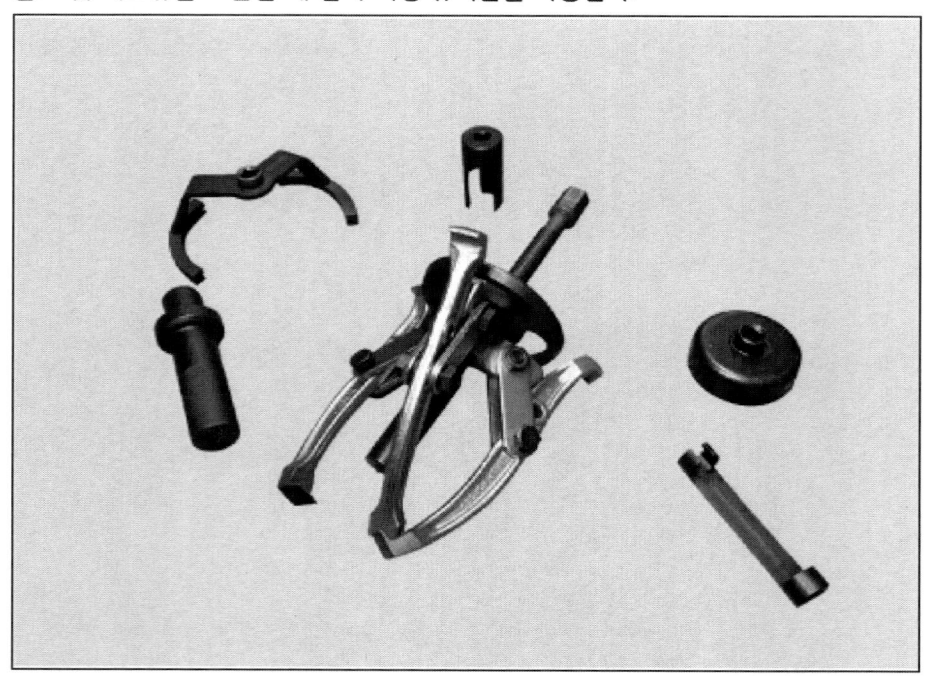

3. 특수공구가 아닌 다른 공구로 대체하여 작업하면 부품이 파손, 손상 될 수 있으므로 특수공구의 사용을 지시하는 작업에는 필히 특수공구를 사용한다.

4. 다음 부품을 탈거했을 때에는 필히 신품으로 교환한다.
   1) 오일 씰
   2) 가스켓
   3) 패킹
   4) O-링
   5) 록크 와셔
   6) 분할 핀

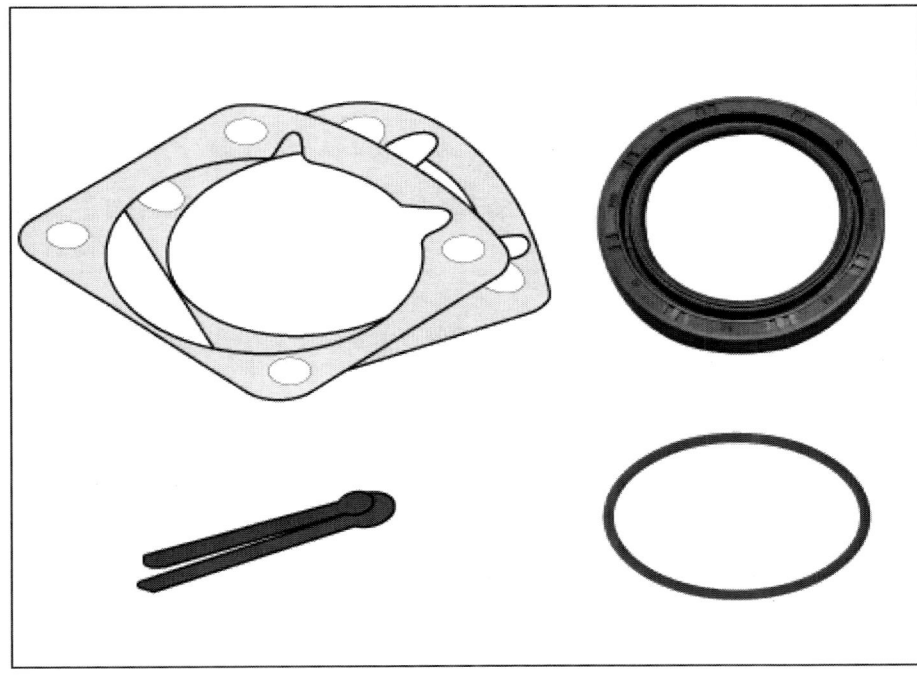

5. 부품
   1) 부품을 교환 할 때는 필히 현대 순정 부품을 사용한다.
   2) 보수용 부품에는 세트, 키트 부품을 갖추고 있으므로 세트, 키트 부품의 사용을 권한다.
   3) 보수용 부품으로서 공급되는 부품은 부품의 통일화 등을 위해 차량에 조립되어 있는 부품과 차이가 있을 수 있으므로 부품 카다로그를 잘 확인한 정비 작업을 진행한다.

검사필증 (부착상태)

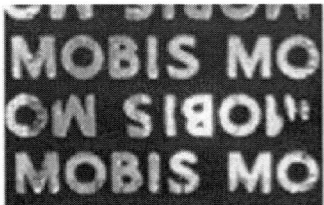
검사필증 (탈착상태)

6. 차량용 고압 세척 장비나 스팀 장비를 사용하여 차량을 세척하는 경우에는 모든 플라스틱 부품과 개방부품들 (도어, 트렁크 등)로 부터 최소한 300mm 가량의 거리를 두고 스프레이 호스를 사용한다.

> **유 의**
>
> - 분사압력 : 40kg/cm² 이하
> - 분사온도 : 82°
> - 집중분사 시간 : 30초 이내

7. 전기 계통의 부품 교환, 수리 작업을 하는 경우는 쇼트에 의한 손상을 방지하기 위해 사전에 배터리 (-) 단자를 분리한다.

> **⚠ 주 의**
>
> - 배터리 단자를 탈착하는 경우, 반도체 부품에 손상이 발생 할 수 있으므로 꼭 점화 스위치 및 점등 스위치를 끄고 진행한다.

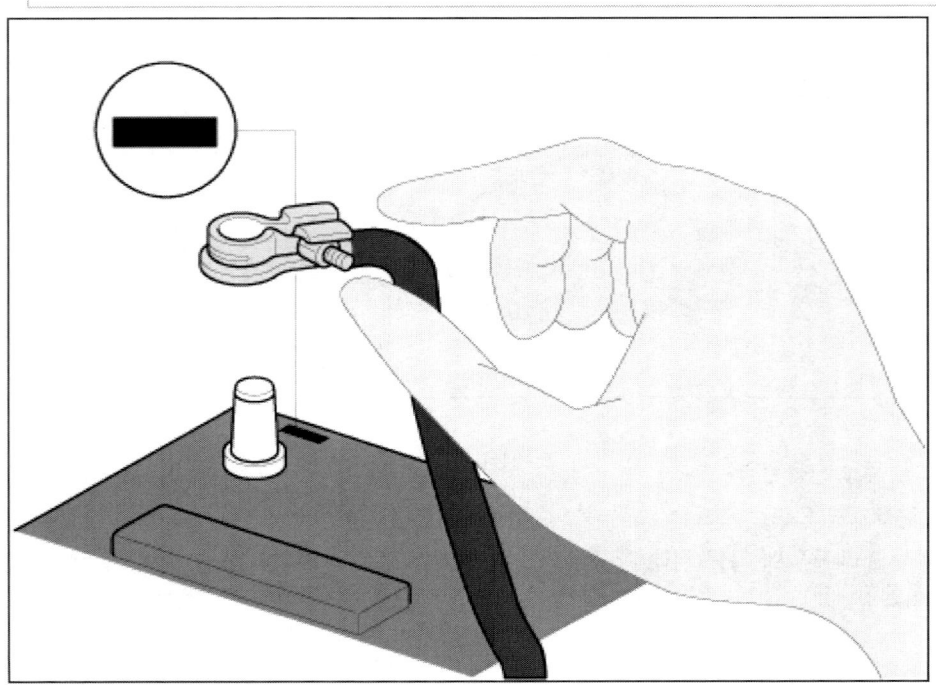

8. 고무 부품은 가솔린 및 오일에 접촉하지 않도록 주의한다.

케이블과 와이어링류의 점검

1. 터미널이 견고한지 확인한다.
2. 터미널과 와이어링에 배터리 전해액 등으로 인한 부식이 없는지 확인한다.
3. 터미널과 와이어링에 개회로 또는 그 가능성이 있는 부분이 있는지 확인한다.
4. 와이어링의 절연과 피복에 손상, 갈라짐 및 품질 저하가 있는지 확인한다.
5. 터미널의 단자가 다른 금속 부분과 접촉하는지 확인한다.(차체 또는 다른 부품)
6. 접지 부분의 볼트와 차체 간에 완전하게 접촉이 되어 있는지 확인한다.

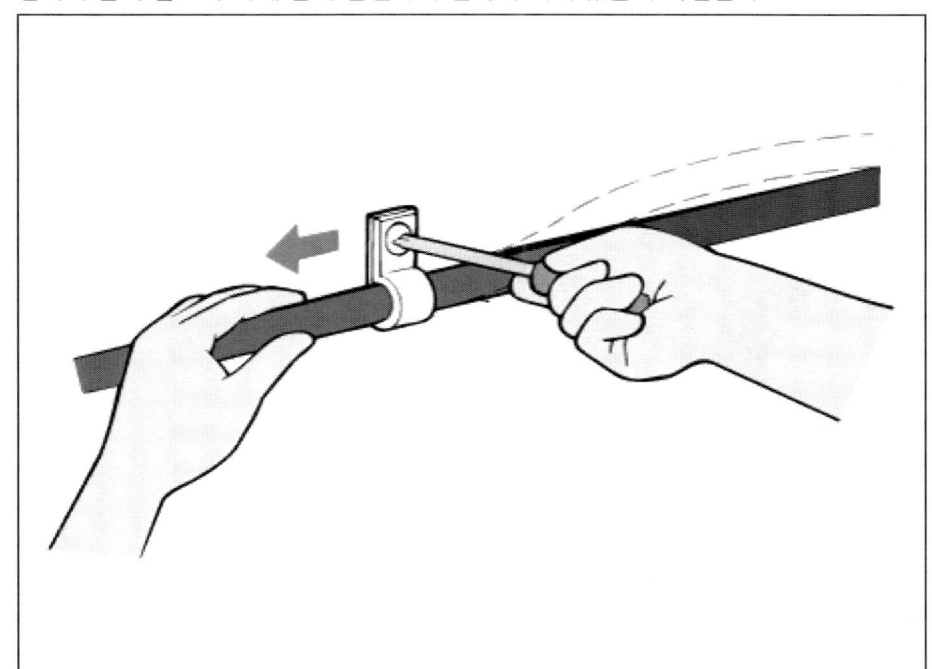

7. 와이어링이 잘못된 부분이 있는지 확인한다.
8. 와이어링이 차체의 날카로운 모서리나 뜨거운 부품 (배기 매니폴드, 파이프 등)과 접촉되지 않도록 고정되어 있는지 확인한다.
9. 와이어링이 팬 풀리, 팬 벨트 및 다른 회전체와 충분한 간격을 두고 고정되어 있는지 확인한다.
10. 와이어링이 엔진 등과 같은 진동 부품 및 차체 등에 고정된 부품과의 사이에 적당한 진동 여유가 있는지 확인한다.

퓨즈의 점검

칼날 모양(BLADE TYPE)의 퓨즈에는 퓨즈 자체를 빼지 않고도 퓨즈를 확인할 수 있는 점검용 접점이 있다. 점검용 램프의 한 쪽 접점과 퓨즈의 한 쪽을 연결하고 (한 번에 하나씩) 한 쪽 접점을 접지 시켰을때 점등되면 퓨즈는 양호한 것이다. (퓨즈 회로에 전기가 통하도록 시동 스위치의 위치를 적절히 선택한다.)

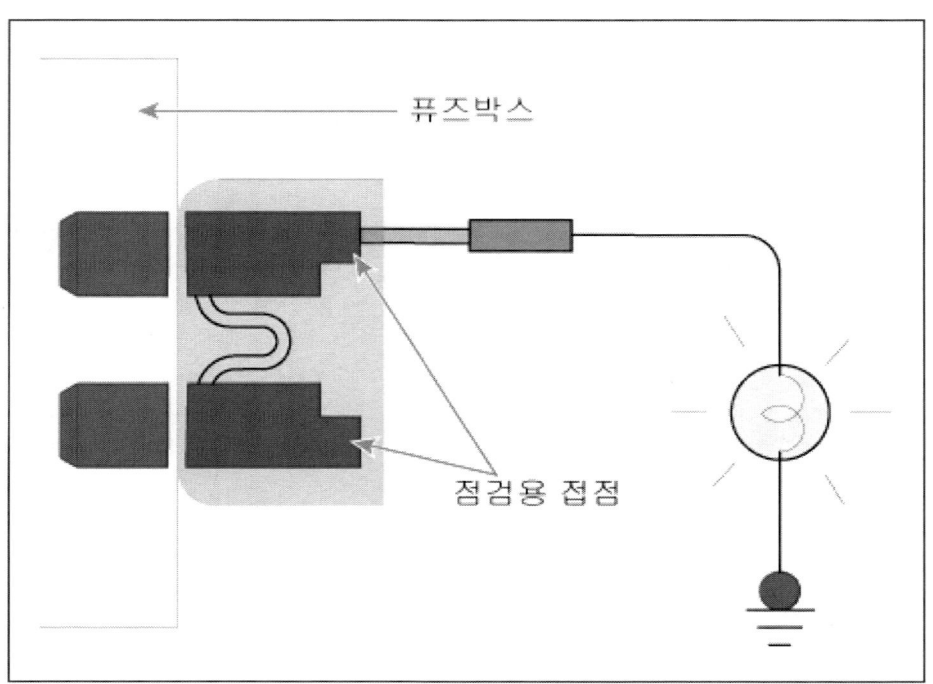

전기 시스템의 점검

1. 전기 시스템을 점검하기 전에 반드시 점화 스위치를 OFF 하고 배터리(-)단자를 분리한다.

> **⚠ 주 의**
>
> - MFI 또는 ELC 시스템의 점검 중에 배터리 케이블을 분리하면 컴퓨터에 기억되어 있는 고장 코드는 지워진다. 따라서 배터리 케이블을 분리 하기 전에 고장 코드를 읽어야 한다.

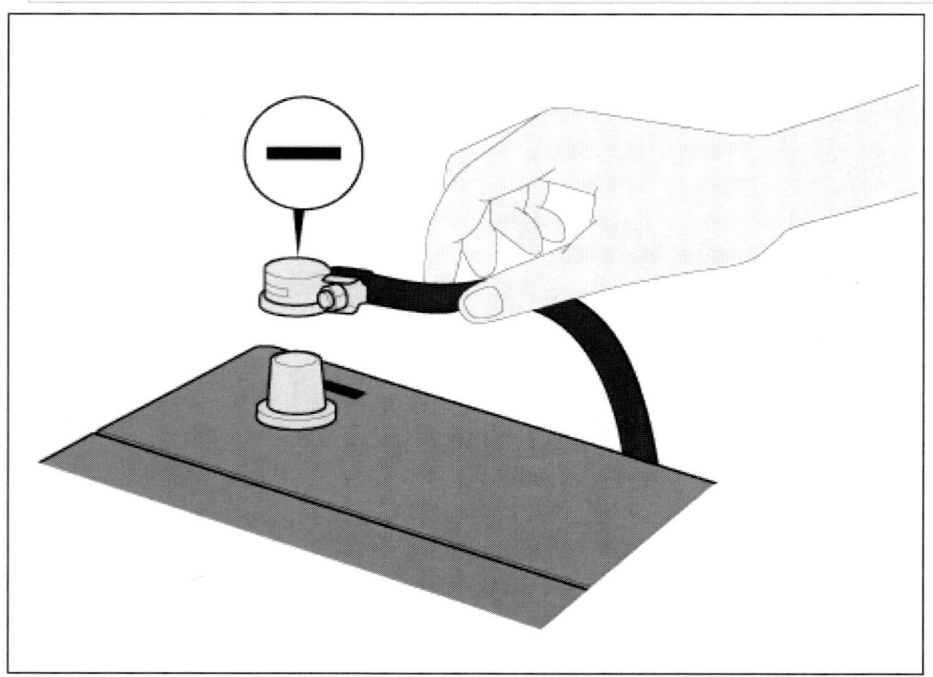

2. 와이어링이 늘어나지 않도록 클램프로 고정한다. 그러나 엔진을 통과하거나 다른 진동 부위를 지나가는 와이어링 뭉치는 진동으로 인해 다른 주변 부품과 접촉하지 않도록 어느 정도 느슨하게 클램프로 고정한다.

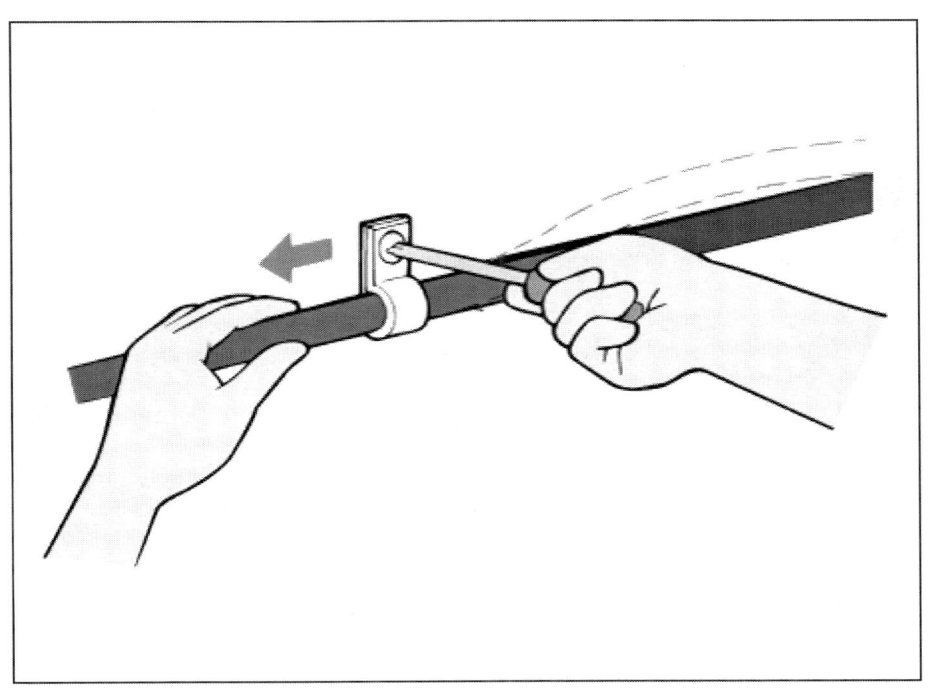

3. 와이어링이 부품의 모서리 또는 끝단부와 간섭이 되면 손상될 수 있으므로 간섭 부위에 테이프 등으로 감아 보호한다.

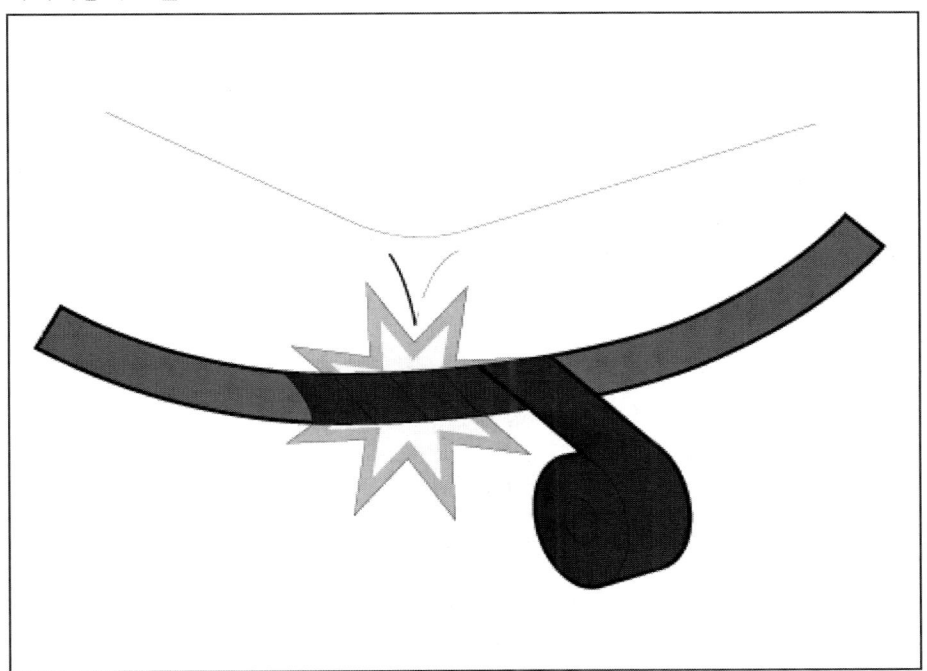

4. 차량의 부품을 조립할 때 와이어링이 씹히거나 손상되지 않도록 주의해야 한다.

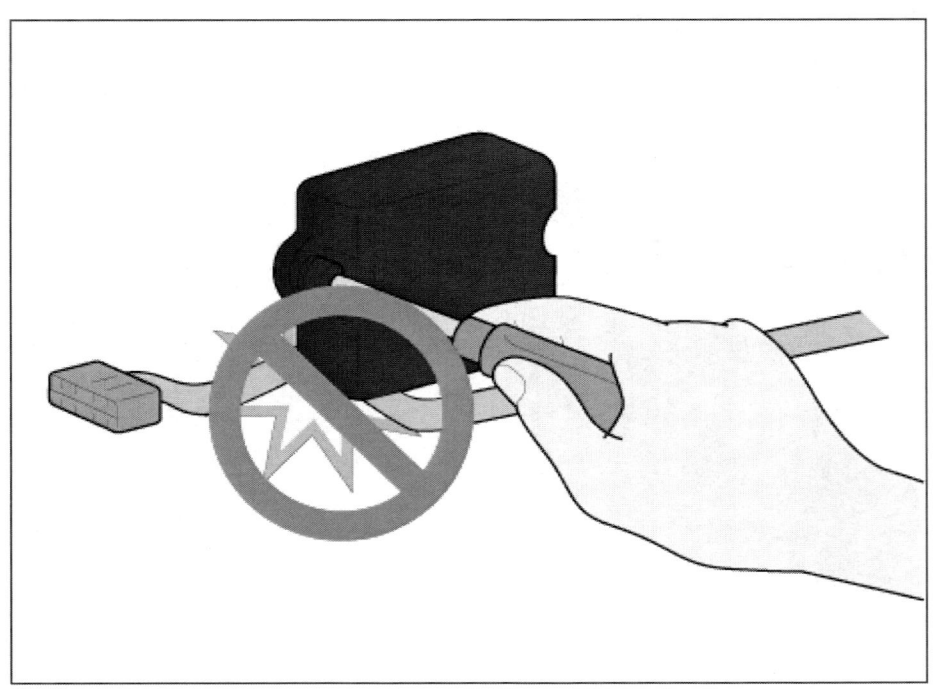

5. 릴레이, 센서, 전기 부품 등을 던지거나 강한 충격을 받지 않게 주의한다.

6. 컴퓨터나 릴레이 등에 쓰이는 전자 부품들은 열에 의해서 손상되기 쉽다. 온도가 80℃ 이상 될 수 있는 점검 작업을 해야 할 경우 사전에 전자 제품을 분리한다.

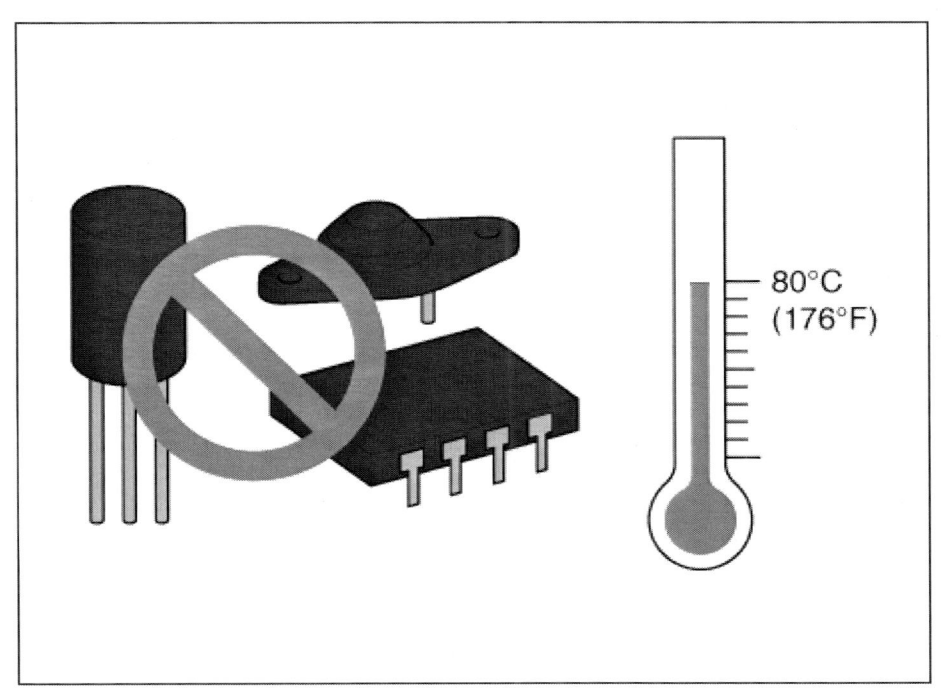

7. 커넥터의 느슨한 접속은 고장 원인이 되므로 커넥터가 확실하게 연결되었는지 확인한다.

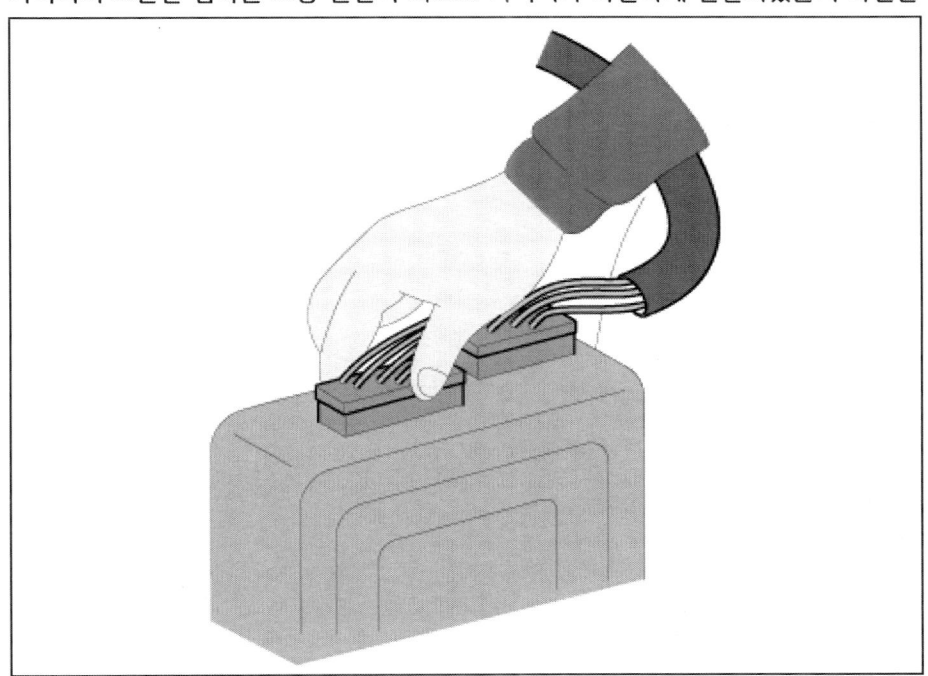

8. 커넥터를 뺄때 반드시 커넥터 몸체를 잡고 빼어야 한다.

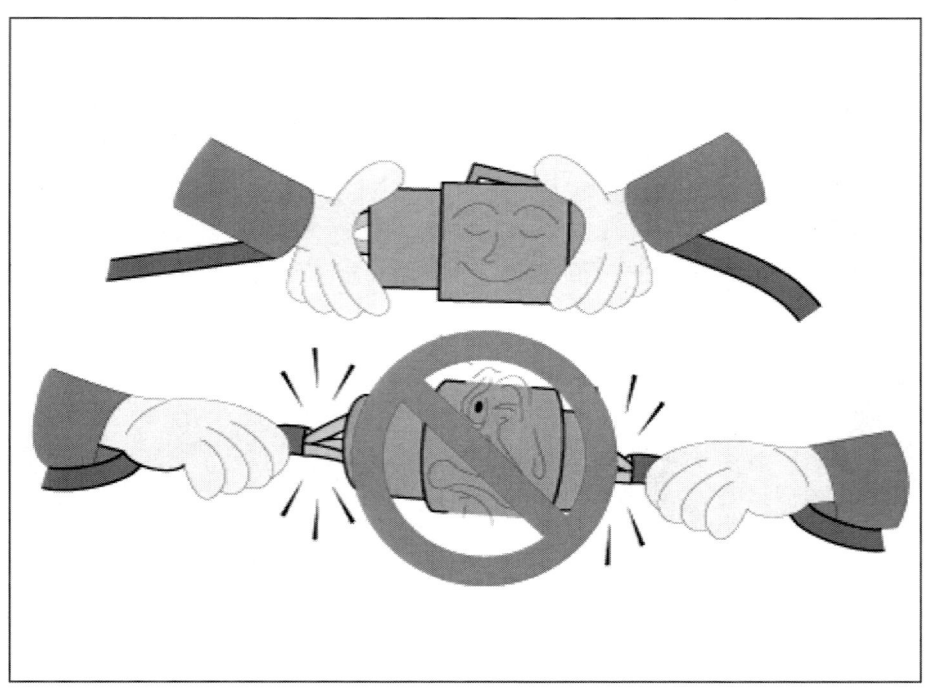

9. 잠금 장치가 있는 커넥터를 분리시킬 때는 그림의 화살표 방향으로 누르면서 탈거한다.

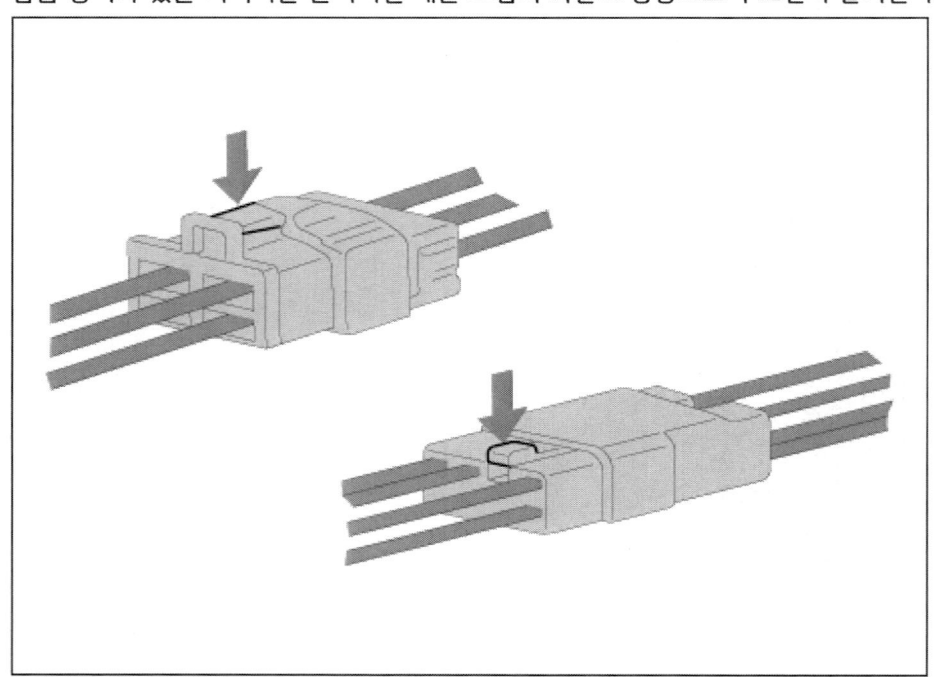

10. 잠금장치가 있는 커넥터는 "딱" 소리가 날때 까지 밀어 넣어서 끼운다.

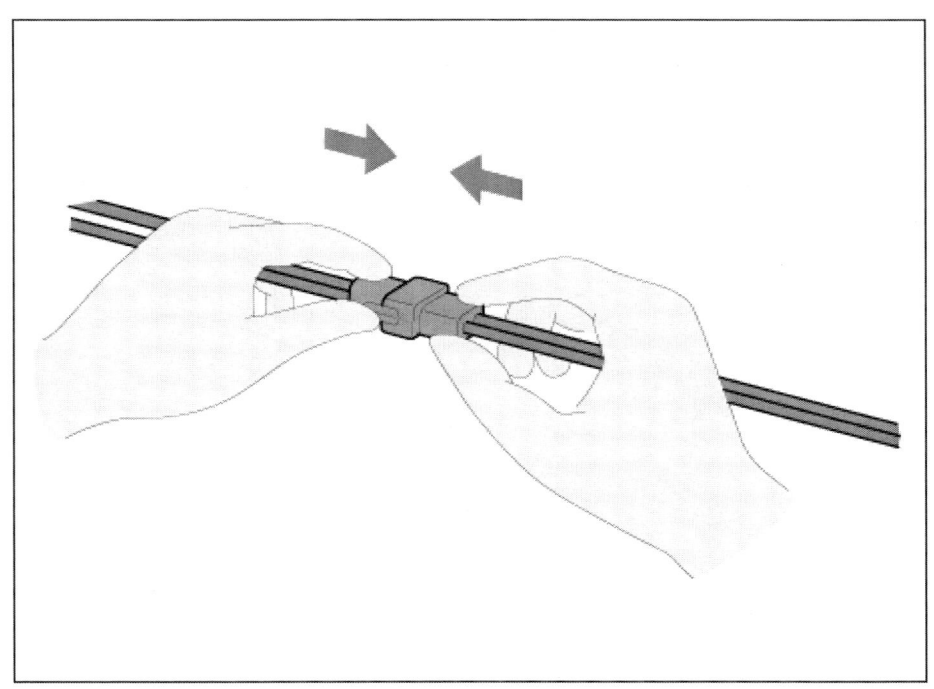

11. 회로 테스터로 커넥터 단자의 통전 또는 전압 점검을 할 때에는 탐침을 하니스쪽에서 밀어 넣는다. 만약 커넥터가 밀폐형이면 와이어링의 절연을 상하지 않도록 주의하면서 단자에 탐침이 닿을 때까지 고무 피복의 구멍으로 탐침을 밀어 넣는다.

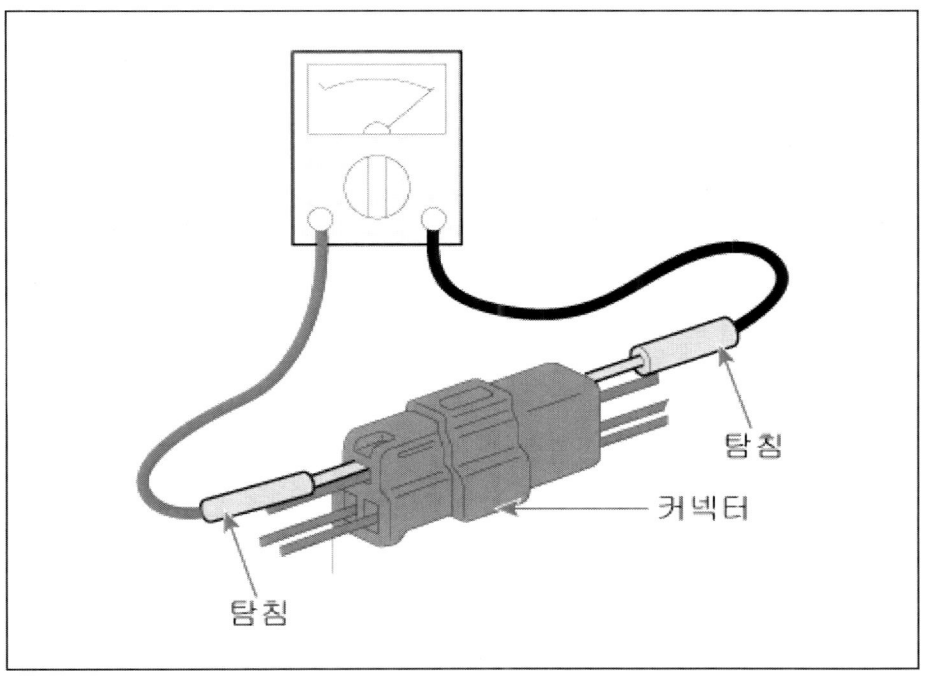

12. 장치의 전류 부하를 고려하여 와이어링의 과부하를 피할 수 있는 적절한 와이어링 종류를 결정한다.

추천 규격	SAE 규격 No	허용 전류	
		엔진 룸 내부	다른 부위
0.3mm²	AWG 22	-	7A
0.5mm²	AWG 20	7A	13A
0.85mm²	AWG 18	9A	17A
1.25mm²	AWG 16	12A	22A
2.0mm²	AWG 14	16A	30A
3.0mm²	AWG 12	21A	40A
5.0mm²	AWG 10	31A	54A

차량제어 시스템

- 보조 배터리(12V) ·································46
- 차량 제어 유닛(VCU) ···························59

보조 배터리 (12V) / 배터리 트레이 / 배터리 센서 탈장착

보조 배터리 (12V)

	작업	H/W	체결토크 (kgf.m)	SST/장비	케미컬	기타
• 탈거						
1	프런트 트렁크 탈거 (바디 (내장 / 외장 / 전장) - "프런트 트렁크" 참조)	-	-	-	-	-
2	보조 12V 배터리 (-) 단자 분리	너트	0.8 ~ 1.0	-	-	-
3	보조 12V 배터리 (+) 단자 분리	너트	0.8 ~ 1.0	-	-	-
4	배터리 클램프 탈거	볼트	0.9 ~ 1.4	-	-	-
5	보조 12V 배터리(A)를 탈거	-	-	-	-	-
• 장착						
탈거의 역순으로 진행						-

배터리 트레이

	작업	H/W	체결토크 (kgf.m)	SST/장비	케미컬	기타
• 탈거						
1	보조 12V 배터리 탈거 (차량 제어 시스템 - "보조 배터리 (12V)" 참조)	-	-	-	-	-
2	차량 제어 유닛 (VCU) 탈거 (차량 제어 시스템 - "차량 제어 유닛 (VCU)" 참조)	-	-	-	-	-
3	배터리 트레이를 탈거	볼트	0.9 ~ 1.4	-	-	-
• 장착						
탈거의 역순으로 진행						-

배터리 센서

	작업	H/W	체결토크 (kgf.m)	SST/장비	케미컬	기타
• 탈거						
1	프런트 트렁크 탈거 (바디 (내장 / 외장 / 전장) - "프런트 트렁크" 참조)	-	-	-	-	-
2	보조 12V 배터리 (-) 단자 분리	너트	0.8 ~ 1.0	-	-	-
3	배터리 센서 커넥터 분리	-	-	-	-	-
4	배터리 센서 탈거	볼트	2.7 ~ 3.3	-	-	-
• 장착						
탈거의 역순으로 진행						-

서비스 정보

▷ **AGM60L-DIN**

항목	제원
타입	AGM60L-DIN
용량 [20HR/5HR] (AH)	60 / 48
냉간 시동 전류(A)	640(SAE / EN)
리저브 용량(Min)	100
비중	1.3 ~ 1.32 (25°C)
전압(V)	12

개요

[AGM 배터리]

AGM 배터리는 배터리내에 AGM(Absorbent Glass Material)이라는 흡수성 유리 섬유 격리판에 전해액을 흡수함으로써 전해액을 비유동적으로 조절하며, 배터리 상단에 밸브를 적용하여 가스방출을 최소화한다. ISG 적용 차량은 일반 차량 대비 시동 ON/OFF를 빈번히 함에 따라 높은 배터리 성능과 배터리 충전상태 관리를 필요로 한다. AGM 배터리는 잦은 충전 및 방전에 따른 높은 부하에도 불구하고 우수한 내구성능을 제공한다.

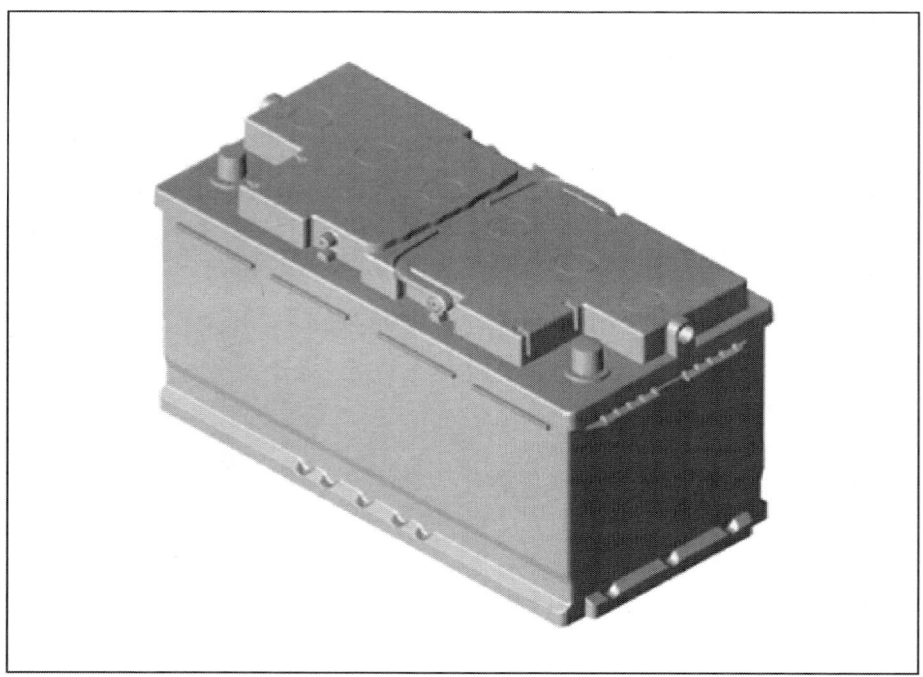

배터리 센서

배터리 센서는 전기 장비의 액추에이터에 공급되는 전압의 차이를 감지하고 보조 배터리의 입력/출력 전류도 감지한다.

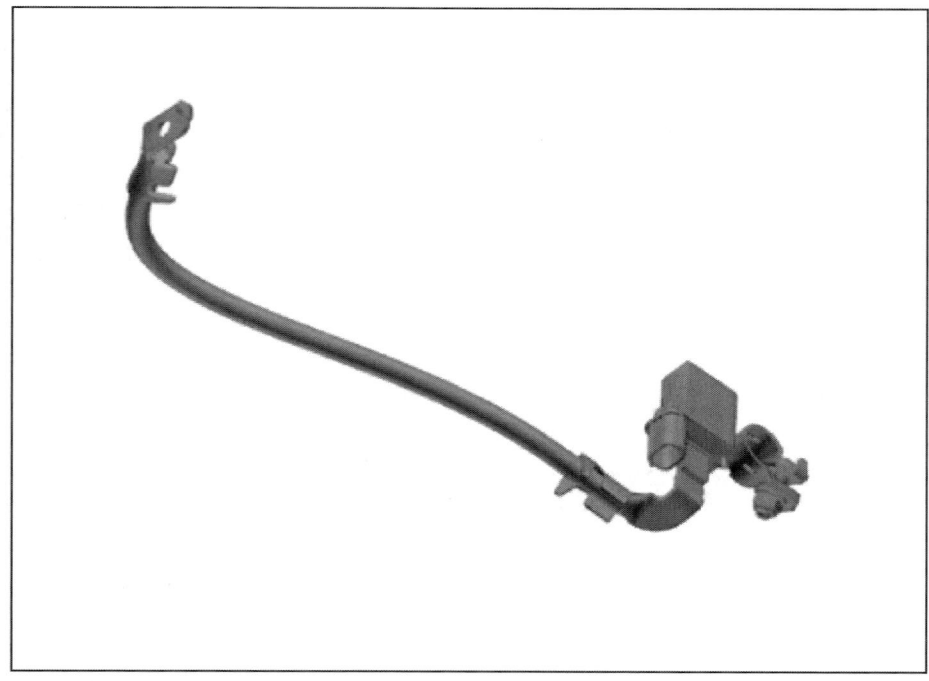

전기 구성 요소 전원(12V) 공급 흐름

BMS ECU(Battery Management System Electronic Control Unit) : 사용 가능한 배터리 전원 및 충전 상태에 대한 정보를 제공한다.
VCU(Vehicle Control Unit) : 배터리 상태 및 차량 상태에 따라 LDC 작동 모드를 결정한다.
LDC(Low voltage DC/DC Converter) : VCU의 제어 명령에 따라 저전압을 고전압으로 변환한 후 차량 전기 구성 요소에 전원을 공급한다.

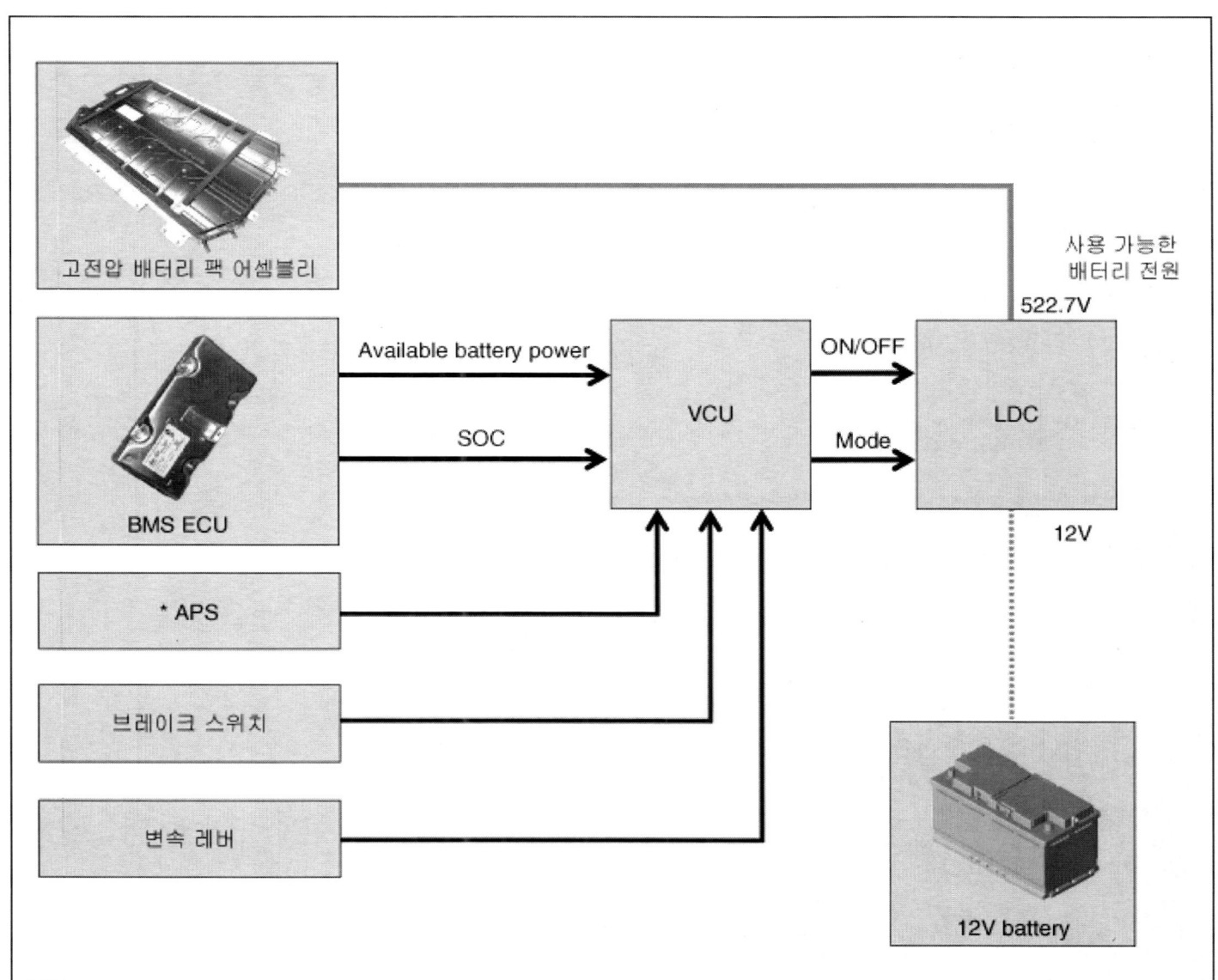

* APS : 악셀레이터 페달 포지션 센서

탈거

배터리

1. 점화스위치를 OFF한다
2. 프런트 트렁크를 탈거한다.
   (바디 (내장 / 외장 / 전장) - "프런트 트렁크" 참조)
3. 보조 12V 배터리 (-) 단자(A)를 분리한다.

   체결 토크 : 0.8 ~ 1.0 kgf.m

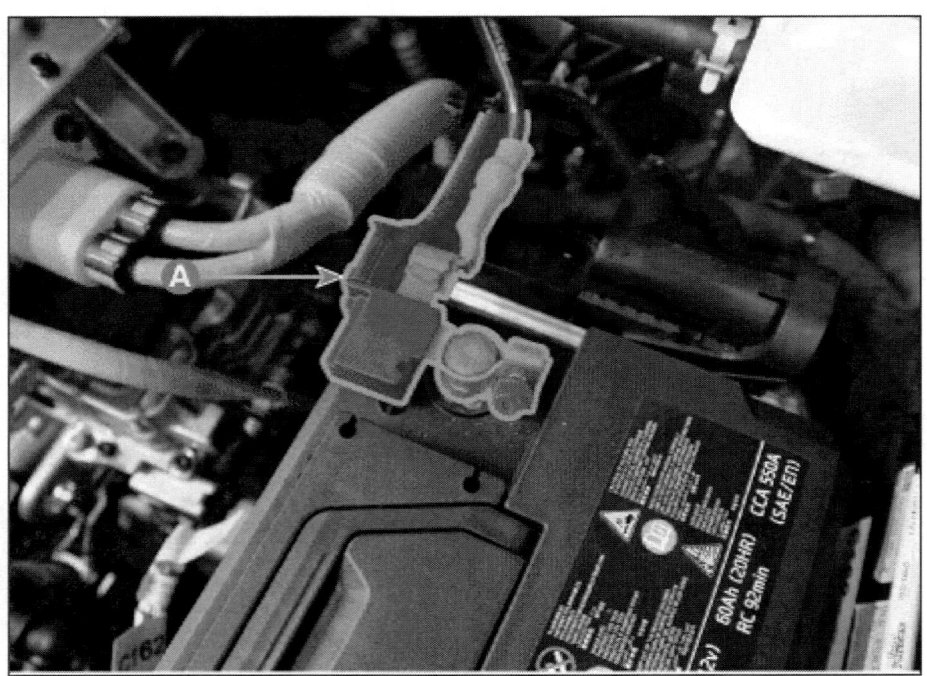

4. 보조 12V 배터리 (+) 단자(A)를 분리한다.

   체결 토크 : 0.8 ~ 1.0 kgf.m

5. 배터리 클램프(A)를 탈거한다.

   체결 토크 : 0.9 ~ 1.4 kgf.m

6. 보조 12V 배터리(A)를 탈거한다.

배터리 트레이

1. 보조 12V 배터리를 탈거한다.
2. 차량 제어 유닛을 탈거한다.
   (차량 제어 시스템 - "차량 제어 유닛 (VCU)" 참조)
3. 배터리 트레이(A)를 탈거한다.

체결 토크 : 0.9 ~ 1.4 kgf.m

배터리 센서

1. 점화 스위치를 OFF한다
2. 프런트 트렁크를 탈거한다.
   (바디 (내장 / 외장 / 전장) - "프런트 트렁크" 참조)
3. 보조 12V 배터리 (-) 단자(A)를 분리한다.

체결 토크 : 0.8 ~ 1.0 kgf.m

4. 배터리 센서 커넥터(A)를 분리한다.

5. 배터리 센서(A)를 탈거한다.

체결 토크 : 2.7 ~ 3.3 kgf.m

장착

배터리

1. 장착은 탈거의 역순으로 진행한다.

> **유 의**
>
> 배터리 장착 시, 배터리 고정 브라켓을 정확히 장착한다.

배터리 트레이

1. 장착은 탈거의 역순으로 진행한다.

> **유 의**
>
> 배터리 장착 시, 배터리 고정 브라켓을 정확히 장착한다.

배터리 센서

1. 장착은 탈거의 역순으로 진행한다.

> **유 의**
>
> 배터리 센서가 장착된 차량의 경우 배터리를 교체하거나 재충전할 때 배터리 센서가 손상되지 않도록 주의한다.
> 1) 배터리를 교체할 때는 이전에 설치한 배터리와 동일한 유형, 용량 및 브랜드를 사용해야 합니다. 차량을 다른 유형의 배터리로 교체하는 경우 배터리 센서가 비정상적인 것으로 인식할 수 있다.
> 2) 배터리의 음극 기둥에 접지 케이블을 설치할 때 클램프를 지정된 토크로 조입니다. 과도한 체결은 PCB 내부 회로와 배터리 단자를 손상시킬 수 있다.
> 3) 배터리를 재충전할 때 부스터 배터리의 음극 단자를 차체에 접지한다.

2023 > 엔진 > 160kW > 차량 제어 시스템 > 보조 배터리 (12V) > 점검

차량 암전류 검사

1. 전기 장치를 OFF하고, 점화 스위치를 OFF한다.
2. 후드를 제외한 모든 문을 닫고 잠근다.
   (1) 후드 스위치 커넥터를 분리한다.
   (2) 트렁크 뚜껑을 닫는다.
   (3) 문을 닫거나 문 스위치를 탈거한다.
3. 차량의 전기 시스템이 슬립 모드로 전환될 때까지 몇 분 동안 기다린다.

   > **유 의**
   >
   > - 차량의 암전류를 정확하게 측정하려면 모든 전기 시스템이 슬립 모드에 있어야 합니다(최소 1시간 또는 많아야 하루 정도 걸립니다.). 그러나 대략적인 값은 10~20분 후에 측정할 수 있습니다.

4. 배터리(-) 단자와 접지 케이블 사이에 전류계를 직렬로 연결한 다음, 배터리(-) 단자로부터 클램프를 천천히 분리한다.

   > **유 의**
   >
   > 전류계의 리드선은 배터리(-) 단자와 접지 케이블로부터 떨어져 나가지 않도록 주의하여 배터리가 리셋되는 것을 방지하십시오. 배터리가 재설정된 경우 배터리 케이블을 다시 연결한 다음 엔진을 시동하거나 점화 스위치를 10초 이상 ON으로 끕니다. 1번부터 절차를 반복하여 검사 중에 배터리가 재설정되는 것을 방지하려면
   > a. 배터리(-) 단자와 접지 케이블 사이에 점프 케이블을 연결합니다.
   > b. 배터리(-) 단자로부터 접지 케이블을 분리합니다.
   > c. 배터리(-) 단자와 접지 케이블 사이에 전류계를 연결합니다.
   > d. 점프 케이블을 분리한 후 전류계의 전류 값을 읽습니다.

   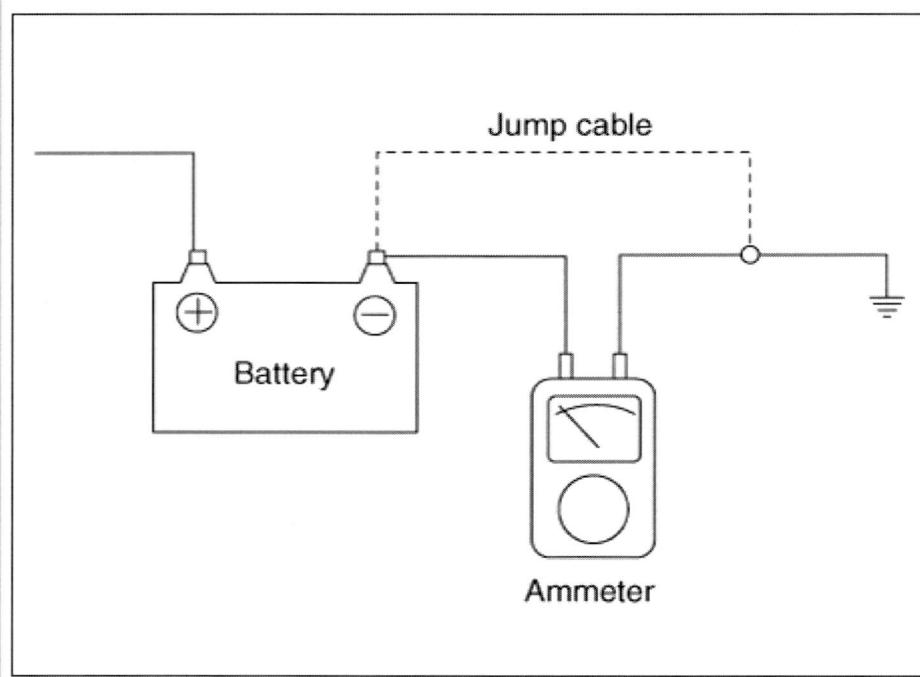

5. 전류계의 전류 값을 읽는다.
   암전류가 한계값을 초과하면 퓨즈를 하나씩 제거하고 암전류를 확인하여 비정상 회로를 찾는다.
   의심되는 전류 요구량 회로 퓨즈만 다시 연결하고 암전류 요구량이 한계값 아래로 떨어질 때까지 회로에 연결된 구성 요소를 하나씩 제거하여 의심되는 장치를 찾는다.

한계 값 (10~20분 후) : 50mA

조정

배터리 센서 재보정 절차

배터리 음극 케이블을 다시 연결한 후 AMS 기능은 시스템이 안정화될 때까지 약 4시간 동안 작동하지 않는다. AMS 기능이 장착된 차량을 수리하는 동안 음극(-) 배터리 케이블이 분리된 경우 수리를 완료한 후 배터리 센서 재보정 절차를 수행해야 한다.

1. 점화 스위치를 ON 또는 OFF한다.
2. 후드와 모든 도어를 닫은 상태에서 약 4시간 동안 차량을 주차한다.

조정

세척

1. 점화 스위치와 모든 액세서리를 "OFF" 한다.
2. 배터리 센서 커넥터를 탈거한다. (음극 먼저)
3. 차량에서 배터리를 탈거한다.

> **유의**
>
> 전해액으로부터 피부를 보호하기 위해 배터리 케이스에 금이 가거나 누출이 발생할 경우 주의해야 한다. 배터리를 제거할 때는 무거운 고무장갑(가정용 장갑이 아닌것)을 착용해야 한다.

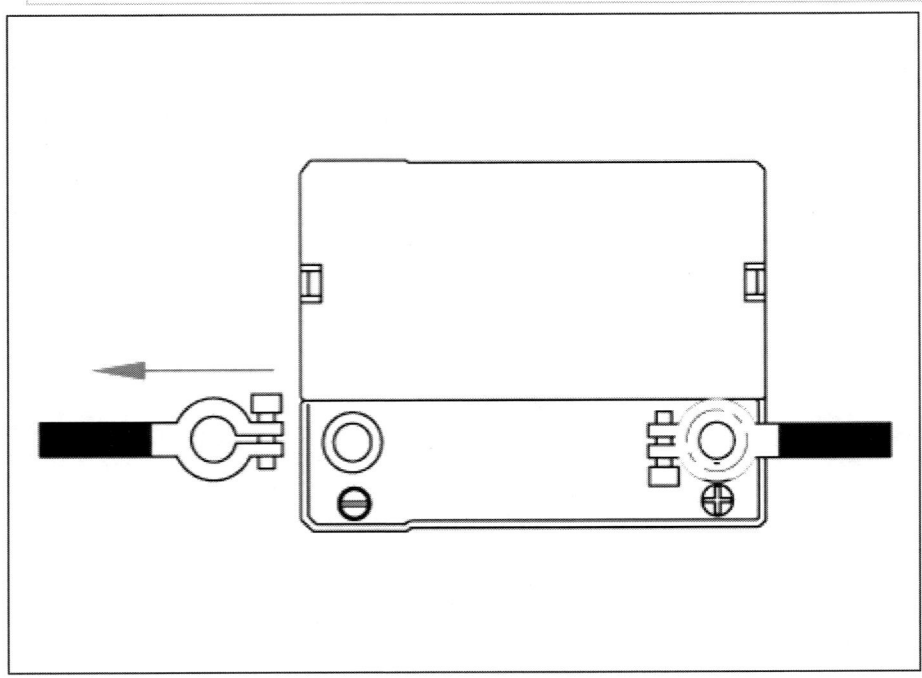

4. 배터리 트레이에서 전해액 손실로 인한 손상이 있는지 검사하십시오. 산성 손상이 있을 경우 깨끗한 따뜻한 물과 베이킹소다 용액으로 주변을 청소해야 한다. 굳은 솔로 문지르고 베이킹 소다와 물을 적신 천으로 닦아낸다.
5. 배터리 상부를 베이킹 소다 수용액으로 세척한다.
6. 배터리 케이스를 검사하고 커버에 균열이 없는지 확인한다. 균열이 있으면 배터리를 교체해야 한다.
7. 적절한 도구를 이용하여 배터리 포스트 부분을 청소한다.
8. 적절한 도구를 이용하여 배터리 터미널 클램프 안쪽 면을 청소하고 손상된 케이블이나 파손된 터미널 클램프는 교환한다.
9. 차량에 배터리를 장착한다.
10. 연결하고 단자 상단이 포스트의 상단과 같은 높이에 있는지 확인한다.
11. 터미널 너트를 견고하게 체결한다.
12. 체결 후 모든 접촉 부분에 광물질 그리스를 도포한다.

> **유의**
>
> - 배터리를 충전할 때 각 셀의 커버 아래에 폭발성 가스가 형성된다.
> - 충전 중이거나 최근에 충전된 배터리 근처에서 담배를 피우지 않도록 한다.
> - 충전 중인 배터리 단자에서 전원 회로를 차단하지 않는다.
> - 회로가 파손되면 스파크가 발생한다.
> - 배터리에서 불꽃이 닿지 않도록 한다.

차량 제어 유닛 (VCU) 탈장착

	작업	H/W	체결토크 (kgf.m)	SST/장비	케미컬	기타
• 탈거						
1	보조 12V 배터리 탈거 (차량 제어 시스템 - "보조 배터리 (12V)" 참조)	-	-	-	-	-
2	차량 제어 유닛 (VCU) 커넥터 분리	-	-	-	-	-
3	차량 제어 유닛 (VCU) 탈거	볼트	1.0 ~ 1.2	-	-	-
• 장착						
탈거의 역순으로 진행						-

개요

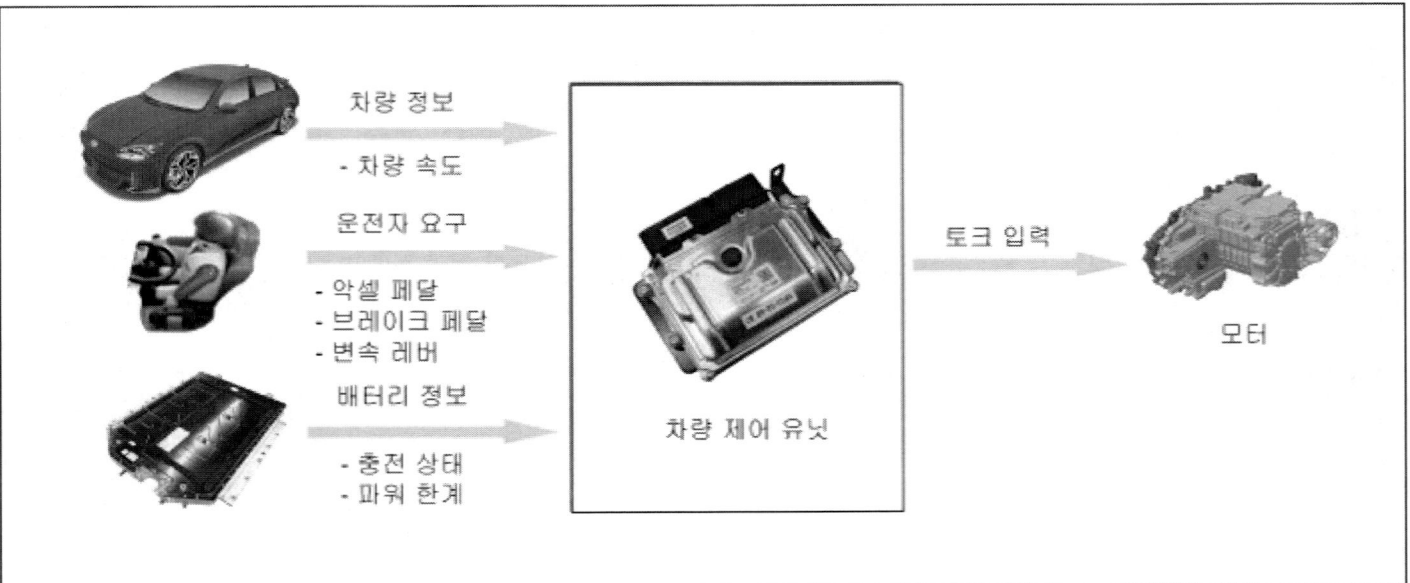

주요 특성

주요 특성	세부 사항
구동모터 제어	배터리 가용파워, 모터가용토크, 운전자 요구(APS, Brake SW, Shift Lever)를 고려한 모터 토크 지령 계산
회생제동 제어	• 회생 제동을 위한 모터 충전 토크 지령 연산 • 회생 제동 실행 량 연산
공조부하 제어	배터리 정보 및 FATC 요청 파워를 이용하여 최종 FATC 허용 파워 송신
전장부하 전원 공급제어	배터리 정보 및 차량 상태에 따른 LDC ON/OFF 및 동작 모드 결정
Cluster 표시	구동 파워, 에너지 Flow, ECO Level, Power Down, Shift Lever Position, Service Lamp 및 Ready Lamp 점등 요청
DTE(Distance to Empty)	• 배터리 가용에너지, 과거 주행 전비를 기반으로 차량의 주행가능거리를 표시 • AVN을 이용한 경로 설정 시 경로의 전비 추정을 통해 DTE 표시 정확도 향상
예약/원격 충전/공조	• TMU와의 연동을 통해 Center/스마트폰을 통한 원격 제어 • 운전자의 작동시각 설정을 통한 예약기능 수행
아날로그/디지털 신호처리 및 진단	APS, 브레이크 스위치, 시프트 레버, 에어백 전개 신호처리 및 진단

탈거 및 장착

1. 보조 12V 배터리를 탈거한다.
   (차량 제어 시스템 - "보조 배터리(12V)" 참조)
2. 차량 제어 유닛 (VCU) 커넥터(A)를 분리한다.

3. 차량 제어 유닛 (VCU)(A)를 탈거한다.

   체결 토크 : 1.0 ~ 1.2 kgf.m

4. 장착은 탈거의 역순으로 진행한다.

배터리 제어 시스템

- 고전압 배터리 취급 주의사항 ······················ 64
- 개요 및 작동원리 ································ 67
- 서비스 정보 ···································· 74
- 체결토크 ······································· 77
- 특수공구 ······································· 79
- 구성부품 및 부품위치 ··························· 84
- 고전압 배터리 시스템 ··························· 88
- 고전압 배터리 컨트롤 시스템 ················ 186
- 고전압 충전 시스템 ··························· 254
- 고전압 분배 시스템 ··························· 307

2023 > 엔진 > 160kW > 배터리 제어 시스템 (일반형) > 고전압 배터리 취급 주의사항 > 고전압 배터리 위험 발생 주의사항

고전압 배터리 위험 발생 시 주의사항

고전압 배터리 취급 시 주의사항

- 고전압 배터리는 반드시 평행을 유지한 상태로 운반한다. 그렇지 않을 경우 배터리의 성능이 저하되거나 수명이 단축될 수 있다.
- 고전압 배터리는 고온 장시간 노출 시 성능 저하가 발생할 수 있으므로 페인트 열처리 작업은 반드시 70°C / 30분 또는 80°C / 20분을 초과하지 않는다.

고전압 배터리 시스템 화재 발생 시 주의사항

- 시동 스위치를 OFF 한 후, 의도치 않은 시동을 방지하기 위해 스마트 키를 차량으로부터 2m 이상 떨어진 위치에 보관하도록 한다.
- 화재 초기일 경우, 서비스 인터록 커넥터를 신속히 분리한다.
  (배터리 제어 시스템 - "고전압 차단 절차" 참조)
- 실내에서 화재가 발생한 경우, 수소 가스 방출을 위하여 환기를 실시한다.
- 불을 끌 수 있다면 이산화탄소 소화기를 사용한다. 단, 그렇지 못할 경우 물이나 다른 소화기를 사용하도록 한다.
- 이산화탄소는 전기에 대해 절연성이 우수하기 때문에 전기(C급) 화재에도 적합하다.
- 불을 끌수 없다면 안전한 곳으로 대피한다. 그리고 소방서에 전기차 화재를 알리고 불이 꺼지기 전까지 차량에 접근하지 않도록 한다.
- 차량 침수/충돌 사고 발생 후 정지 시 최대한 빨리 시동 스위치 OFF 및 외부로 대피한다.

고전압 배터리 가스 및 전해질 유출 시 주의사항

- 시동 스위치를 OFF 한 후, 의도치 않은 시동을 방지하기 위해 스마트 키를 차량으로부터 2m 이상 떨어진 위치에 보관하도록 한다.
- 화재 초기일 경우, 서비스 인터록 커넥터를 신속히 분리한다.
  (배터리 제어 시스템 - "고전압 차단 절차" 참조)
- 가스는 수소 및 알칼리성 증기이므로, 실내일 경우는 즉시 환기를 실시하고 안전한 장소로 대피한다.
- 누출된 액체가 피부에 접촉 시, 즉각 붕소액으로 중화시키고, 흐르는 물 또는 소금물로 환부를 세척한다.
- 누출된 증기나 액체가 눈에 접촉 시, 즉시 흐르는 물에 세척한 후 의사의 진료를 받는다.
- 고온에 의한 가스 누출일 경우, 고전압 배터리가 상온으로 완전히 냉각될 때까지 사용을 금한다.

고전압 배터리 시스템 보관, 운송, 폐기 관련 취급 가이드

고품 고전압 배터리 시스템 취급 절차

고품 고전압 배터리 시스템 취급/점검 방법

분류		항목	조치 내용
미손상배터리		보관	신품 배터리 시스템 과 동일한 기준으로 안전포장 및 보관
		운송	충격을 최소화하고 타 일반부품과 섞이지 않도록 별도 운송 조치
		폐기	지정 폐기업체에 운송하여 염수침전 또는 방전 장비 이용하여 완전방전 시킨 후, 폐기업체의 폐기절차 수행

손상 배터리	공통 항목	점검 방법	1. 전압 이상 점검 (디지털 멀티미터 이용)
			  (1) 파워 릴레이 어셈블리 배터리 측 (+)단자와 (-)단자간의 전압 측정 =
			    측정 기본조건 : 고전압 배터리 상부 케이스 탈거 후 측정
			  ▶ 조치방법 : 비정상 시 고전압 배터리 화재방지를 위해 즉시 염수침전 또는 방전 장비 이용한 완전 방전 실시
			2. 온도 이상 점검 (비접촉식 온도계 이용)
			  (1) 배터리 시스템 어셈블리(BSA) 케이스의 외부 온도 확인
			  (2) 최초 온도/30분 후 온도 측정 후 온도 변화 확인
			  ▶ 정상기준 : 온도변화 3℃ 이하, 최대온도 35℃ 이하
			  ▶ 조치방법
			  - 최대온도 35℃ 이상 시, 건냉한 장소에 자연방치 후 35℃부근에서 온도 점검 진행
			  - 최초온도와 30분 후 온도차이가 3℃ 이상 상승할 경우, 즉시 염수침전 또는 방전 장비 이용한 완전 방전 실시
			  - 30분 간격으로 온도측정 결과 온도 지속상승 시, 즉시 염수침전 또는 방전 장비 이용한 완전 방전 실시
			3. 절연저항 이상 점검 (메가옴 테스터 이용)
			  (1) 파워 릴레이 (+) 단자와 배터리 시스템 어셈블리 하부 케이스 간 절연저항 측정
			  (2) 파워 릴레이 (-) 단자와 배터리 시스템 어셈블리 하부 케이스 간 절연저항 측정
			  ▶ 정상기준 : 절연저항 2MΩ 이상 (1000V 전압 적용 시)
			  ▶ 조치방법 : 절연처리 및 외부 절연체 포장
			4. 전해액 누설 점검
			  - 배터리 팩 30cm 이내 거리에서 냄새 직접 확인 (화학약품, 아크릴 냄새와 유사)
			  ▶ 조치방법 : 전해액 누설이 의심되는 이상 냄새 감지 시 즉시 염수침전 또는 방전 장비 이용한 완전 방전 실시

	손상 배터리 점검 결과 : 정상	보관	신품 배터리 시스템 과 동일한 기준으로 포장 및 보관
		운송	충격을 최소화하고 타 일반부품과 섞이지 않도록 별도 운송 조치
		폐기	지정 폐기업체에 운송하여 염수침전 또는 방전 장비를 이용하여 완전방전 시킨 후, 폐기업체의 폐기절차 수행
	손상 배터리 점검 결과 : 비정상	보관	노출된 외부단자 위치 확인하여 절연처리, 건냉한 장소에 별도 보관휘발성 물질/가연성 물질과 분리하여 보관 외부 단자간 단락 방지용 외부절연체 (절연테이프, 고무 캡 등) 이용하여 절연처리절연체(비닐, 랩 등)를 이용하여 배터리 팩 외부 마감/포장 박스 내 충격 방지재 적용
		운송	충격을 최소화하고 타 일반부품과 섞이지 않도록 별도 운송 조치
		폐기	지정 폐기업체에 운송하여 염수침전 또는 방전 장비를 이용하여 완전방전 시킨 후, 폐기업체의 폐기절차수행

고전압 배터리 시스템 폐기 방전 절차

고전압 배터리는 감전 및 기타사고의 위험이 있으므로 고품 고전압 배터리에서 아래와 같은 이상 징후가 감지되면 서비스 센터에서 염수침전(소금물에 담금) 방식으로 고품 고전압 배터리를 즉시 방전한다.
- 화재의 흔적이 있거나 연기가 발생하는 경우
- 고전압 배터리의 전압이 비정상적으로 높은 경우 (이상)
- 고전압 배터리의 온도가 비정상적으로 지속 상승하는 경우
- 전해액 누설이 의심되는 이상 냄새(화학약품, 아크릴 냄새와 유사)가 발생할 경우

[염수침전 방전 방법]
1. 고전압 배터리 전체를 잠수시킬 수있는 플라스틱 용기에 물을 준비합니다.
2. 크레인 잭을 이용하여 고전압 배터리 시스템 어셈블리를 물에 담근다.
3. 소금물의 농도가 약 2% 정도가 되도록 소금을 부어 소금물을 만든다.

> **ⓘ 참 고**
>
> - 예를 들어 물의 양이(10리터)인 경우 소금의 양은 200g을 넣어준다.

4. 고전압 배터리 시스템 어셈블리 또는 배터리 모듈 어셈블리를 아래와 같이 소금물에 담근다
5. 약 3일 이상 방치한 후 고전압 배터리를 용기에서 꺼내어 건조한다.

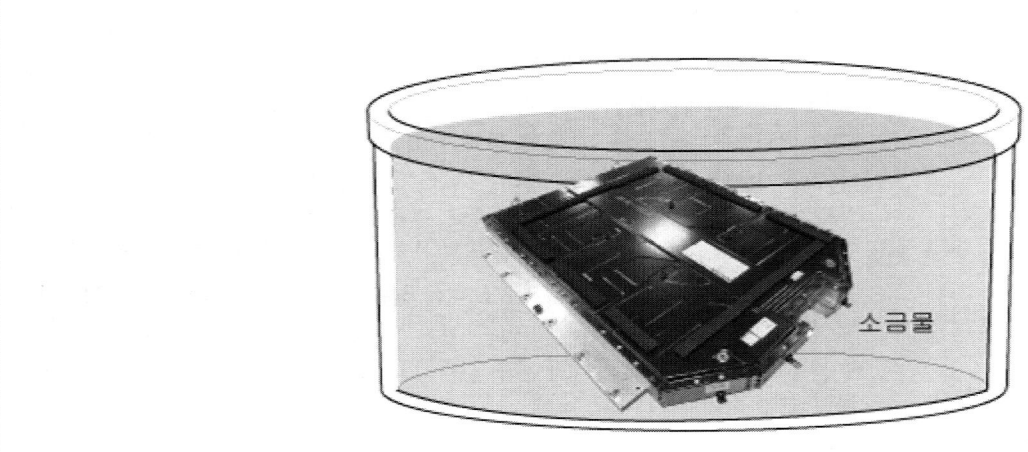

> **유 의**
>
> - 염수 침전 방전 완료 후 배터리 팩 전압은 이하여야한다.
> - 고전압 배터리 탈거 불가능 할 경우, 고전압 배터리가 잠길때까지 차량 전체를 침수한다.
> - 고전압 배터리 탈거 및 차량 침수 불가능 할 경우, 차량 전체를 방수포 씌워 보관한다
>   (방수포는 고전압 배터리내 물 유입 방지 가능한 사이즈/재질일 것)

개요

전기 자동차는 모터와 고전압 배터리등을 통하여 전기 에너지를 운동 에너지로 변환해서 구동하는 차량을 의미하며. 충전시에는 급속 또는 차량 탑재형 충전기를 통하여 고전압 전기 에너지를 충전한다. 전기모터는 차량의 주행뿐만 아니라 고전압 배터리의 충전을 위해 회생 제동 시 전기 에너지를 발생시키는 역할을 한다

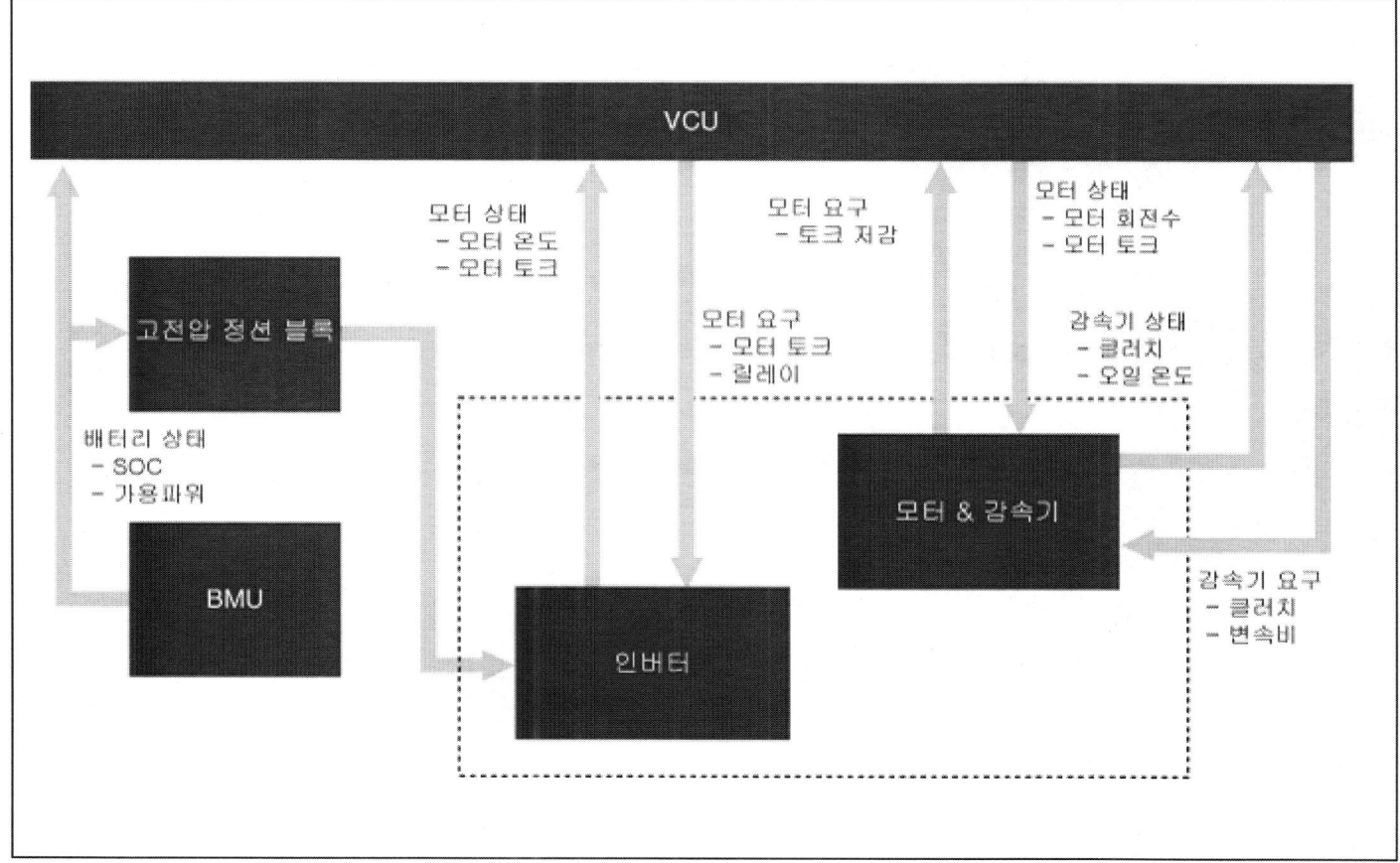

작동원리

완속 충전 시

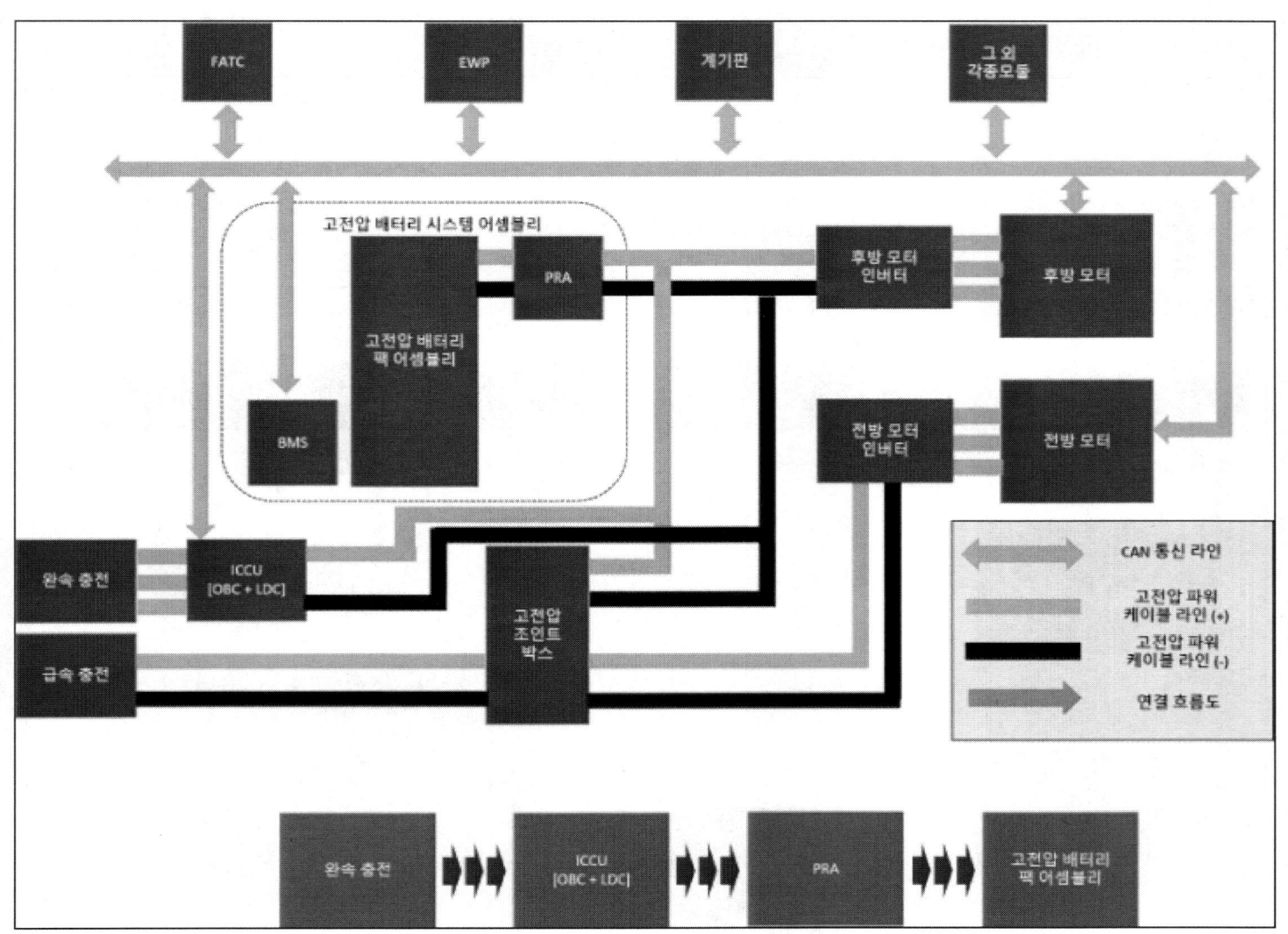

급속 충전 시

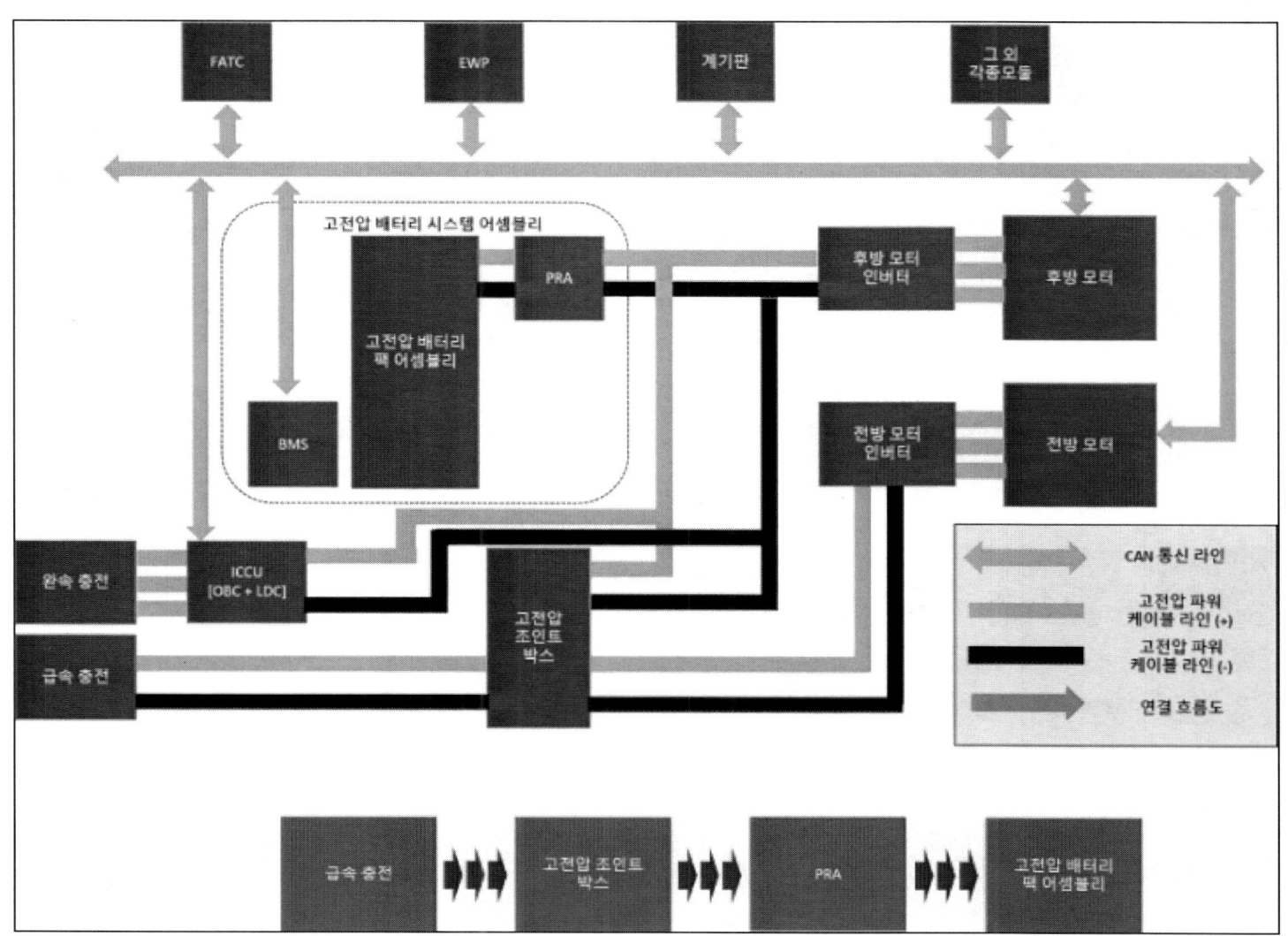

방전 시 (후방)

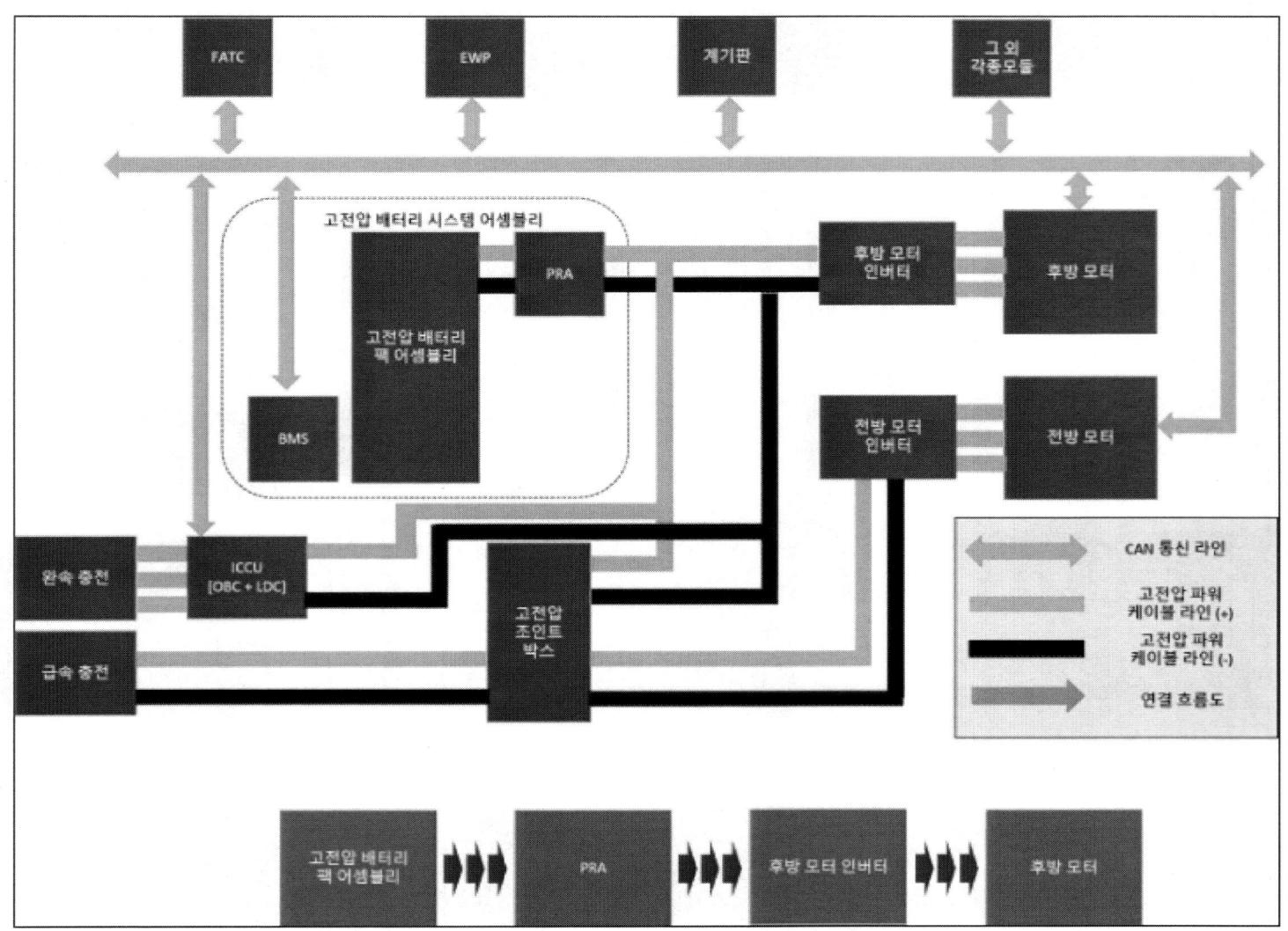

방전 시 (전방)

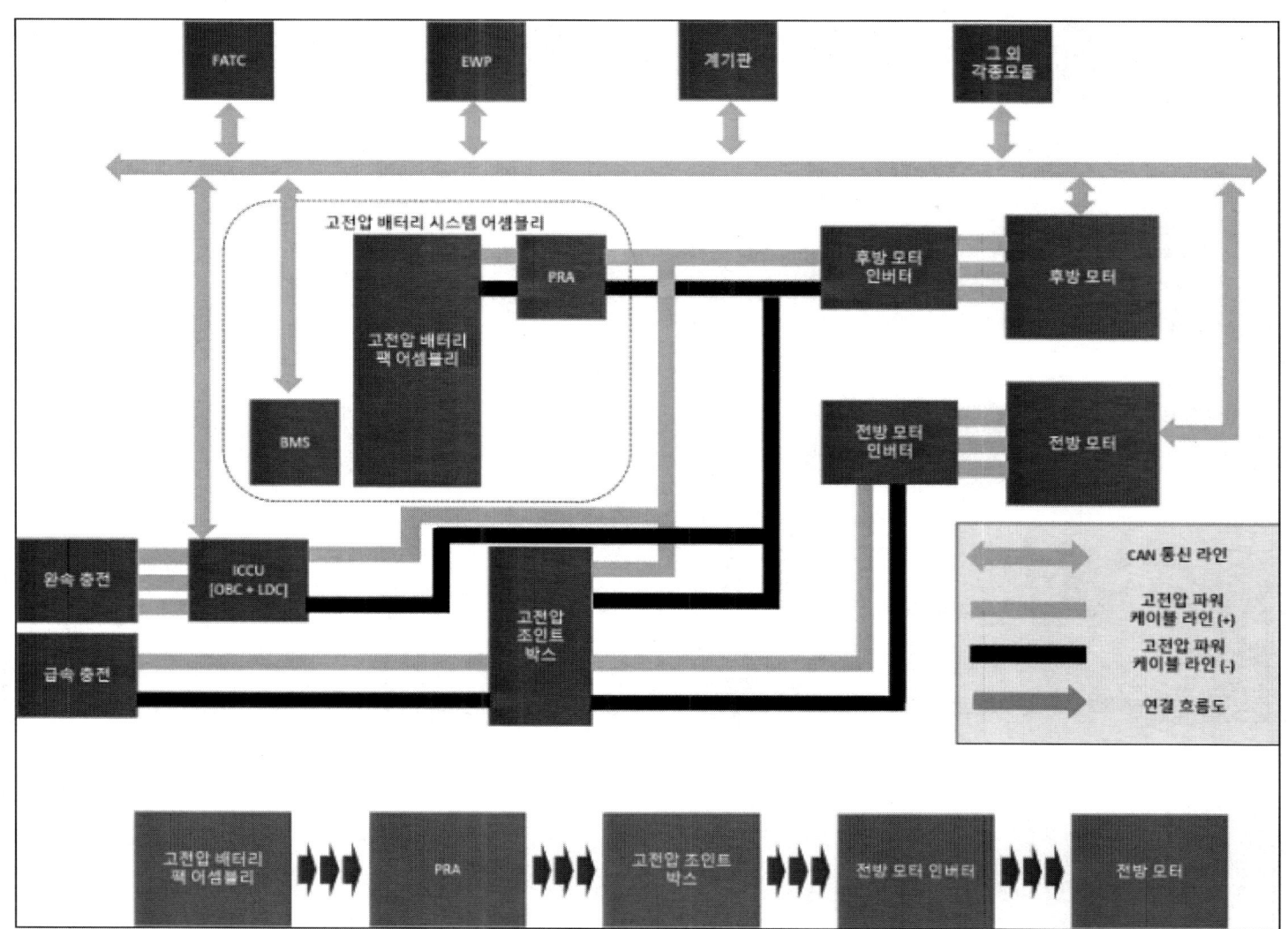

회생 제동 (후방)

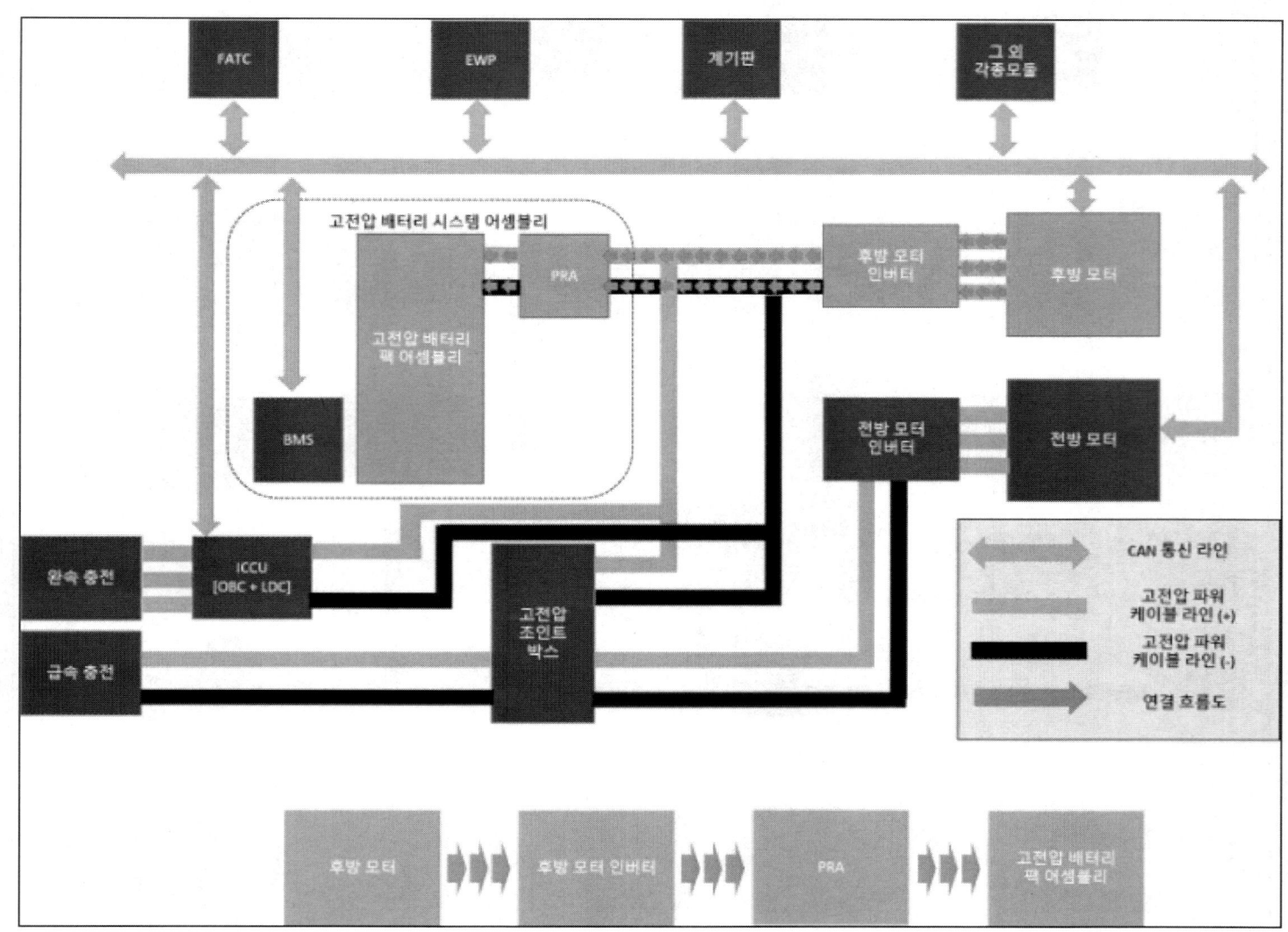

회생 제동 (전방)

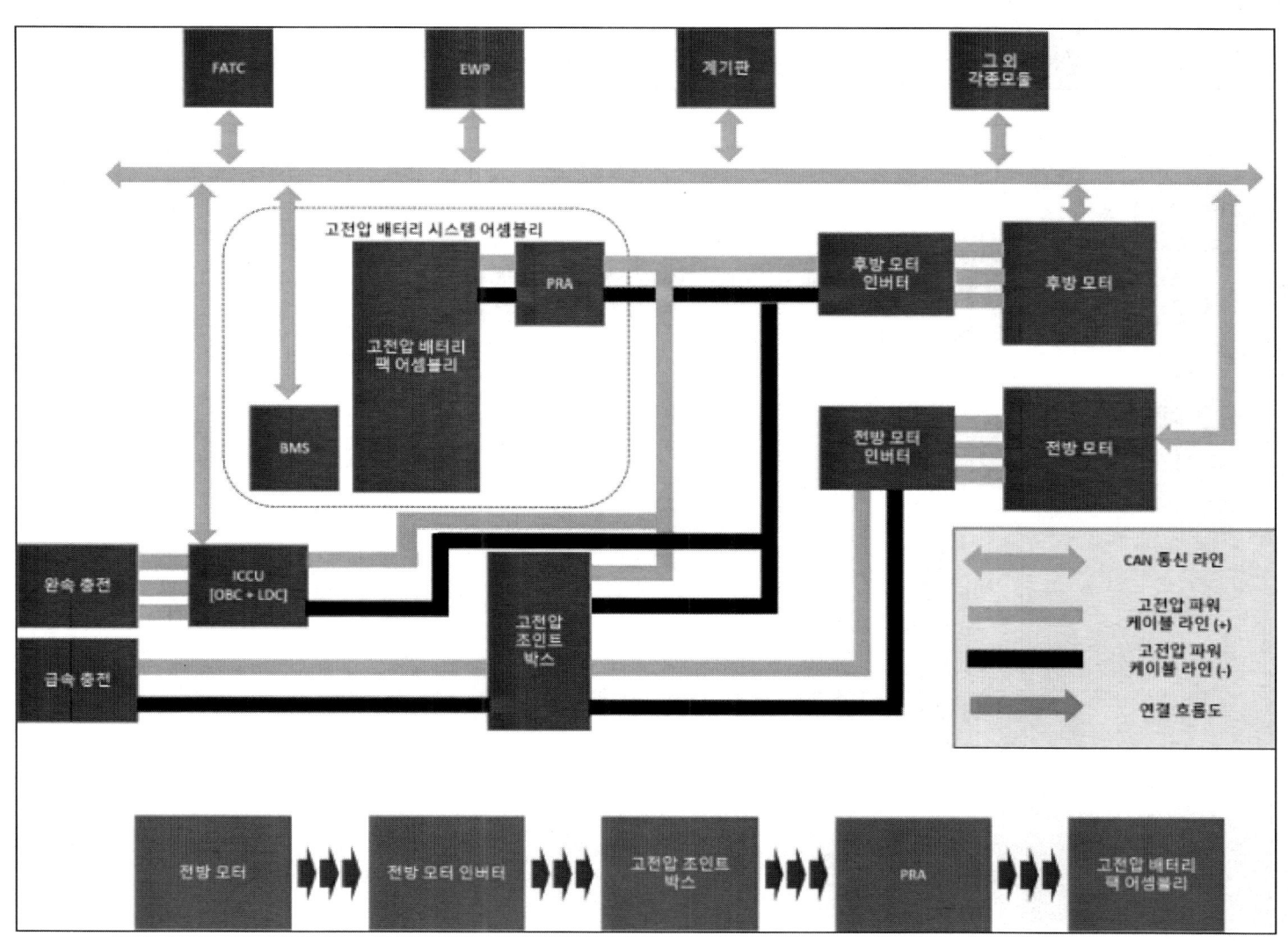

서비스 정보

고전압 차단 절차
▷ 제원

항목	제원
인버터내에 캐패시터 방전상태	30V 이하

고전압 배터리 시스템

배터리 시스템 어셈블리(BSA)
▷ 제원

항목	제원
셀 구성	132셀 (2P6S*22모듈)
셀 전압 (V)	2.5 ~ 4.2
셀간 전압 편차 (mV)	40 이하
정격 전압 (V)	487 (330 ~ 568)
공칭 용량 (Ah)	111.2
에너지 (KWh)	53.0
중량 (kg)	369.1

고전압 배터리 컨트롤 시스템

배터리 매니지먼트 유닛(BMU)
▷ 제원

항목	제원
작동 전압(V)	9 ~ 16
작동 온도 (°C)	-35 ~ 75
절연 저항(MΩ)	10 (2kV기준)

셀 모니터링 유닛(CMU)
▷ 제원

항목	제원
작동 전압(V)	9 ~ 60 (12셀 기준)
작동 온도(°C)	-35 ~ 75
절연 저항(MΩ)	10 (2kV기준)

메인 퓨즈
▷ 제원

항목	제원
정격 전압 (V)	850 (DC)
정격 전류 (A)	500
저항(Ω)	1.0 이하 (20°C)

파워 릴레이 어셈블리(PRA)

메인 릴레이
▷ 제원

항목	제원
타입	기계식 릴레이
정격 전압(V)	800
정격 전류(A)	250

프리 차지 릴레이
▷ 제원

항목	제원
타입	전자식 릴레이
정격 전압(V)	1000
정격 전류(A)	20

배터리 전류 센서
▷ 제원

대전류 (A)	출력 전압 (V)
-750 (충전)	0.5
0	2.5
750 (방전)	4.5

저전류 (A)	출력 전압 (V)
-75	0.5
0	2.5
75	4.5

전압 & 온도 센싱 와이어링 하네스
▷ 제원

온도 (°C)	저항값 (kΩ)	편차 (%)
-40	214.8	-0.7 ~ 0.7
-30	122	-0.7 ~ 0.7
-20	72.04	-0.6 ~ 0.6
-10	44.09	-0.6 ~ 0.6
0	27.86	-0.5 ~ 0.5
10	18.13	-0.4 ~ 0.4
20	12.12	-0.4 ~ 0.4
30	8.3	-0.4 ~ 0.4
40	5.81	-0.5 ~ 0.5
50	4.14	-0.6 ~ 0.6
60	3.01	-0.8 ~ 0.8
70	2.23	-0.9 ~ 0.9

고전압 충전 시스템

통합 충전 컨트롤 유닛(ICCU) (OBC+LDC)

차량 탑재형 충전기(OBC)

▷ 제원

항목	제원
정격 전력 (kW)	11
입력 전압 (V)	AC 320 ~ 440
출력 전압 (V)	DC 360 ~ 826
냉각 방식	수냉식

저전압 DC/DC 컨버터(LDC)

▷ 제원

항목	제원
입력 전압 (V)	360 ~ 826
출력 전압 (V)	12.8 ~ 15.1
정격 전력 (kW)	1.8
냉각 방식	수냉식

차량 충전 관리 시스템(VCMS)

▷ 제원

항목	제원
정격 전압(V)	DC 11 ~ 13
작동 전압(V)	DC 9 ~ 16
동작 온도(°C)	-30 ~ 75

전기차 가정용 충전기(ICCB)

▷ 제원

항목	제원
정격 전압(V)	120 ~ 230
정격 전류(A)	6, 8, 10, 12 (가변 설정)

체결 토크

고전압 배터리 시스템

항목	체결 토크 (kgf.m)
배터리 시스템 어셈블리(BSA) 고전압 커넥터 커버 볼트	0.8 ~ 1.2
배터리 시스템 어셈블리(BSA) 접지 볼트	0.8 ~ 1.2
배터리 시스템 어셈블리(BSA) 중앙부 고정 볼트	7.0 ~ 9.0
배터리 시스템 어셈블리(BSA) 사이드 고정 볼트	12.0 ~ 14.0
버스바	0.8 ~ 1.2
보강판	0.8 ~ 1.2
서브 배터리 팩 어셈블리(Sub-BPA) 고정 볼트 및 너트	0.8 ~ 1.2
배터리 모듈 어셈블리 고정 볼트	2.0 ~ 3.0
배터리 시스템 어셈블리 상부 케이스 장착 볼트(A)를 탈거한다.	10.6 ~ 15.8
수밀 보강 브래킷 볼트 및 너트	[1단계 : 0.9] + [2단계 : 1.1]
고전압 배터리 프런트 커넥터 어셈블리 고정 볼트	0.8 ~ 1.2
고전압 배터리 리어 커넥터 어셈블리 고정 볼트	0.8 ~ 1.2
ICCU 고전압 커넥터 어셈블리 커버 볼트	0.8 ~ 1.2
ICCU 고전압 커넥터 어셈블리 고정 볼트	0.8 ~ 1.2
BMU 익스텐션 커넥터 고정 볼트	0.8 ~ 1.2
LEAK센서 볼트	0.8 ~ 1.2
비동기 통신 와이어링 접지 볼트	0.8 ~ 1.2

고전압 배터리 컨트롤 시스템

항목	체결 토크 (kgf.m)
배터리 매니지먼트 유닛(BMU) 서비스 커버 볼트	[1단계 : 0.9] + [2단계 : 1.1]
배터리 매니지먼트 유닛(BMU) 고정 볼트	[1단계 : 0.9] + [2단계 : 1.1]
셀 모니터링 유닛(CMU) 고정 볼트	[1단계 : 0.9] + [2단계 : 1.1]
파워 릴레이 어셈블리(PRA) 고정 볼트	0.8 ~ 1.2
메인 퓨즈 서비스 커버 볼트	[1단계 : 0.9] + [2단계 : 1.1]
메인 퓨즈 고정 볼트	1.6 ~ 1.7
메인 퓨즈 커버 스크류	0.10 ~ 0.15

고전압 충전 시스템

항목	체결 토크 (kgf.m)
ICCU 접지 볼트	0.8 ~ 1.0
LDC 플러스 볼트	0.7 ~ 1.0
통합 충전기 및 컨버터 유닛(ICCU) 고정 볼트	0.8 ~ 1.2
차량 충전 관리 시스템(VCMS) 고정 볼트	0.8 ~ 1.2
고전압 정션 블록 어퍼 커버 볼트	0.8 ~ 1.2
버스바	0.8 ~ 1.2
QRA 트레이 고정 볼트	0.8 ~ 1.2

급속 충전 커넥터 서비스 커버 볼트	0.5 ~ 0.8
급속 충전 커넥터	0.95 ~ 1.05
급속 충전 커넥터 장착 너트	0.5 ~ 0.8
콤보 충전 인렛 어셈블리 고정 볼트	0.7 ~ 1.0
콤보 충전 인렛 어셈블리 고정 너트	1.1 ~ 1.4
완속충전 케이블 잠금 액추에이터 스크류	0.12 ~ 0.18

고전압 분배 시스템

항 목	체결 토크 (kgf.m)
프런트 고전압 정션 블록 고정 볼트(2WD)	0.7 ~ 1.0
인버터 및 고전압 정션 블록 서비스 커버	0.4 ~ 0.6
인버터 및 고전압 정션 블록 체결 볼트	0.7 ~ 1.0
프런트 고전압 정션 블록 고정 볼트(4WD)	0.7 ~ 1.0
리어 고전압 정션 블록 고정 볼트 및 너트	2.0 ~ 2.4

특수공구

공구 명칭 / 번호	형상	용도
배터리 시스템 어셈블리 이송 행어 09375-K4100		배터리 시스템 어셈블리 이송시 사용
배터리 시스템 어셈블리 이송행어 고정 핸들 09375-K4104		배터리 시스템 어셈블리 이송시 사용
고전압 배터리 갭필러 고정 툴 09375-GI100		고전압 배터리 갭 필러 도포시 사용
고전압 배터리 갭필러 작업 건 09375-GI200		고전압 배터리 갭 필러 도포시 사용
고전압 배터리 갭필러 리본 09375-GI300		고전압 배터리 갭 필러 도포시 사용

배터리 모듈 행어 09375-GI700		배터리 모듈 어셈블리 이송시 사용
배터리 모듈 가이드 09375-GI900		배터리 모듈 어셈블리 면압기 안착시 사용
배터리 모듈 면압 지그 09375-GI800		배터리 모듈 어셈블리 압축시 사용
에어 브리딩 툴 09360-K4000		고전압 배터리 냉각수 배출 공구 어댑터 (09580-3D100 공구와 같이 사용)
에어 브리딩 툴 09580-3D100		고전압 배터리 냉각수 배출 공구 어댑터 (09360-K4000 공구와 같이 사용)

공구 명칭	형상	용도
절연 공구 세트 09090-09000	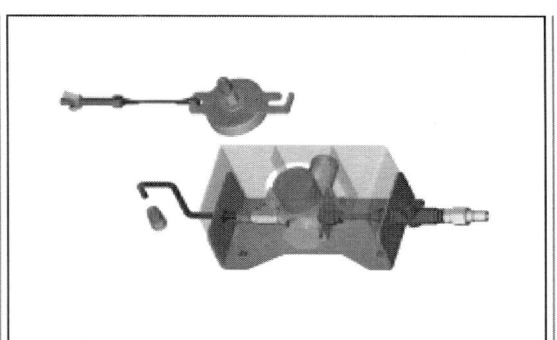 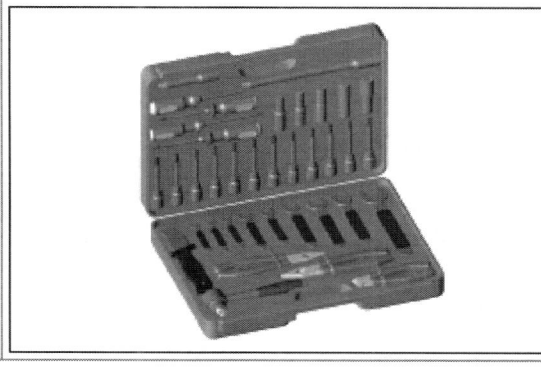	고전압 시스템 부품 작업시 사용

범용 장비

공구 명칭	형상	용도
리프트 테이블(또는 플로어 잭)		고전압 배터리 시스템 어셈블리 탈거 시 사용
디지털 테스터기		전압 및 전류, 저항 측정 시 사용
메가옴 테스터기		절연 저항, 전압, 저항 측정 시 사용
크레인 자키		고전압 배터리 시스템 어셈블리, 배터리 모듈 어셈블리 탈거 시 사용

배터리 모듈 어셈블리 충/방전 장비 MIDTRONICS (xMB-9640 Module Balancer)		1) 배터리 모듈 충전 또는 방전 2) 배터리 모듈 밸런싱
기밀 점검 장비(ULT-M100)		고전압 배터리 시스템 어셈블리 기밀 점검 시 사용
고전압 배터리 모듈 분해 지그 (TMS-1907)		고전압 배터리 모듈 분해시 사용
헬륨 가스와 압력 조절기		고전압 배터리 시스템 어셈블리 기밀 점검 시 사용
헬륨 가스 감지기		고전압 배터리 시스템 어셈블리 기밀 점검 시 사용

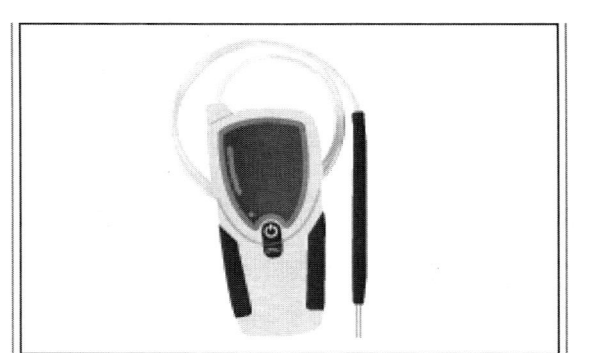

구성부품

[2WD]

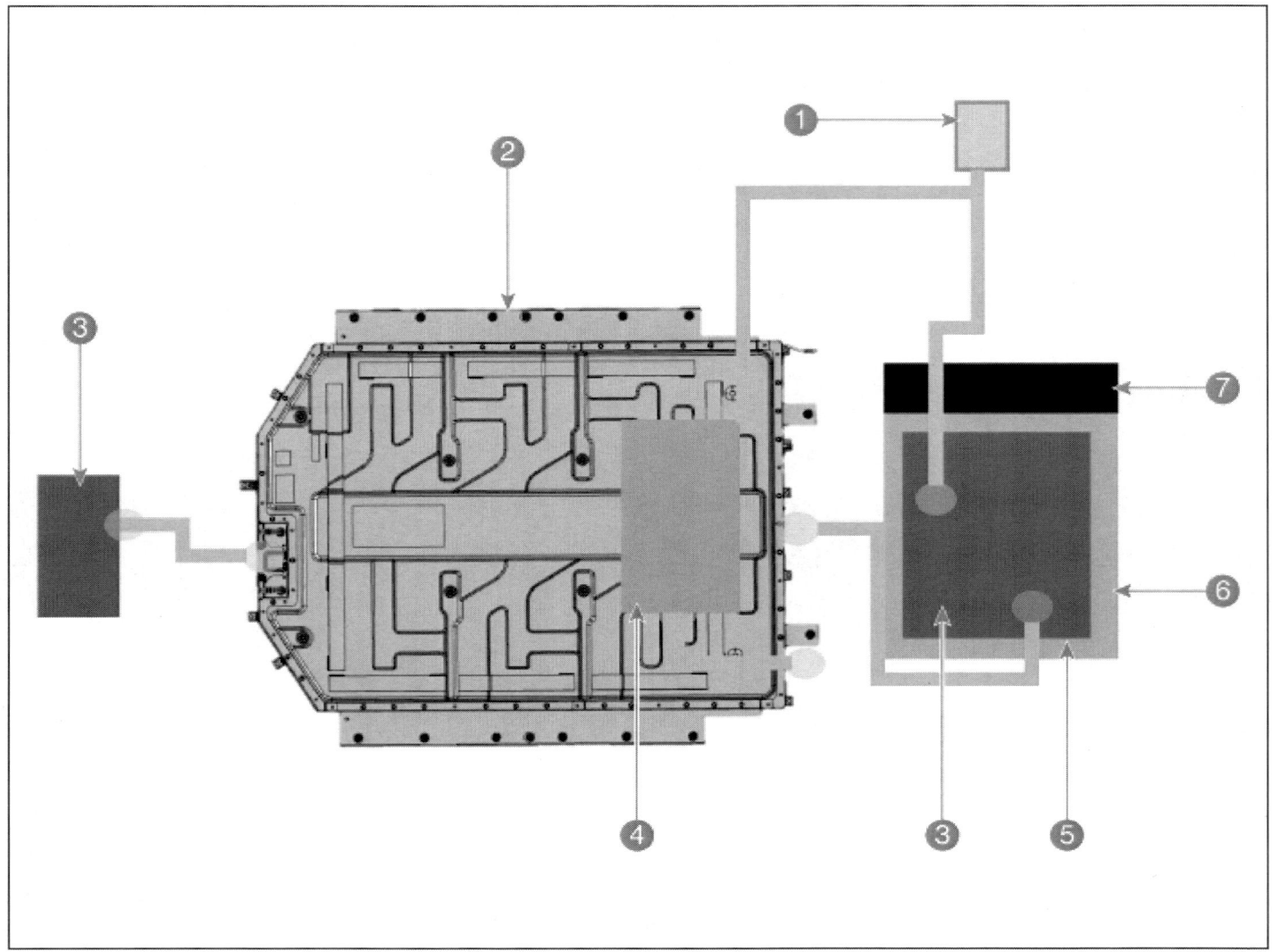

1. 콤보 충전 인렛 어셈블리	5. 인버터 어셈블리
2. 배터리 시스템 어셈블리 (BSA)	6. 모터
3. 고전압 정션 블록	7. 감속기
4. 통합 충전기 및 컨버터 유닛 (ICCU)	

[AWD]

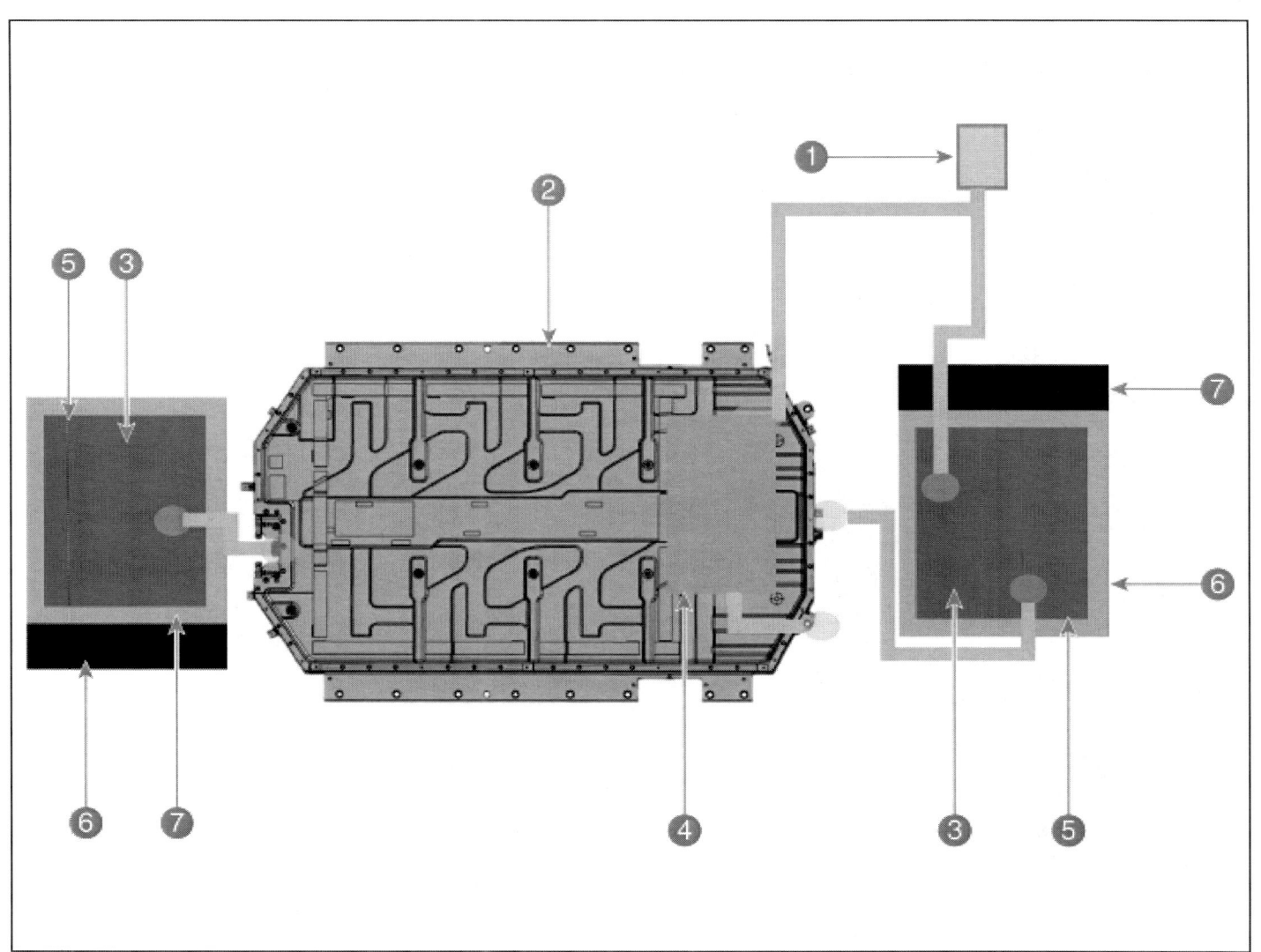

1. 콤보 충전 인렛 어셈블리	5. 인버터 어셈블리
2. 배터리 시스템 어셈블리 (BSA)	6. 모터
3. 고전압 정션 블록	7. 감속기
4. 통합 충전기 및 컨버터 유닛 (ICCU)	

부품위치

[2WD]

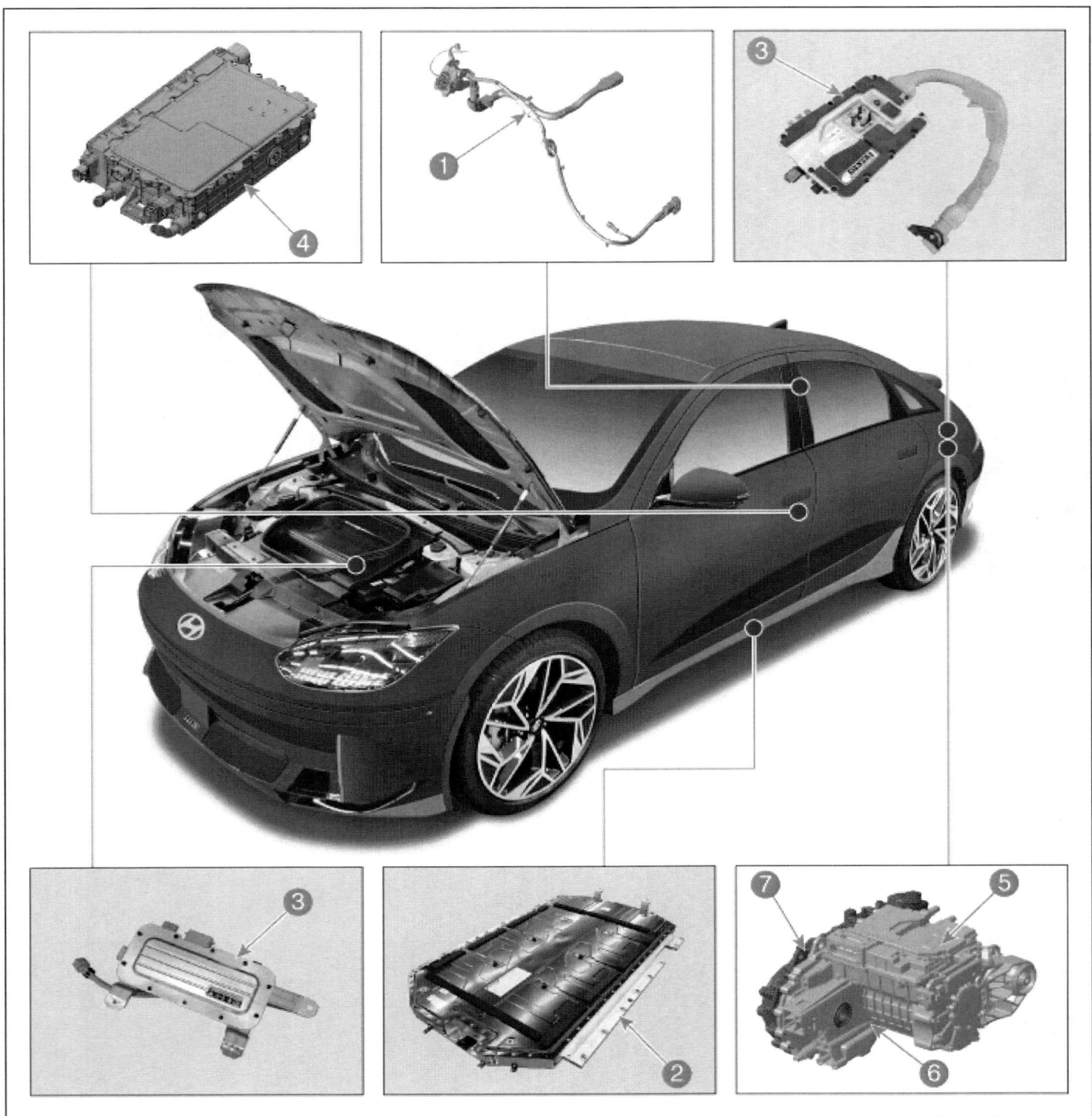

1. 콤보 충전 인렛 어셈블리
2. 배터리 시스템 어셈블리 (BSA)
3. 고전압 정션 블록
4. 통합 충전기 및 컨버터 유닛 (ICCU)
5. 인버터 어셈블리
6. 모터
7. 감속기

[AWD]

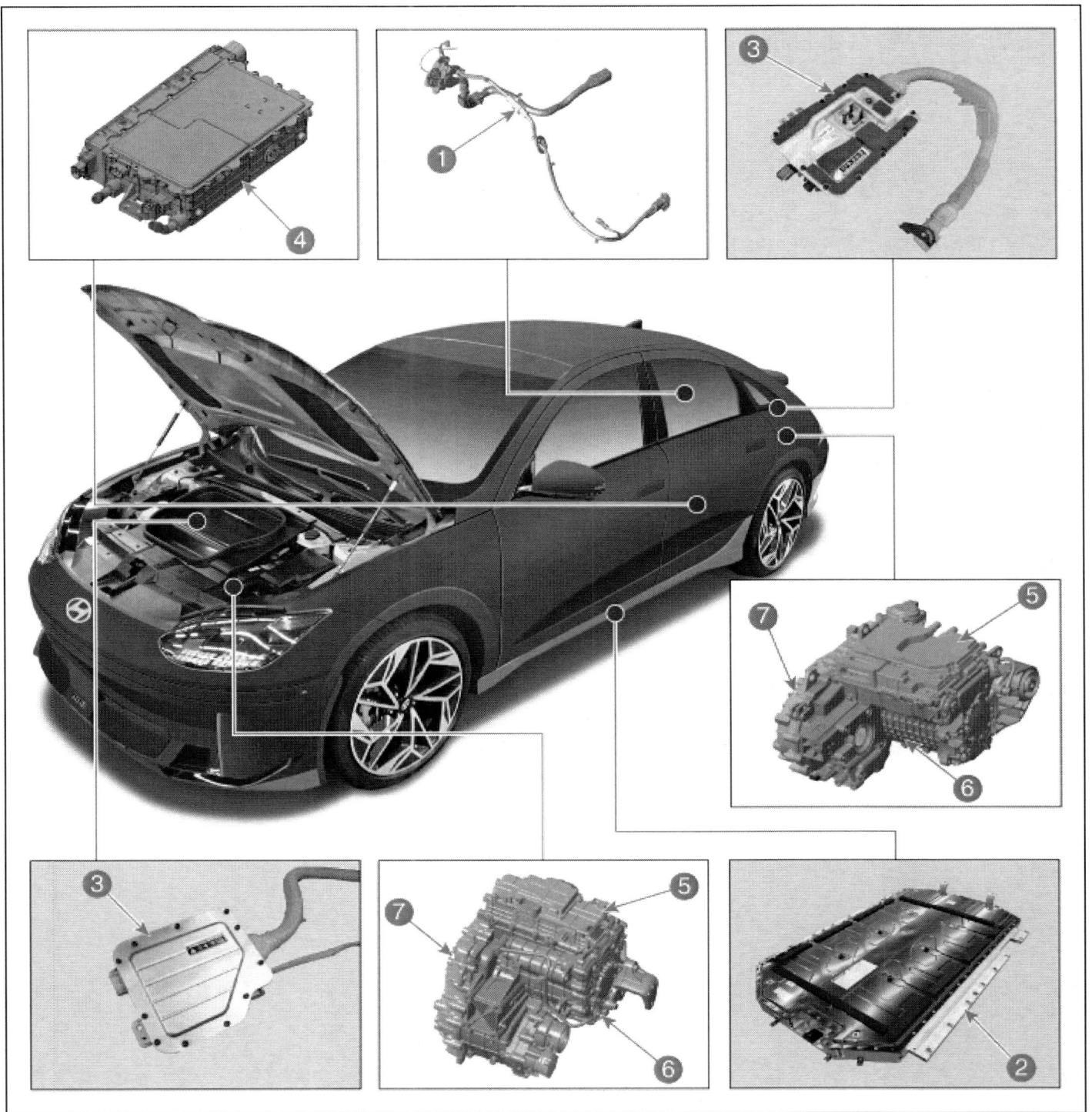

1. 콤보 충전 인렛 어셈블리
2. 배터리 시스템 어셈블리 (BSA)
3. 고전압 정션 블록
4. 통합 충전기 및 컨버터 유닛 (ICCU)
5. 인버터 어셈블리
6. 모터
7. 감속기

개요

- 인버터에 직류 고전압을 공급
- 회생 제동 시 발생된 전기 에너지를 저장
- 급속충전 또는 완속 충전 시 전기 에너지 저장

구성부품

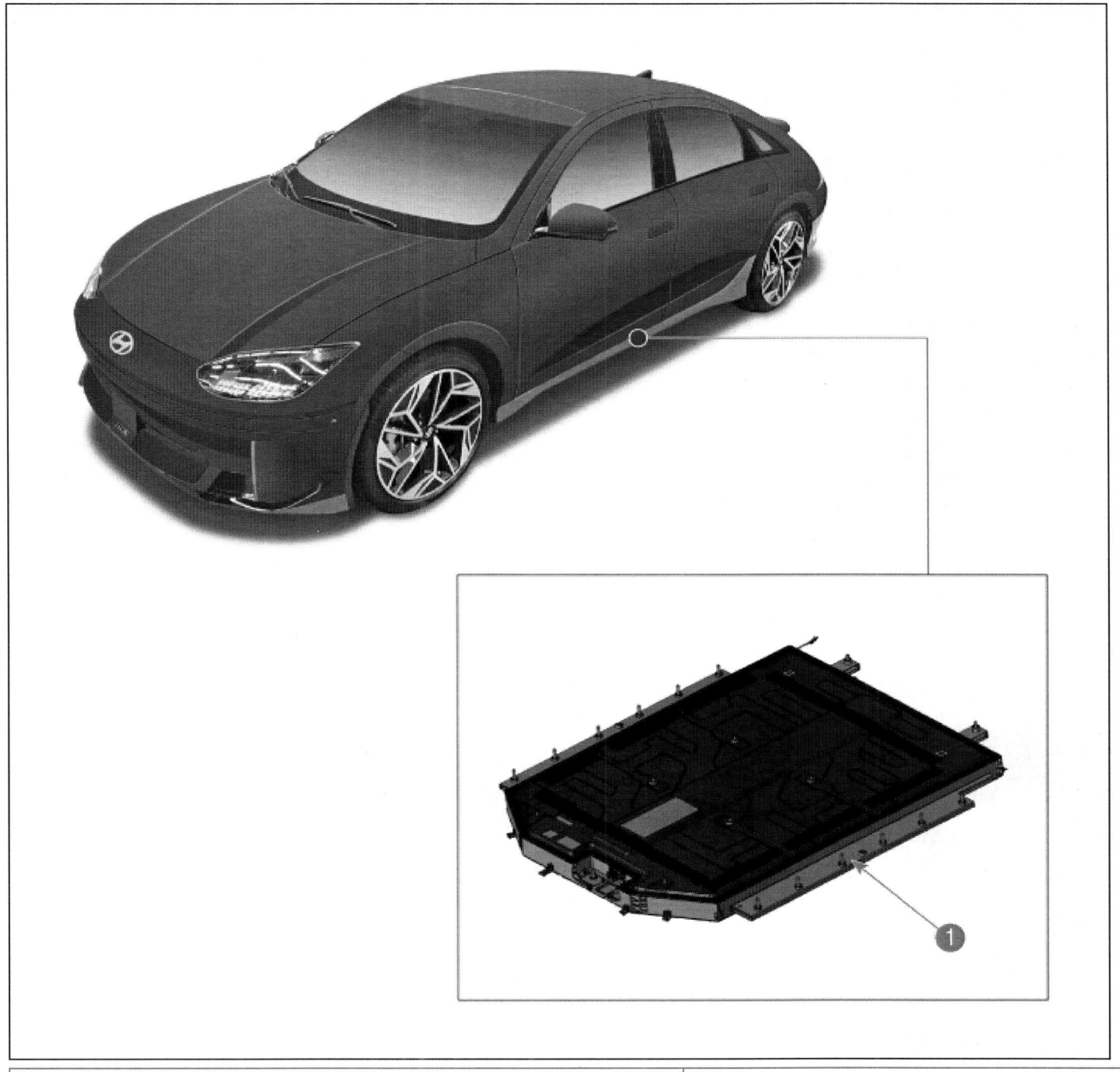

1. 배터리 시스템 어셈블리(BSA)

부품위치

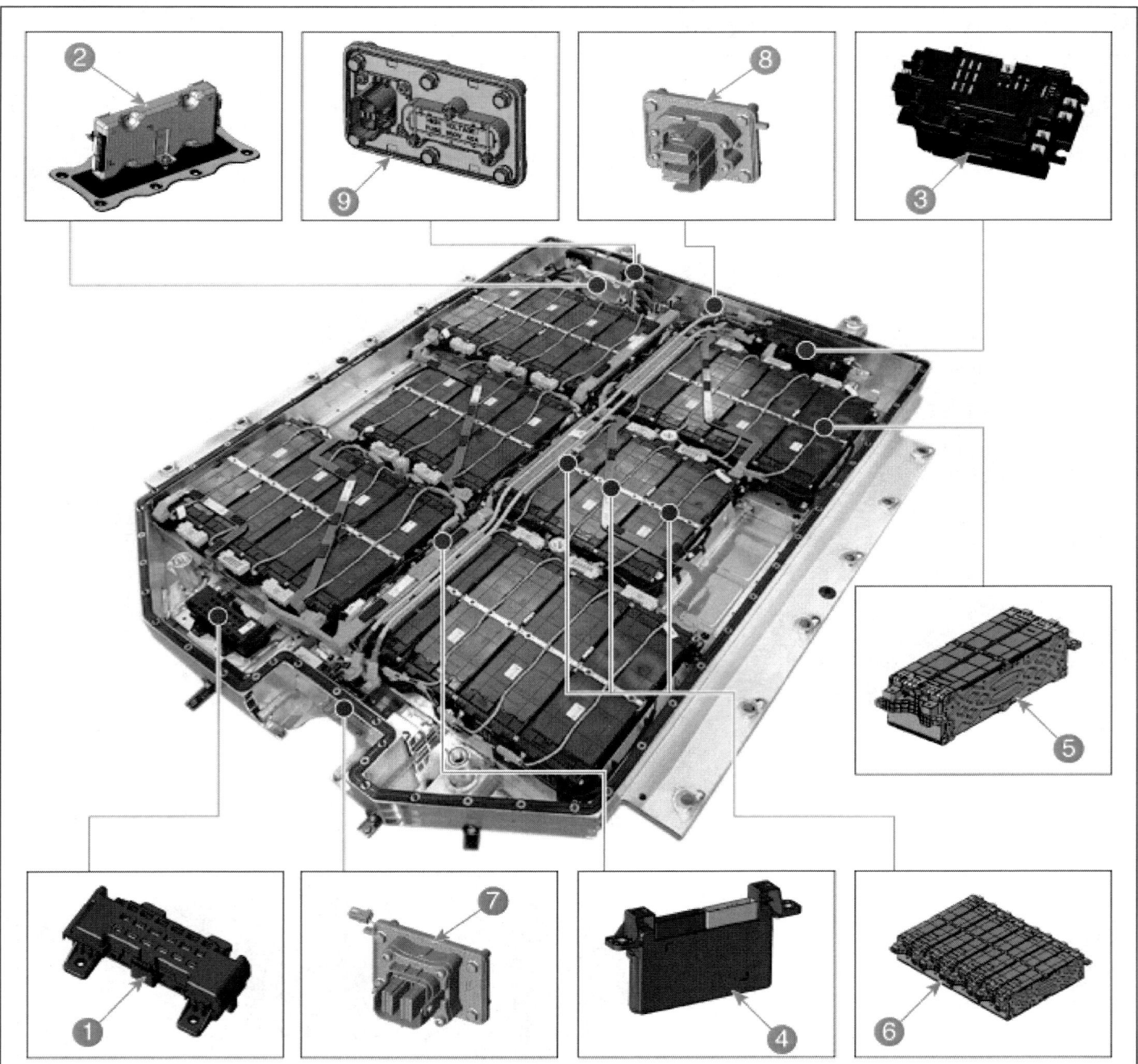

1. 메인 퓨즈
2. 배터리 매니지먼트 유닛(BMU)
3. 파워 릴레이 어셈블리(PRA)
4. 셀 모니터링 유닛(CMU)
5. 배터리 모듈 어셈블리(BMA)
6. 서브 배터리 팩 어셈블리(Sub-BPA)
7. 고전압 배터리 프런트 커넥터 (배터리 시스템 어셈블리(BSA) ↔ 고전압 정션 블록)
8. 고전압 배터리 리어 커넥터 (배터리 시스템 어셈블리(BSA) ↔ 고전압 정션 블록)
9. ICCU 고전압 커넥터 (배터리 시스템 어셈블리(BSA) ↔ ICCU)

회로도

셀 번호

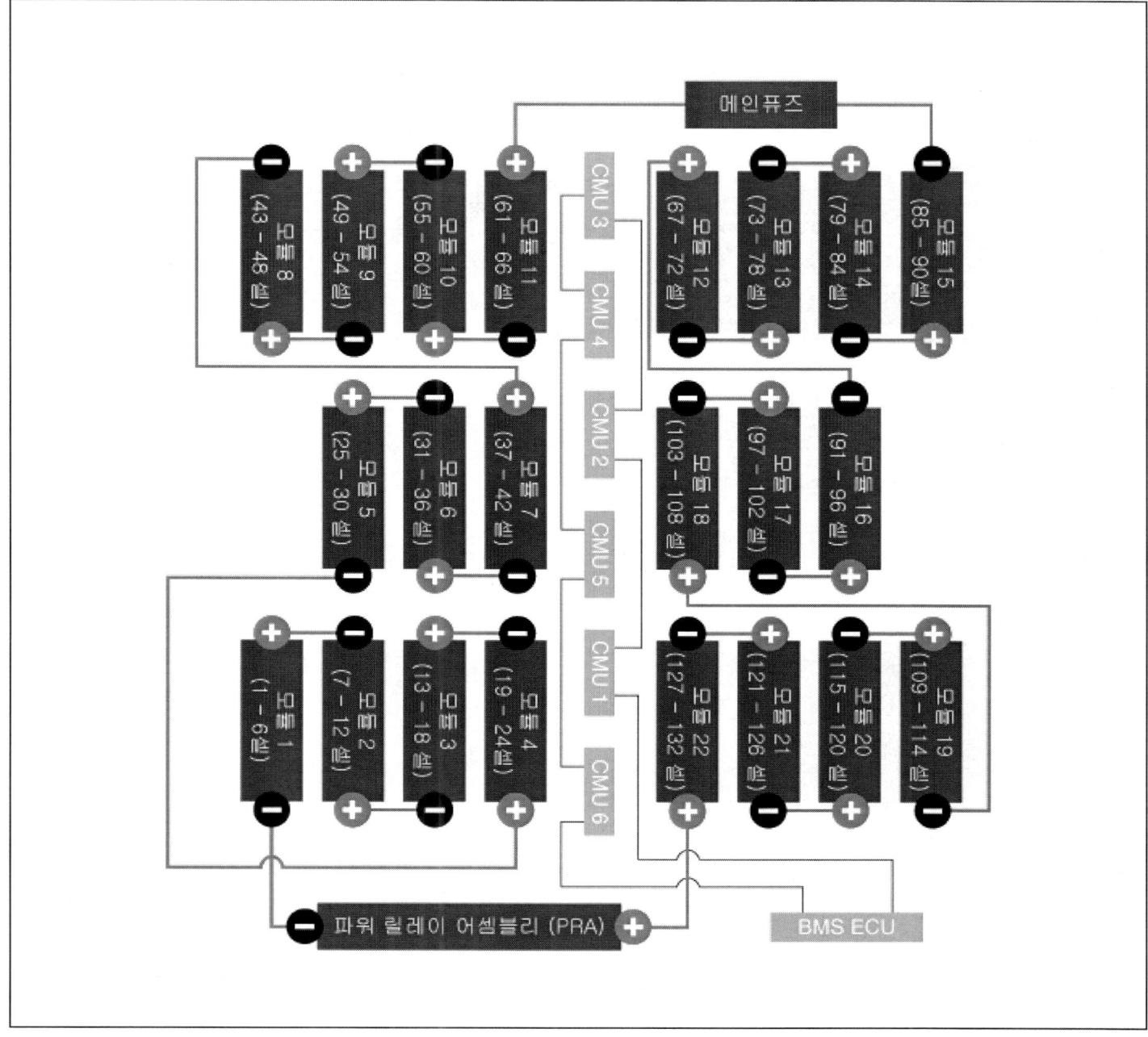

모듈 번호

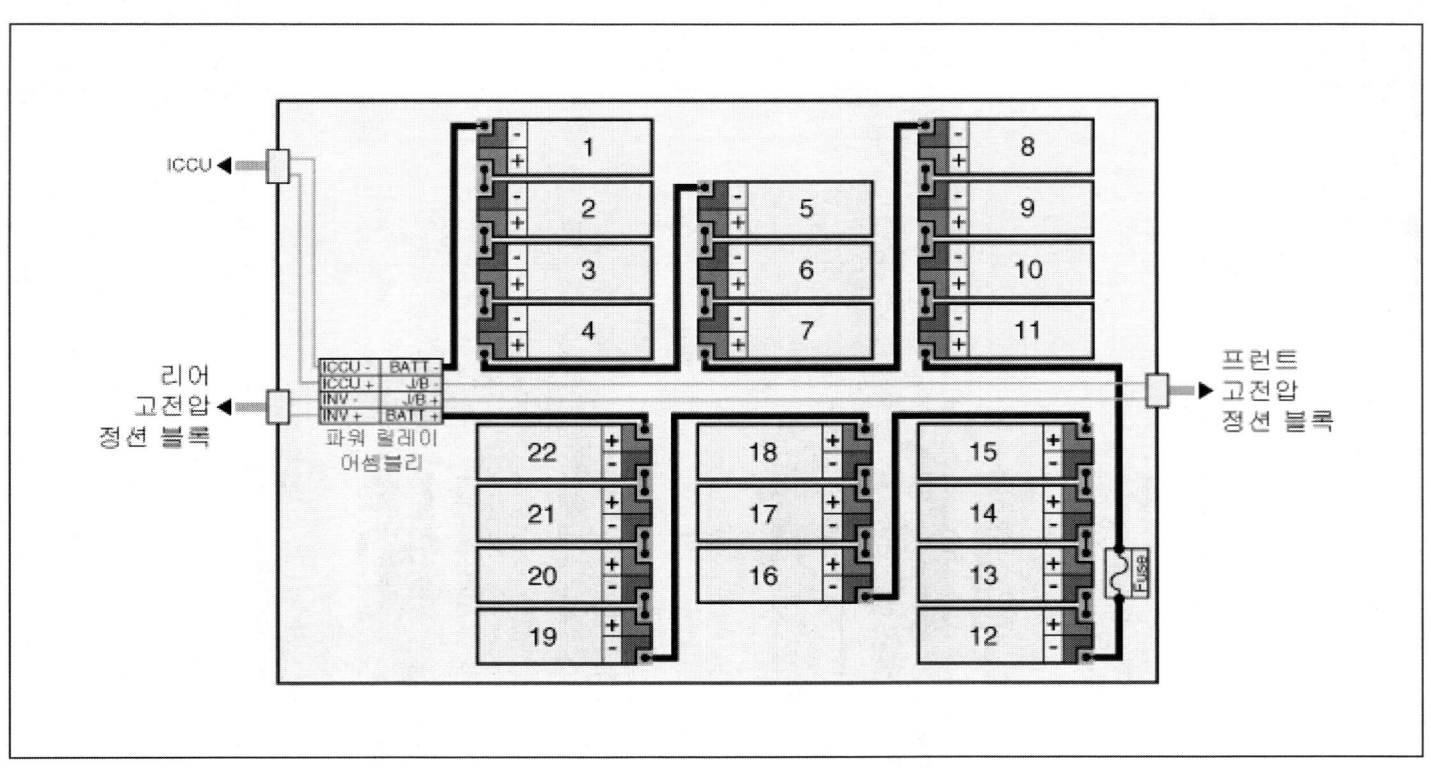

2023 > 엔진 > 160kW > 배터리 제어 시스템 (일반형) > 고전압 배터리 시스템 > 점검 > 배터리 충전 상태(SOC) 점검

점검

배터리 충전 상태(SOC) 점검

1. 진단 기기를 자기 진단 커넥터(DLC)에 연결한다.
2. IG 스위치를 ON 한다.
3. 진단 기기를 사용하여 서비스 데이터의 "배터리 충전 상태(SOC)"를 점검한다.

SOC : 0 ~ 100%

센서명(498)	센서값	단위
배터리 충전 상태(BMS)	33.0	%
목표 충전 전압	0.0	V
목표 충전 전류	0.0	A
배터리 팩 전류	0.0	A
배터리 팩 전압	693.7	V
배터리 최대 온도	26	'C
배터리 최소 온도	25	'C
배터리 모듈 1 온도	25	'C
배터리 모듈 2 온도	26	'C
배터리 모듈 3 온도	25	'C
배터리 모듈 4 온도	26	'C
배터리 모듈 5 온도	25	'C
배터리 외기 온도	27	'C
최대 셀 전압	3.60	V
최대 셀 전압 셀 번호	2	-
최소 셀 전압	3.60	V
최소 셀 전압 셀 번호	13	-
보조 배터리 전압	11.2	V
누적 충전 전류량	47.8	Ah
누적 방전 전류량	63.6	Ah

> **참 고**

- 배터리 충전 상태(SOC : State Of Charge)는 고전압 배터리의 완충전 용량 대비 배터리 사용 가능 에너지를 백분율로 표시한 양을 나타낸다.

점검

배터리 건강 상태(SOH) 점검

> **유 의**
> - SOH가 90% 미만일 경우 배터리 부분 수리를 하지 않는다. 신품 배터리와 기존 배터리 간 성능 차이로 문제가 발생할 수 있다.

1. 진단 기기를 자기 진단 커넥터(DLC)에 연결한다.
2. IG 스위치를 ON 한다.
3. 진단 기기를 사용하여 서비스 데이터의 "배터리 건강 상태(SOH)"를 점검한다.

부분 수리 가능 기준 : 90% 이상

센서명(176)	센서값	단위	링크업
배터리 모듈 11 온도	18	℃	
최대 충전 가능 파워	85.00	kW	
최대 방전 가능 파워	85.00	kW	
배터리 셀간 전압편차	0.00	V	
급속충전 정상 진행 상태	NG	-	
충전 표시등 상태	Normal	-	
급속충전 릴레이 ON 상태	NO	-	
완속충전 커넥터 ON	NO	-	
급속충전 커넥터 ON	NO	-	
에어백 하네스 와이어 듀티	80	%	
히터 1 온도	0	℃	
배터리건강상태 (신품기준 100%)	100.0	%	
디스플레이 SOC	51.5	%	
배터리 셀 전압 97	0.00	V	
배터리 셀 전압 98	0.00	V	
배터리 급속충전인렛 온도	18	℃	
배터리 냉각수 인렛 온도	52	℃	
배터리 LTR 후단 온도	54	℃	
BMS 라디에이터 팬 동작요청 듀티	49	RPM	
라디에이터 팬 동작 듀티	0	RPM	

참 고

- 배터리 건강 상태(SOH : State Of Health)는 배터리의 이상적인 상태와 현재 배터리의 상태를 비교하여 나타낸 성능지수를 말한다.
- SOH가 100%이면 현재 배터리의 상태가 초기 배터리의 사양을 만족한다는 의미이고 사용 기간이 증가 할수록 SOH는 감소하게 된다.

점검

배터리 팩 전압 점검

1. 진단 기기를 자기 진단 커넥터(DLC)에 연결한다.
2. IG 스위치를 ON 한다.
3. 진단 기기를 사용하여 서비스 데이터의 "배터리 팩 전압"을 점검한다.

팩 전압 : 330 ~ 568V

센서명(176)	센서값	단위
SOC 상태	50.0	%
BMS 메인 릴레이 ON 상태	NO	-
배터리 사용가능 상태	NO	-
BMS 경고	YES	-
BMS 고장	NO	-
BMS 융착 상태	NO	-
OPD 활성화 ON	NO	-
윈터모드 활성화 상태	NO	-
배터리 팩 전류	0.0	A
배터리 팩 전압	359.1	V
배터리 최대 온도	18	℃
배터리 최소 온도	17	℃
배터리 모듈 1 온도	17	℃
배터리 모듈 2 온도	17	℃
배터리 모듈 3 온도	18	℃
배터리 모듈 4 온도	18	℃
배터리 모듈 5 온도	17	℃
최대 셀 전압	3.66	V
최대 셀 전압 셀 번호	1	-
최소 셀 전압	3.66	V

배터리 셀 전압 점검

1. 진단 기기를 자기 진단 커넥터(DLC)에 연결한다.
2. IG 스위치를 ON 한다.

3. 진단 기기를 사용하여 서비스 데이터의 "배터리 셀 전압"을 점검한다.

셀 전압 : 2.5 ~ 4.2V
셀간 전압편차 : 40 mV 이하

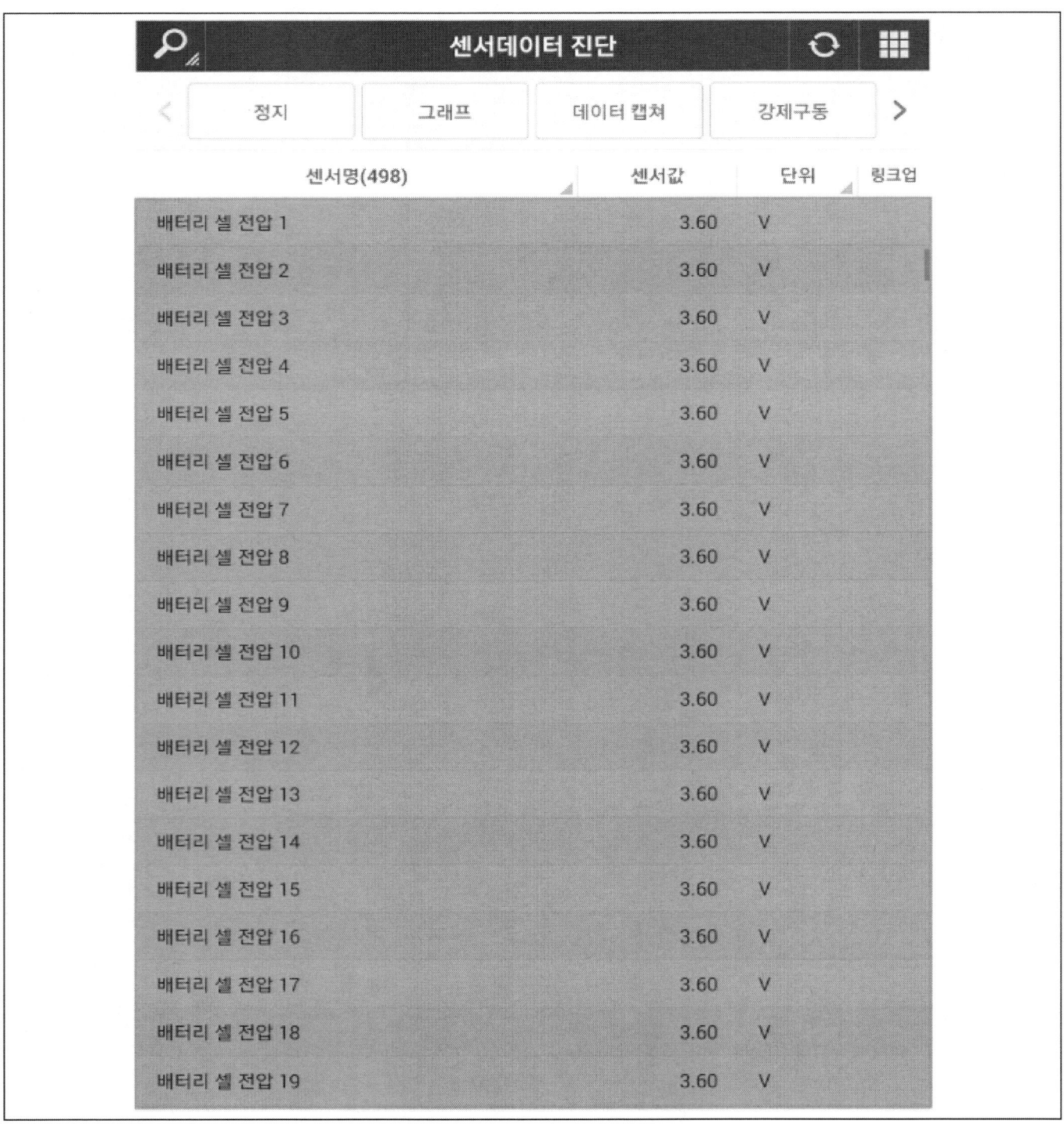

4. 아래 회로도를 참조하여 문제 셀이 포함된 배터리 모듈 어셈블리 전압을 점검한다.

> ⓘ 참 고

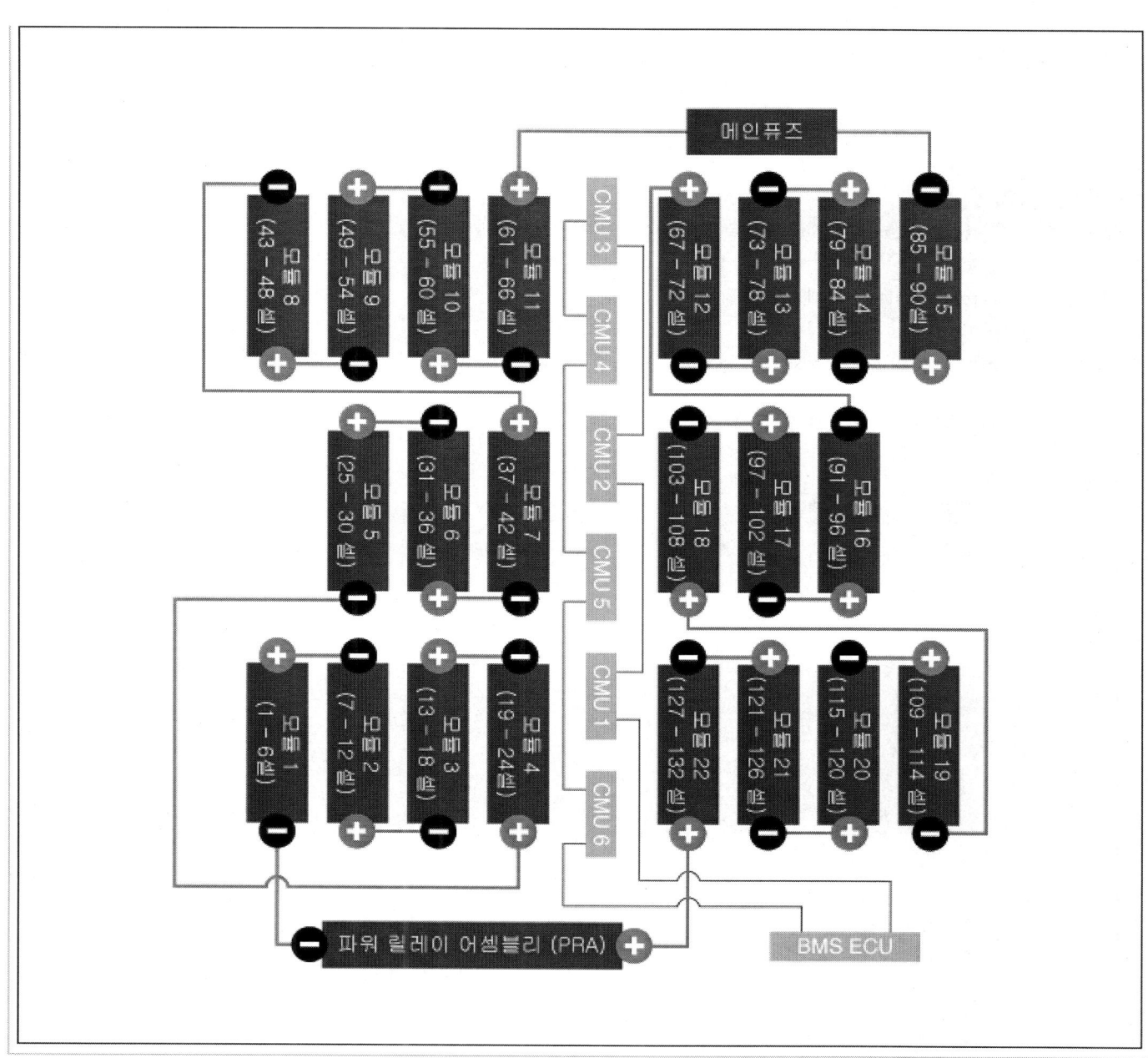

점검

목표 충전 전압 점검

1. 불량 모듈에 포함된 셀 번호를 확인한다. (불량 모듈이 2번이면 셀 번호는 7 ~ 12번이다.)
   (고전압 배터리 시스템 - "배터리 전압 점검" 참조)
2. 진단 기기를 자기진단커넥터(DLC)에 연결한다.
3. IG스위치를 ON 한다.
4. 1번 과정에서 확인한 셀 번호를 제외한 정상 모듈에 포함된 셀의 최대 전압과 최소 전압을 진단 기기 서비스 데이터의 "셀 전압"을 통해 확인한다.
   진단 도구 서비스 데이터의 "셀 전압"을 통해 일반 모듈에 포함된 셀의 최대 및 최소 전압(1번 프로세스 중에 식별된 셀 번호는 제외)을 점검하십시오.
   (고장 셀을 포함한 모듈의 셀 번호가 07-12일 경우, 01-06 및 13-132 셀의 최대 및 최소 전압을 확인합니다.)

센서명(498)	센서값	단위	링크업
배터리 셀 전압 1	3.60	V	
배터리 셀 전압 2	3.60	V	
배터리 셀 전압 3	3.60	V	
배터리 셀 전압 4	3.60	V	
배터리 셀 전압 5	3.60	V	
배터리 셀 전압 6	3.60	V	
배터리 셀 전압 7	3.60	V	
배터리 셀 전압 8	3.60	V	
배터리 셀 전압 9	3.60	V	
배터리 셀 전압 10	3.60	V	
배터리 셀 전압 11	3.60	V	
배터리 셀 전압 12	3.60	V	
배터리 셀 전압 13	3.60	V	
배터리 셀 전압 14	3.60	V	
배터리 셀 전압 15	3.60	V	
배터리 셀 전압 16	3.60	V	
배터리 셀 전압 17	3.60	V	
배터리 셀 전압 18	3.60	V	
배터리 셀 전압 19	3.60	V	

5. 4번 과정에서 확인된 최대 전압과 최소 전압을 아래의 계산식에 대입하여 신품 모듈 교체 시 목표 충전 전압을 계산한다.

목표 충전 전압 : (최대 전압 + 최소 전압) / 2 * 신품 모듈의 직렬 연결 셀 개수

※ 불량 모듈을 제외한 정상 모듈의 셀에서 최소/최대 셀 전압 계산 필요

> **참 고**
>
> | 모듈 번호 | 배터리 모듈 #1 | | 배터리 모듈 #2 | 배터리 모듈 #3 | 배터리 모듈 #4 | 배터리 모듈 #5 |
> |---|---|---|---|---|---|---|
> | 셀 번호 | 1 ~ 19 | 20 | 21 ~ 39 | 40 ~ 58 | 59 ~ 78 | 79 ~ 98 |
> | 셀 전압 | 3.92V | 3.6V | 3.9 ~ 3.92V | 3.92V | 3.92V | 3.9 ~ 3.92V |
> | 구분 | 정상 | 불량 | 정상 | 정상 | 정상 | 정상 |
>
> 1) 전압 불량인 20번 셀이 포함 된 1번 모듈은 신품으로 교체 필요하므로 계산에서 제외
> 2) 1번 모듈을 제외한 2~5번 모듈의 최소/최대 셀 전압을 서비스 데이터에서 확인
> 3) 2번에서 확인한 최소/최대 셀 전압으로 목표 충전 전압 계산
>   - 목표 충전 전압 = (최대 셀 전압 + 최소 셀 전압) / 2 * 신품 모듈의 셀 개수
>   - 23.46V = (3.92V + 3.9V) / 2 * 6
> 4) 3번에서 구한 목표 충전 전압으로 신품 모듈 충전 또는 방전 후 장착

> **유 의**
>
> - 신품 모듈의 셀 개수는 아래 표를 참조한다.
>
> | 모듈 번호 | 셀 번호 | 셀 개수 |
> |---|---|---|
> | 배터리 모듈 #1 | 01 - 06 | 6 포인트 셀 V 체크 (2P6S : 12EA 셀) |
> | 배터리 모듈 #2 | 07 - 12 | 6 포인트 셀 V 체크 (2P6S : 12EA 셀) |
> | 배터리 모듈 #3 | 13 - 18 | 6 포인트 셀 V 체크 (2P6S : 12EA 셀) |
> | 배터리 모듈 #4 | 19 - 24 | 6 포인트 셀 V 체크 (2P6S : 12EA 셀) |
> | 배터리 모듈 #5 | 25 - 30 | 6 포인트 셀 V 체크 (2P6S : 12EA 셀) |
> | 배터리 모듈 #6 | 31 - 36 | 6 포인트 셀 V 체크 (2P6S : 12EA 셀) |
> | 배터리 모듈 #7 | 37 - 42 | 6 포인트 셀 V 체크 (2P6S : 12EA 셀) |
> | 배터리 모듈 #8 | 43 - 48 | 6 포인트 셀 V 체크 (2P6S : 12EA 셀) |
> | 배터리 모듈 #9 | 49 - 54 | 6 포인트 셀 V 체크 (2P6S : 12EA 셀) |
> | 배터리 모듈 #10 | 55 - 60 | 6 포인트 셀 V 체크 (2P6S : 12EA 셀) |
> | 배터리 모듈 #11 | 61 - 66 | 6 포인트 셀 V 체크 (2P6S : 12EA 셀) |
> | 배터리 모듈 #12 | 67 - 72 | 6 포인트 셀 V 체크 (2P6S : 12EA 셀) |
> | 배터리 모듈 #13 | 73 - 78 | 6 포인트 셀 V 체크 (2P6S : 12EA 셀) |
> | 배터리 모듈 #14 | 79 - 84 | 6 포인트 셀 V 체크 (2P6S : 12EA 셀) |
> | 배터리 모듈 #15 | 85 - 90 | 6 포인트 셀 V 체크 (2P6S : 12EA 셀) |
> | 배터리 모듈 #16 | 91 - 96 | 6 포인트 셀 V 체크 (2P6S : 12EA 셀) |
> | 배터리 모듈 #17 | 97 - 102 | 6 포인트 셀 V 체크 (2P6S : 12EA 셀) |
> | 배터리 모듈 #18 | 103 - 108 | 6 포인트 셀 V 체크 (2P6S : 12EA 셀) |
> | 배터리 모듈 #19 | 109 - 114 | 6 포인트 셀 V 체크 (2P6S : 12EA 셀) |
> | 배터리 모듈 #20 | 115 - 120 | 6 포인트 셀 V 체크 (2P6S : 12EA 셀) |
> | 배터리 모듈 #21 | 121 - 126 | 6 포인트 셀 V 체크 (2P6S : 12EA 셀) |
> | 배터리 모듈 #22 | 127 - 132 | 6 포인트 셀 V 체크 (2P6S : 12EA 셀) |

2023 > 엔진 > 160kW > 배터리 제어 시스템 (일반형) > 고전압 배터리 시스템 > 점검 > 절연 저항 점검

점검

> **참 고**
> - 고전압 부품의 절연파괴는 배터리 컨트롤 시스템 내에 BMU가 고전압부를 대표하여 전체 절연 여부를 측정하며, 절연파괴시 고장코드를 표시한다. 따라서 고장 코드 발생 시 배터리 시스템뿐만 아니라 고전압부 전체를 점검하도록 하여야 한다.

절연 파괴 부품 검사

> **유 의**
> - 고전압 시스템 절연파괴 고장(P0AA600) 발생 시 절연파괴 발생 부품 선별을 위하여 '절연파괴 부품 검사'기능을 이용하여 총 3개 부위를 구별 가능하다. 각 부위에 대한 검출은 "고전압 배터리(릴레이 전단) → 고전압 입력부(릴레이 후단) → Motor" 순서로 이루어진다. 해당 기능을 이용하여 다 수의 고장 부위도 검출 가능하다.

1. 진단 기기를 자기 진단 커넥터(DLC)에 연결한다.
2. IG 스위치를 ON 한다.
3. 진단 기기를 사용하여 부가기능의 "절연파괴 검출 기능"을 수행한다.

고전압 배터리 절연저항 점검

고전압 시스템에 사용되는 고전압 절연체는 진단 기기 서비스 데이터를 사용하거나 직접 측정하여 점검할 수 있다.

릴레이 ON상태에서는 고전압 배터리를 포함하여, 모든 고전압 PE부품의 절연 저항의 합산값이 측정되기 때문에, 고전압을 사용하는 PE부품들에 특별한 문제가 없는한, 최소한 300kΩ 이상을 만족하여야 한다.

3000kΩ은 BMU에서 표출하는 최대값이며, 실제 절연 저항계를 이용하여 측정할 경우 그 이상의 값이 측정 될수 있다.

300kΩ이하의 절연 저항이 측정되는 경우, 고전압 정션 블록에서 각 부품별로 커넥터를 하나씩 뽑아가면서 문제의 부품을 찾으며 진단한다.

[진단 기기 장비 - 서비스 데이터]

1. 진단 기기를 자기 진단 커넥터(DLC)에 연결한다.
2. IG 스위치를 ON 한다.
3. 진단 기기를 사용하여 서비스 데이터의 "절연 저항"을 점검한다.

규정값 : 300 kΩ 이상

센서명(498)	센서값	단위	링크업
배터리 모듈 3 온도	25	℃	
배터리 모듈 4 온도	26	℃	
배터리 모듈 5 온도	25	℃	
배터리 외기 온도	27	℃	
최대 셀 전압	3.60	V	
최대 셀 전압 셀 번호	2	-	
최소 셀 전압	3.60	V	
최소 셀 전압 셀 번호	13	-	
보조 배터리 전압	11.2	V	
누적 충전 전류량	47.8	Ah	
누적 방전 전류량	63.6	Ah	
누적 충전 전력량	32.7	kWh	
누적 방전 전력량	42.1	kWh	
총 동작 시간	572147	Sec	
인버터 커패시터 전압	7	V	
모터 회전수	0	RPM	
절연 저항	3000	kOhm	
배터리 셀 전압 1	3.60	V	
배터리 셀 전압 2	3.60	V	

[절연저항계 (메가 옴 테스터) 이용 직접 측정 방식]

⚠️ **경 고**

- 고전압 시스템 관련 작업 시, 반드시 "안전 및 주의사항" 내용을 숙지하고 준수해야 한다. 미준수 시, 감전 또는 누전 등으로 인한 심각한 사고를 초래할 수 있다.
- 고전압 시스템 관련 작업 시, "고전압 차단절차"에 따라 반드시 고전압을 먼저 차단해야 한다. 미준수 시, 감전 또는 누전 등으로 인한 심각한 사고를 초래할 수 있다.

ℹ️ **참 고**

- PRA에 멀티미터로 저항을 측정할 때는 접촉 핀을 사용하여 커넥터의 손상을 방지하고 보다 정확한 측정을 수행한다.

1. 고전압 차단 절차를 수행한다.
   (배터리 제어 시스템 - "고전압 차단 절차" 참조)
2. 고전압 배터리 시스템 어셈블리(BSA)를 탈거한다.
   (고전압 배터리 시스템 - "배터리 시스템 어셈블리(BSA)" 참조)
3. 고전압 배터리 시스템 어셈블리(BSA) 상부 케이스를 탈거한다.
   (고전압 배터리 시스템 - "케이스" 참조)
4. 절연 저항계 (-) 단자를 배터리 시스템 케이스 또는 접지부(A)에 연결한다.

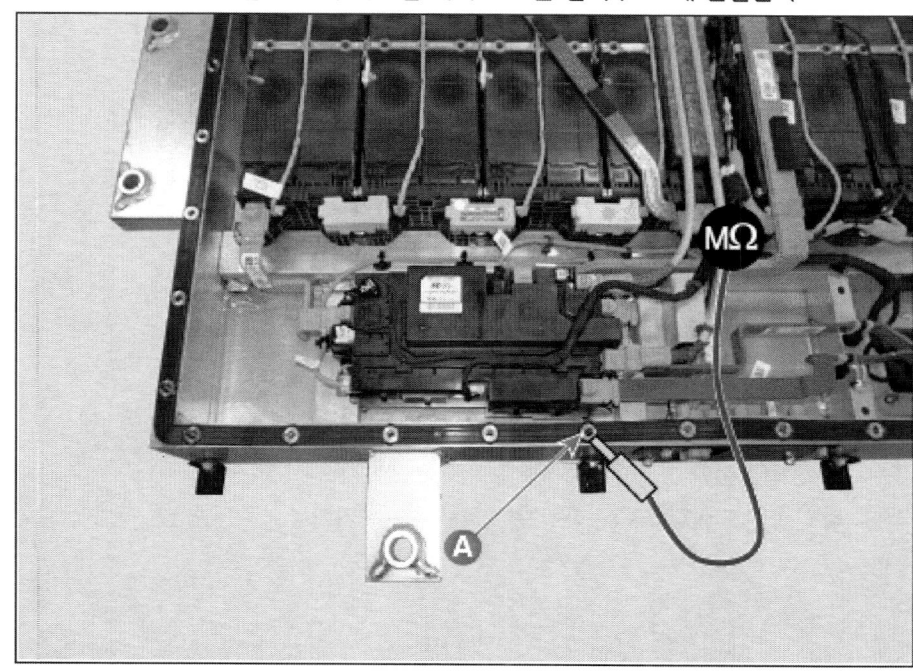

5. 절연 저항계 (+) 단자를 고전압 배터리 (+), (-)에 각각 연결한 후 저항값을 측정한다.

   [배터리 팩 어셈블리 + (릴레이 전단)]
   (1) PRA 배터리 (+) 측에 절연저항계 (+) 단자(A)를 연결한다.
   (2) 절연 저항계를 통해 1000V 전압을 인가한 후, 안정된 저항값을 측정하기 위해 약1분간 대기한다.
   (3) 절연 저항값을 확인한다.

   절연저항 범위 : 2MΩ (20°C) 이상

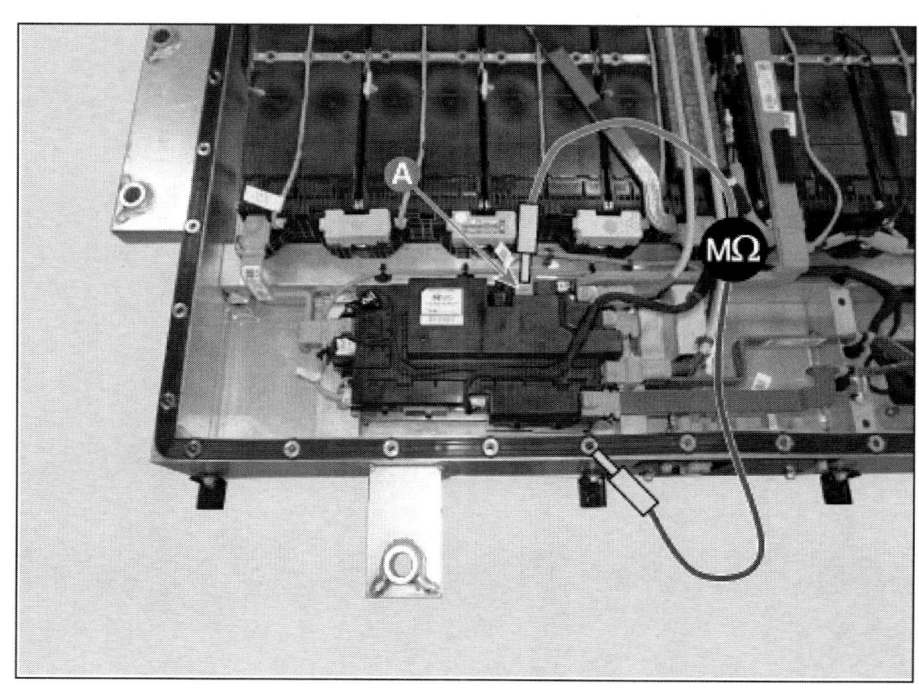

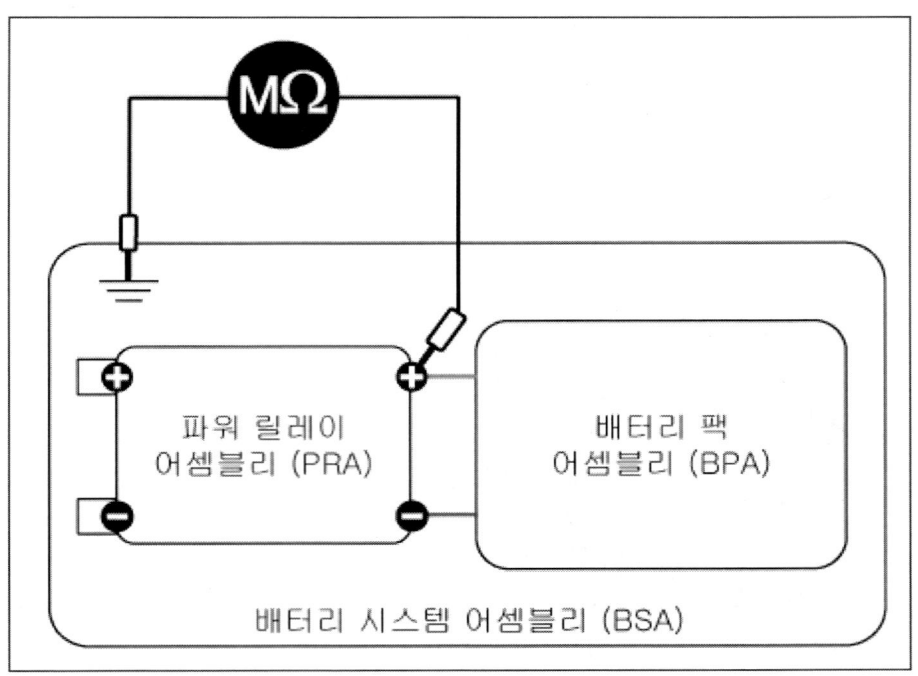

[배터리 팩 어셈블리 - (릴레이 전단)]
(1) PRA 배터리 (-) 측에 절연저항계 (+) 단자(A)를 연결한다.
(2) 절연 저항계를 통해 1000V 전압을 인가한 후, 안정된 저항값을 측정하기 위해 약1분간 대기한다.
(3) 절연 저항값을 확인한다.

절연저항 범위 : 2MΩ (20°C) 이상

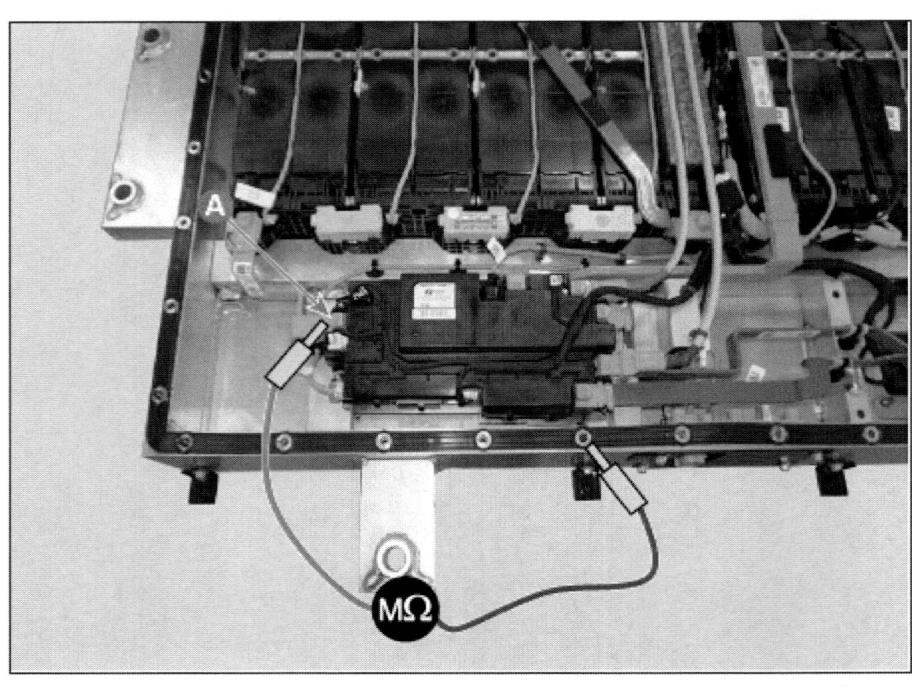

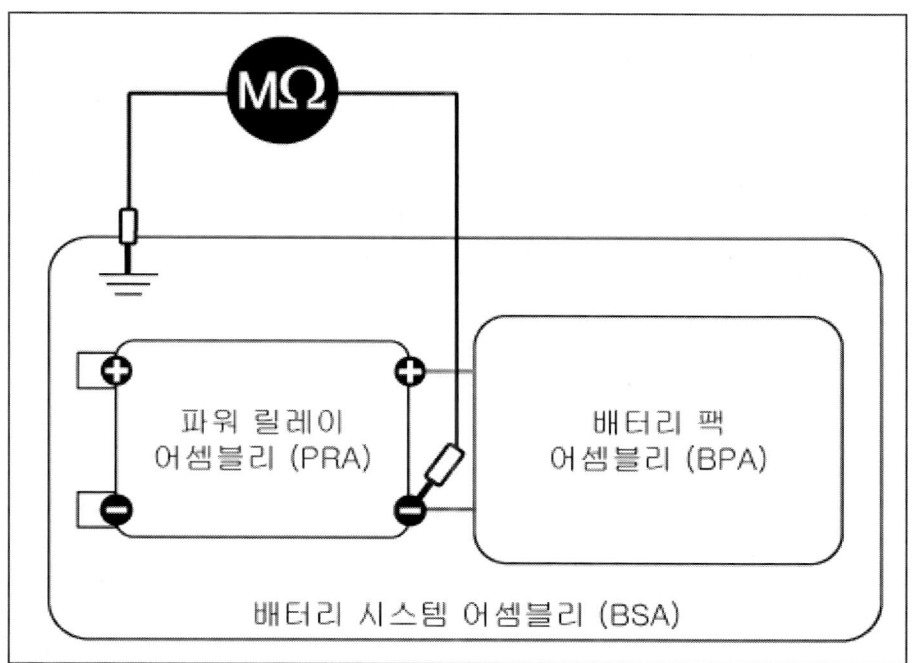

[인버터 + (릴레이 후단)]

(1) PRA 인버터 (+) 측에 절연저항계 (+) 단자(A)를 연결한다.
(2) 절연 저항계를 통해 1000V 전압을 인가한 후, 안정된 저항값을 측정하기 위해 약1분간 대기한다.
(3) 절연 저항값을 확인한다.

절연저항 범위 : 2MΩ (20°C) 이상

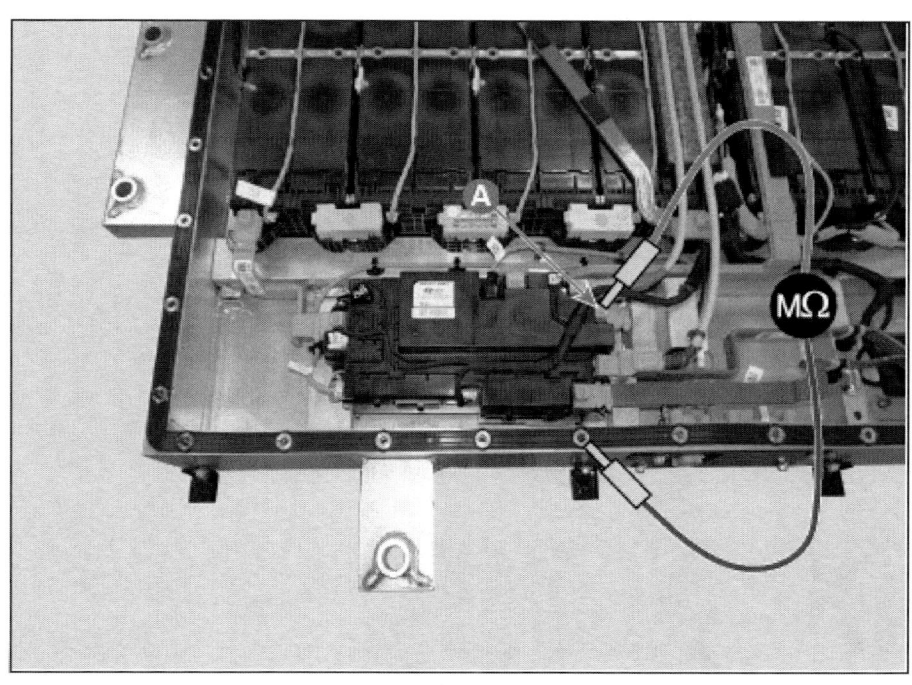

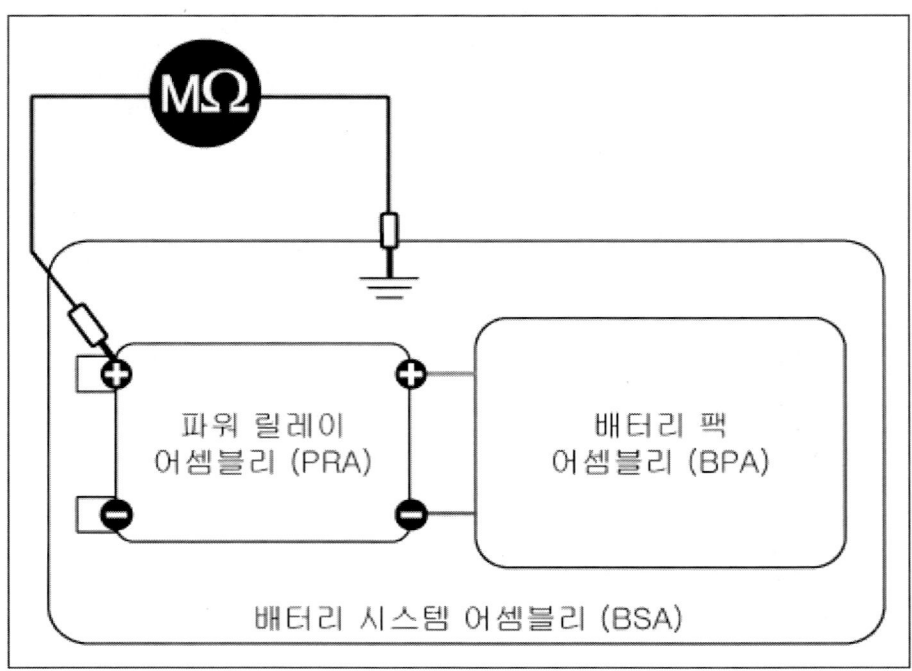

[인버터 - (릴레이 후단)]

(1) PRA 인버터 (-) 측에 절연저항계 (+) 단자(A)를 연결한다.
(2) 절연 저항계를 통해 1000V 전압을 인가한 후, 안정된 저항값을 측정하기 위해 약1분간 대기한다.
(3) 절연 저항값을 확인한다.

절연저항 범위 : 2MΩ (20℃) 이상

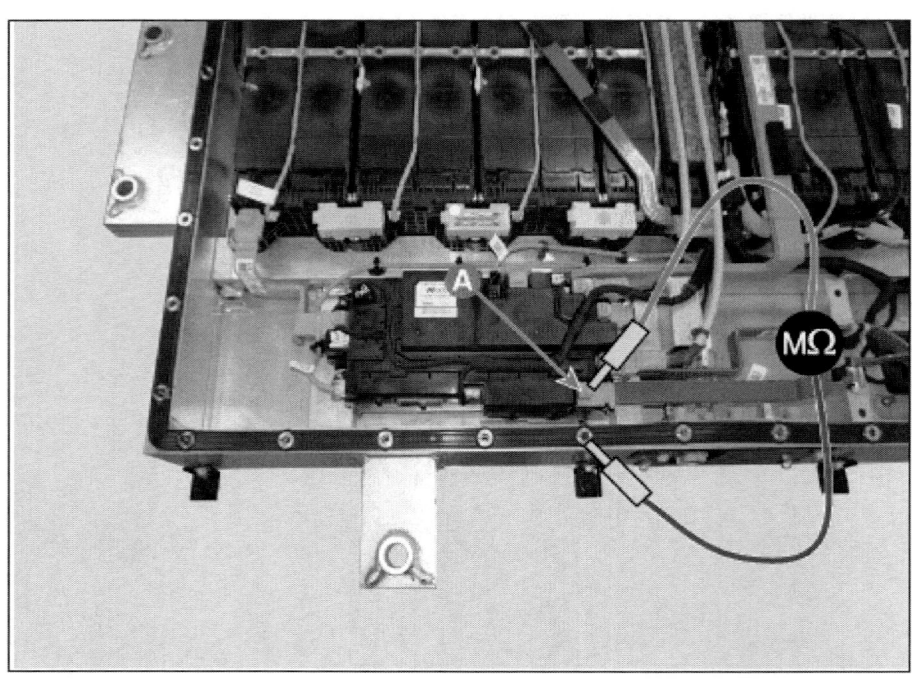

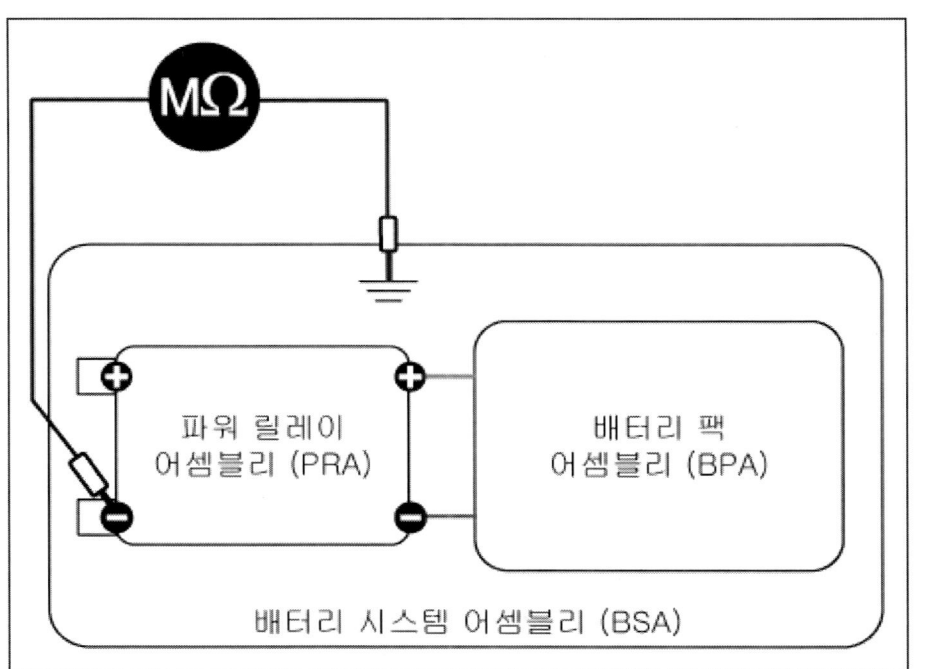

점검

[냉각수 라인 기밀 테스트]

> ⚠ 주 의
>
> - 냉각수 라인 기밀 테스트 전 배터리 시스템 어셈블리에 있는 냉각수를 모두 배출한다.
> - 상부 케이스 장착전에 배터리 냉각수 라인 기밀 테스트를 실시한다.
> - 냉각수 라인 기밀 테스트 화면에서 30초 동안 건드리지 않을시 배터리 팩 기밀 테스트 화면으로 넘어간다.

> 유 의
>
> - "고전압 배터리 기밀점검 테스터" 사용 방법은 제조업체 사용 설명서를 참조한다.

1. 냉각수 인렛에 냉각수 라인 피팅[IN] (A)를, 냉각수 아웃렛에 냉각수 라인 피팅[OUT] (B)를 설치한다.

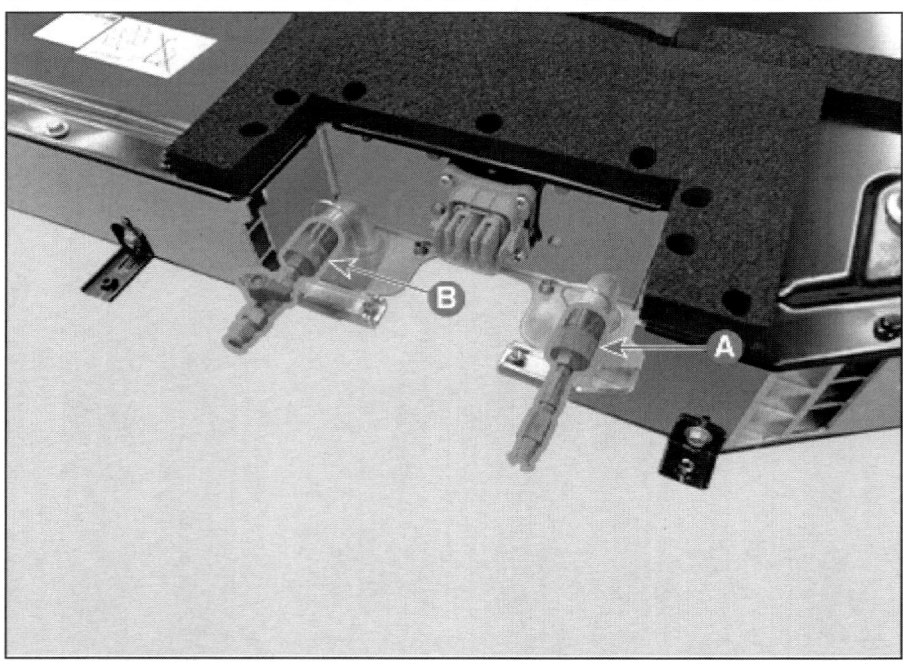

2. 냉각수 라인 피팅[OUT] 밸브(A)를 닫는다.

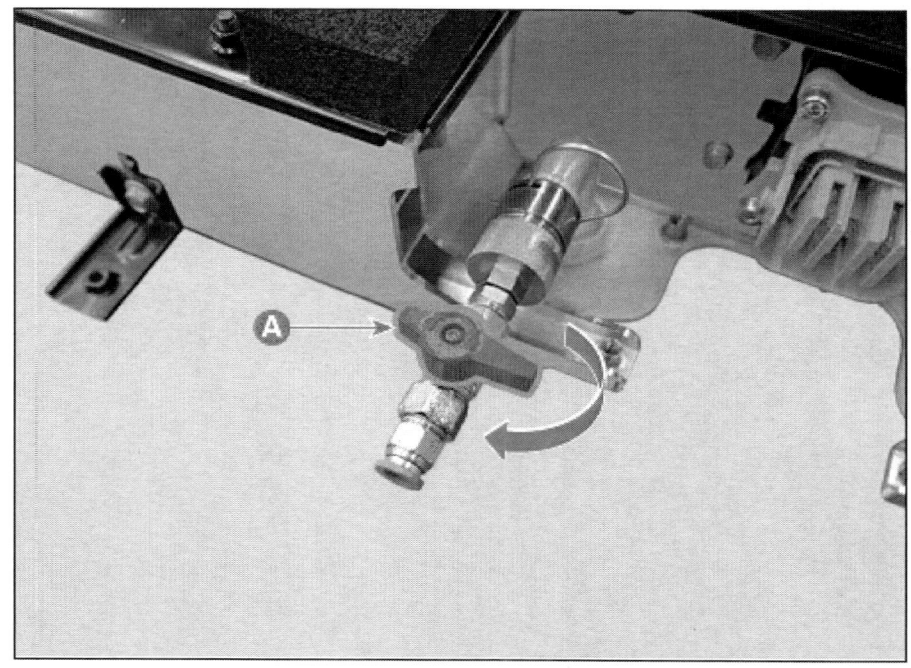

3. 냉각수 인렛에 연결된 냉각수 라인 피팅[IN]에 호스(A)를 연결한다.

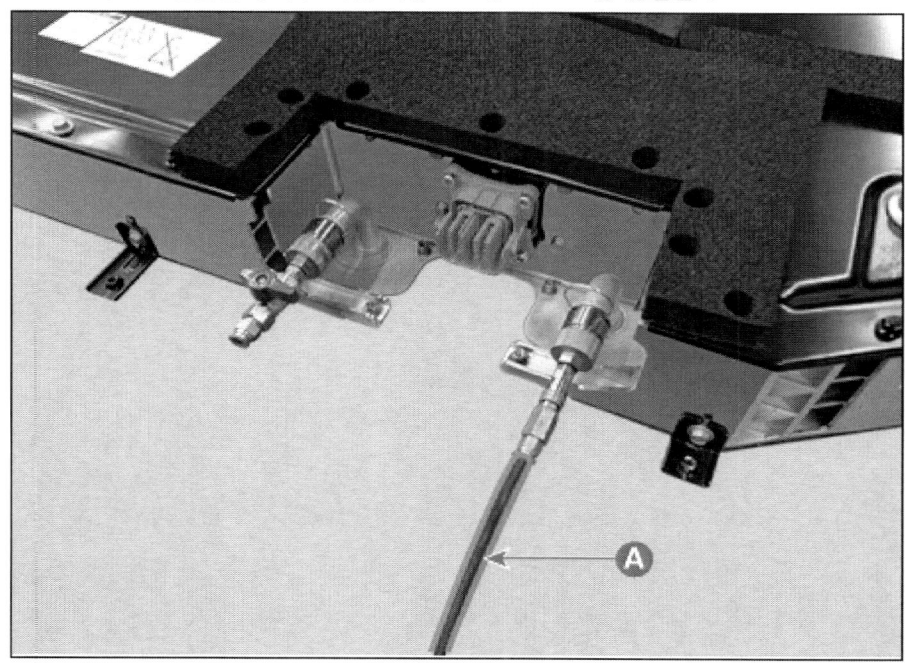

4. 기밀 테스터에 인렛 호스(A)를 연결한다.

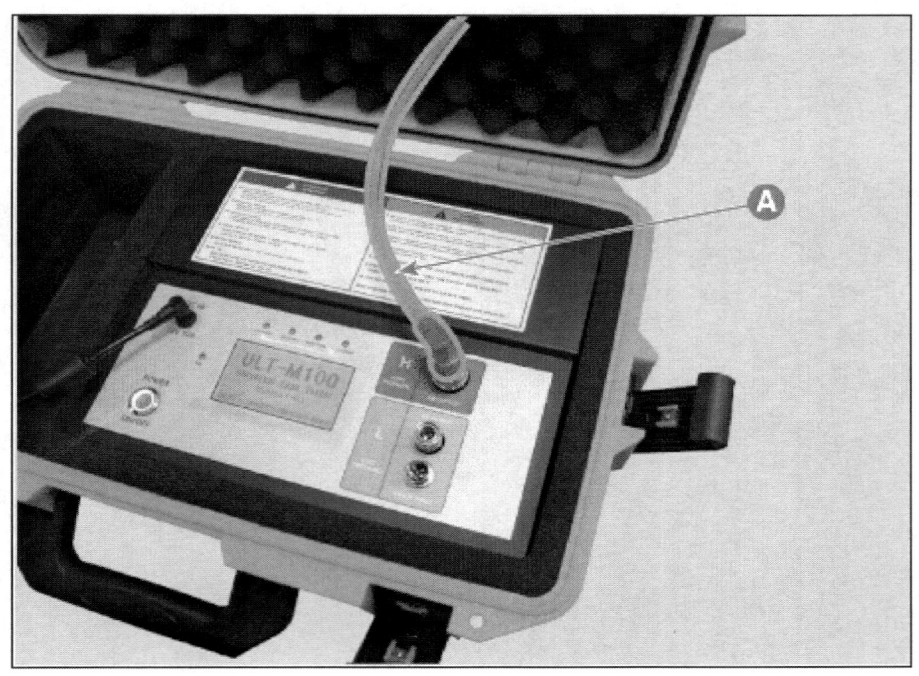

5. 진단 기기를 사용하여 고전압 배터리 냉각수 라인 기밀검사를 수행한다.

부가기능		
시스템별	작업 분류별	모두 펼치기

- ■ 배터리제어
  - ■ 사양정보
  - ■ 절연파괴 부품 검사
  - ■ SOC 보정 기능
  - ■ SOH 초기화 기능
  - ■ 고전압 배터리 팩 및 냉각수라인 기밀 점검
- ■ 전방레이더
- ■ 에어백(1차충돌)
- ■ 에어백(2차충돌)
- ■ 승객구분센서
- ■ 에어컨
- ■ 파워스티어링
- ■ 리어뷰모니터
- ■ 운전자보조주행시스템
- ■ 운전자보조주차시스템
- ■ 측방레이더
- ■ 전방카메라

! 기능 수행 중에는 다른 기능이 동작되지 않도록 주의하십시오.

부가기능

■ 고전압 배터리 팩 및 냉각수라인 기밀 점검

● [배터리 정보 입력]

배터리 코드를 입력하신 뒤 [확인] 버튼을 누르십시오.

배터리 코드 [   ]

[확인]   [취소]

기능 수행 중에는 다른 기능이 동작되지 않도록 주의하십시오.

부가기능

■ 고전압 배터리 팩 및 냉각수라인 기밀 점검

● [장치 연결]

장비의 전원을 ON 해주십시오.
장치를 검색하고 연결한 뒤 [확인] 버튼을 누르십시오.

기능 수행 중에는 다른 기능이 동작되지 않도록 주의하십시오.

부가기능

■ 고전압 배터리 팩 및 냉각수라인 기밀 점검

● [기능 선택]

진행할 기능을 선택하십시오.
1. 기밀 점검 : 냉각수 라인 점검 후, 고전압 배터리 팩 점검을 진행합니다.
2. 냉각수 피팅 셀프 테스트 : 셀프 테스트 어댑터를 이용하여, 점검을 진행하십시오. (사용자 가이드 참고)
3. 배터리 팩 에어주입 어댑터 셀프 테스트 : 에어주입 어댑터를 평평한 철판에 부착 후 진행하십시오. (사용자 가이드 참고)

[기밀 점검]

[냉각수 피팅 셀프 테스트]

[배터리 팩 에어주입 어댑터 셀프 테스트]

[이전]

! 기능 수행 중에는 다른 기능이 동작되지 않도록 주의하십시오.

부가기능

■ 고전압 배터리 팩 및 냉각수라인 기밀 점검

● [냉각수라인 기밀 점검 - 영점조정]

전체 미연결된 상태로 [영점 조정] 버튼을 누르십시오.

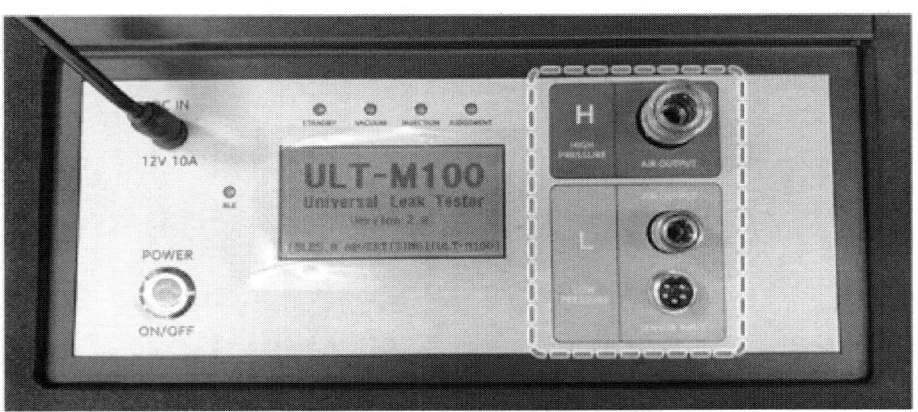

영점 조정

확인 이전 취소

기능 수행 중에는 다른 기능이 동작되지 않도록 주의하십시오.

부가기능

■ 고전압 배터리 팩 및 냉각수라인 기밀 점검

● [냉각수라인 기밀 점검 - 장비 연결]

1. 호스를 연결한 후 밸브를 잠가 주십시오.
2. 'HIGH PRESSURE AIR OUTPUT'과 '배터리 냉각수 라인'을 연결 후 검사를 진행해 주십시오.

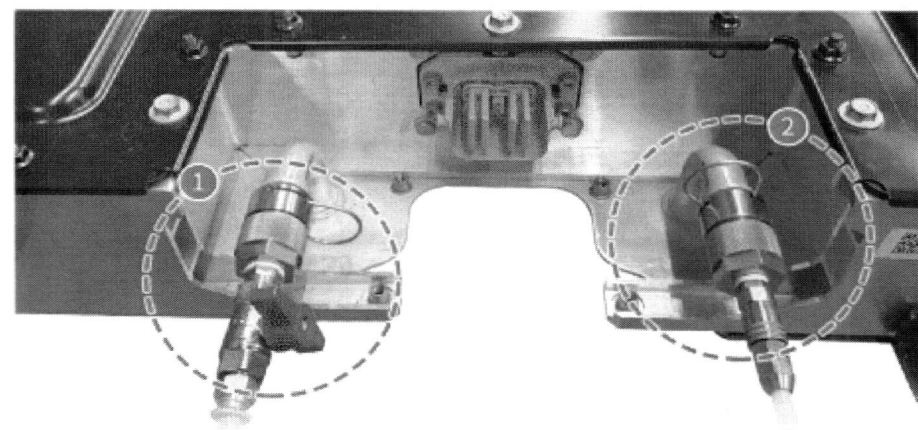

| 확인 | 이전 | 취소 |

기능 수행 중에는 다른 기능이 동작되지 않도록 주의하십시오.

부가기능

■ 고전압 배터리 팩 및 냉각수라인 기밀 점검

● [냉각수라인 기밀 점검]

냉각수 라인 기밀 테스트를 진행합니다. 결과는 아래에 표출됩니다.

항목	값
진행 단계	공기 주입
리크 압력 변화값	0.00 mbar
진행 시간	4초

확인　　이전　　취소

기능 수행 중에는 다른 기능이 동작되지 않도록 주의하십시오.

부가기능

■ 고전압 배터리 팩 및 냉각수라인 기밀 점검

● [냉각수라인 기밀 점검]

냉각수 라인 기밀 테스트를 진행합니다. 결과는 아래에 표출됩니다.

항목	값
진행 단계	완료
리크 압력 변화값	0.00 mbar
진행 시간	20초

판정 결과 : 판정 조건 미달

| 확인 | 이전 | 취소 |

기능 수행 중에는 다른 기능이 동작되지 않도록 주의하십시오.

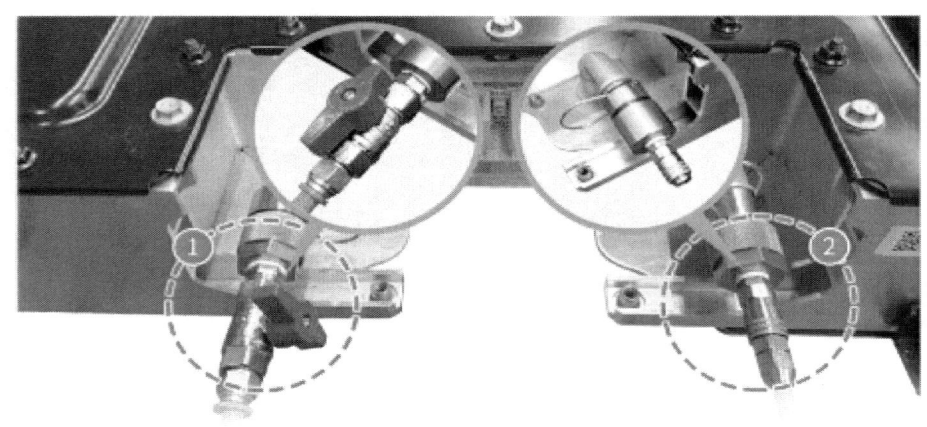

6. 냉각수 라인 기밀 여부를 점검한다.

> **참 고**
>
> 냉각수 라인 기밀 여부 판단 지침
> - 합격 : PASS

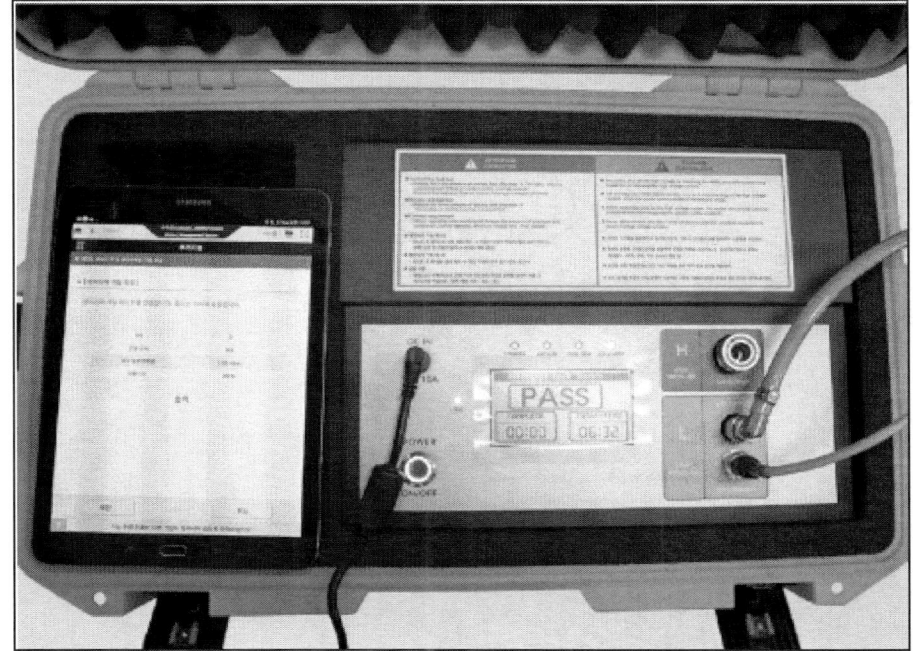

- 불합격 : FAIL

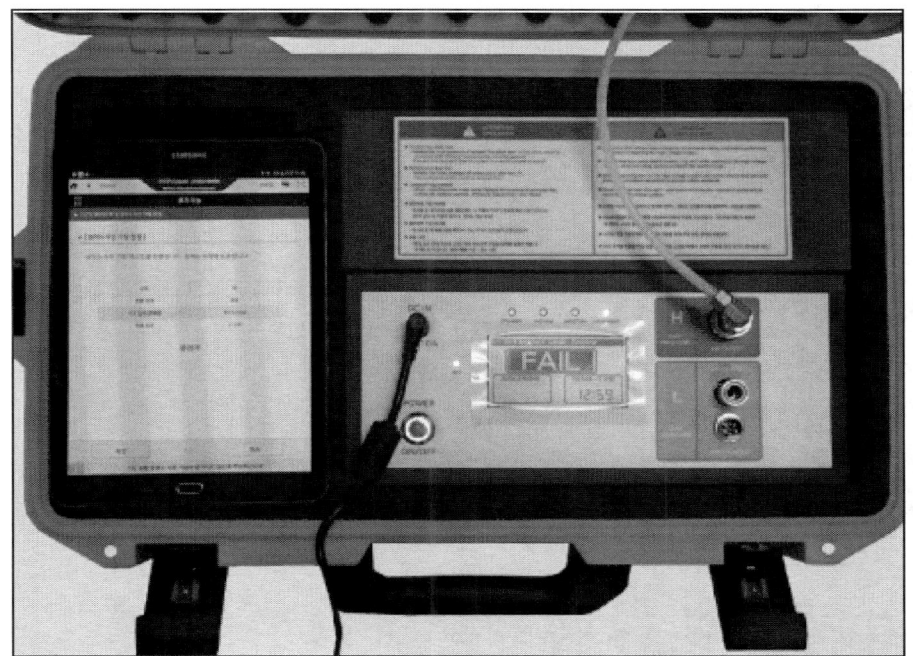

[고전압 배터리 시스템 어셈블리 기밀 테스트]

⚠ 주 의

- 차량에 고전압 배터리 시스템 어셈블리를 설치하기 전에 "고전압 배터리 기밀점검 테스터"를 사용하여 기밀 테스트를 수행한다.
- 냉각수 라인 기밀 테스트 화면에서 30초 동안 건드리지 않을시 배터리 팩 기밀 테스트 화면으로 넘어간다.

유 의

- "고전압 배터리 기밀점검 테스터" 사용 방법은 제조업체 사용 설명서를 참조한다.

1. 고전압 배터리 시스템 어셈블리(BSA)를 탈거한다.
   (고전압 배터리 시스템 - "배터리 시스템 어셈블리 (BSA)" 참조)
2. 고전압 배터리 시스템 어셈블리에 씰링 커넥터(A)를 장착한다.

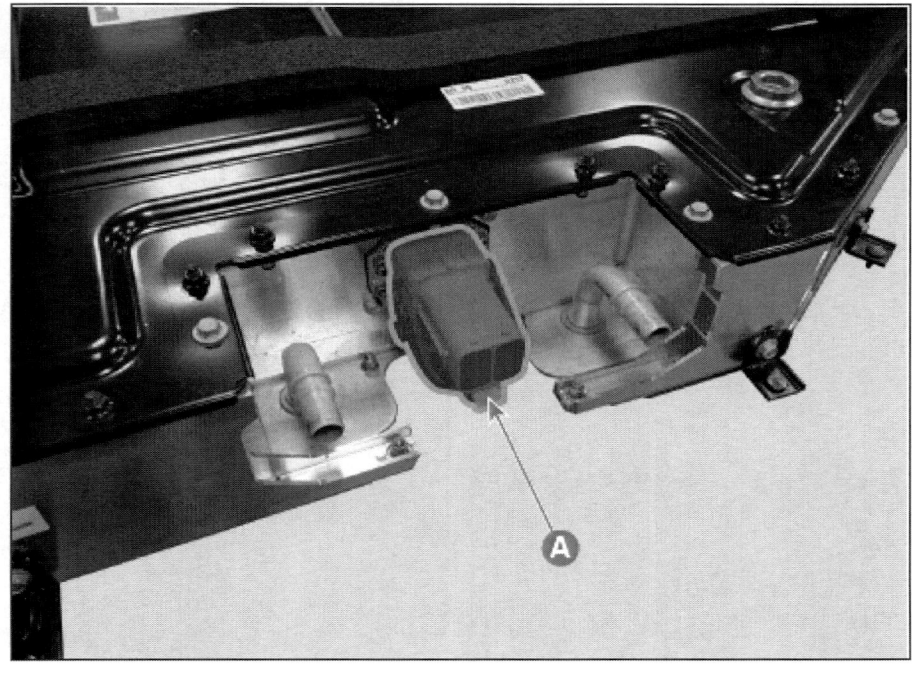

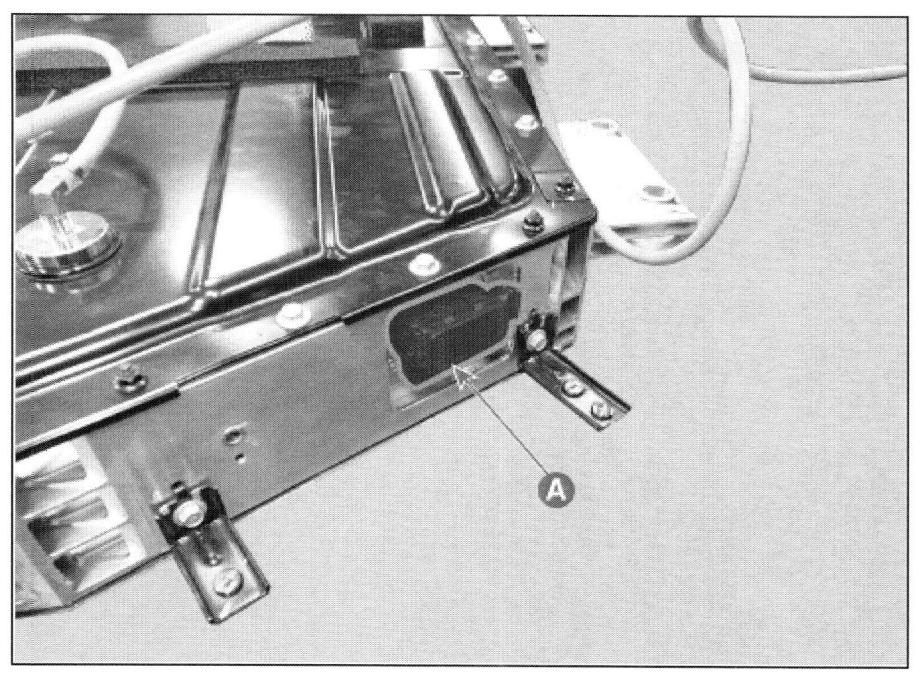

3. 에어 주입 어댑터(A)와 압력 센서 모듈(B)을 압력 조정재로 5초간 밀어 어댑터를 부착할 수 있도록 화살표 방향으로 이동한다.

> **유 의**
>
> - 조정재에 제대로 부착이 되지 않으면 압력이 누설 될 수 있으므로 반드시 확인한다.

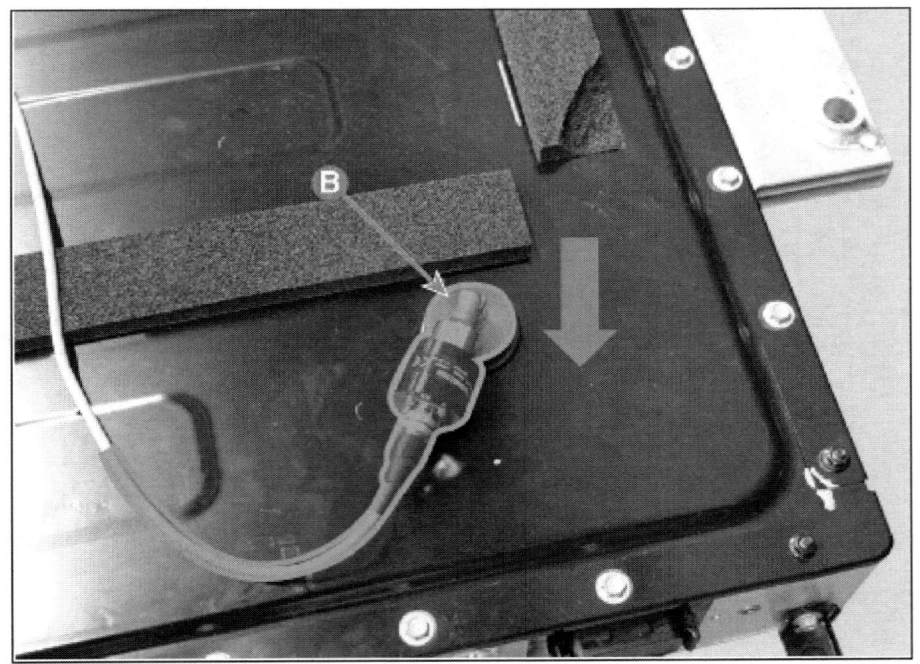

4. 기밀 테스터에 어댑터 호스(A)를 연결한다.

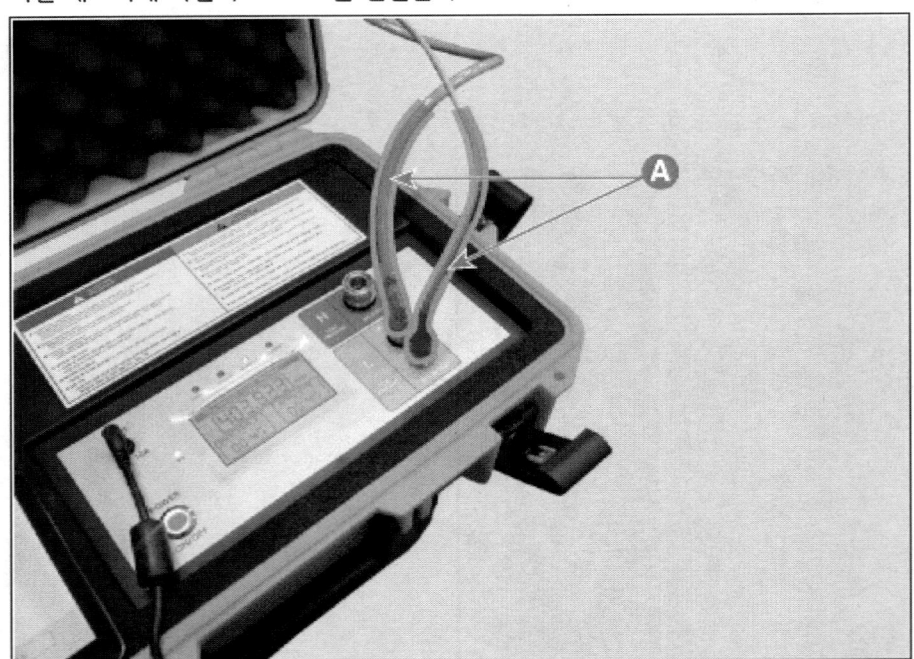

5. 진단 기기를 사용하여 고전압 배터리 냉각수 라인 기밀검사를 수행한다.

부가기능

| 시스템별 | 작업 분류별 | 모두 펼치기 |

- 배터리제어
  - 사양정보
  - 절연파괴 부품 검사
  - SOC 보정 기능
  - SOH 초기화 기능
  - 고전압 배터리 팩 및 냉각수라인 기밀 점검
- 전방레이더
- 에어백(1차충돌)
- 에어백(2차충돌)
- 승객구분센서
- 에어컨
- 파워스티어링
- 리어뷰모니터
- 운전자보조주행시스템
- 운전자보조주차시스템
- 측방레이더
- 전방카메라

기능 수행 중에는 다른 기능이 동작되지 않도록 주의하십시오.

부가기능

■ 고전압 배터리 팩 및 냉각수라인 기밀 점검

● [배터리 정보 입력]

배터리 코드를 입력하신 뒤 [확인] 버튼을 누르십시오.

배터리 코드 [   ]

| 확인 | 취소 |

⚠ 기능 수행 중에는 다른 기능이 동작되지 않도록 주의하십시오.

부가기능

■ 고전압 배터리 팩 및 냉각수라인 기밀 점검

● [장치 연결]

장비의 전원을 ON 해주십시오.
장치를 검색하고 연결한 뒤 [확인] 버튼을 누르십시오.

! 기능 수행 중에는 다른 기능이 동작되지 않도록 주의하십시오.

부가기능

■ 고전압 배터리 팩 및 냉각수라인 기밀 점검

● [기능 선택]

진행할 기능을 선택하십시오.
1. 기밀 점검 : 냉각수 라인 점검 후, 고전압 배터리 팩 점검을 진행합니다.
2. 냉각수 피팅 셀프 테스트 : 셀프 테스트 어댑터를 이용하여, 점검을 진행하십시오. (사용자 가이드 참고)
3. 배터리 팩 에어주입 어댑터 셀프 테스트 : 에어주입 어댑터를 평평한 철판에 부착 후 진행하십시오. (사용자 가이드 참고)

[기밀 점검]

[냉각수 피팅 셀프 테스트]

[배터리 팩 에어주입 어댑터 셀프 테스트]

[이전]

기능 수행 중에는 다른 기능이 동작되지 않도록 주의하십시오.

부가기능

■ 고전압 배터리 팩 및 냉각수라인 기밀 점검

● [배터리팩 기밀 점검 - 막음 커넥터 결합]

막음 커넥터 결합 여부를 확인하신 후 [확인] 버튼을 누르십시오.

⚠ [주의]
차종에 맞는 커넥터를 사용해 주십시오.

| 확인 | 이전 | 취소 |

기능 수행 중에는 다른 기능이 동작되지 않도록 주의하십시오.

부가기능

■ 고전압 배터리 팩 및 냉각수라인 기밀 점검

● [배터리팩 기밀 점검 - 영점조정]

압력센서 모듈을 LOW PRESSURE의 SENSOR INPUT에 연결 후, 압력센서 모듈을 오픈한 상태에서 [영점 조정] 버튼을 누르십시오.

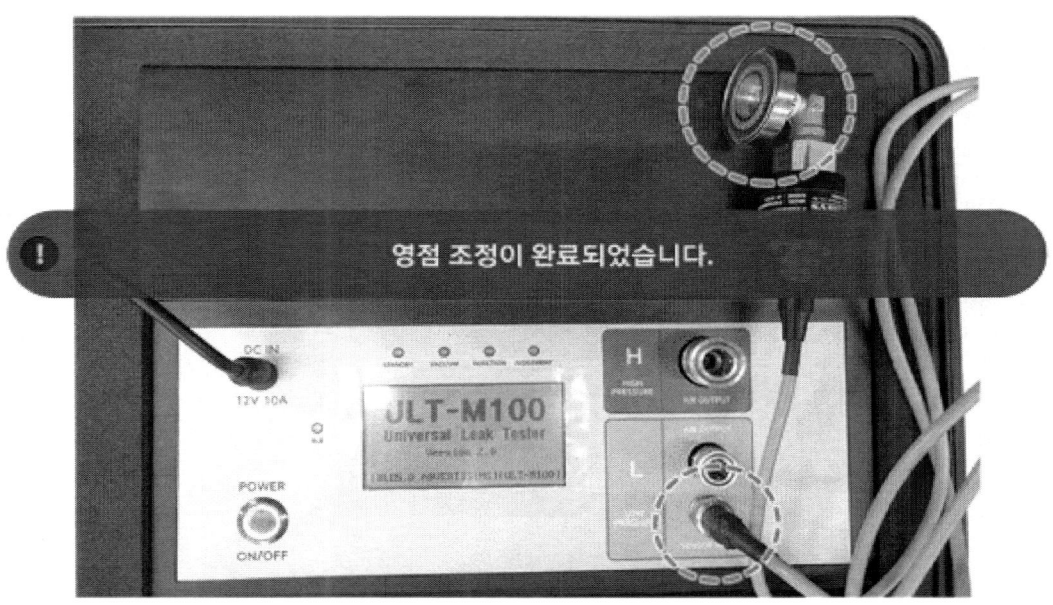

부가기능

■ 고전압 배터리 팩 및 냉각수라인 기밀 점검

● [배터리팩 기밀 점검]

배터리팩 기밀 테스트를 진행합니다. 결과는 아래에 표출됩니다.

항목	값
진행 단계	공기 주입
리크 압력 변화값	0.00 mbar
진행 시간	3초

기능 수행 중에는 다른 기능이 동작되지 않도록 주의하십시오.

부가기능

■ 고전압 배터리 팩 및 냉각수라인 기밀 점검

● [배터리팩 기밀 점검 - 장비연결 및 압력조정재 확인]

1. 압력조정재 결합 여부를 확인 후 진행하십시오.
2. 에어주입 어댑터를 LOW PRESSURE의 AIR OUTPUT과 압력조정재 홀 상단에 연결하십시오.
3. 압력센서 모듈을 압력조정재 홀 상단에 연결하십시오.
①~②, ①~③의 결합 상태를 확인 후 [확인] 버튼을 누르십시오.

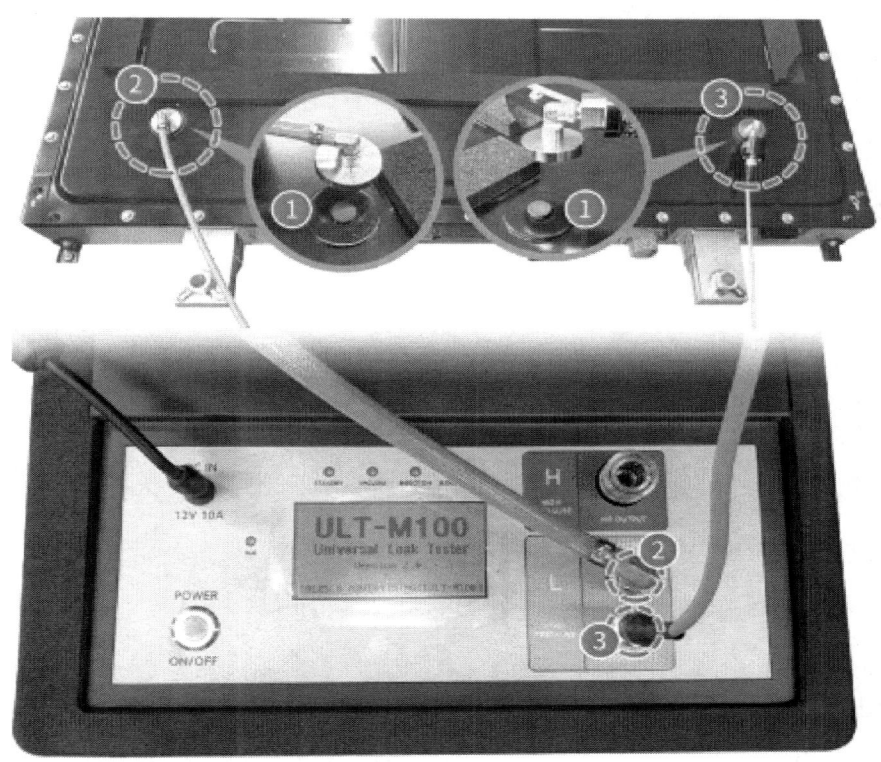

| 확인 | 이전 | 취소 |

기능 수행 중에는 다른 기능이 동작되지 않도록 주의하십시오.

부가기능

■ 고전압 배터리 팩 및 냉각수라인 기밀 점검

● [진단 결과 확인]

점검 내용	판정 결과	누설 압력
냉각수 라인 기밀 점검	합격	0.00 mbar
배터리팩 기밀 점검	합격	0.00 mbar

확인

기능 수행 중에는 다른 기능이 동작되지 않도록 주의하십시오.

6. 고전압 배터리 시스템 어셈블리의 기밀 여부를 점검한다.

> **참 고**
>
> 고전압 배터리 시스템 어셈블리 기밀 여부 판단 지침
> - 합격 : PASS

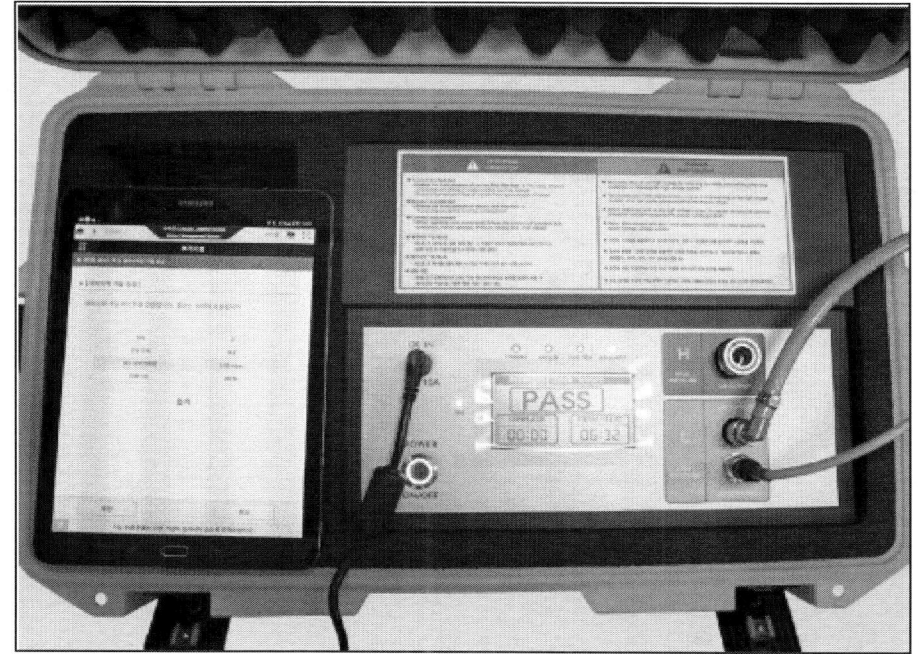

- 불합격 : FAIL

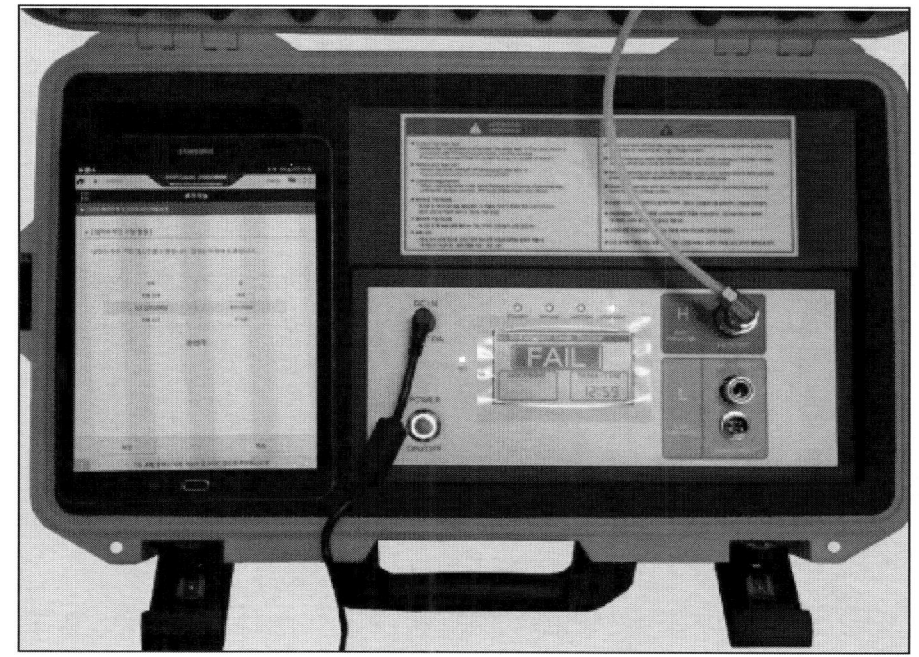

7. 고전압 배터리 시스템 어셈블리 기밀 테스트 불합격시 헬륨가스로 기밀 누설 부위를 점검한다.
   (1) 기밀 테스터에서 에어 주입 어댑터 호스(A)를 분리한다.

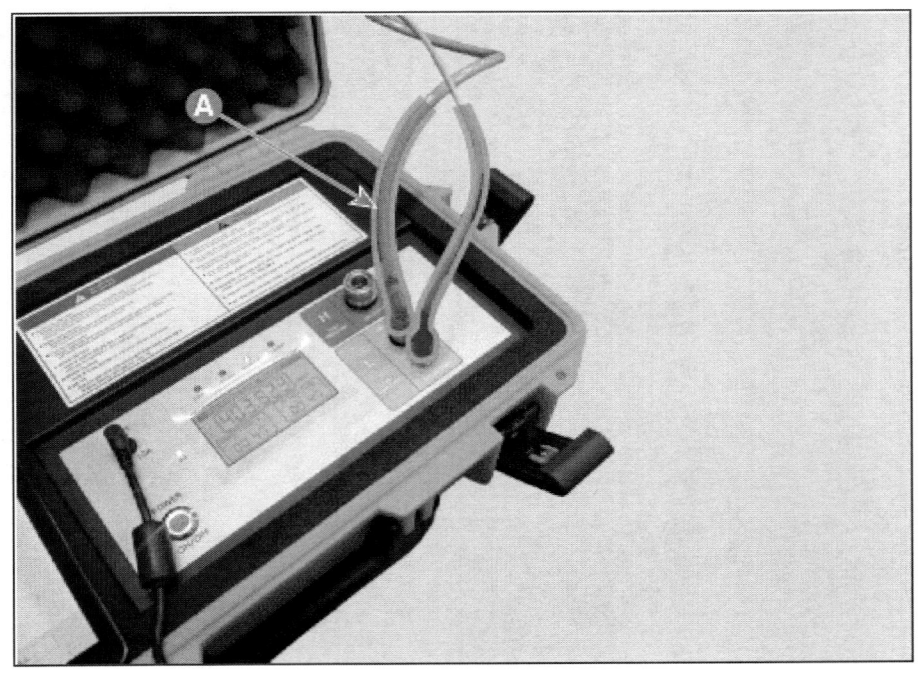

(2) 헬륨 가스 밸브에 에어 주입 어댑터 호스(A)를 연결한다.

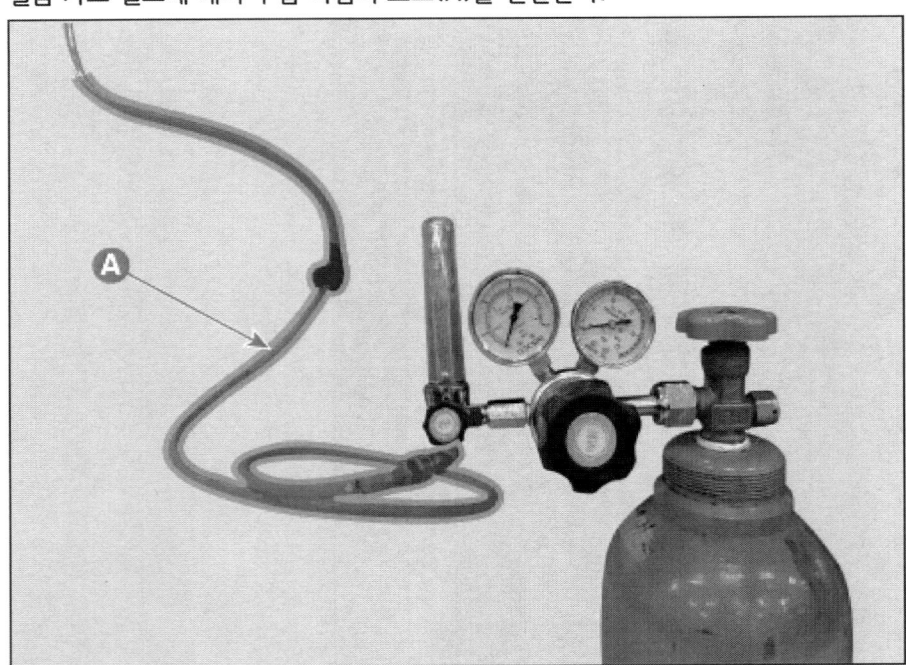

(3) 헬륨가스 밸브를 화살표 방향으로 돌려 헬륨가스를 주입한다.

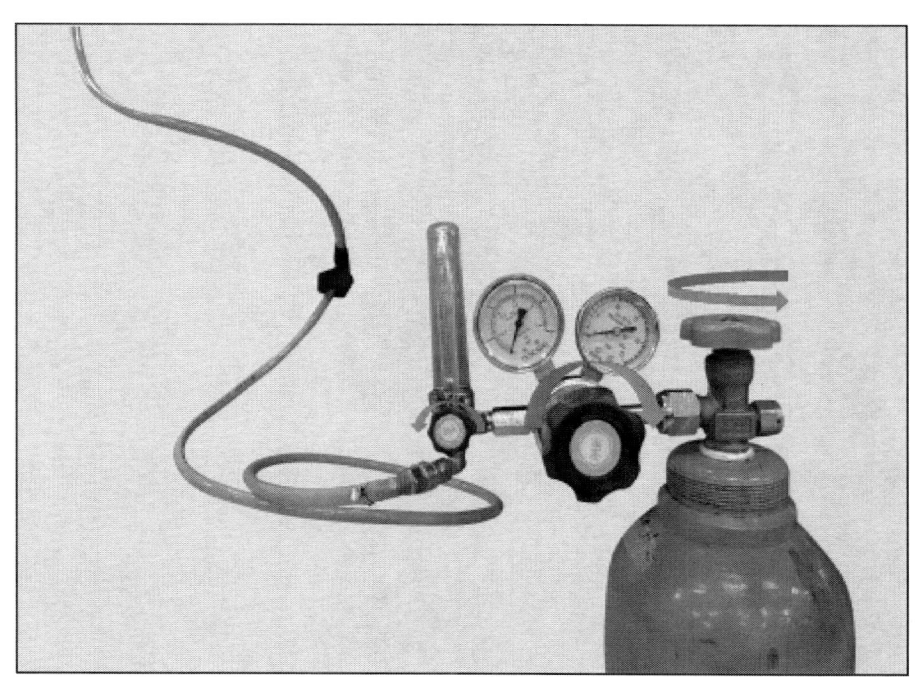

유 의

- 배터리 시스템 어셈블리(BSA) 내부 압력이 20 ~ 30 mbar를 초과하면 상부 케이스의 변형이 생길 수 있으므로 헬륨을 500 mbar로 약 30초간 가압 후 헬륨 주입 밸브를 닫는다.

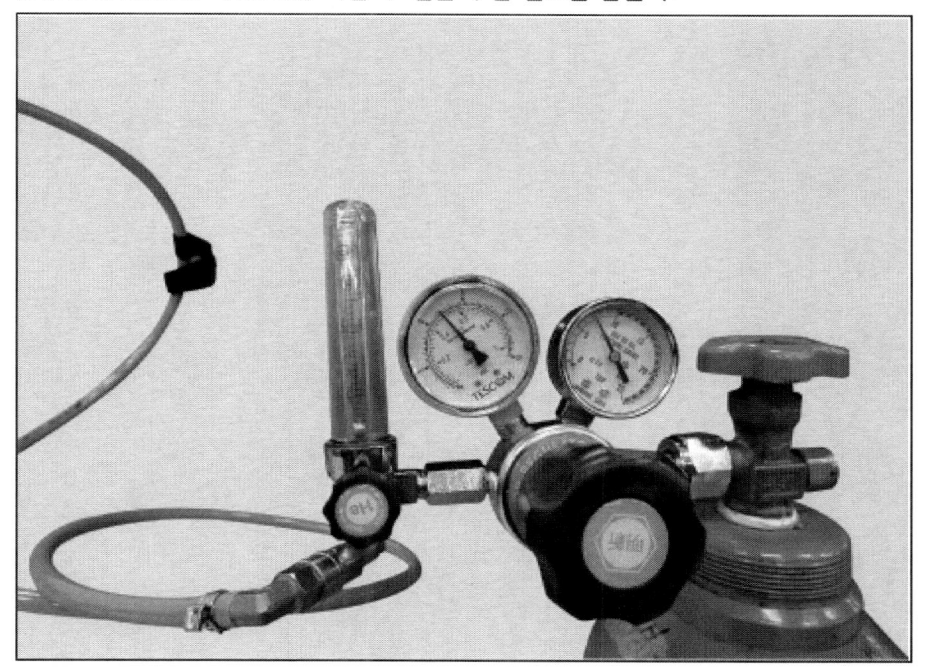

(4) 헬륨가스 누설 감지기를 이용하여 배터리 시스템 어셈블리(BSA) 누설 부위를 점검한다.

유 의

- 하부 케이스의 용접 부위, 커넥터 체결 부위, 상부 케이스 가스켓등을 위주로 점검한다.

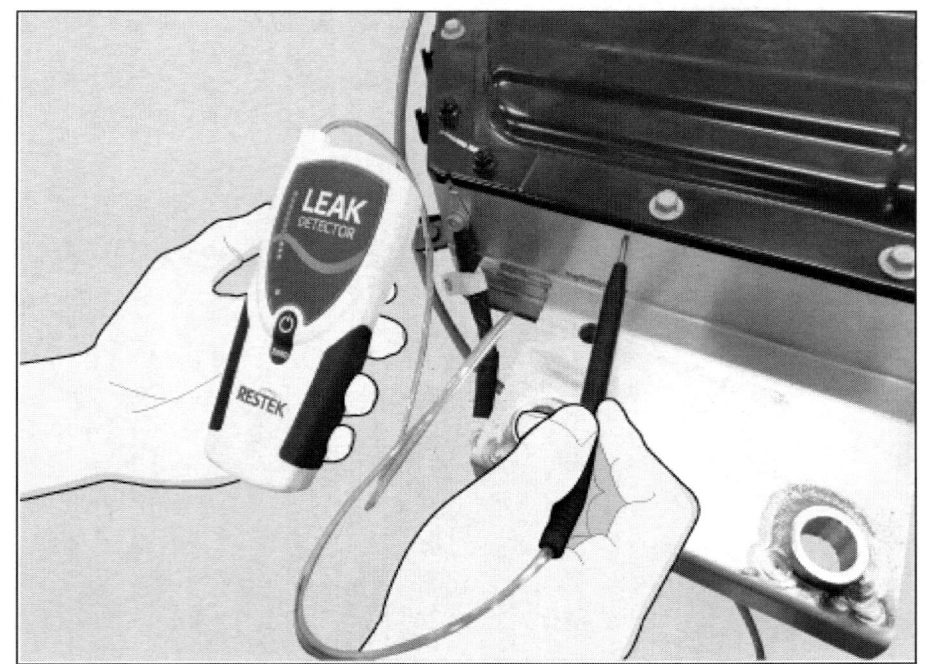

조정

배터리 충전 상태 (SOC) 보정

1. 진단 기기를 자기 진단 커넥터(DLC)에 연결한다.
2. IG 스위치를 ON 한다.
3. 진단 기기를 사용하여 서비스 데이터의 "배터리 충전 상태(SOC)"를 점검한다.

> **참 고**
>
> - 배터리 시스템 어셈블리(BSA) 또는 배터리 모듈 어셈블리(BMA) 교환 시, 진단 기기를 이용하여 SOC 보정 기능을 수행해야 정확한 SOC 값을 확인할 수 있다.

- SOC 보정 기능을 수행하지 않더라도 주행하면서 30분 이내에 정상적인 SOC로 보정된다.

조정

배터리 충전 상태(SOH) 초기화

1. 진단 기기를 자기 진단 커넥터(DLC)에 연결한다.
2. IG 스위치를 ON 한다.
3. 진단 기기를 사용하여 부가기능의 "SOH 초기화 기능"을 수행한다.

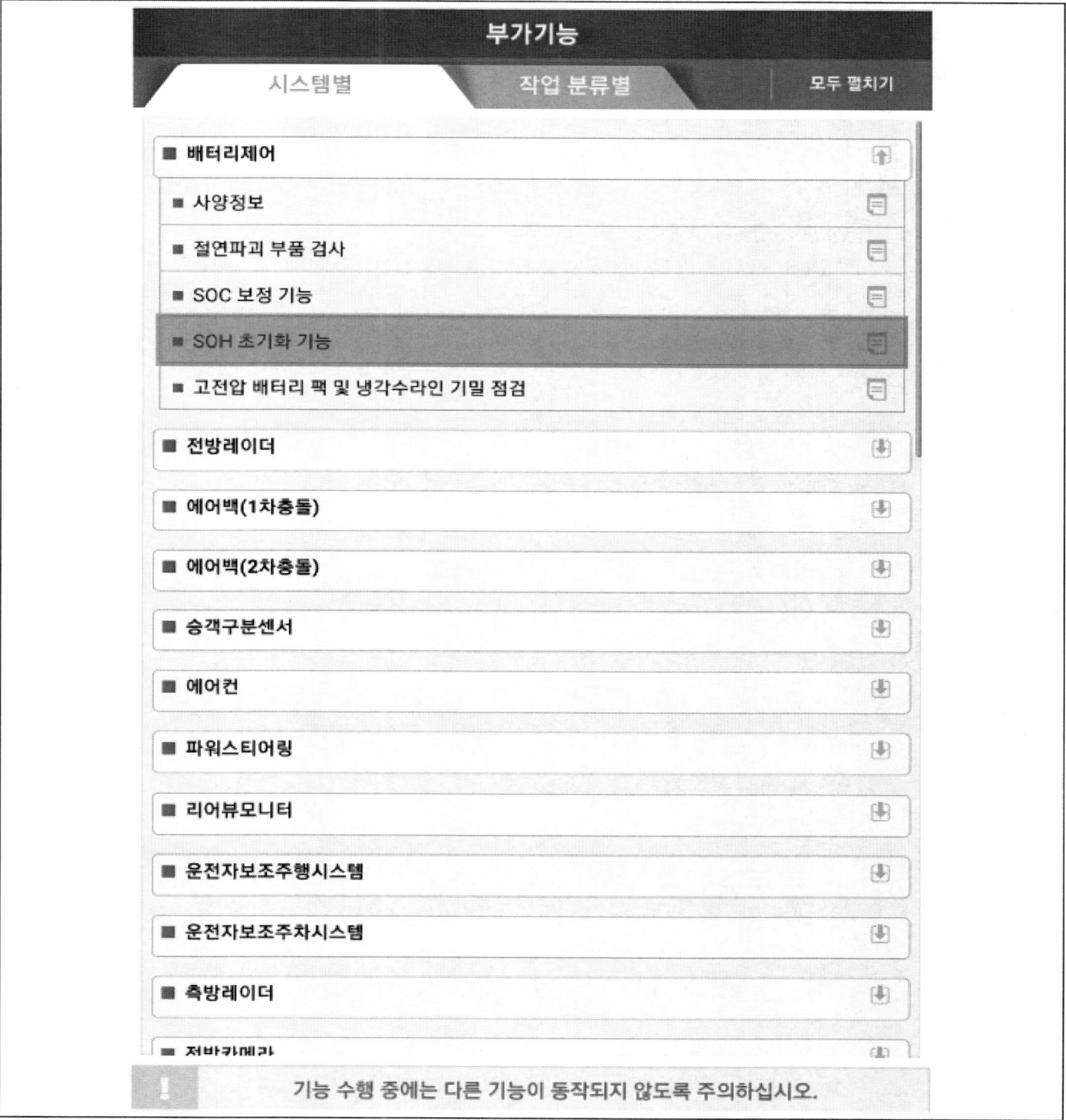

조정

배터리 모듈 어셈블리 충/방전

1. 디지털 테스터를 이용하여 신품 모듈의 전압을 측정한다.
2. 신품 모듈을 장착 전 MIDTRONICS(xMB-9640 Module Balancer) 제품의 충방전기를 이용하여 신품 모듈을 목표 충전 전압으로 충전 또는 방전한다.

   목표 충전 전압 :
   (고전압 배터리 시스템 - "목표 충전 전압 점검" 참조)

   > **유 의**
   > - 충방전기 사용 방법은 충방전기 업체 매뉴얼을 참고한다.
   > - 차량에 장착되어 있는 기존 모듈과 신규 장착되는 신품 모듈은 서로 충전된 전압이 다르기 때문에 기존 모듈과 신품 모듈 간의 전압 차이를 맞춰주는 작업 없이 신규 모듈을 장착하면 차량이 정상 작동하지 않을 수 있다.

3. 모듈 충/방전이 완료된 후 디지털 테스터를 이용하여 신품 모듈의 전압이 목표 전압과 같은지 측정한다.

조정

갭 필러 도포

> ⚠️ **주 의**
> - 갭 필러 도포 방법은 갭 필러 도포 장비 업체 매뉴얼을 참고한다.

> **유 의**
> - 갭 필러 도포 작업 전, 남아있는 갭 필러를 깨끗이 제거하고 작업을 한다.

1. 배터리 시스템 어셈블리(BSA)에 고전압 배터리 갭필러 고정 틀(09375-GI100)을 장착한다.

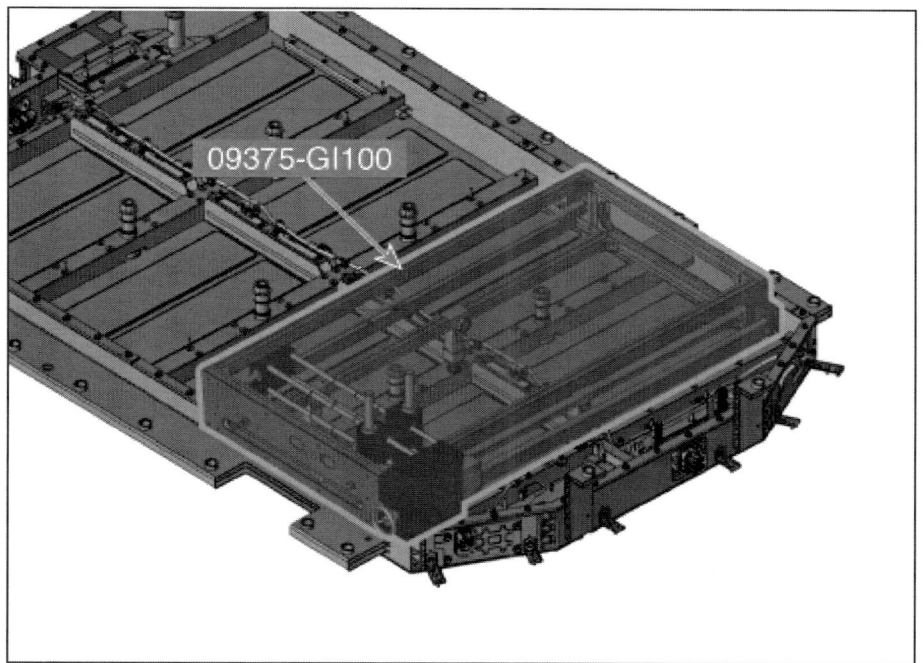

2. 갭 필러 고정틀에 갭필러 작업 건(09375-GI200)을 장착한다.

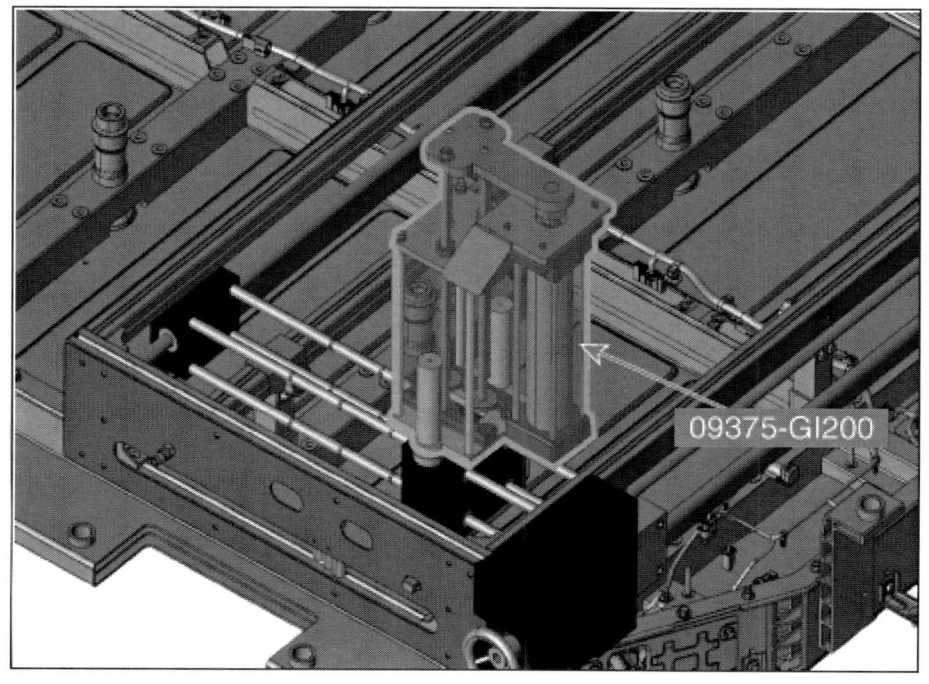

3. 카트리지에 갭 필러 리본(09375-GI300)을 조립한다.

> **유 의**
>
> - 갭 필러 리본(09375-GI300)은 면적(A)당 한개씩 사용한다.

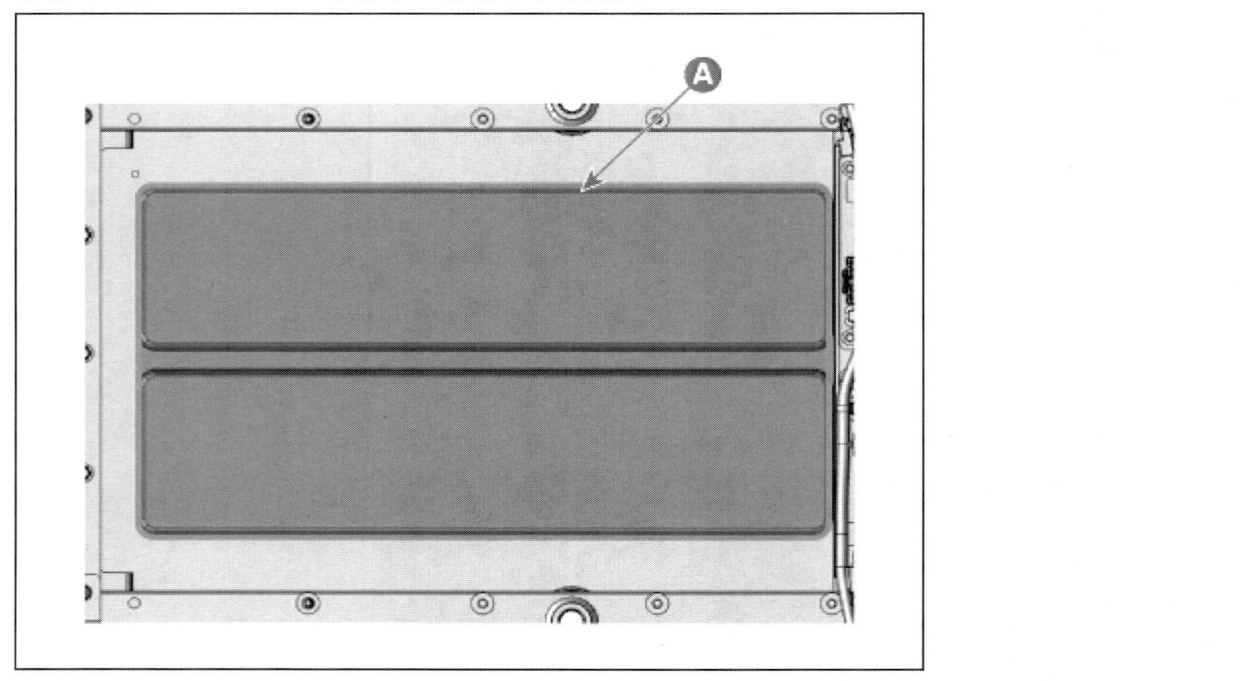

4. 갭 필러 작업 건에 카트리지 및 갭필러 리본(A)을 장착한다.

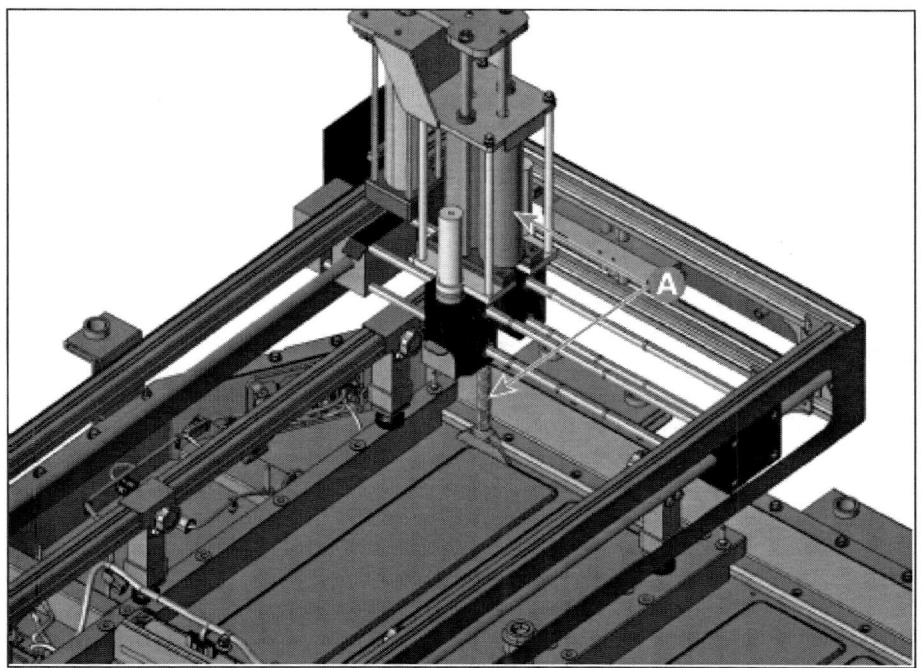

5. 갭 게이지(A)를 사용하여 리본 높이를 조절한다.

규정값 : 5.4mm

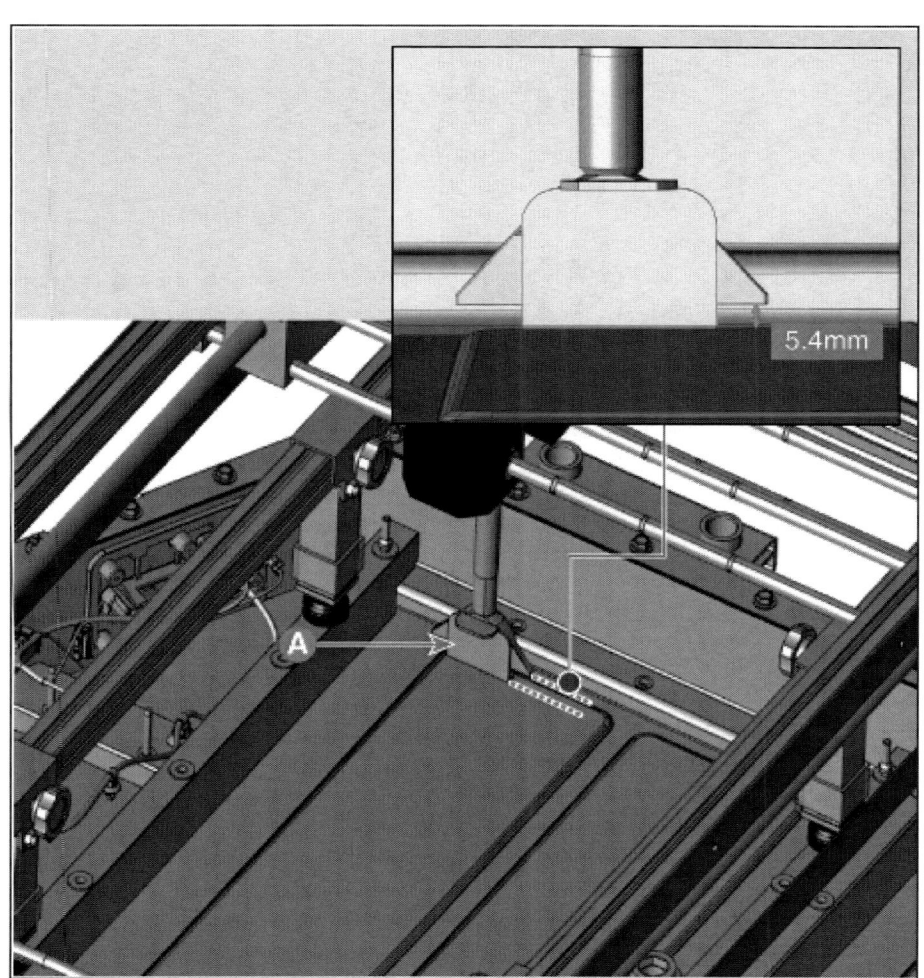

> **유 의**
>
> - 갭 필러 고정틀 지지대 다리를 조절하여 높이를 조절한다.

6. 갭 필러 작업 건에 에어호스(A)를 연결한다.

7. 갭 필러 고정틀에 에어호스(A)를 연결한다.

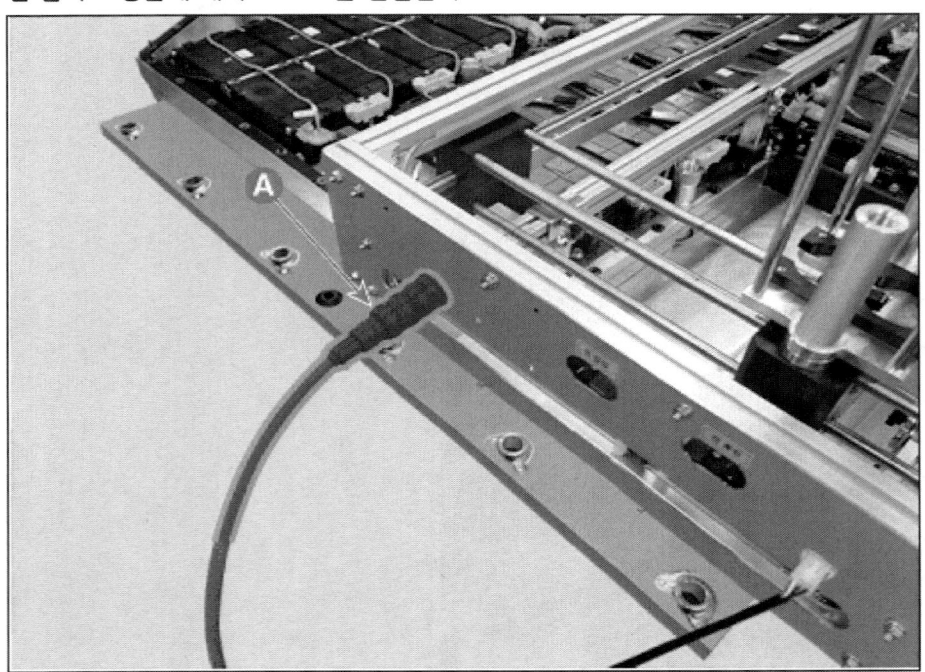

8. 갭 필러 컨트롤러 커넥터(A)를 연결한다.

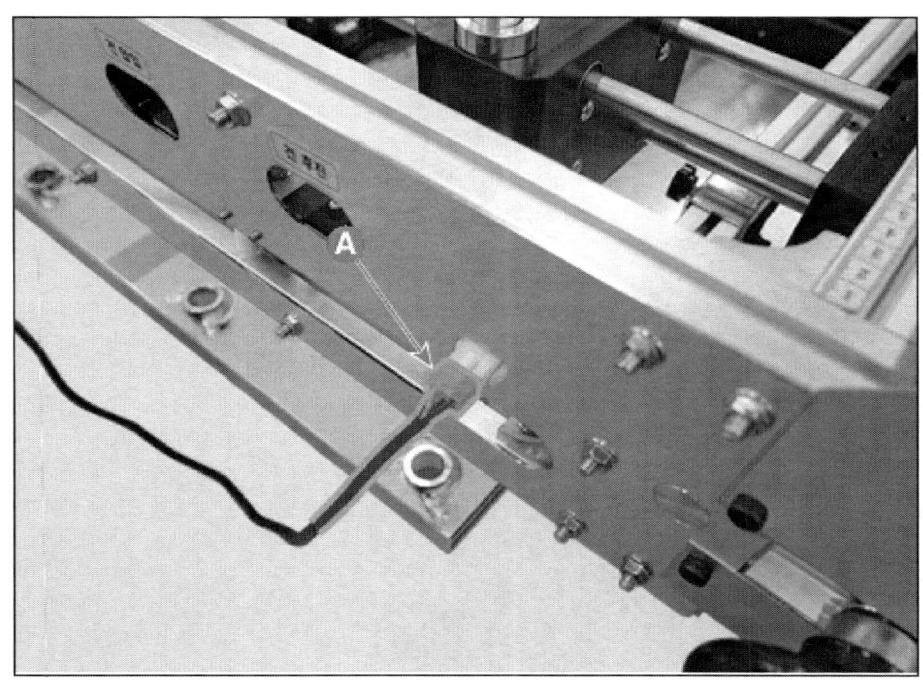

9. 갭 필러를 도포한다.

> **유 의**
>
> - 갭 필러 도포 후, 경화시간(90분)이내 모듈을 장착한다.
> - 갭 필러 도포 가이드는 장비 매뉴얼을 참고한다.
> - 갭 필러 도포 순서는 아래 그림을 참고한다.

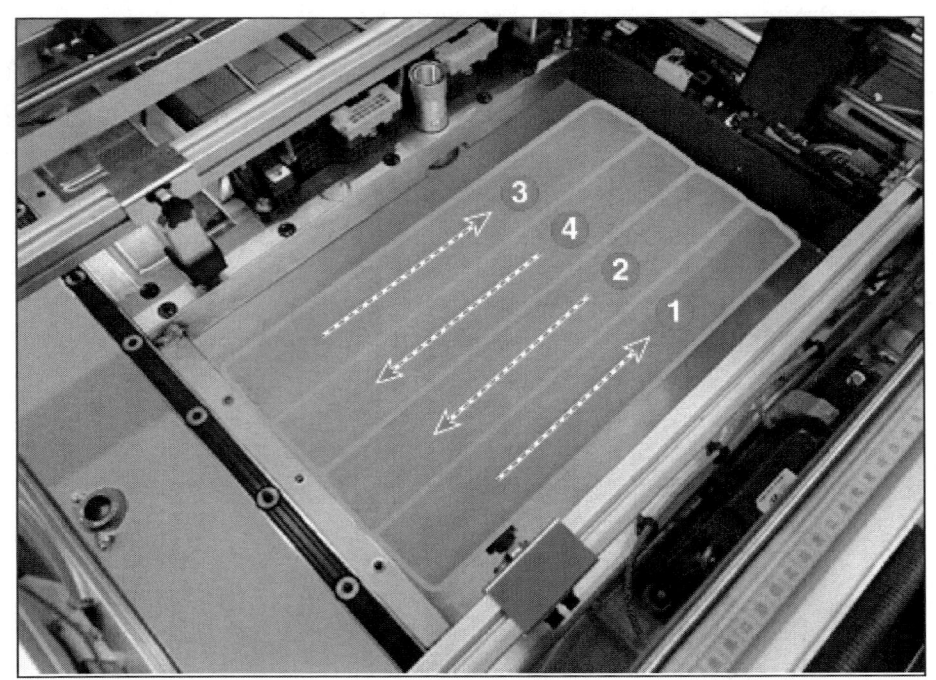

> [!CAUTION]
> ⚠ 주 의

- 갭 필러 도포 시 도포 영역(A)의 기준까지 과도포 되지 않도록 주의한다.

도포 영역 : 21.7 mm

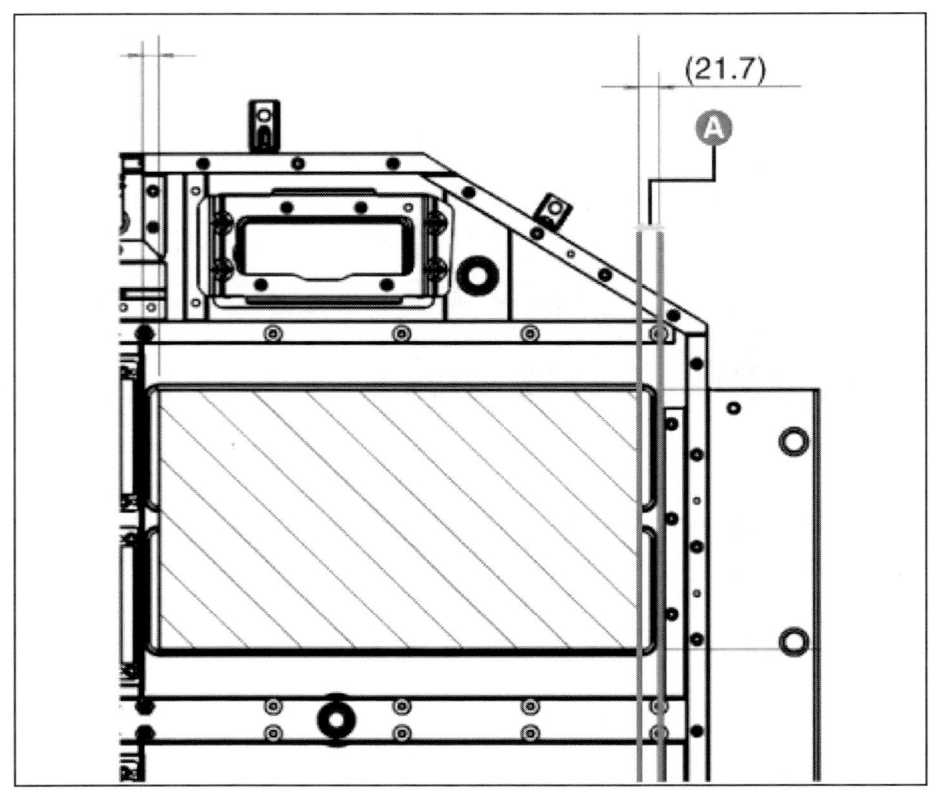

배터리 시스템 어셈블리 (BSA) 탈장착

	작업	H/W	체결토크 (kgf.m)	SST/장비	케미컬	기타
• 탈거						
1	고전압 차단 절차 수행	-	-	진단 기기	-	매뉴얼 참고
2	프런트 언더 커버 탈거 (모터 및 감속기 시스템 - "프런트 언더 커버" 참조)	-	-	-	-	-
3	리어 언더 커버 탈거 (모터 및 감속기 시스템 - "리어 언더 커버" 참조)	-	-	-	-	-
4	고전압 배터리 냉각수 배출 (고전압 배터리 냉각 시스템 - "냉각수" 참조)	-	-	-	냉각수	-
5	고전압 커넥터 커버 탈거	볼트	0.8 ~ 1.2	-	-	-
6	고전압 배터리 프런트 커넥터 분리	-	-	-	-	-
7	고전압 배터리 리어 커넥터 분리	-	-	-	-	-
8	ICCU 고전압 커넥터 분리	-	-	-	-	-
9	BMU 커넥터 분리	-	-	-	-	-
10	접지 탈거	볼트	0.8 ~ 1.2	-	-	-
11	냉각수 인렛 호스 및 냉각수 아웃렛 호스 분리	-	-	-	-	-
12	배터리 시스템 어셈블리 안에 있는 잔여 냉각수 배출	-	-	기밀 점검 장비 (ULT-M100)09360-K4000 09580-3D100	-	매뉴얼 참고
13	고전압 배터리 시스템 어셈블리 중앙부 장착 볼트 탈거	볼트	7.0 ~ 9.0	-	-	볼트 재사용 금지 매뉴얼 참고
14	고전압 배터리 시스템 어셈블리 플로워 잭 설치	-	-	-	-	-
15	고전압 배터리 시스템 어셈블리 사이드 장착 볼트 탈거	볼트	12.0 ~ 14.0	-	-	매뉴얼 참고
16	고전압 배터리 시스템 어셈블리 이송	-	-	09375-K4100 09375-K4104	-	-
• 장착						
탈거의 역순으로 진행						-
• 부가기능						

- 냉각수 라인 기밀 테스트
  - 배터리 시스템 어셈블리 냉각수 라인 기밀 테스트 수행
- 전동식 워터 펌프(EWP) 구동
  - 진단 기기를 이용하여 전동식 워터 펌프(EWP) 구동
- SOC 보정
  - 진단 기기를 이용하여 SOC 보정 기능 수행

2023 > 엔진 > 160kW > 배터리 제어 시스템 (일반형) > 고전압 배터리 시스템 > 배터리 시스템 어셈블리 (BSA) > 서비스 정보

서비스 정보

배터리 시스템 어셈블리(BSA)

▷ 제원

항목	제원
셀 구성	132셀 (2P6S*22모듈)
셀 전압 (V)	2.5 ~ 4.2
셀간 전압 편차 (mV)	40 이하
정격 전압 (V)	487 (330 ~ 568)
공칭 용량 (Ah)	111.2
에너지 (KWh)	53.0
중량 (kg)	369.1

탈거 및 장착

> **⚠ 경 고**
> - 고전압 시스템 관련 작업 시, 반드시 "안전 및 주의사항" 내용을 숙지하고 준수해야 한다. 미준수 시, 감전 또는 누전 등으로 인한 심각한 사고를 초래할 수 있다.
> - 고전압 시스템 관련 작업 시, "고전압 차단절차"에 따라 반드시 고전압을 먼저 차단해야 한다. 미준수 시, 감전 또는 누전 등으로 인한 심각한 사고를 초래할 수 있다.

1. 고전압 차단 절차를 수행한다.
   (배터리 제어 시스템 - "고전압 차단 절차" 참조)
2. 프런트 언더 커버를 탈거한다.
   (모터 및 감속기 시스템 - "프런트 언더 커버" 참조)
3. 리어 언더 커버를 탈거한다.
   (모터 및 감속기 시스템 - "리어 언더 커버" 참조)
4. 배터리 냉각수를 배출한다.
   (고전압 배터리 냉각 시스템 - "냉각수" 참조)
5. 고전압 커넥터 커버(A)를 탈거한다.

   체결 토크 : 0.8 ~ 1.2 kgf.m

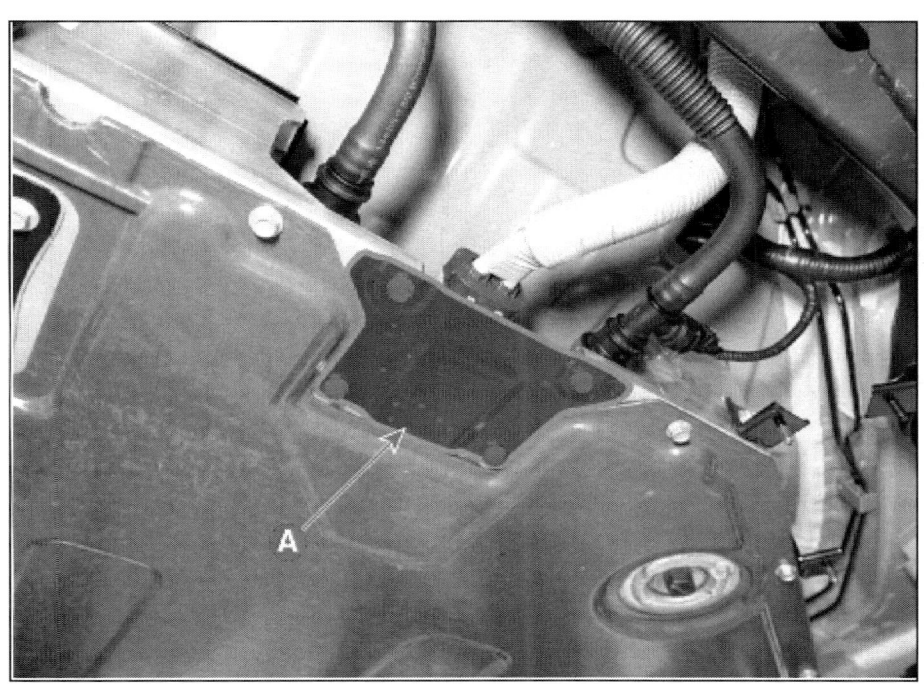

6. 고전압 배터리 프런트 커넥터(A)를 분리한다.

7. 고전압 배터리 리어 커넥터(A)를 분리한다.

8. ICCU 고전압 커넥터를 분리한다.

9. BMU 연결 커넥터(A)를 분리한다.

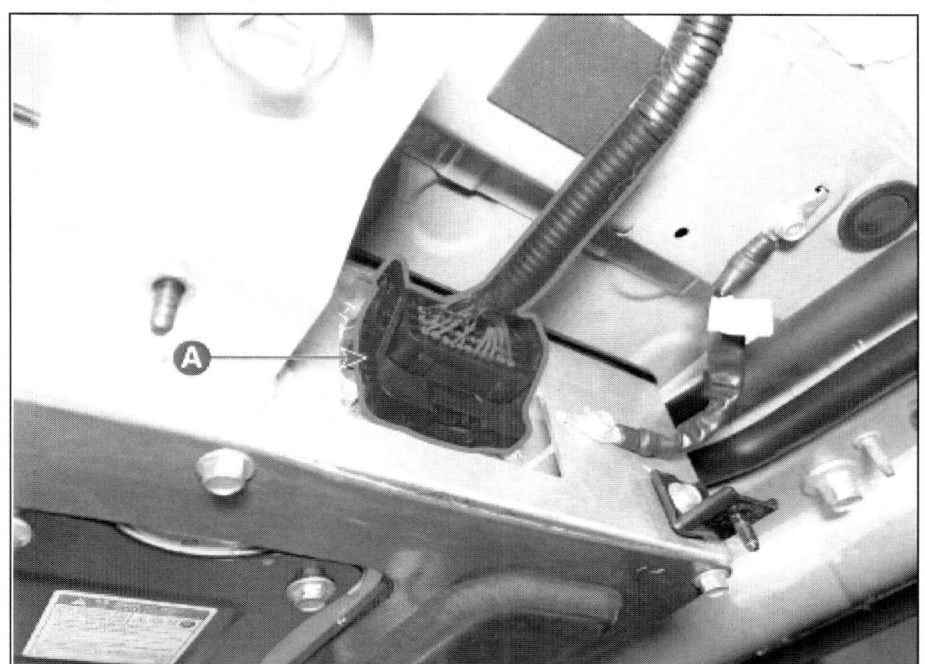

10. 볼트를 풀어 접지(A)를 탈거한다.

체결 토크 : 0.8 ~ 1.2 kgf.m

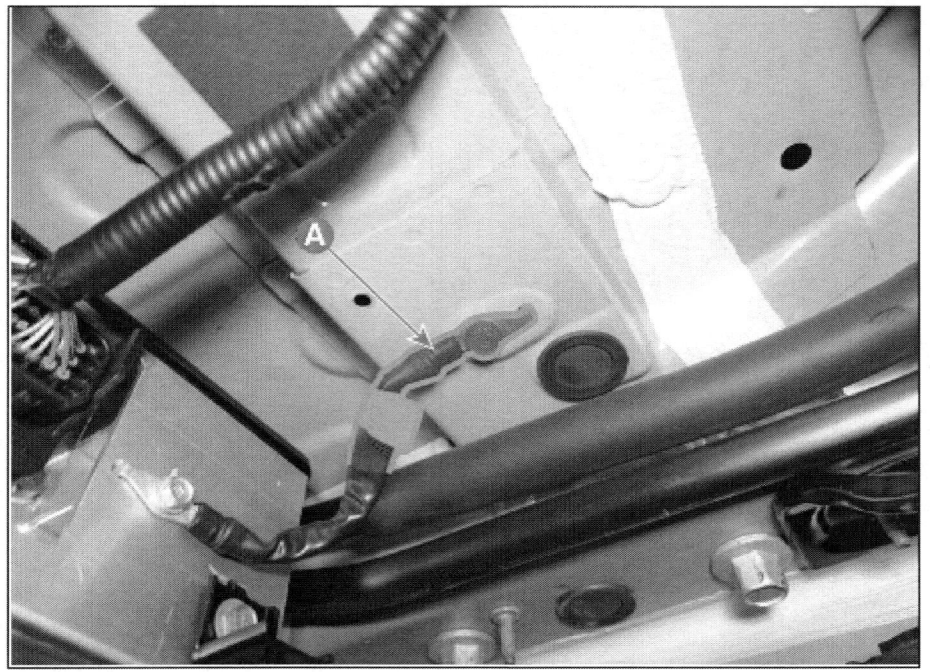

11. 냉각수 인렛 호스(A)를 분리한다.
12. 냉각수 아웃렛 호스(B)를 분리한다.

13. 배터리 시스템 어셈블리 안에 있는 잔여 냉각수를 특수공구를 이용하여 배출한다.

> **유 의**
>
> - 냉각수 라인 피팅(A, B)는 기밀 점검 장비(ULT-M100)에 포함되어 있다.

(1) 냉각수 인렛에 냉각수 라인 피팅[IN] (A)를, 냉각수 아웃렛에 냉각수 라인 피팅[OUT] (B)를 설치한다.

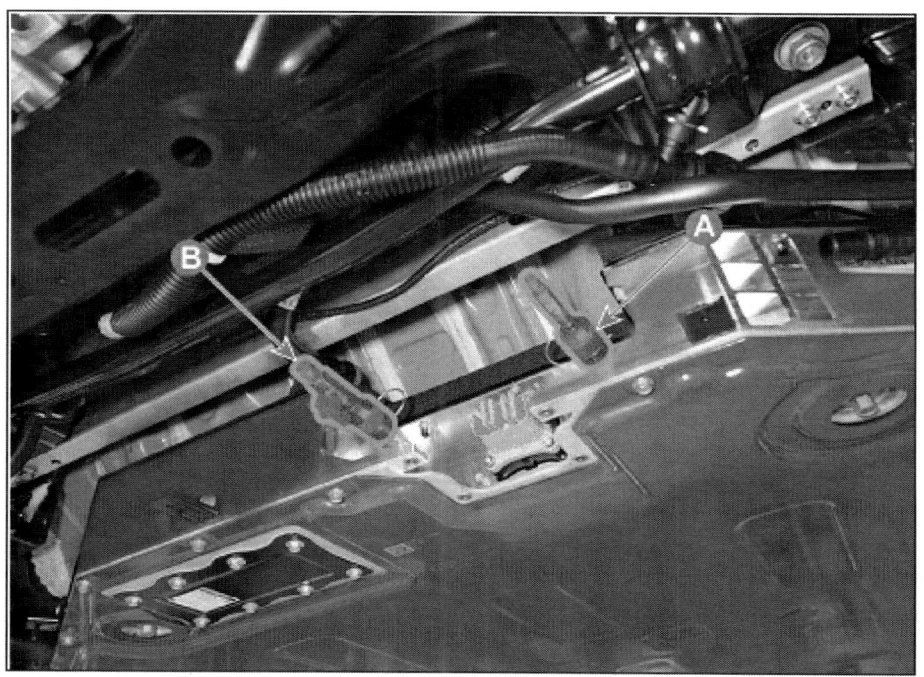

(2) 에어 호스(A)를 압력 게이지(B)에 연결한다.

> **유 의**
>
> - 에어 호스, 압력 게이지, 기밀 플러그는 에어 브리딩 툴(SST : 09360-K4000)에 포함되어 있다.
> - 호스의 조립 방법은 원터치 피팅 타입 이며, 호스를 탈거시에는 Release Sleeve(A)를 반드시 화살표 방향으로 밀어서 탈거한다.
>
>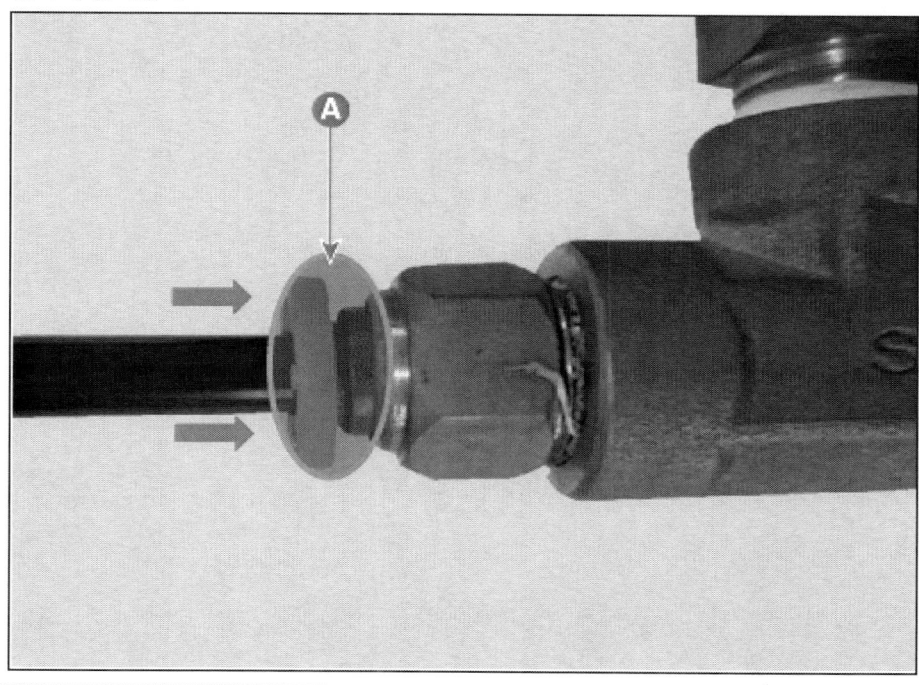

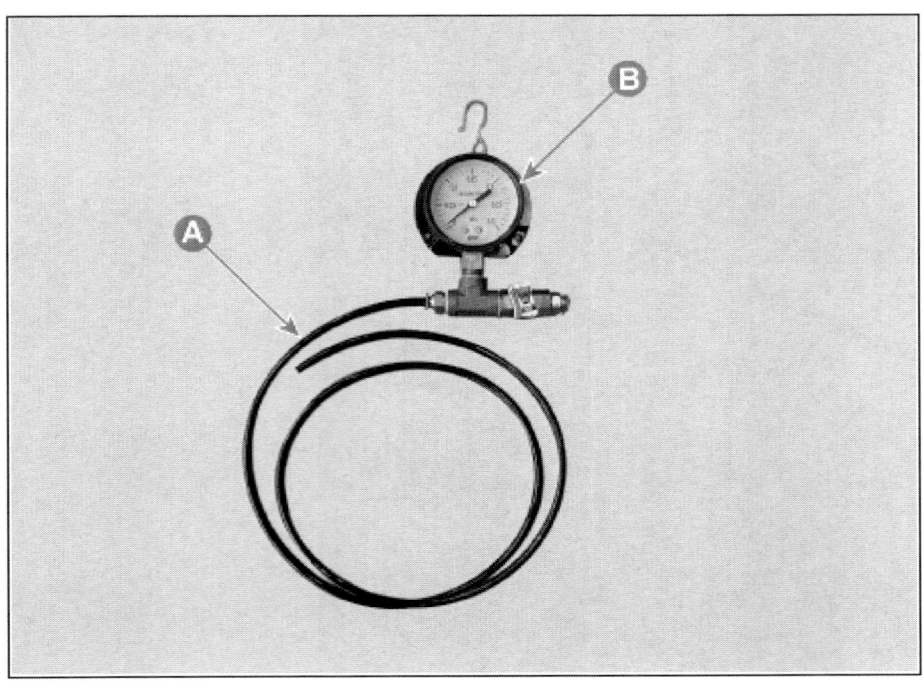

(3) 에어 브리딩 툴(SST : 09580-3D100) 밸브(A)를 닫는다.

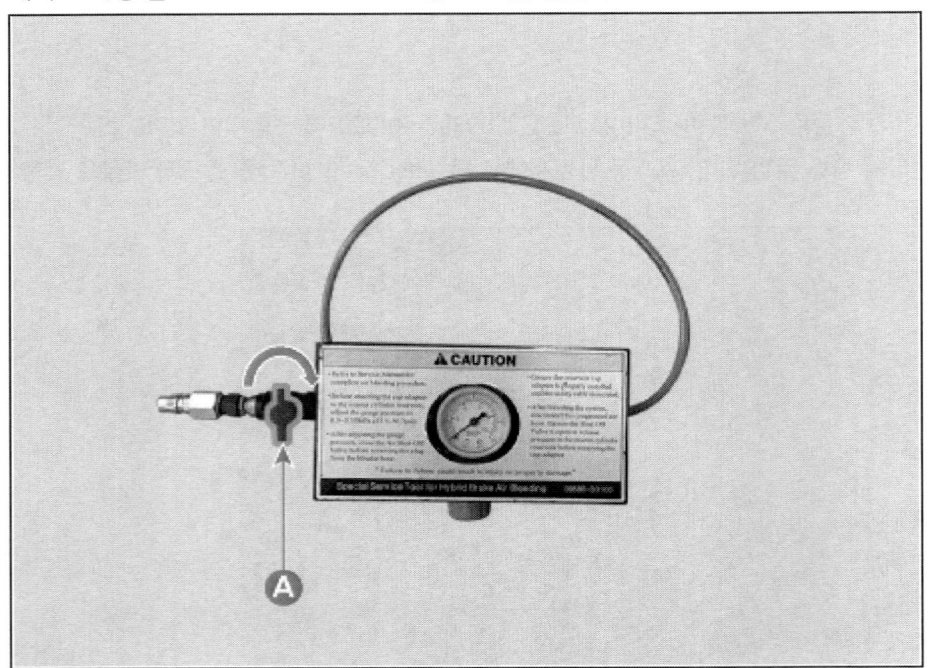

(4) 압력 게이지(A)를 에어 브리딩 툴[SST : 09580-3D100](B)에 연결한다.

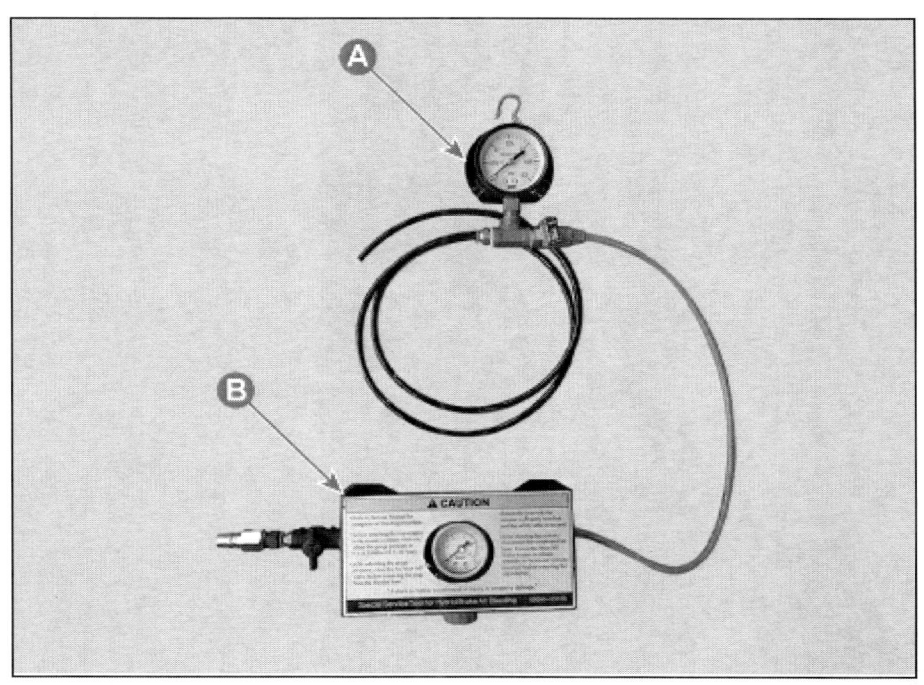

(5) 에어 브리딩 툴[SST : 09580-3D100]은 에어 공급 라인과 연결전에 밸브(A)를 항상 왼쪽으로 돌려서 닫는다.

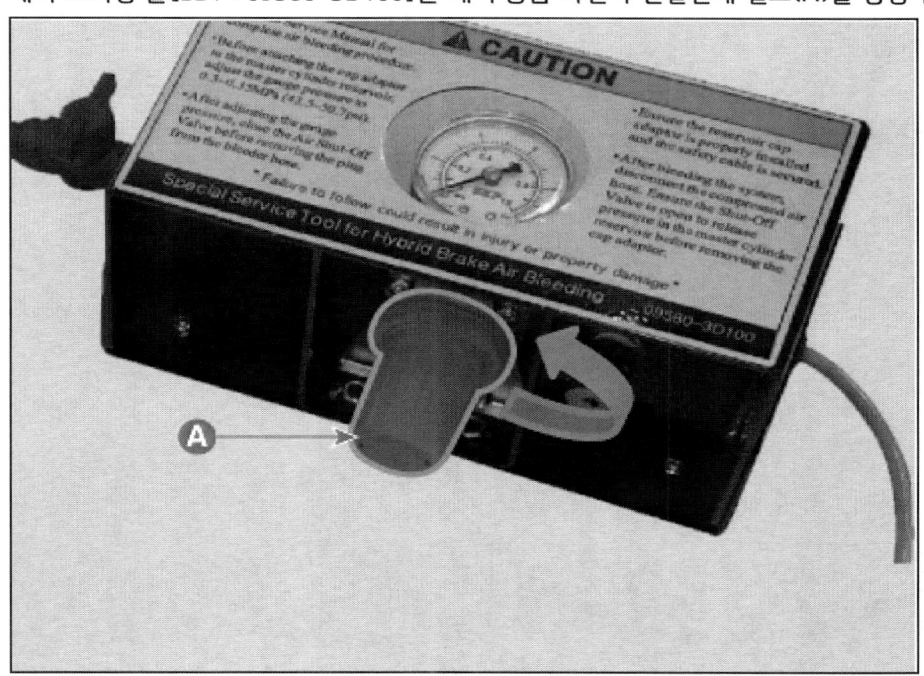

(6) 에어 브리딩 툴(A)에 에어 공급 라인(B)을 연결 후, 밸브(C)를 연다.

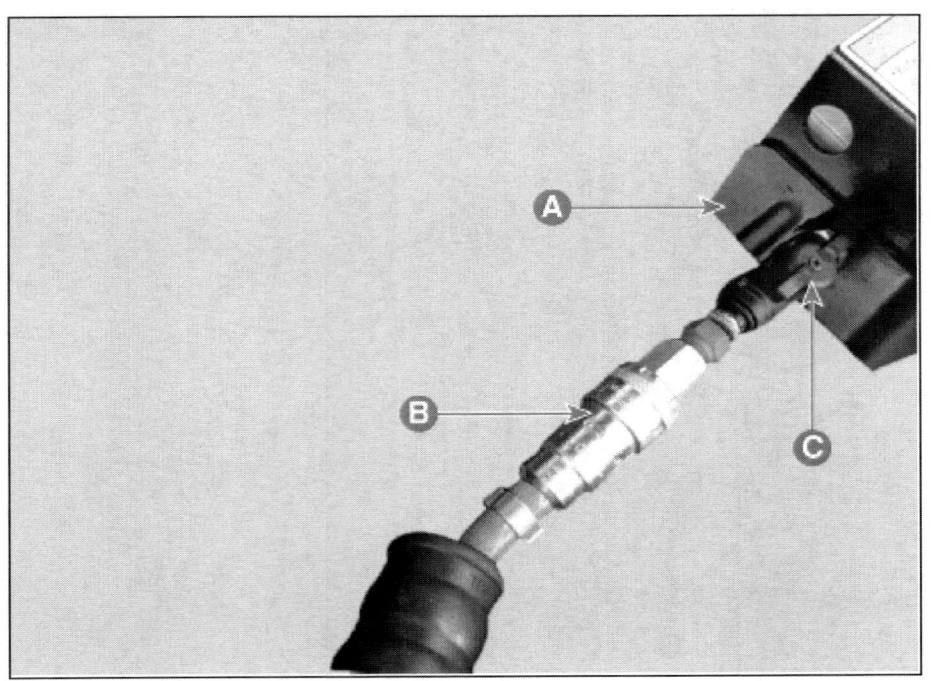

(7) 기밀 플러그(A)를 에어 호스(B)에 장착한다.

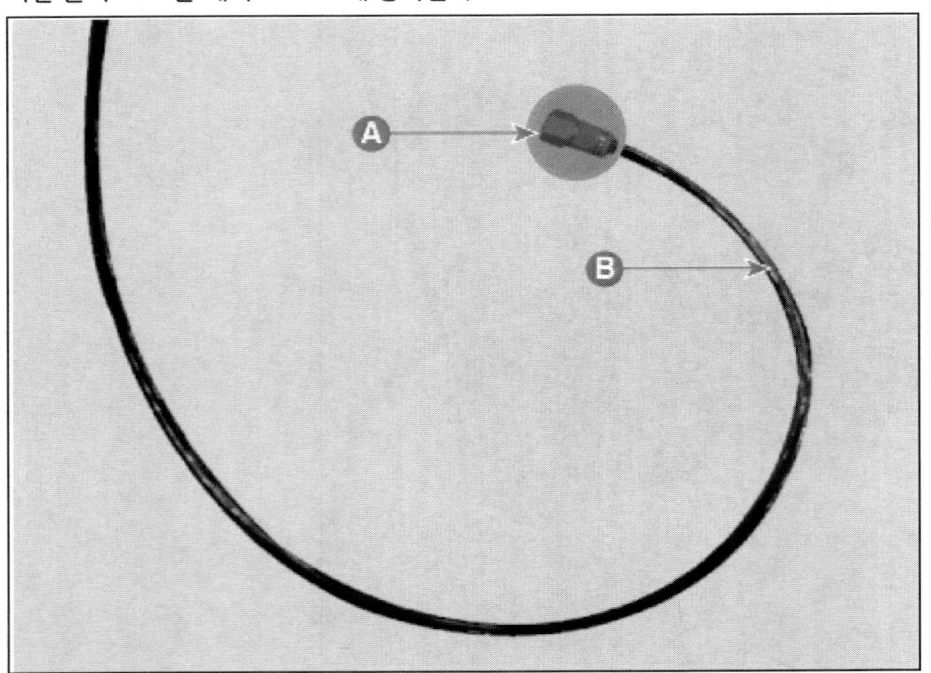

(8) 에어 브리딩 툴 밸브(A), 압력 게이지 밸브(B)를 오른쪽으로 회전시켜 압력 게이지의 눈금 0.21Mpa(2.1Bar)를 맞춘다.

> ⚠ **주 의**
>
> - 게이지의 눈금이 0.21Mpa(2.1Bar)가 넘을 경우 압력을 해제한 후 다시 게이지 눈금 0.21Mpa(2.1Bar)을 맞춘다.

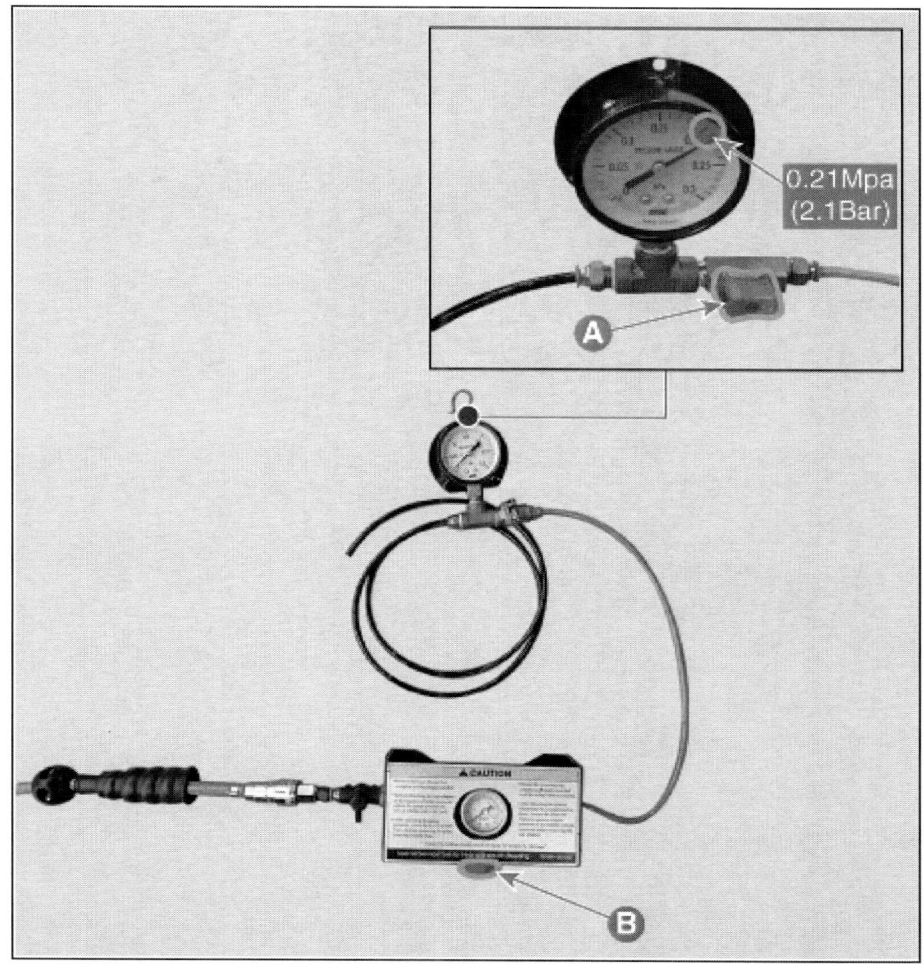

(9) 냉각수 인렛에 연결된 냉각수로 피팅[IN]에 에어 호스(A)를 연결한다.

(10) 냉각수 아웃렛에 연결된 냉각수로 피팅[OUT]에 에어 호스(B)를 연결한다.

(11) 에어 호스(A)를 냉각수를 받을 통(B)에 넣는다.

(12) 압력 게이지 밸브(A)를 오른쪽으로 돌려서 연다.

> **⚠ 주 의**
>
> - 냉각수 배출 시 압력은 최대 0.21Mpa(2.1Bar)를 넘지 않도록 주의한다.

(13) 에어 브리딩 툴 밸브(A)를 오른쪽으로 천천히 열어, 냉각수를 배출한다.

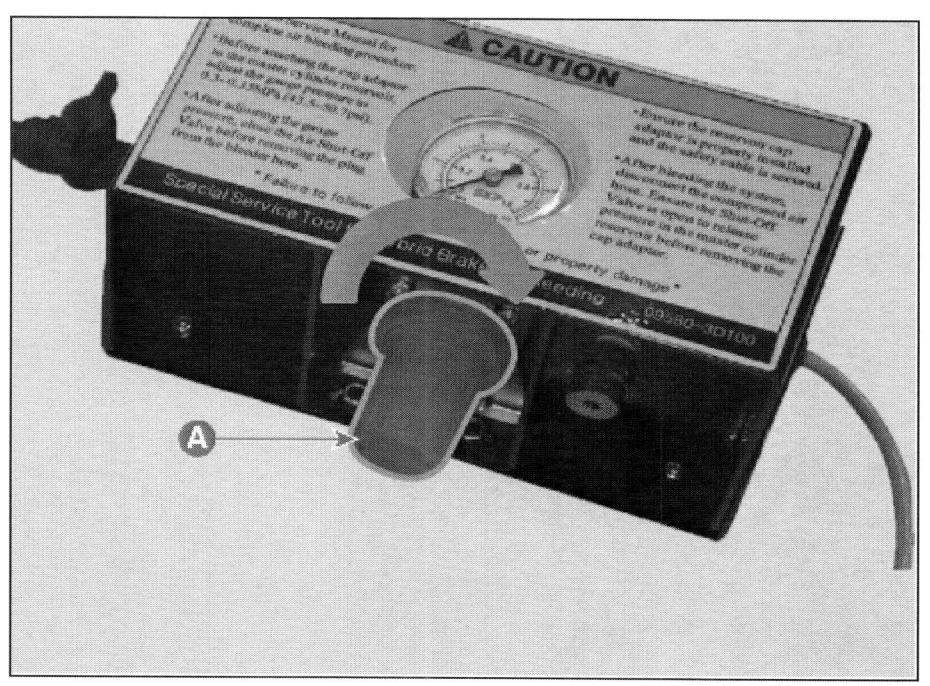

14. 고전압 배터리 시스템 어셈블리 중앙부 볼트(A)를 푼다.

체결 토크 : 7.0 ~ 9.0 kgf.m

> **유 의**
> - 배터리 시스템 어셈블리 볼트는 재사용하지 않는다.

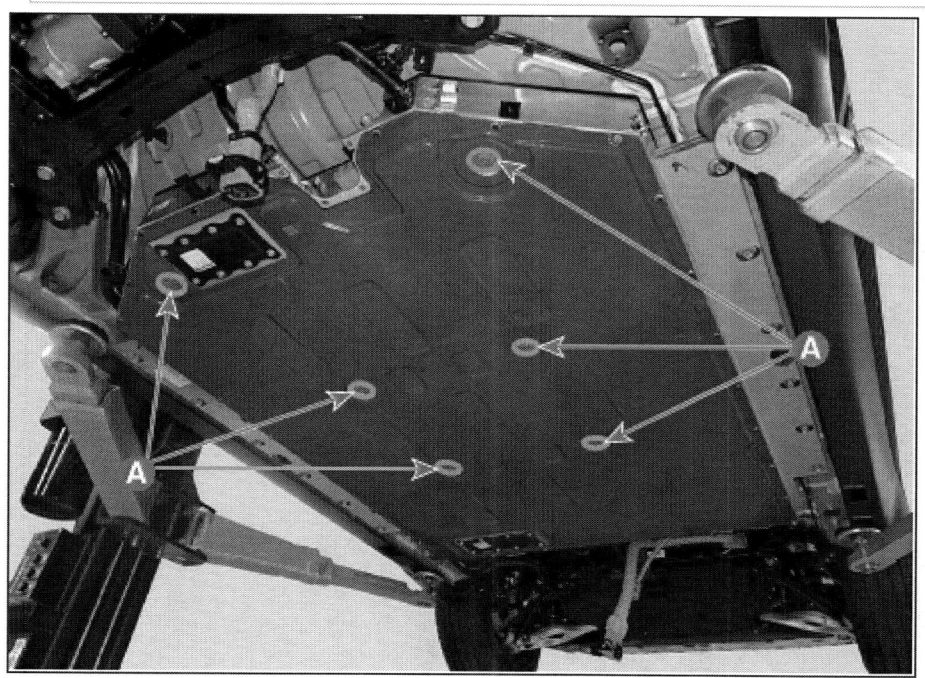

15. 고전압 배터리 시스템 어셈블리에 플로워 잭(A)을 받친다.

16. 고전압 배터리 시스템 어셈블리 사이드 고정 볼트를 푼다. (14개)
17. 고전압 배터리 시스템 어셈블리를 차량으로부터 탈거한다.

체결 토크 : 12.0 ~ 14.0 kgf.m

> **유 의**
>
> - 배터리 시스템 어셈블리 볼트를 탈거한 후에 배터리 팩 어셈블리가 아래로 떨어질 수 있으므로 플로워 잭으로 안전하게 지지한다.
> - 배터리 시스템 어셈블리를 탈거하기 전에 고전압 케이블 및 커넥터가 확실히 탈거되었는지 확인한다.
> - 배터리 시스템 하부 보호 및 언더 커버 고정용 스터드 볼트 보호를 위해 플로워 잭 위에 고무 또는 나무를 받친다.
> - 배터리 시스템 어셈블리 볼트는 재사용하지 않는다.

18. 특수공구(09375-K4100, 09375-K4104)와 크레인 자키를 이용하여 고전압 배터리 시스템 어셈블리를 이송한다.

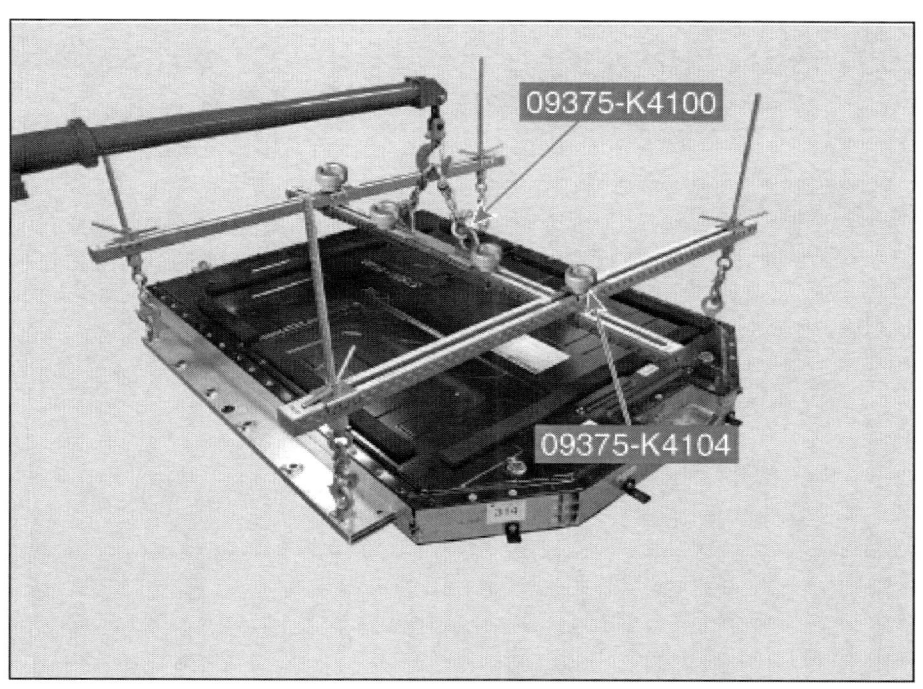

19. 탈거한 고전압 배터리 시스템 어셈블리는 부품 손상을 방지하기 위해 평평한 바닥, 매트 위에 내려 놓는다.
20. 배터리 시스템 어셈블리 냉각수 라인 기밀 테스트를 수행한다.
    (고전압 배터리 시스템 - "기밀 점검" 참조)
21. 장착은 탈거의 역순으로 진행한다.
22. 냉각수를 채우고 누수를 확인한다.

> **유 의**
>
> - 고전압 배터리 냉각 시스템에 냉각수를 다시 채워놓고 진단 기기를 사용하여 공기를 뺀다.
>   (냉각 시스템 - " 냉각수" 참조)

23. 진단 기기를 사용하여 SOC 보정 기능을 수행한다.
    (고전압 배터리 시스템 - " 배터리 충전 상태(SOC) 보정" 참조)

서브 배터리 팩 어셈블리 (SUB-BPA) 탈장착

	작업	H/W	체결토크 (kgf.m)	SST/장비	케미컬	기타
• 탈거						
1	고전압 차단 절차 수행	-	-	진단 기기	-	매뉴얼 참고
2	고전압 배터리 시스템 어셈블리(BSA) 탈거 (고전압 배터리 시스템 - "배터리 시스템 어셈블리 (BSA)" 참조)	-	-	-	-	-
3	고전압 배터리 시스템 어셈블리(BSA) 상부 케이스 탈거 (고전압 배터리 시스템 - "케이스" 참조)	-	-	-	-	-
4	버스바 탈거	볼트/너트	0.8 ~ 1.2	-	-	-
5	배터리 모듈 온도 센서 커넥터 분리	-	-	-	-	-
6	배터리 모듈 전압 센싱 와이어링 하네스 분리	-	-	-	-	-
7	버스바 탈거	볼트	0.8 ~ 1.2	-	-	-
8	보강판 탈거	볼트	0.8 ~ 1.2	-	-	-
9	서브 배터리 팩 어셈블리 장착 볼트 및 너트 탈거	볼트/너트	0.8 ~ 1.2	-	-	볼트/너트 재사용 금지 매뉴얼 참고
10	서브 배터리 팩 어셈블리 탈거	-	-	09375-GI700	-	매뉴얼 참고
11	서브 배터리 팩 어셈블리 이송	-	-	-	-	-
12	갭필러 제거	-	-	-	-	매뉴얼 참고
• 장착						
탈거의 역순으로 진행						-

- **부가기능**

- 신품 모듈 목표 충전 전압으로 충/방전
  - 배터리 모듈 어셈블리 충/방전 장비를 사용하여 신품 모듈을 목표 충전 전압으로 충전 또는 방전
- 갭 필러 도포
  - 특수공구(09375-GI100, 09375-GI200, 09375-GI300)를 사용하여 신품 갭 필러를 도포
- 냉각수 라인 기밀 테스트
  - 기밀 검사 장비와 진단 기기를 사용하여 배터리 시스템 어셈블리 냉각수 라인 기밀 테스트 수행
- 배터리 시스템 어셈블리 기밀 테스트
  - 기밀 검사 장비와 진단 기기를 사용하여 배터리 시스템 어셈블리 기밀 테스트 수행
- 전동식 워터 펌프(EWP) 구동
  - 진단 기기를 사용하여 전동식 워터 펌프(EWP) 구동
- SOC 보정
  - 진단 기기를 사용하여 SOC 보정 기능 수행

2023 > 엔진 > 160kW > 배터리 제어 시스템 (일반형) > 고전압 배터리 시스템 > 서브 배터리 팩 어셈블리 (Sub-BPA) > 구성부품 및 부품위치

구성부품

모듈 번호

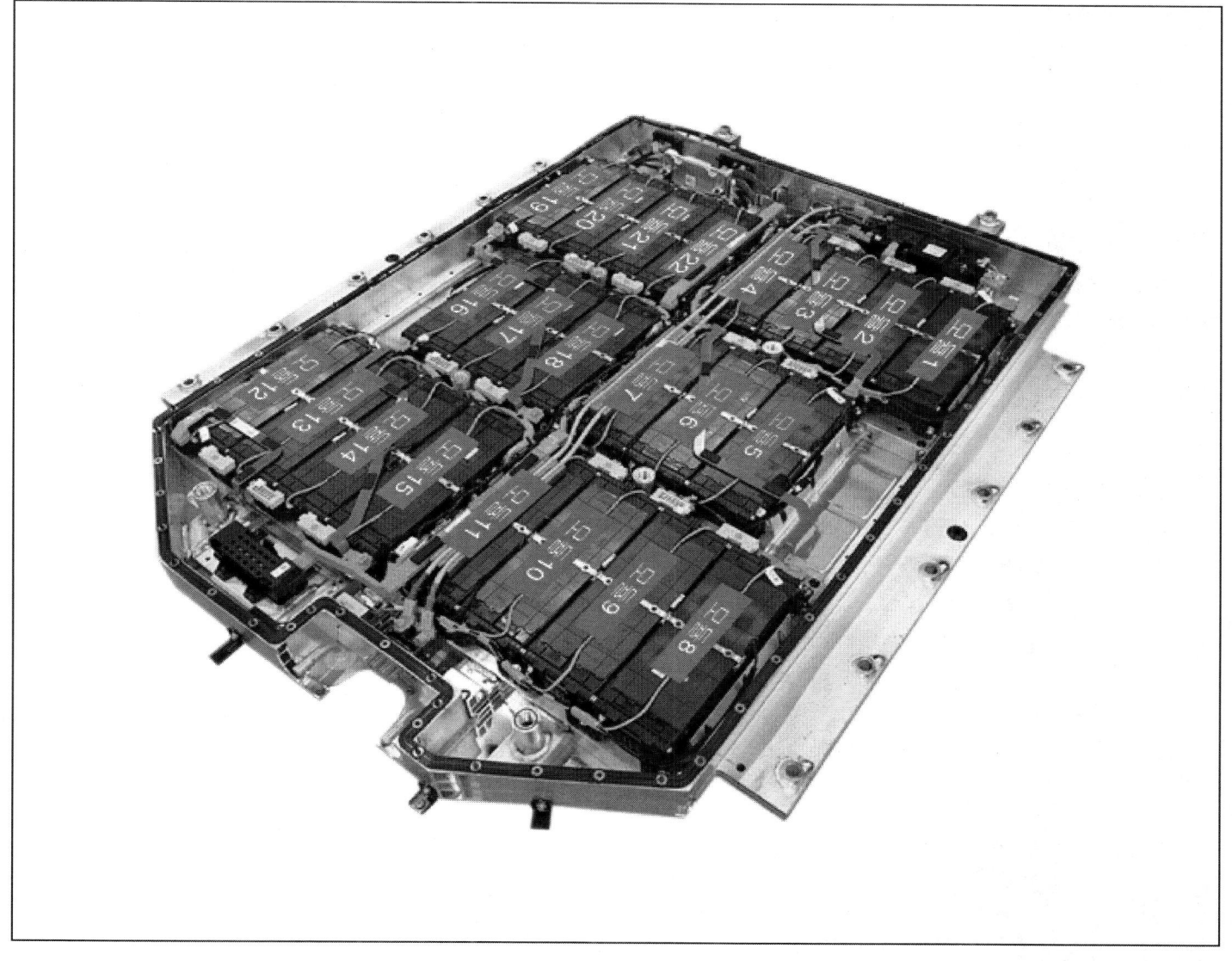

2023 > 엔진 > 160kW > 배터리 제어 시스템 (일반형) > 고전압 배터리 시스템 > 서브 배터리 팩 어셈블리 (Sub-BPA) > 탈거

탈거

> **⚠ 경 고**
>
> - 고전압 시스템 관련 작업 시, 반드시 "안전 및 주의사항" 내용을 숙지하고 준수해야 한다. 미준수 시, 감전 또는 누전 등으로 인한 심각한 사고를 초래할 수 있다.
> - 고전압 시스템 관련 작업 시, "고전압 차단절차"에 따라 반드시 고전압을 먼저 차단해야 한다. 미준수 시, 감전 또는 누전 등으로 인한 심각한 사고를 초래할 수 있다.

> **유 의**
>
> - 고전압 버스바 체결용 록타이트 볼트는 신품으로 교체한다.
> - PRA와 고전압 커넥터에 장착된 버스바 탈거시, 수공구를 사용하여 1.4kgf.m 이하로 푼다.
> - 고전압 배터리 모듈을 교환하기 위해서는 탈거 전 신품 모듈 목표 충전 전압을 먼저 확인해야 한다.
>   (고전압 배터리 시스템 - "목표 충전 전압 점검" 참조)

> **ⓘ 참 고**
>
> - 아래 탈거 절차는 모듈 [#1 ~ #4]에 대한 절차이다. 나머지 모듈[#5 ~ #22]도 동일한 방법으로 진행한다.
>   (서브 배터리 팩 어셈블리 (Sub-BPA) - "구성부품 및 부품위치" 참조)

1. 고전압 차단 절차를 수행한다.
   (배터리 제어 시스템 - "고전압 차단 절차" 참조)
2. 고전압 배터리 시스템 어셈블리(BSA)를 탈거한다.
   (고전압 배터리 시스템 - "배터리 시스템 어셈블리 (BSA)" 참조)
3. 고전압 배터리 시스템 어셈블리(BSA) 상부 케이스를 탈거한다.
   (고전압 배터리 시스템 - "케이스" 참조)
4. 퓨즈 박스 커버(A)를 연다.

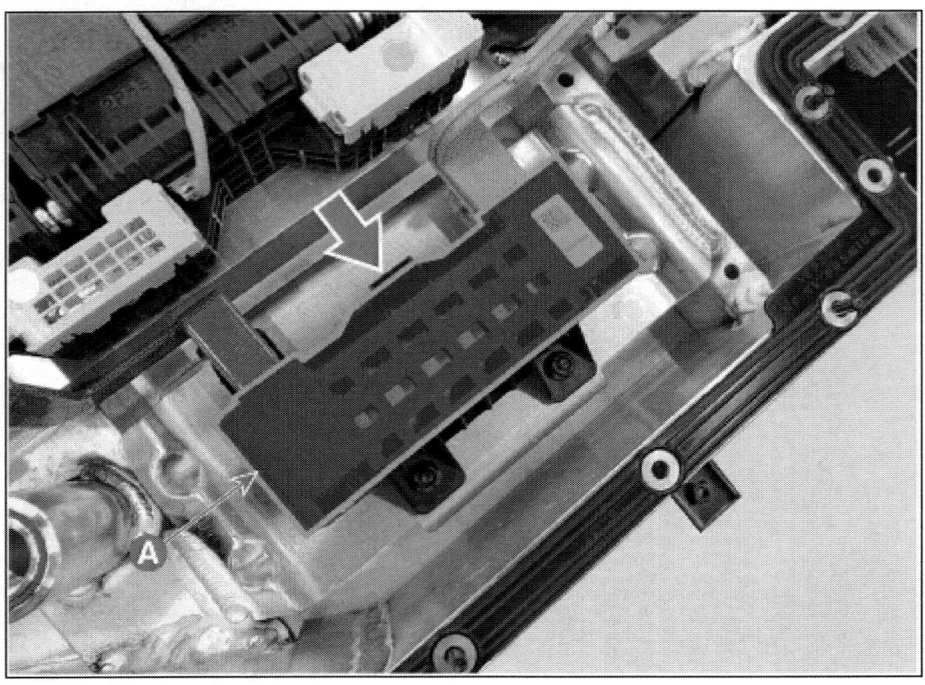

5. 고전압 배터리 버스바(A)를 탈거한다.

체결 토크 : 0.8 ~ 1.2 kgf.m

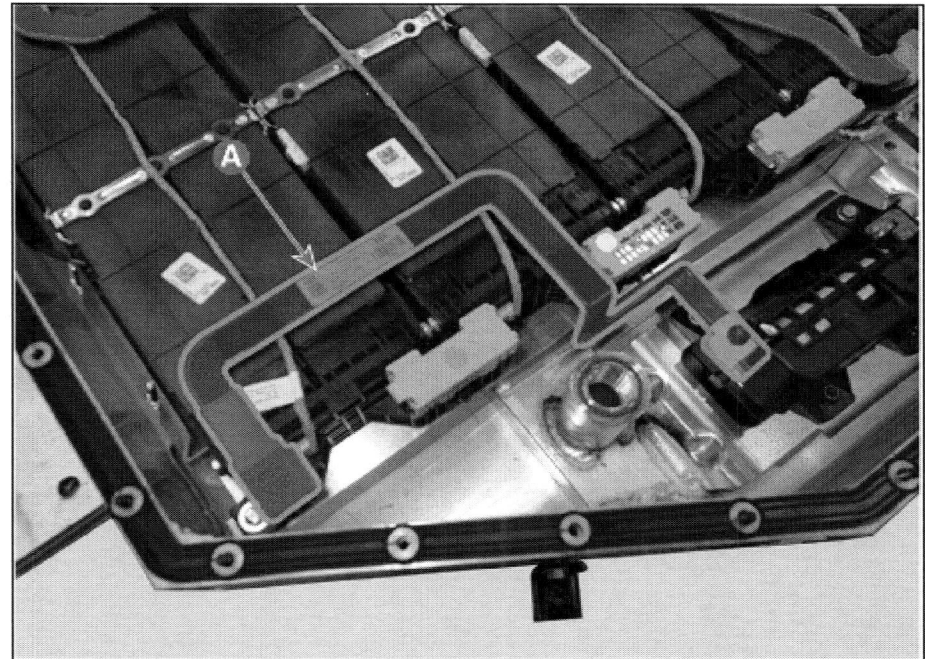

6. 메인 퓨즈 어셈블리를 탈거한다.

   체결 토크 : 0.8 ~ 1.2 kgf.m

img

7. 볼트를 풀어 버스바(A)를 탈거한다.

   체결 토크 : 0.8 ~ 1.2 kgf.m

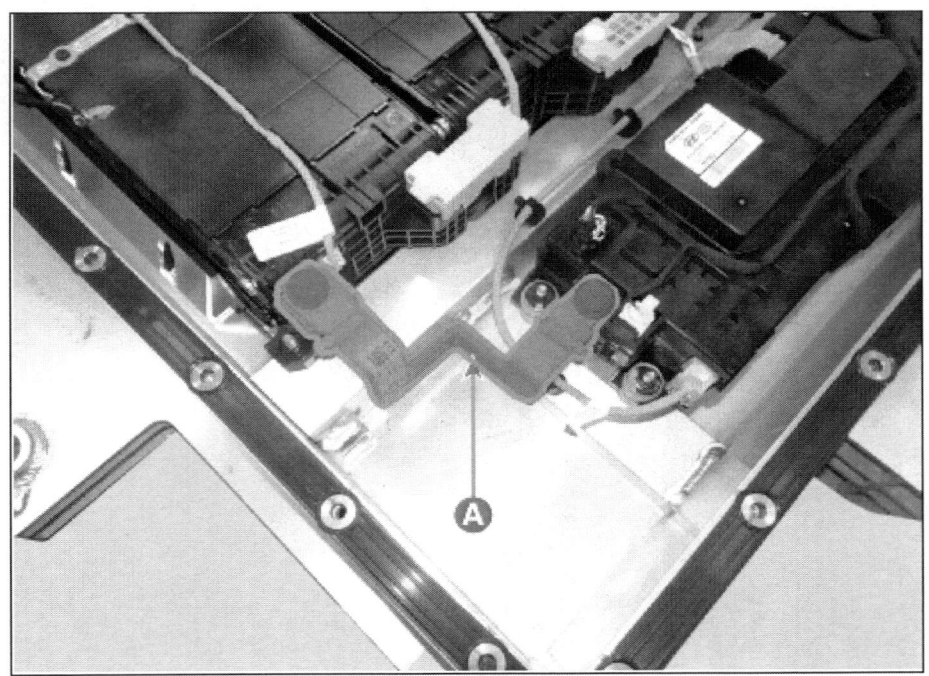

8. 볼트 및 너트를 풀어 버스바(A)를 탈거한다.

체결 토크 : 0.8 ~ 1.2 kgf.m

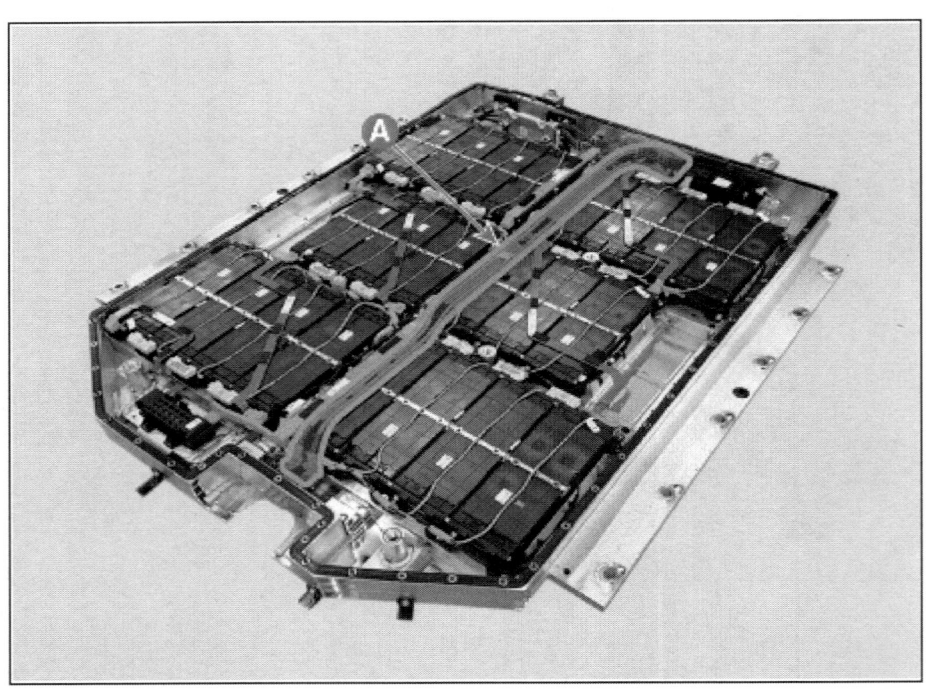

9. 배터리 모듈 온도 센서 커넥터(A)를 분리한다.
10. 배터리 모듈 전압 센싱 와이어링 하네스(B)를 분리한다.

11. 볼트를 풀어 버스바(A)를 탈거한다

    체결 토크 : 0.8 ~ 1.2 kgf.m

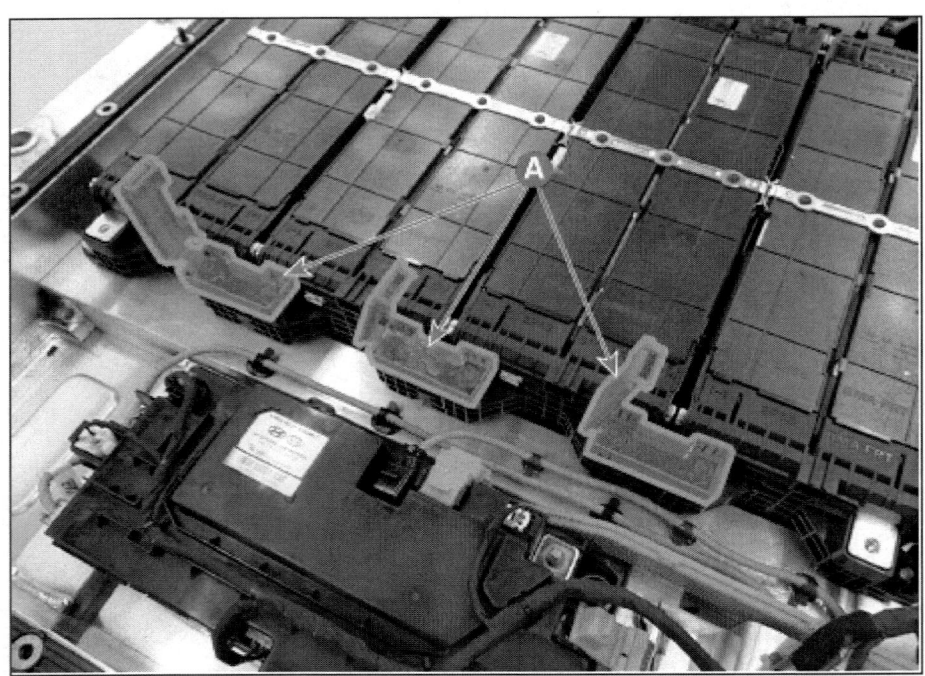

12. 볼트를 풀어 보강판(A)을 탈거한다.

    체결 토크 : 0.8 ~ 1.2 kgf.m

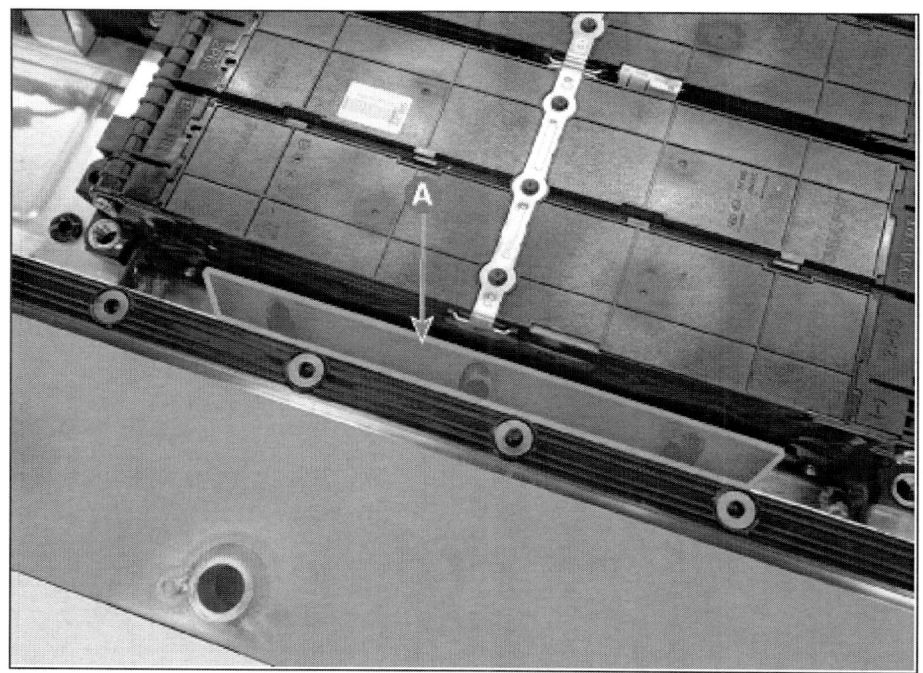

13. 서브 배터리 팩 어셈블리(A) 볼트 및 너트를 탈거한다.

체결 토크 : 0.8 ~ 1.2 kgf.m

> **유 의**
> - 서브 배터리 팩 어셈블리 볼트 및 너트는 신품으로 교체한다.

14. 배터리 모듈 행어(09375-GI700)를 서브 배터리 팩 어셈블리에 장착한다.

> **참 고**
> - 고전압 배터리 모듈 행어 업체 매뉴얼을 참고한다.

> **유 의**
> - 고정 노브(A)를 시계 방향으로 돌려 모듈 사이(B)에 고정한다.
>   img

15. 볼트 어댑터(A)를 순서대로 조여 서브 배터리 팩 어셈블리를 하부케이스로부터 분리한다.

> **유 의**
> - 서브 배터리 팩 어셈블리를 수평으로 들어올린다.

16. 배터리 모듈 행어(09375-GI700)와 크레인 자키(A)를 이용하여 서브 배터리 팩 어셈블리를 이송한다.

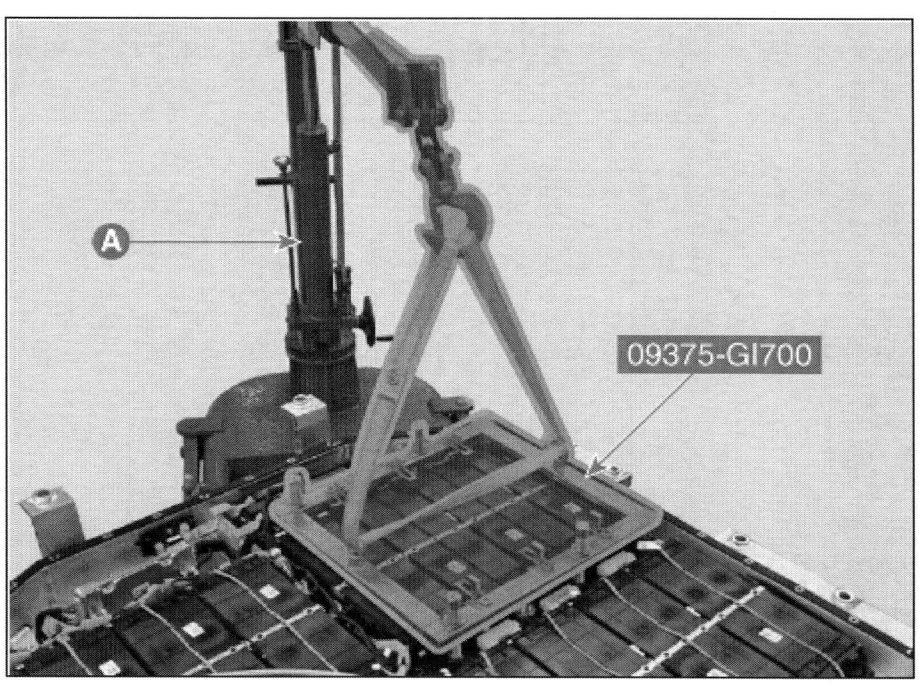

17. 배터리 모듈 어셈블리(BMA) 및 하부 케이스에 있는 잔여 갭 필러(A)를 제거한다.

> **유 의**
>
> - 반드시 절연 장갑 착용 후 모듈 하단부가 변형 되지않도록 조심스럽게 갭 필러를 제거한다.
> - 하부 케이스 스크래치 발생을 방지하기 위해 플라스틱 리무버를 이용해서 제거한다.
> - 에어건 사용 시 모듈 하단부와 접촉되지 않도록 한다.

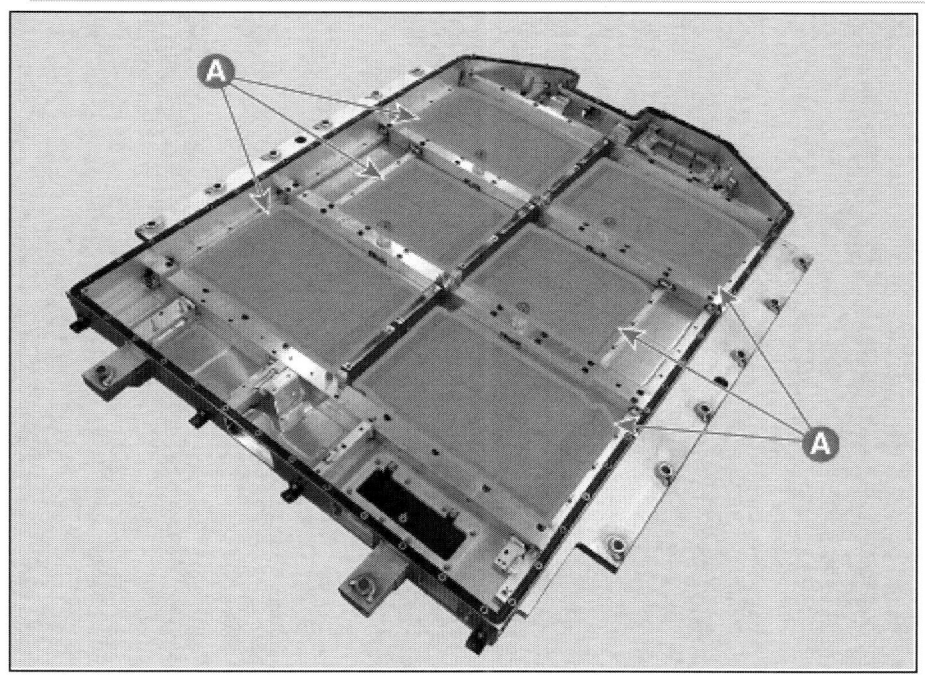

장착

> **⚠ 경 고**
> - 고전압 시스템 관련 작업 시, 반드시 "안전 및 주의사항" 내용을 숙지하고 준수해야 한다. 미준수 시, 감전 또는 누전 등으로 인한 심각한 사고를 초래할 수 있다.
> - 고전압 시스템 관련 작업 시, "고전압 차단절차"에 따라 반드시 고전압을 먼저 차단해야 한다. 미준수 시, 감전 또는 누전 등으로 인한 심각한 사고를 초래할 수 있다.

1. 신품 모듈을 장착 전 신품 모듈을 목표 충전 전압으로 충전 또는 방전한다.
   (고전압 배터리 시스템 - "배터리 모듈 어셈블리 충/방전" 참조)
2. 특수공구를 사용하여 신품 갭 필러를 도포한다.
   (고전압 배터리 시스템 - "갭 필러 도포" 참조)
3. 장착은 탈거의 역순으로 진행한다.
4. 배터리 시스템 어셈블리 기밀 테스트를 수행한다.
   (고전압 배터리 시스템 - "기밀 점검" 참조)
5. 배터리 충전 상태(SOC)를 보정한다.
   (고전압 배터리 시스템 - "배터리 충전 상태(SOC) 보정" 참조)

배터리 모듈 어셈블리 (BMA) 탈장착

	작업	H/W	체결토크 (kgf.m)	SST/장비	케미컬	기타
•	탈거					
1	고전압 차단 절차 수행	-	-	진단 기기	-	매뉴얼 참고
2	서브 배터리 팩 어셈블리(Sub-BPA)를 탈거한다. (고전압 배터리 시스템 - "서브 배터리 팩 어셈블리(Sub-BPA)" 참조)	-	-	-	-	-
3	고전압 배터리 모듈 분해 지그에 면압 지그 및 모듈 가이드 장착	-	-	09375-GI800 09375-GI900	-	-
4	서브 배터리 팩 어셈블리를 고전압 배터리 모듈 분해 지그 장착	-	-	-	-	-
5	배터리 모듈 행어 탈거	-	-	09375-GI700	-	-
6	고전압 배터리 모듈 압축	-	-	-	-	매뉴얼 참고
7	고전압 배터리 모듈 장착 볼트 탈거	볼트	2.0 ~ 3.0	-	-	-
8	고전압 배터리 모듈 어셈블리 탈거	-	-	-	-	-
•	장착					
	탈거의 역순으로 진행					-
•	부가기능					

- 신품 모듈 목표 충전 전압으로 충/방전
  - 배터리 모듈 어셈블리 충/방전 장비를 사용하여 신품 모듈을 목표 충전 전압으로 충전 또는 방전
- 갭 필러 도포
  - 특수공구(09375-GI100, 09375-GI200, 09375-GI300)를 사용하여 신품 갭 필러를 도포
- 냉각수 라인 기밀 테스트
  - 기밀 검사 장비와 진단 기기를 사용하여 배터리 시스템 어셈블리 냉각수 라인 기밀 테스트 수행
- 배터리 시스템 어셈블리 기밀 테스트
  - 기밀 검사 장비와 진단 기기를 사용하여 배터리 시스템 어셈블리 기밀 테스트 수행
- 전동식 워터 펌프(EWP) 구동
  - 진단 기기를 사용하여 전동식 워터 펌프(EWP) 구동
- SOC 보정
  - 진단 기기를 사용하여 SOC 보정 기능 수행

탈거

> ⚠️ **경 고**
> - 고전압 시스템 관련 작업 시, 반드시 "안전 및 주의사항" 내용을 숙지하고 준수해야 한다. 미준수 시, 감전 또는 누전 등으로 인한 심각한 사고를 초래할 수 있다.
> - 고전압 시스템 관련 작업 시, "고전압 차단절차"에 따라 반드시 고전압을 먼저 차단해야 한다. 미준수 시, 감전 또는 누전 등으로 인한 심각한 사고를 초래할 수 있다.

> **유 의**
> - 배터리 모듈 압축 방법은 고전압 배터리 모듈 분해 지그 장비 업체 매뉴얼을 참고한다.
> - 배터리 모듈 어셈블리(#5 ~ #8), (#21 ~ #24) 압축 전 배터리 모듈 하부 온도센서 #13, #14를 탈거한다.
> (고전압 배터리 컨트롤 시스템 - "전압 & 온도 센싱 와이어링" 참조)

1. 서브 배터리 팩 어셈블리(Sub-BPA)를 탈거한다.
   (고전압 배터리 시스템 - "서브 배터리 팩 어셈블리(Sub-BPA)" 참조)
2. 고전압 배터리 모듈 분해 지그(A)에 면압 지그(09375-GI800) 및 모듈 가이드(09375-GI900)를 장착한다.
   ![img]
3. 서브 배터리 팩 어셈블리(A)를 고전압 배터리 모듈 분해 지그에 장착한다.
   ![img]
4. 배터리 모듈 행어(09375-GI700)를 탈거한다.
   ![img]
5. 핸들(A)을 화살표 방향으로 돌려 모듈(B)을 압축한다.

   압축 토크 : 0.5 kgf.m

   ![img]

   > **유 의**
   > - 배터리 모듈 압축 가이드
   >
   > | 영역 | 규정값 | 비고 |
   > |---|---|---|
   > | 4모듈 | (A) : 541.6 ~ 543.2 mm | ![img] |
   > | 3모듈 | (A) : 406.2 ~ 407.4 mm | ![img] |

6. 모듈 볼트(A)를 탈거한다.

   체결 토크 : 2.0 ~ 3.0 kgf.m

   ![img]
7. 핸들(A)을 반시계 방향으로 돌려 압축 해제하여 배터리 모듈 어셈블리(B)를 탈거한다.

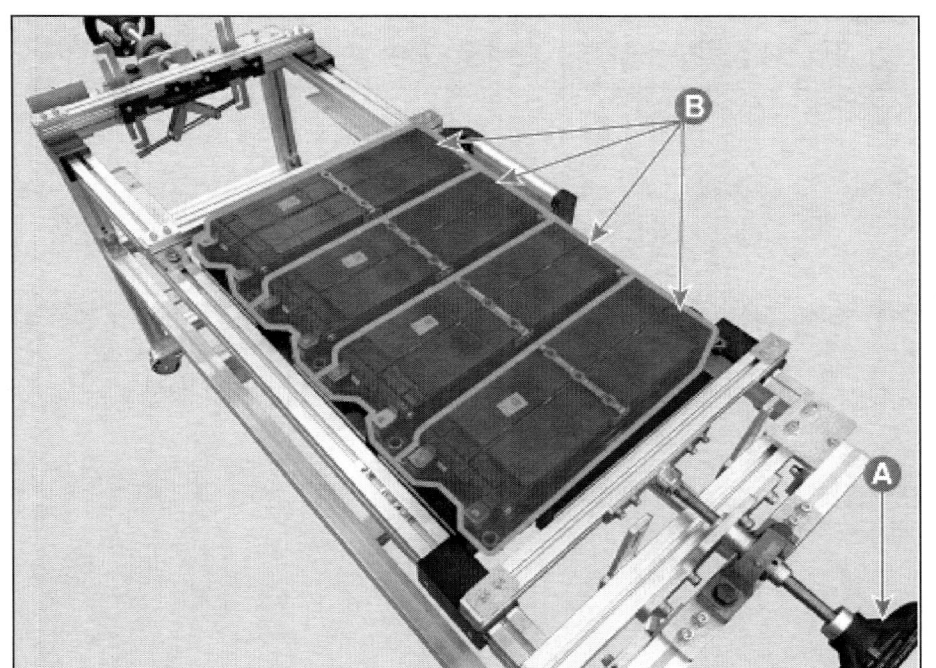

장착

> **⚠ 경 고**
> - 고전압 시스템 관련 작업 시, 반드시 "안전 및 주의사항" 내용을 숙지하고 준수해야 한다. 미준수 시, 감전 또는 누전 등으로 인한 심각한 사고를 초래할 수 있다.
> - 고전압 시스템 관련 작업 시, "고전압 차단절차"에 따라 반드시 고전압을 먼저 차단해야 한다. 미준수 시, 감전 또는 누전 등으로 인한 심각한 사고를 초래할 수 있다.

1. 신품 모듈을 장착 전 신품 모듈을 목표 충전 전압으로 충전 또는 방전한다.
   (고전압 배터리 시스템 - "배터리 모듈 어셈블리 충/방전" 참조)
2. 장착은 탈거의 역순으로 진행한다.
3. 배터리 시스템 어셈블리 기밀 테스트를 수행한다.
   (고전압 배터리 시스템 - "기밀 점검" 참조)
4. 배터리 충전 상태(SOC)를 보정한다.
   (고전압 배터리 시스템 - "배터리 충전 상태(SOC) 보정" 참조)

장착

케이스 탈장착

상부 케이스

	작업	H/W	체결토크 (kgf.m)	SST/장비	케미컬	기타
• 탈거						
1	고전압 차단 절차 수행	-	-	진단 기기	-	매뉴얼 참고
2	고전압 배터리 시스템 어셈블리(BSA) 탈거 (고전압 배터리 시스템 - "배터리 시스템 어셈블리 (BSA)" 참조)	-	-	-	-	-
3	배터리 시스템 어셈블리 상부 케이스 장착 볼트 탈거	볼트	10.6 ~ 15.8	-	-	-
4	고전압 배터리 수밀 보강 브래킷 탈거	볼트/너트	[1단계 : 0.9] + [2단계 : 1.1]	-	-	-
5	고전압 배터리 어셈블리 상부 케이스 탈거	-	-	-	-	매뉴얼 참고
• 장착						
탈거의 역순으로 진행						-
• 부가기능						

- 냉각수 라인 기밀 테스트
  - 기밀 검사 장비와 진단 기기를 사용하여 배터리 시스템 어셈블리 냉각수 라인 기밀 테스트 수행
- 배터리 시스템 어셈블리 기밀 테스트
  - 기밀 검사 장비와 진단 기기를 사용하여 배터리 시스템 어셈블리 기밀 테스트 수행
- 전동식 워터 펌프(EWP) 구동
  - 진단 기기를 사용하여 전동식 워터 펌프(EWP) 구동

하부 케이스

	작업	H/W	체결토크 (kgf.m)	SST/장비	케미컬	기타
• 탈거						
1	고전압 차단 절차 수행	-	-	진단 기기	-	매뉴얼 참고
2	메인 퓨즈를 탈거 (고전압 배터리 컨트롤 시스템 - "메인 퓨즈" 참조)	-	-	-	-	-
3	배터리 매니지먼트 유닛(BMU) 탈거 (고전압 배터리 컨트롤 시스템 - "배터리 매니지먼트 유닛(BMU)" 참조)	-	-	-	-	-
4	고전압 배터리 시스템 어셈블리(BSA) 탈거 (고전압 배터리 시스템 - "배터리 시스템 어셈블리(BSA)" 참조)	-	-	-	-	-
5	고전압 배터리 시스템 어셈블리(BSA) 상부 케이스 탈거 (고전압 배터리 시스템 - "케이스" 참조)	-	-	-	-	-
6	파워 릴레이 어셈블리(PRA) 탈거	-	-	-	-	-

	(고전압 배터리 컨트롤 시스템 - "파워 릴레이 어셈블리(PRA)" 참조)					
7	서브 배터리 팩 어셈블리(Sub-BPA) 탈거 (고전압 배터리 시스템 - "서브 배터리 팩 어셈블리(Sub-BPA)" 참조)	-	-	-	-	-
8	셀 모니터링 유닛(CMU) 탈거 (고전압 배터리 시스템 - "셀 모니터링 유닛(CMU)" 참조)	-	-	-	-	-
9	방수 가스켓 어셈블리 탈거	-	-	-	-	가스켓 재사용 금지 매뉴얼 참고
10	고전압 배터리 프런트 커넥터 커넥터 분리	-	-	-	-	-
11	고전압 배터리 프런트 커넥터 어셈블리 탈거	볼트	0.8 ~ 1.2	-	-	-
12	고전압 배터리 리어 커넥터 분리	-	-	-	-	-
13	고전압 배터리 리어 커넥터 어셈블리 탈거	볼트	0.8 ~ 1.2	-	-	-
14	ICCU 고전압 커넥터 분리	-	-	-	-	-
15	ICCU 고전압 커넥터 어셈블리 커버 탈거	볼트	0.8 ~ 1.2	-	-	-
16	ICCU 고전압 커넥터 어셈블리 탈거	볼트	0.8 ~ 1.2	-	-	-
17	BMU 익스텐션 커넥터를 분리	-	-	-	-	-
18	LEAK 센서 볼트 및 접지 볼트 탈거	볼트	0.8 ~ 1.2	-	-	-
19	비동기 통신 와이어링 하네스 탈거	-	-	-	-	-

- **장착**

탈거의 역순으로 진행	-

- **부가기능**

- 갭 필러 도포
  - 특수공구(09375-GI100, 09375-GI200, 09375-GI300)를 사용하여 신품 갭 필러를 도포
- 냉각수 라인 기밀 테스트
  - 기밀 검사 장비와 진단 기기를 사용하여 배터리 시스템 어셈블리 냉각수 라인 기밀 테스트 수행
- 배터리 시스템 어셈블리 기밀 테스트
  - 기밀 검사 장비와 진단 기기를 사용하여 배터리 시스템 어셈블리 기밀 테스트 수행
- 전동식 워터 펌프(EWP) 구동
  - 진단 기기를 사용하여 전동식 워터 펌프(EWP) 구동

2023 > 엔진 > 160kW > 배터리 제어 시스템 (일반형) > 고전압 배터리 시스템 > 케이스 > 탈거 및 장착

탈거 및 장착

> **⚠ 경 고**
> - 고전압 시스템 관련 작업 시, 반드시 "안전 및 주의사항" 내용을 숙지하고 준수해야 한다. 미준수 시, 감전 또는 누전 등으로 인한 심각한 사고를 초래할 수 있다.
> - 고전압 시스템 관련 작업 시, "고전압 차단절차"에 따라 반드시 고전압을 먼저 차단해야 한다. 미준수 시, 감전 또는 누전 등으로 인한 심각한 사고를 초래할 수 있다.

[상부 케이스]

> **유 의**
> - 상부 케이스 볼트 및 너트는 신품으로 교체한다.

1. 고전압 차단 절차를 수행한다.
   (배터리 제어 시스템 - "고전압 차단 절차" 참조)
2. 고전압 배터리 시스템 어셈블리(BSA)를 탈거한다.
   (고전압 배터리 시스템 - "배터리 시스템 어셈블리(BSA)" 참조)
3. 배터리 시스템 어셈블리 상부 케이스 볼트(A)를 탈거한다.

   체결 토크 : 10.6 ~ 15.8 kgf.m

   ![img]

4. 볼트(39개)와 너트(25개)를 풀어 고전압 배터리 수밀 보강 브라켓(A)을 탈거한다.

   체결 토크 :
   1단계 : 0.9 kgf.m
   2단계 : 1.1 kgf.m

   ![img]

5. 배터리 시스템 어셈블리 상부 케이스(A)를 탈거한다.

   > **유 의**
   > - 케이스의 변형 방지를 위해서 반드시 2인 이상 작업한다.
   > - 상부 케이스 이동 시 비대칭으로 들거나 하중을 순간적으로 강하게 가하면 변형이 생길 수 있으므로, 종방향 보다 횡방향으로 들어서 이동을 권장한다.

   ![img]

6. 장착은 탈거의 역순으로 진행한다.
7. 배터리 시스템 어셈블리 기밀 테스트를 수행한다.
   (고전압 배터리 시스템 - "기밀 점검" 참조)

[하부 케이스]

1. 고전압 차단 절차를 수행한다.
   (배터리 제어 시스템 - "고전압 차단 절차" 참조)
2. 메인 퓨즈를 탈거한다.

(고전압 배터리 컨트롤 시스템 - "메인 퓨즈" 참조)
3. 배터리 매니지먼트 유닛(BMU)을 탈거한다.
   (고전압 배터리 컨트롤 시스템 - "배터리 매니지먼트 유닛(BMU)" 참조)
4. 고전압 배터리 시스템 어셈블리(BSA)를 탈거한다.
   (고전압 배터리 시스템 - "배터리 시스템 어셈블리(BSA)" 참조)
5. 고전압 배터리 시스템 어셈블리(BSA) 상부 케이스를 탈거한다.
   (고전압 배터리 시스템 - "케이스" 참조)
6. 파워 릴레이 어셈블리(PRA)를 탈거한다.
   (고전압 배터리 컨트롤 시스템 - "파워 릴레이 어셈블리(PRA)" 참조)
7. 서브 배터리 팩 어셈블리(Sub-BPA)를 탈거한다.
   (고전압 배터리 시스템 - "서브 배터리 팩 어셈블리(Sub-BPA)" 참조)
8. 셀 모니터링 유닛(CMU)을 탈거한다.
   (고전압 배터리 시스템 - "셀 모니터링 유닛(CMU)" 참조)
9. 방수 가스켓 어셈블리(A)를 탈거한다.

> **유 의**
> - 방수 가스켓 어셈블리는 신품으로 교체한다.

10. 고전압 배터리 프런트 커넥터를 탈거한다.
    (1) 커넥터(A)를 분리한다.

    (2) 고전압 배터리 프런트 커넥터 어셈블리(A)를 탈거한다.

    체결 토크 : 0.8 ~ 1.2 kgf.m

11. 고전압 배터리 리어 커넥터를 탈거한다.
    (1) 커넥터(A)를 분리한다.

    (2) 고전압 배터리 리어 커넥터 어셈블리(A)를 탈거한다.

    체결 토크 : 0.8 ~ 1.2 kgf.m

12. ICCU 고전압 커넥터를 탈거한다.
    (1) 커넥터(A)를 분리한다.

    (2) ICCU 고전압 커넥터 어셈블리 커버(A)를 탈거한다.

    체결 토크 : 0.8 ~ 1.2 kgf.m

    (3) ICCU 고전압 커넥터 어셈블리(A)를 탈거한다.

체결 토크 : 0.8 ~ 1.2 kgf.m

13. 비동기 통신 와이어링 하네스를 탈거한다.
    (1) BMU 익스텐션 커넥터(A)를 탈거한다.

    체결 토크 : 0.8 ~ 1.2 kgf.m

    (2) LEAK센서 볼트(A)를 탈거한다.
    (3) 접지 볼트(B)를 탈거한다.

    체결 토크 : 0.8 ~ 1.2 kgf.m

    (4) 비동기 통신 와이어링 하네스(A)를 탈거한다.

14. 장착은 탈거의 역순으로 진행한다.

개요

고전압 배터리 컨트롤 시스템

고전압 배터리 컨트롤 시스템은 컨트롤 모듈인 BMU, 파워 릴레이 어셈블리(PRA : Power Relay Assembly)로 구성되어 있으며, 고전압 배터리의 SOC(State Of Charge), 출력, 고장 진단, 배터리 셀 밸런싱(Balancing), 시스템 냉각, 전원 공급 및 차단을 제어한다.
파워 릴레이 어셈블리는 메인 릴레이, 프리 챠지 릴레이, 프리 챠지 레지스터, 배터리 전류 센서, 고전압 배터리 히터 릴레이로 구성되어 있으며, 부스바(Busbar)를 통해서 배터리 팩과 연결되어 있다.

[주요 기능]

기능	목적
배터리 충전률(SOC) 제어	• 전압/전류/온도 측정을 통해 SOC를 계산하여 적정 SOC 영역으로 제어함
배터리 출력 제어	• 시스템 상태에 따른 입/출력 에너지 값을 산출하여 배터리 보호, 가용 파워 예측, 과충전/과방전 방지, 내구 확보 및 충/방전 에너지를 극대화함
파워 릴레이 제어	• IG ON/OFF 시, 고전압 배터리와 관련 시스템으로의 전원 공급 및 차단 • 고전압 시스템 고장으로 인한 안전 사고 방지
냉각 제어	• 쿨링 팬 제어를 통한 최적의 배터리 동작 온도 유지 (배터리 최대 온도 및 모듈 간 온도 편차 량에 따라 팬 속도를 가변 제어함)
고장 진단 ("고장 진단" 편 참조)	• 시스템 고장 진단, 데이터 모니터링 및 소프트웨어 관리 • 페일-세이프 (Fail-Safe) 레벨을 분류하여 출력 제한치 규정 • 릴레이 제어를 통하여 관련 시스템 제어 이상 및 열화에 의한 배터리 관련 안전 사고 방지

> **유 의**
>
> • SOC(State Of Charge, 배터리 충전률) : 배터리의 사용 가능한 에너지
> • SOC = [방전 가능한 전류 량] / [배터리 정격 용량] x 100%

작동원리

고전압 배터리 컨트롤 시스템

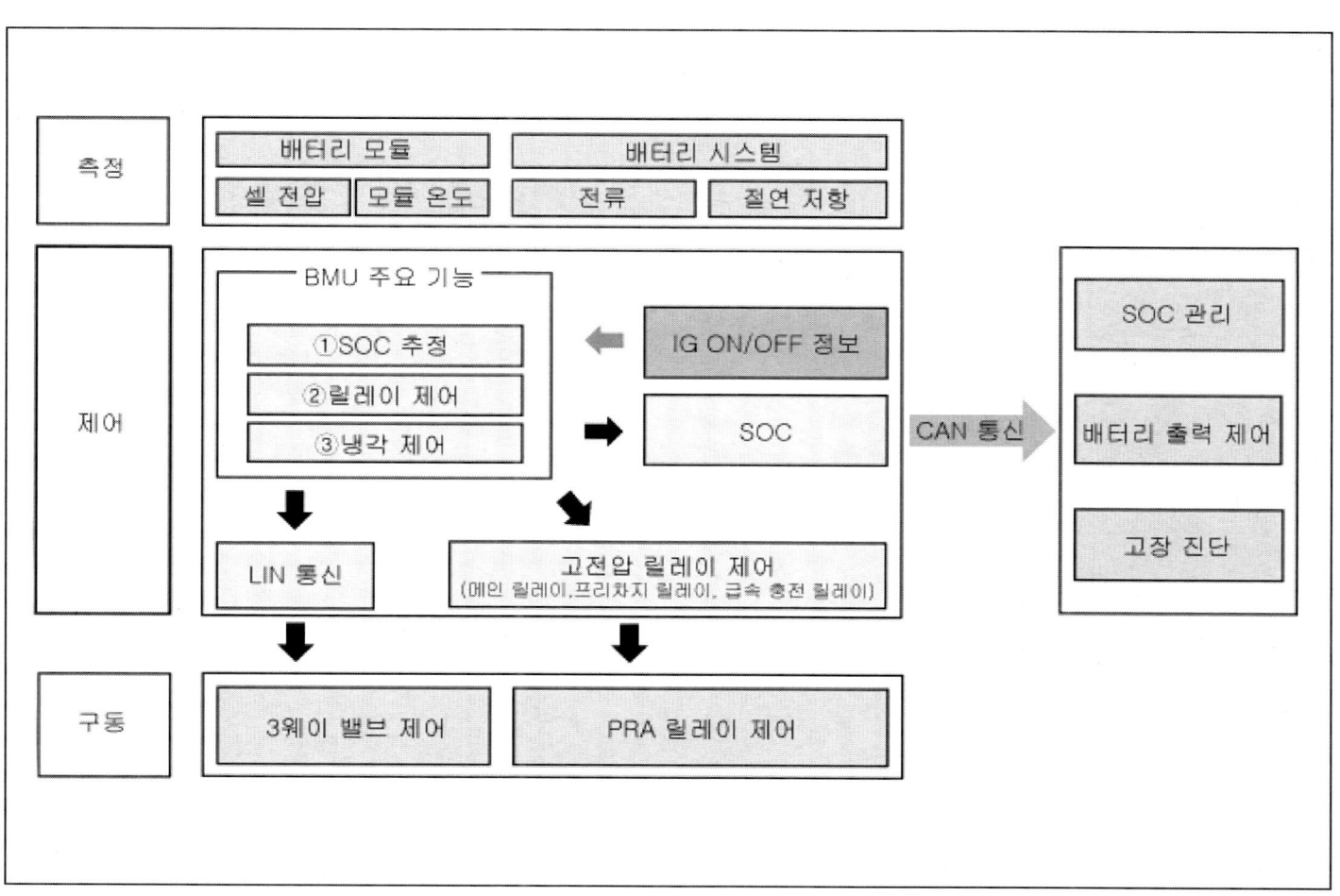

서비스 인터록 커넥터 탈장착

	작업	H/W	체결토크 (kgf.m)	SST/장비	케미컬	기타
• 탈거						
1	12V 배터리 (-) 터미널 분리 (차량 제어 시스템 - "보조 배터리 (12V)" 참조)	-	-	-	-	-
2	퓨즈 박스 커버 탈거	-	-	-	-	-
3	서비스 인터록 커넥터 분리	-	-	-	-	-
• 장착						
탈거의 역순으로 진행						-

개요

서비스 인터록 커넥터는 퓨즈 박스에 있으며, 고전압 시스템 회로 연결을 차단하는 장치이다.

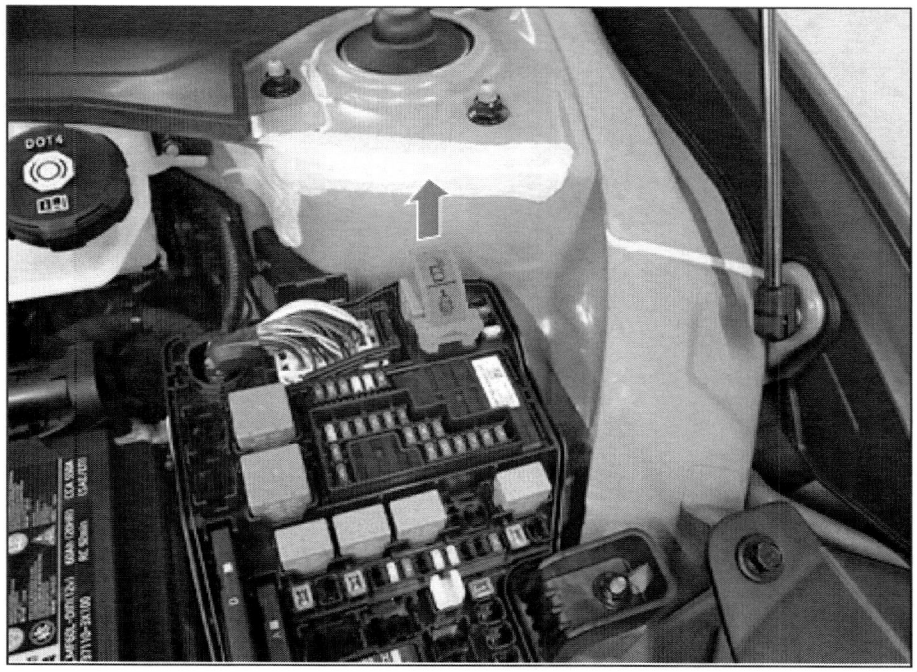

서비스 인터록 커넥터 작동조건

1) 서비스 인터록 커넥터 탈거시, BMU가 메인 릴레이 ON 하지 않도록 제어한다.
   만약, 서비스 인터록 커넥터를 체결하지 않으면, IG ON → 시동 상태로 진입하지 않는다. (고전압 배터리 전원 비활성화)
2) 시동상태에서라도, 0kph 조건하에, 인터록 단선시 BMU가 메인릴레이를 강제로 OFF 한다.

탈거 및 장착

> **⚠ 경 고**
> - 고전압 시스템 관련 작업 시, 반드시 "안전 및 주의사항" 내용을 숙지하고 준수해야 한다. 미준수 시, 감전 또는 누전 등으로 인한 심각한 사고를 초래할 수 있다.
> - 고전압 시스템 관련 작업 시, "고전압 차단절차"에 따라 반드시 고전압을 먼저 차단해야 한다. 미준수 시, 감전 또는 누전 등으로 인한 심각한 사고를 초래할 수 있다.

1. 보조 배터리(12V) (-) 터미널을 분리한다.
2. 12V 배터리 (-) 터미널을 분리한다.
   (차량 제어 시스템 - "보조 배터리(12V)" 참조)
3. 퓨즈 박스 커버(A)를 탈거한다.

4. 서비스 인터록 커넥터(A)를 분리한다.

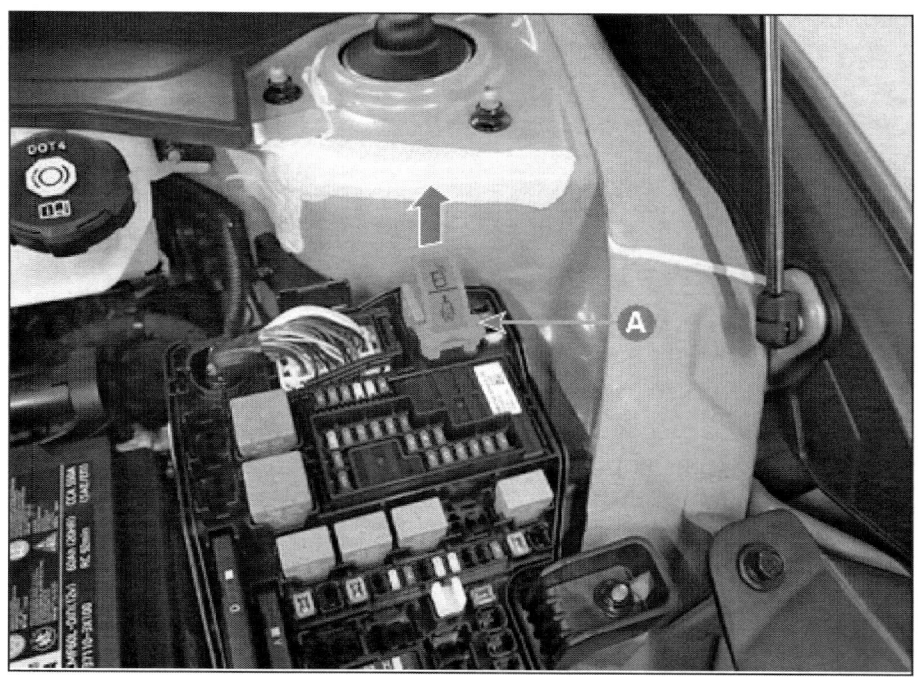

5. 장착은 탈거의 역순으로 진행한다.

2023 > 엔진 > 160kW > 배터리 제어 시스템 (일반형) > 고전압 배터리 컨트롤 시스템 > 배터리 매니지먼트 유닛 (BMU) >
1 Page Guide Manual

배터리 매니지먼트 유닛 (BMU) 탈장착

	작업	H/W	체결토크 (kgf.m)	SST/장비	케미컬	기타
• 탈거						
1	고전압 차단 절차 수행	-	-	진단 기기	-	매뉴얼 참고
2	리프트를 이용하여 차량을 들어올린다.	-	-	-	-	-
3	BMU 커버 탈거	볼트	[1단계 : 0.9] + [2단계 : 1.1]	-	-	매뉴얼 참고
4	BMU 커넥터 분리	-	-	-	-	매뉴얼 참고
5	BMU 탈거	볼트/너트	[1단계 : 0.9] + [2단계 : 1.1]	-	-	볼트/너트 재사용 금지 매뉴얼 참고
• 장착						
탈거의 역순으로 진행						-
• 부가기능						

- 배터리 시스템 어셈블리 기밀 테스트
  - 기밀 검사 장비와 진단 기기를 사용하여 배터리 시스템 어셈블리 기밀 테스트 수행
- SOC 보정
  - 진단 기기를 이용하여 SOC 보정 기능 수행
- SOH 초기화
  - 진단 기기를 이용하여 SOH 초기화 기능 수행

개요

기능	설명
SOC 추정	• 배터리의 전압, 전류, 온도를 측정하여 배터리의 SOC를 계산하고 차량제어기에 전송하여 적정 SOC 영역 관리 • SOC 배터리의 사용 가능한 에너지 (배터리 정격용량 대비 방전 가능한 전류량의 백분율) • SOC는 최소 2.5% ~ 최대 95%로 유동성이 있으며, 이 범위를 벗어나면 안된다.
파워 제한	• 배터리 보호를 위해 상황 별 입/출력 에너지 제한 값을 산출하여 차량제어기로 정보 제공 • 배터리가용파워 예측, 배터리 과충(방)전 방지, 내구 확보, 배터리 충(방)전 에너지 극대화
진단	• 배터리 시스템 고장 진단, 데이터 모니터링, 소프트웨어 Rewrite • Fail-Safe Level을 분류하여 출력 제한치를 규정 • 차량 측 제어 이상 및 전지 열화에 의한 배터리의 안전사고를 방지하기 위해 릴레이 제어
냉각 제어	• 최적의 배터리 동작 온도를 유지하기 위한 배터리 온도 유지 관리 • 고전압 배터리단과 고전압을 사용하는 PE부품 전원공급 및 전원차단 • 고전압계 고장으로 인한 안전사고 방지

서비스 정보

배터리 매니지먼트 유닛(BMU)
▷ 제원

항목	제원
작동 전압(V)	9 ~ 16
작동 온도 (°C)	-35 ~ 75
절연 저항(MΩ)	10 (2kV기준)

2023 > 엔진 > 160kW > 배터리 제어 시스템 (일반형) > 고전압 배터리 컨트롤 시스템 > 배터리 매니지먼트 유닛 (BMU) > 커넥터 및 단자 정보

BMU 커넥터 및 단자 정보

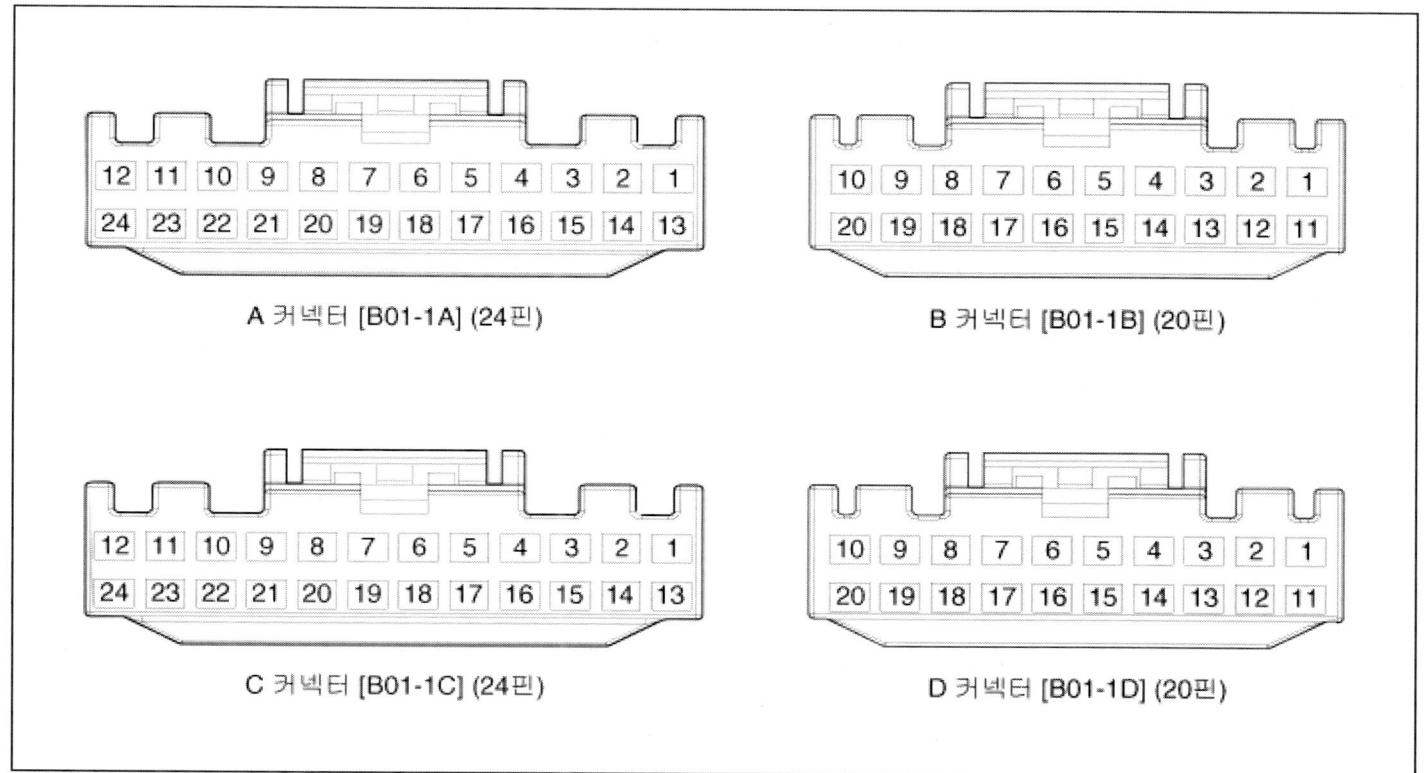

BMU 단자 정보

A 커넥터 [B01-1A] (24핀)

단자	신호명
1	CMU #1 OPD 신호 (HO)
2	LEAK 센서 신호 입력
3	-
4	CMU #6 OPD 신호 (HI)
5	전류 센서 신호 입력 (하이)
6	전류 센서 신호 입력 (로우)
7	급속 충전 릴레이 제어 (+)
8	PRA 메인 릴레이 제어 (-)
9	프리 챠지 릴레이 제어
10	-
11	배터리 히터 릴레이 제어
12	-
13	CMU #1 OPD 신호 (LO)
14	LEAK 센서 접지
15	배터리 히터 릴레이 접지
16	CMU #6 OPD 신호 (LI)
17	전류 센서 VCC (5V)
18	전류 센서 접지

19	급속 충전 릴레이 접지
20	급속 충전 릴레이 제어 (-)
21	릴레이 접지
22	PRA 메인 릴레이 제어 (+)
23	-
24	-

B 커넥터 [B01-1B] (20핀)

단자	신호명
1	CMU #1 [RXNH] 신호 입력
2	CMU #1 [RXPH] 신호 입력
3	-
4	Isolation 신호 입력 (-)
5	-
6	-
7	-
8	-
9	-
10	Isolation 신호 입력 (+)
11	CMU #1 [TXNH] 신호 입력
12	CMU #1 [TXPH] 신호 입력
13	-
14	-
15	-
16	-
17	-
18	-
19	-
20	-

C 커넥터 [B01-1C] (24핀)

단자	신호명
1	배터리 파워 (B+)
2	배터리 파워 (B+)
3	IG3 전원
4	SDC_Wake Up
5	LIN 통신
6	Crash
7	리어 인터록 (하이)
8	리어 인터록 (로우)
9	고전압 차단 스위치 신호 입력
10	고전압 차단 스위치 접지
11	프런트 인터록 (하이)

단자	신호명
12	프런트 인터록 (로우)
13	접지
14	접지
15	-
16	-
17	-
18	-
19	-
20	-
21	고전압 정션 블록 인터록 (하이)
22	고전압 정션 블록 인터록 (로우)
23	PTC 히터 온도 센서 신호 입력
24	PTC 히터 온도 센서 접지

D 커넥터 [B01-1D] (20핀)

단자	신호명
1	PRA 온도 센서 신호 입력
2	PRA 온도 센서 접지
3	-
4	-
5	BMA #24 온도 센서 신호 입력
6	BMA #24 온도 센서 접지
7	ICCU 인터록 (하이)
8	ICCU 인터록 (로우)
9	M-CAN (로우)
10	M-CAN (하이)
11	냉각수 온도 센서 인렛 신호 입력
12	냉각수 온도 센서 인렛 접지
13	라디에이터 아웃풋 신호 입력
14	라디에이터 아웃풋 접지
15	-
16	-
17	-
18	-
19	G-CAN (로우)
20	G-CAN (하이)

2023 > 엔진 > 160kW > 배터리 제어 시스템 (일반형) > 고전압 배터리 컨트롤 시스템 > 배터리 매니지먼트 유닛 (BMU) > 점검

점검

CAN 통신 라인 점검

> **⚠ 경 고**
> - 고전압 시스템 관련 작업 시, 반드시 "안전 및 주의사항" 내용을 숙지하고 준수해야 한다. 미준수 시, 감전 또는 누전 등으로 인한 심각한 사고를 초래할 수 있다.
> - 고전압 시스템 관련 작업 시, "고전압 차단절차"에 따라 반드시 고전압을 먼저 차단해야 한다. 미준수 시, 감전 또는 누전 등으로 인한 심각한 사고를 초래할 수 있다.

1. BMU 연결 커넥터(A)를 분리한다.

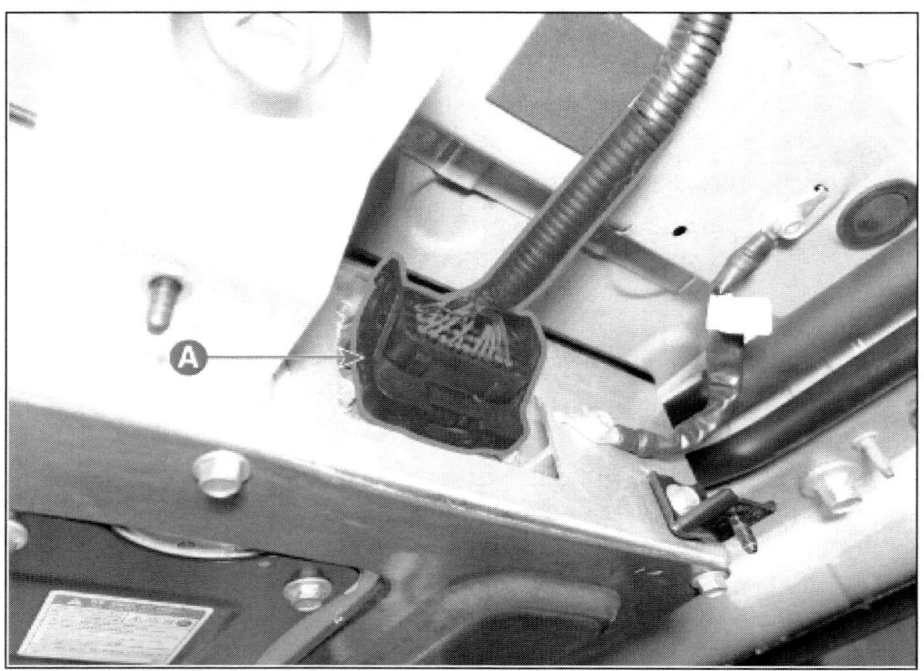

2. IG 상태에서 G-CAN 라인 전압을 측정한다.

   정상값 : 1.5 ~ 3.5V

   [G-CAN LOW(11) - 접지]
   📄img

   [G-CAN HIGH(10) - 접지]
   📄img

3. G-CAN 라인 종단 저항을 점검한다.

   정상값 : 120Ω

   [G-CAN LOW(11) - G-CAN HIGH(10)]
   📄img

2023 > 엔진 > 160kW > 배터리 제어 시스템 (일반형) > 고전압 배터리 컨트롤 시스템 > 배터리 매니지먼트 유닛 (BMU) > 탈거

탈거

> **⚠ 경 고**
> - 고전압 시스템 관련 작업 시, 반드시 "안전 및 주의사항" 내용을 숙지하고 준수해야 한다. 미준수 시, 감전 또는 누전 등으로 인한 심각한 사고를 초래할 수 있다.
> - 고전압 시스템 관련 작업 시, "고전압 차단절차"에 따라 반드시 고전압을 먼저 차단해야 한다. 미준수 시, 감전 또는 누전 등으로 인한 심각한 사고를 초래할 수 있다.

1. 고전압 차단 절차를 수행한다.
   (배터리 제어 시스템 - "고전압 차단 절차" 참조)
2. 리프트를 이용하여, 차량을 들어올린다.
3. 볼트를 풀어 BMU 커버(A)를 탈거한다

   체결 토크 :
   1단계 : 0.9 kgf.m
   2단계 : 1.1 kgf.m

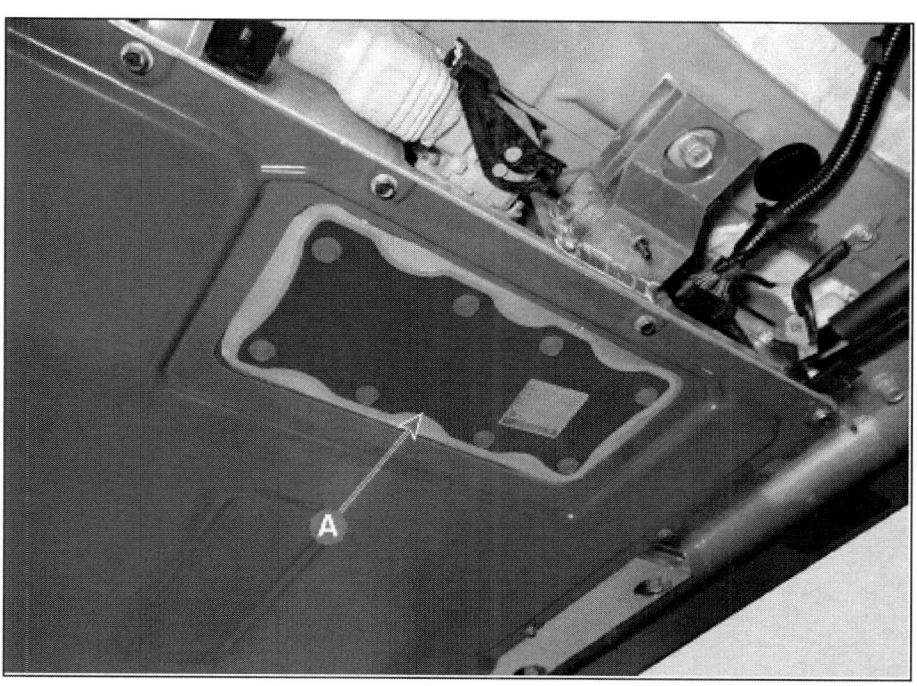

> **유 의**
> - 서비스 커버는 재사용하지 않는다.
> - 서비스 커버를 장착하기 전에 서비스 커버 주위에 실란트를 도포한다.
> - 록타이트를 도포한 후 즉시 서비스 커버를 장착한다.
> - 서비스 커버 장착 전, 배터리 시스템 어셈블리와 서비스 커버에 이물질, 먼지, 오일, 수분 등을 깨끗이 제거한다.
> - 서비스 커버를 과도하게 아래로 잡아 당겨 BMU 및 커넥터가 손상되지 않도록 주의한다.

4. BMU 커넥터(A)를 분리한다.

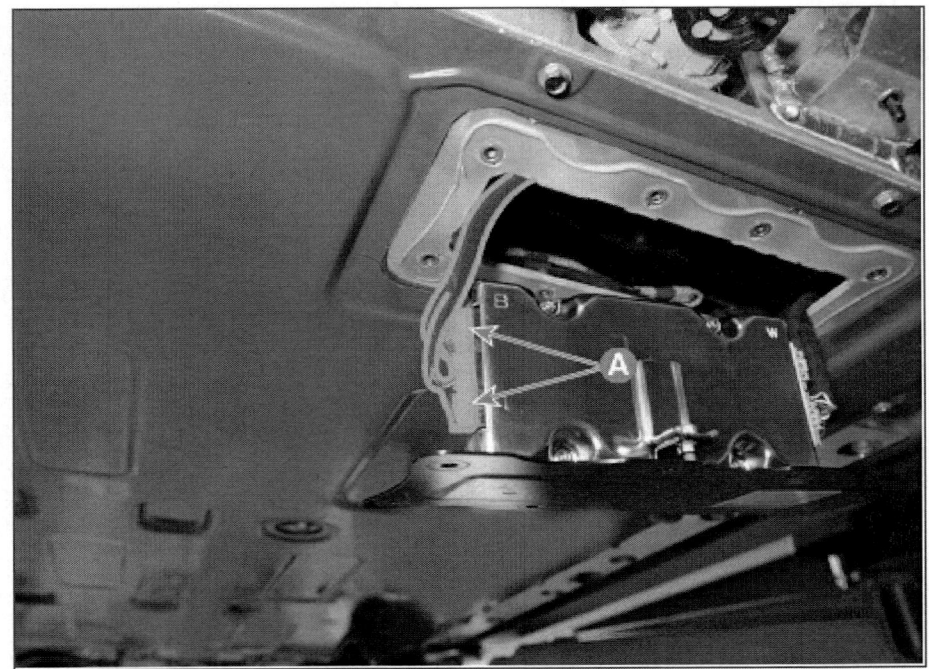

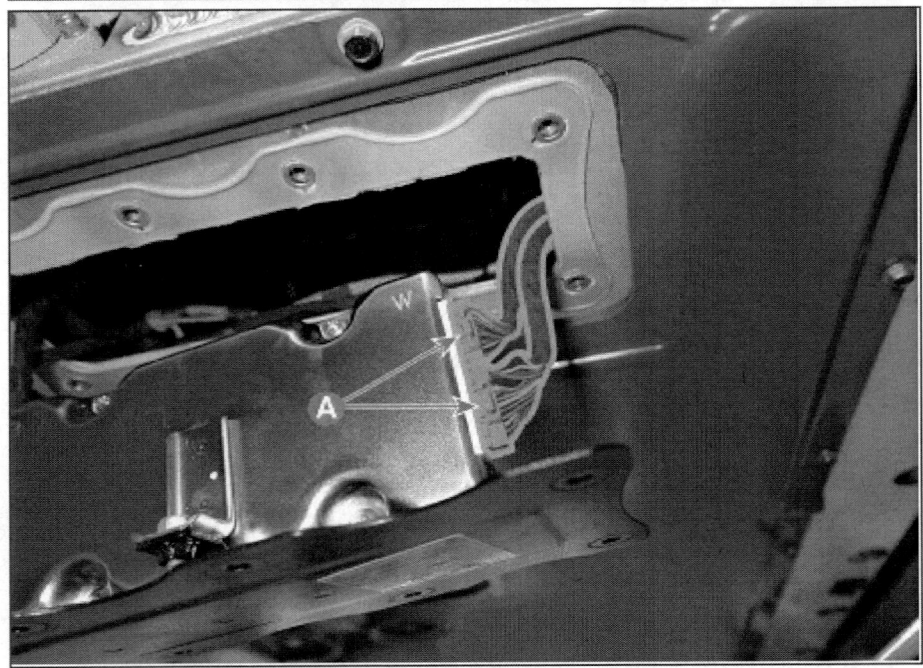

> **유 의**
>
> - 커넥터부에 이물질이 유입되지 않도록 주의한다.

5. 볼트 및 너트를 풀어 서비스 커버로부터 BMU(A)를 탈거한다.

체결 토크 :
1단계 : 0.9 kgf.m
2단계 : 1.1 kgf.m

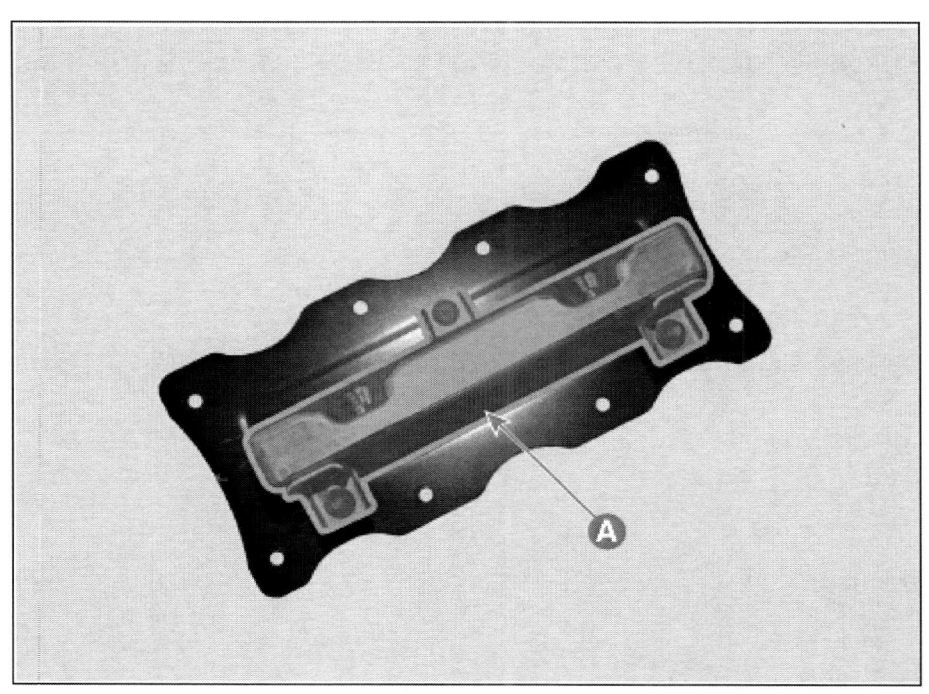

유 의

- 볼트 및 너트는 재사용하지 않는다.

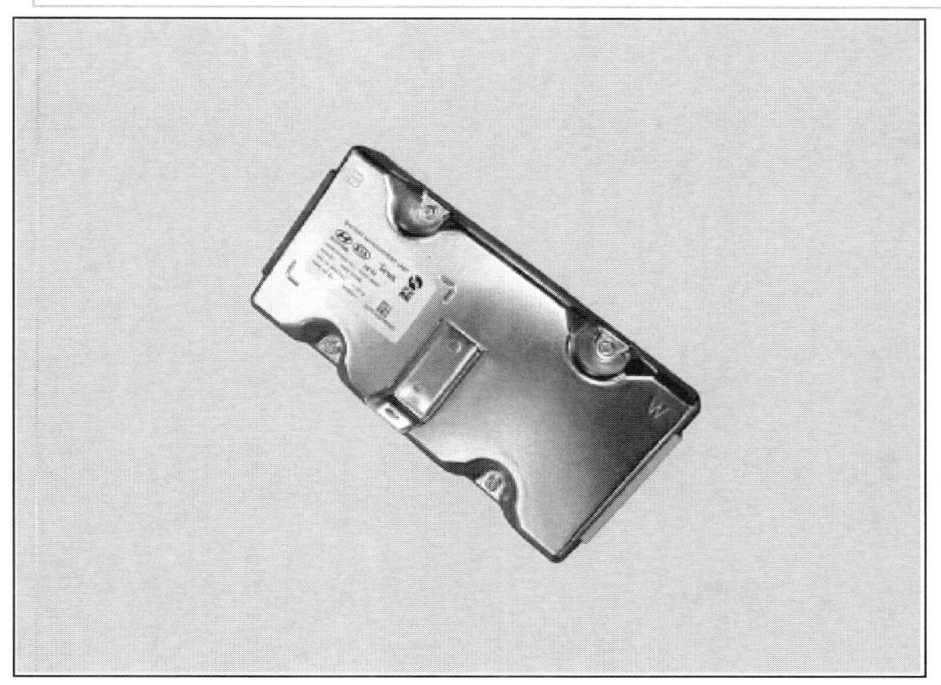

2023 > 엔진 > 160kW > 배터리 제어 시스템 (일반형) > 고전압 배터리 컨트롤 시스템 > 배터리 매니지먼트 유닛 (BMU) > 장착

장착

> ⚠ **경 고**
> - 고전압 시스템 관련 작업 시, 반드시 "안전 및 주의사항" 내용을 숙지하고 준수해야 한다. 미준수 시, 감전 또는 누전 등으로 인한 심각한 사고를 초래할 수 있다.
> - 고전압 시스템 관련 작업 시, "고전압 차단절차"에 따라 반드시 고전압을 먼저 차단해야 한다. 미준수 시, 감전 또는 누전 등으로 인한 심각한 사고를 초래할 수 있다.

1. 장착은 탈거의 역순으로 진행한다.
2. 배터리 시스템 어셈블리 기밀 테스트를 수행한다.
   (고전압 배터리 시스템 - "기밀 점검" 참조)
3. 배터리 충전 상태(SOC)를 보정한다.
   (고전압 배터리 시스템 - "배터리 충전 상태(SOC) 보정" 참조)
4. 배터리 건강 상태(SOH)를 초기화한다.
   (고전압 배터리 시스템 - "배터리 건강 상태(SOH) 초기화" 참조)

셀 모니터링 유닛 (CMU) 탈장착

작업		H/W	체결토크 (kgf.m)	SST/장비	케미컬	기타
• 탈거						
1	고전압 차단 절차 수행	-	-	진단 기기	-	매뉴얼 참고
2	고전압 배터리 시스템 어셈블리 (BSA) 탈거 (고전압 배터리 시스템 - "배터리 시스템 어셈블리 (BSA)" 참조)	-	-	-	-	-
3	고전압 배터리 시스템 어셈블리 (BSA) 상부 케이스 탈거 (고전압 배터리 시스템 - "케이스" 참조)	-	-	-	-	-
4	분기 커넥터 분리	-	-	-	-	-
5	전압 센싱 와이어링 커넥터 및 비동기 통신 커넥터 분리	-	-	-	-	매뉴얼 참고
6	셀 모니터링 유닛 탈거	볼트	[1단계 : 0.9] + [2단계 : 1.1]	-	-	볼트 재사용 금지 매뉴얼 참고
• 장착						
탈거의 역순으로 진행						-
• 부가기능						

- 냉각수 라인 기밀 테스트
  - 배터리 시스템 어셈블리 냉각수 라인 기밀 테스트 수행
- 배터리 시스템 어셈블리 기밀 테스트
  - 기밀 검사 장비와 진단 기기를 사용하여 배터리 시스템 어셈블리 기밀 테스트 수행
- 전동식 워터 펌프(EWP) 구동
  - 진단 기기를 이용하여 전동식 워터 펌프(EWP) 구동

2023 > 엔진 > 160kW > 배터리 제어 시스템 (일반형) > 고전압 배터리 컨트롤 시스템 > 셀 모니터링 유닛 (CMU) > 개요 및 작동원리

개요

1개의 CMU가 1개의 서브 배터리 팩 어셈블리(Sub-BPA)를 센싱 및 제어한다. 셀 전압 센싱, 셀 밸런싱, 배터리 모듈 온도 센싱등을 하며 각각 CMU가 직렬 로 연결되어 데이터를 주고 받는다.

서비스 정보

셀 모니터링 유닛(CMU)
▷ 제원

항목	제원
작동 전압(V)	9 ~ 60 (12셀 기준)
작동 온도(°C)	-35 ~75
절연 저항(MΩ)	10 (2kV기준)

2023 > 엔진 > 160kW > 배터리 제어 시스템 (일반형) > 고전압 배터리 컨트롤 시스템 > 셀 모니터링 유닛 (CMU) > 구성 부품 및 부품위치

부품위치

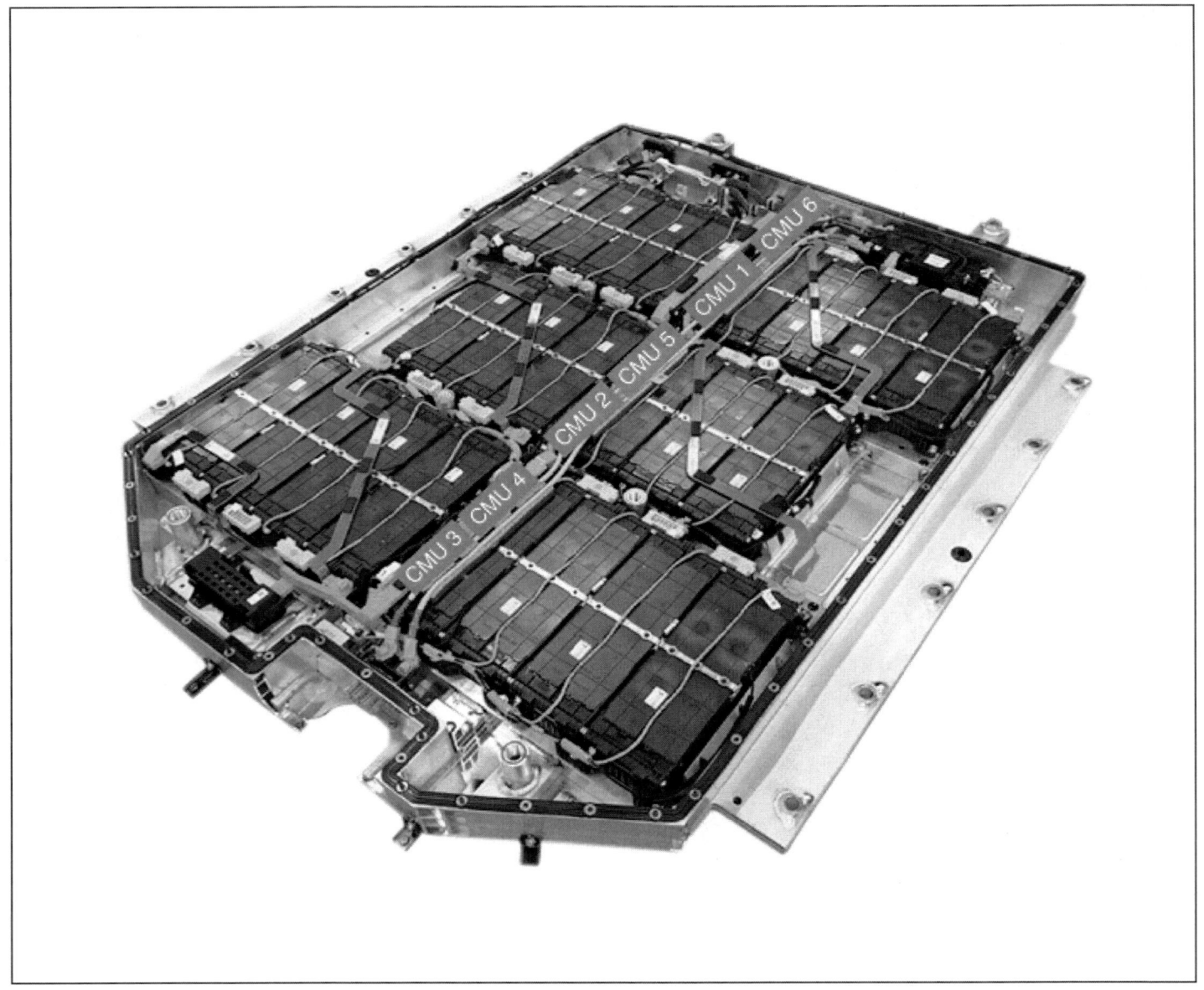

2023 > 엔진 > 160kW > 배터리 제어 시스템 (일반형) > 고전압 배터리 컨트롤 시스템 > 셀 모니터링 유닛 (CMU) > 회로도

회로도

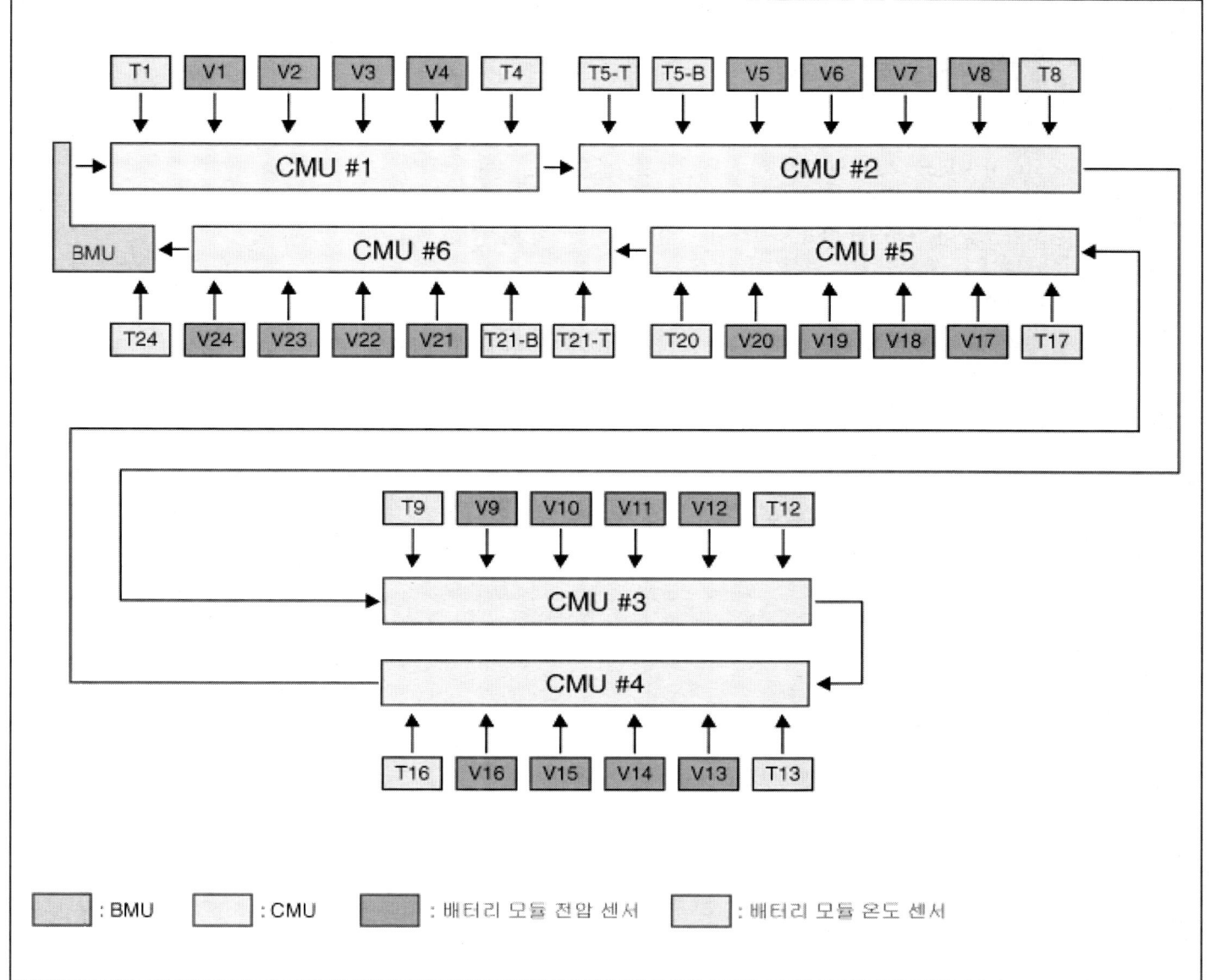

2023 > 엔진 > 160kW > 배터리 제어 시스템 (일반형) > 고전압 배터리 컨트롤 시스템 > 셀 모니터링 유닛 (CMU) > 점검

점검

1. 진단 기기를 자기 진단 커넥터(DLC)에 연결한다.
2. IG 스위치를 ON 한다.
3. 진단 기기 고장진단의 "고장 코드"를 확인한다.
4. 고전압 배터리 전압 센싱부 이상/과전압/저전압/전압편차 고장 코드가 확인되면 불량 모듈을 확인하고 셀 모니터링 유닛이나 해당 모듈의 교환이 필요하다.
5. 진단 기기를 사용하여 서비스 데이터의 "배터리 모듈 온도"를 점검한다.
   (전압 & 온도 센싱 와이어링 - "서비스 정보" 참조)
6. 배터리 모듈 온도가 정상이라면 진단 기기 서비스 데이터의 "셀 전압"을 점검하고 불량 셀의 번호를 확인한다.
   (고전압 배터리 시스템 - "배터리 전압 점검" 참조)
7. 아래 표를 참조하여 셀 전압이 모두 5.1V 이고 배터리 모듈 온도가 217°C를 나타낸다면 해당 셀 모니터링 유닛을 교환한다.

셀 번호	셀 모니터링 유닛 번호
01 - 24	셀 모니터링 유닛 #1
25 - 42	셀 모니터링 유닛 #2
43 - 66	셀 모니터링 유닛 #3
67 - 90	셀 모니터링 유닛 #4
91 - 108	셀 모니터링 유닛 #5
109 - 132	셀 모니터링 유닛 #6

탈거 및 장착

> ⚠️ **경 고**
> - 고전압 시스템 관련 작업 시, 반드시 "안전 및 주의사항" 내용을 숙지하고 준수해야 한다. 미준수 시, 감전 또는 누전 등으로 인한 심각한 사고를 초래할 수 있다.
> - 고전압 시스템 관련 작업 시, "고전압 차단절차"에 따라 반드시 고전압을 먼저 차단해야 한다. 미준수 시, 감전 또는 누전 등으로 인한 심각한 사고를 초래할 수 있다.

> ℹ️ **참 고**
> - 아래 탈거 절차는 CMU 1에 대한 절차이다. 나머지 CMU도 동일한 방법으로 진행한다.
>   (셀 모니터링 유닛 (CMU) - "구성부품 및 부품위치" 참조)

1. 고전압 차단 절차를 수행한다.
   (배터리 제어 시스템 - "고전압 차단 절차" 참조)
2. 고전압 배터리 시스템 어셈블리(BSA)를 탈거한다.
   (고전압 배터리 시스템 - "배터리 시스템 어셈블리 (BSA)" 참조)
3. 고전압 배터리 시스템 어셈블리(BSA) 상부 케이스를 탈거한다.
   (고전압 배터리 시스템 - "케이스" 참조)
4. 퓨즈 박스 커버(A)를 연다.

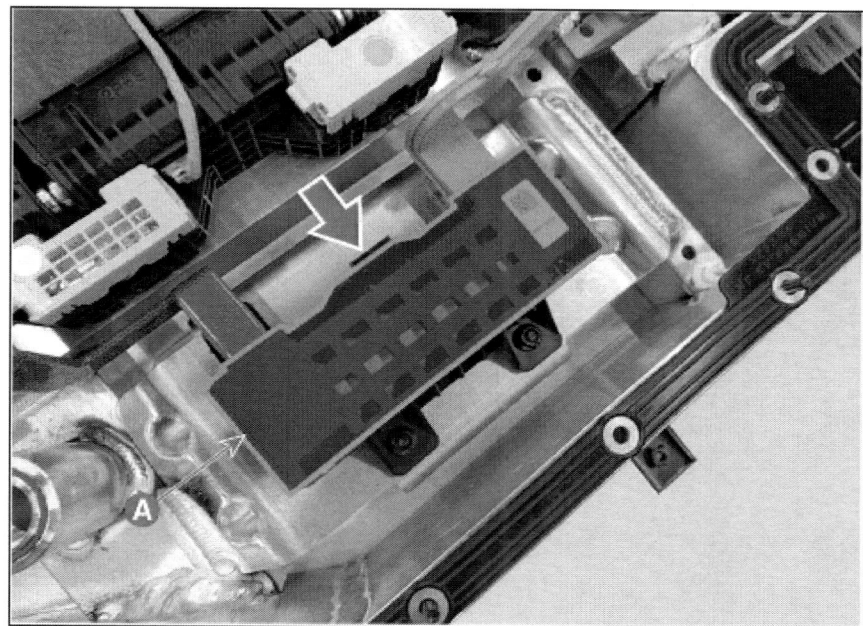

5. 고전압 배터리 버스바(A)를 탈거한다.

체결 토크 : 0.8 ~ 1.2 kgf.m

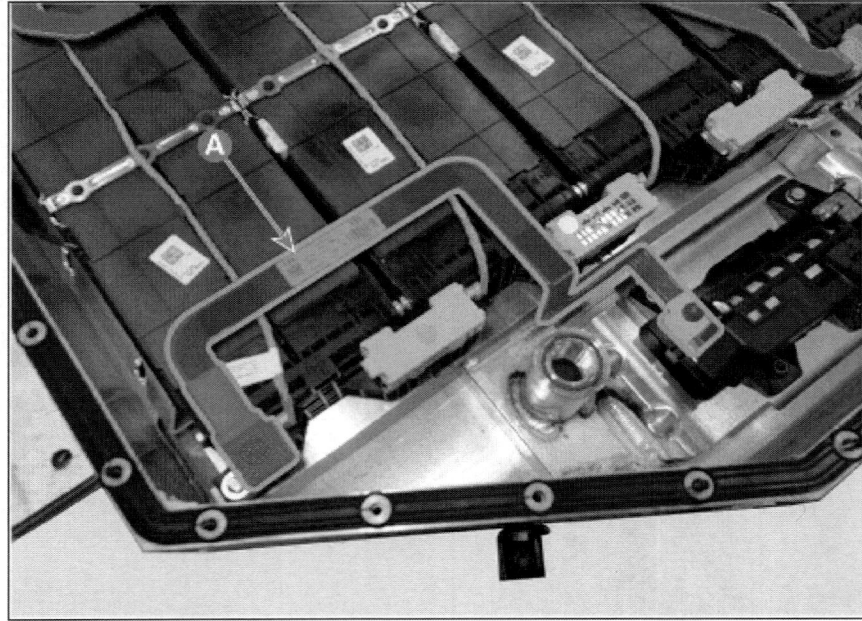

6. 메인 퓨즈 어셈블리를 탈거한다.

체결 토크 : 0.8 ~ 1.2 kgf.m

7. 분기 커넥터(A)를 분리한다.

8. 전압 센싱 와이어링 커넥터(A)를 분리한다.
9. 비동기 통신 커넥터(B)를 분리한다.

> **유 의**
>
> - 전압 센싱 와이어링 커넥터 탈거 전, 셀 모니터링 유닛 측 모든 전압 센싱 와이어링 커넥터(A)를 역순(6→5→4→3→2→1)으로 분리한다.

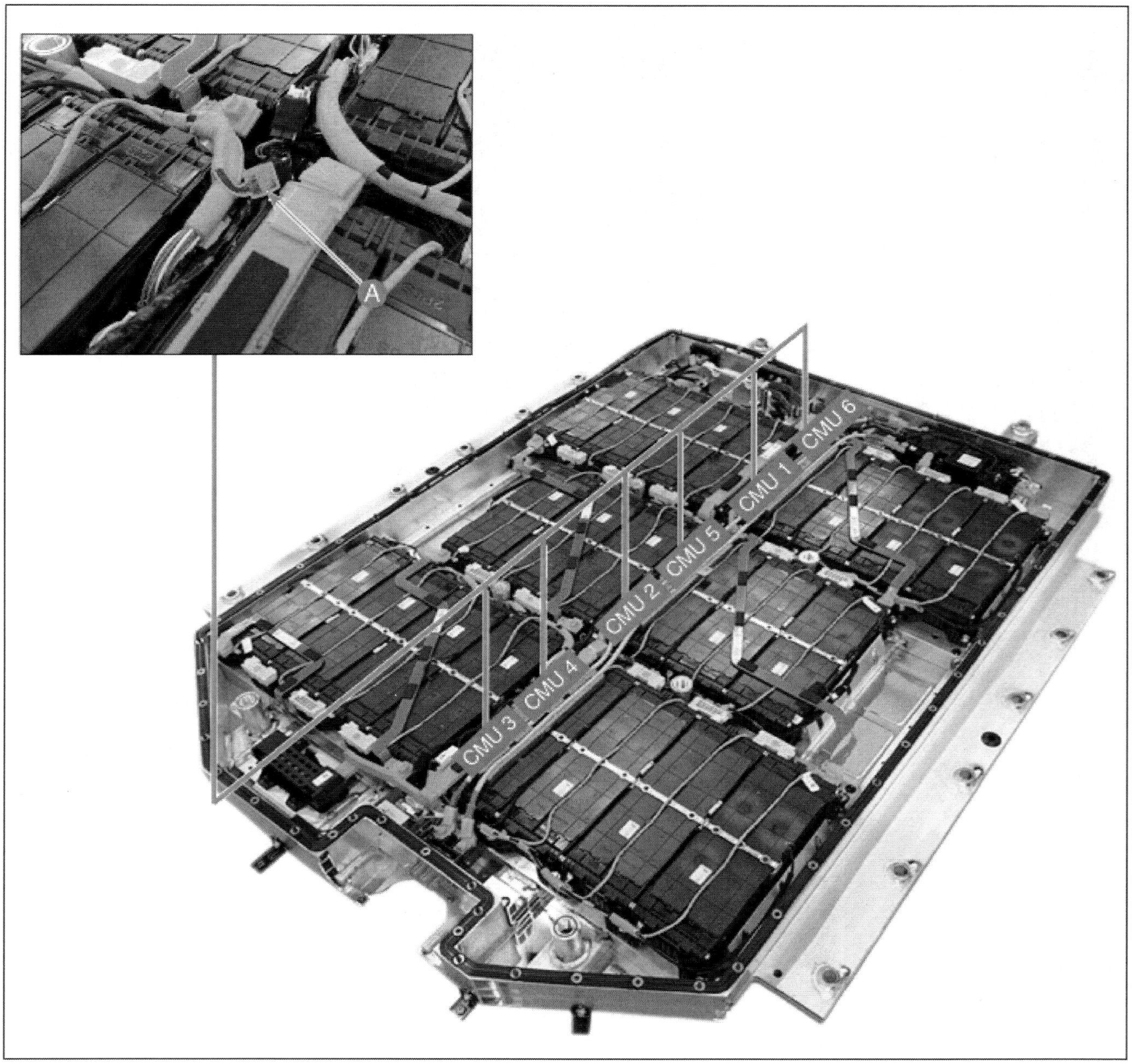

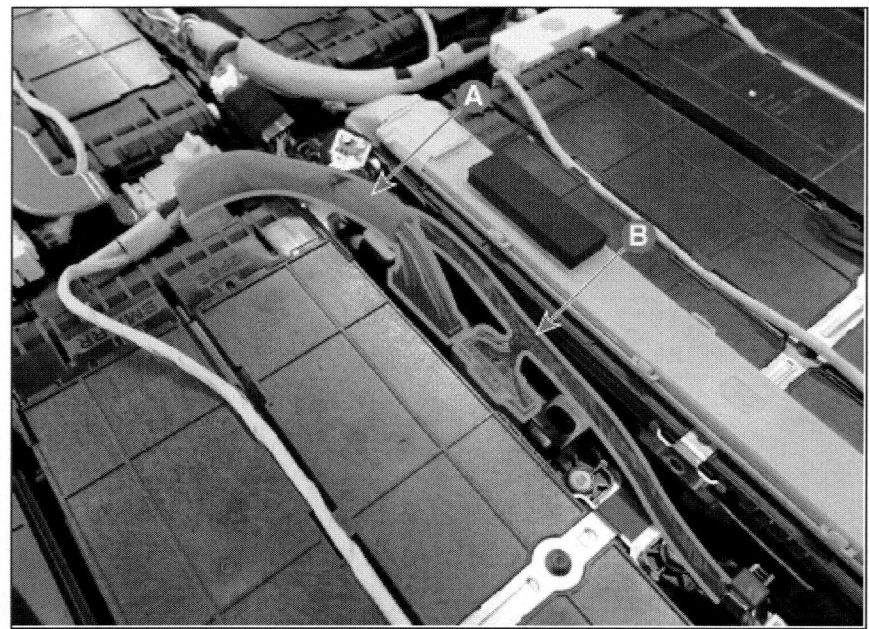

10. 볼트를 풀어 셀 모니터링 유닛(A)을 탈거한다.

체결 토크 :

1단계 : 0.9 kgf.m
2단계 : 1.1 kgf.m

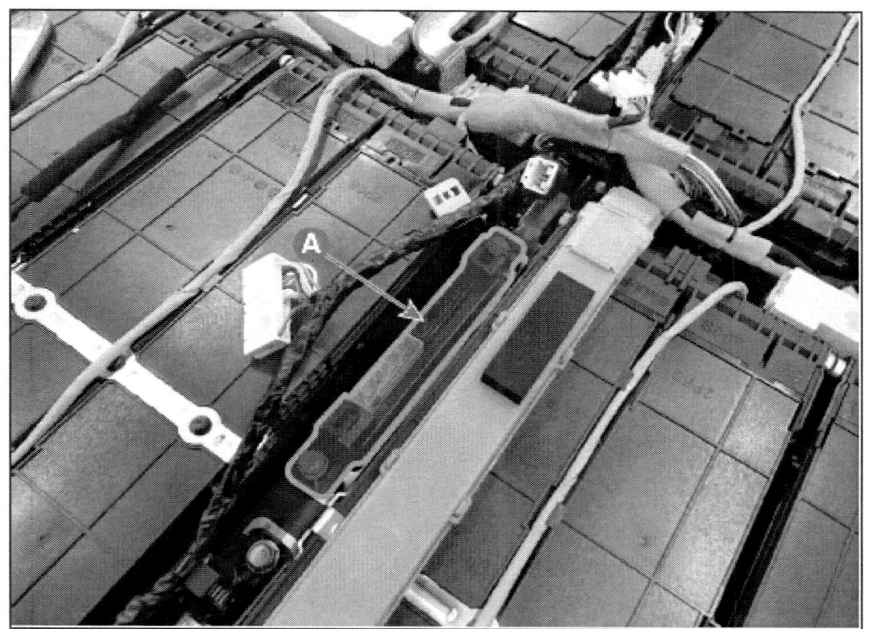

> **유 의**
>
> - 셀 모니터링 유닛 볼트는 재사용하지 않는다.

11. 장착은 탈거의 역순으로 진행한다.

파워 릴레이 어셈블리 (PRA) 탈장착

	작업	H/W	체결토크 (kgf.m)	SST/장비	케미컬	기타
•	탈거					
1	고전압 차단 절차 수행	-	-	진단 기기	-	매뉴얼 참고
2	고전압 배터리 시스템 어셈블리 (BSA) 탈거 (고전압 배터리 시스템 - "배터리 시스템 어셈블리 (BSA)" 참조)	-	-	-	-	-
3	고전압 배터리 시스템 어셈블리 (BSA) 상부 케이스 탈거 (고전압 배터리 시스템 - "케이스" 참조)	-	-	-	-	-
4	버스바 탈거	볼트/너트	0.8 ~ 1.2	-	-	-
5	ICCU (-) 케이블 탈거	너트	0.8 ~ 1.2	-	-	-
6	ICCU (+) 커넥터 분리	-	-	-	-	-
7	PRA 와이어링 커넥터 분리	-	-	-	-	-
8	PRA 탈거	너트	0.8 ~ 1.2	-	-	-
•	장착					
탈거의 역순으로 진행						-
•	부가기능					

- 냉각수 라인 기밀 테스트
  - 배터리 시스템 어셈블리 냉각수 라인 기밀 테스트 수행
- 배터리 시스템 어셈블리 기밀 테스트
  - 기밀 검사 장비와 진단 기기를 사용하여 배터리 시스템 어셈블리 기밀 테스트 수행
- 전동식 워터 펌프(EWP) 구동
  - 진단 기기를 이용하여 전동식 워터 펌프(EWP) 구동

2023 > 엔진 > 160kW > 배터리 제어 시스템 (일반형) > 고전압 배터리 컨트롤 시스템 > 파워 릴레이 어셈블리 (PRA) > 개요 및 작동원리

개요

파워 릴레이 어셈블리(PRA)는 고전압 배터리 시스템 어셈블리 내에 장착 되어 있으며 메인 릴레이 (+), 메인 릴레이 (-), 프리 차지 릴레이, 프리 차지 레지스터, 배터리 전류 센서로 구성되어 있다. 그리고 BMU 제어 신호에 의해 고전압 배터리 팩과 고전압 정션 블록 사이의 고전압을 ON, OFF 및 제어 하는 역할을 한다.

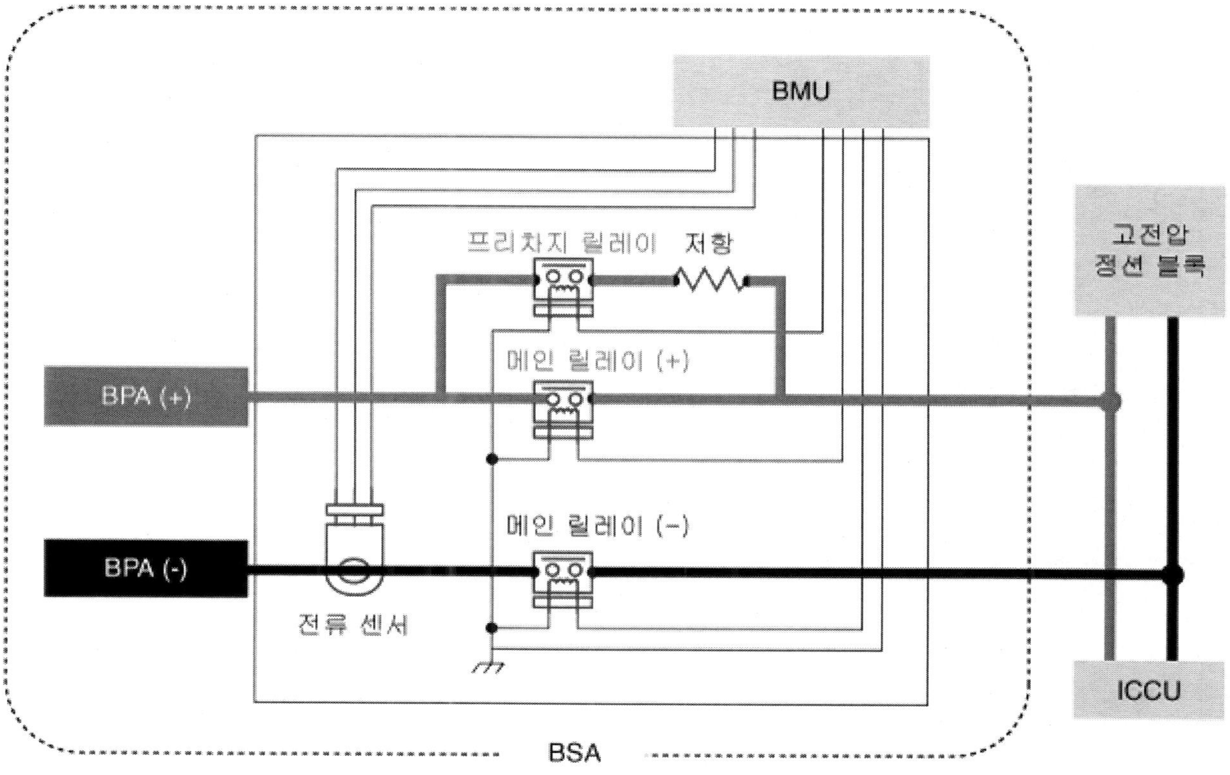

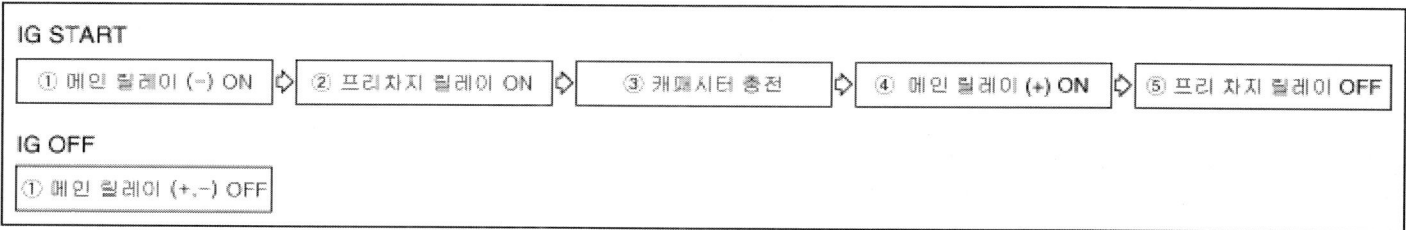

참 고

- BSA : 배터리 시스템 어셈블리
- BPA : 배터리 팩 어셈블리
- PRA : 파워 릴레이 어셈블리
- BMU : 배터리 매니지먼트 유닛

작동원리

IG START
① 메인 릴레이 (-) ON ▷ ② 프리차지 릴레이 ON ▷ ③ 캐패시터 충전 ▷ ④ 메인 릴레이 (+) ON ▷ ⑤ 프리 차지 릴레이 OFF

IG OFF
① 메인 릴레이 (+,-) OFF

서비스 정보

파워 릴레이 어셈블리(PRA)

메인 릴레이

▷ 제원

항목	제원
타입	기계식 릴레이
정격 전압(V)	800
정격 전류(A)	250

프리 차지 릴레이

▷ 제원

항목	제원
타입	전자식 릴레이
정격 전압(V)	1000
정격 전류(A)	20

배터리 전류 센서

▷ 제원

대전류 (A)	출력 전압 (V)
-750 (충전)	0.5
0	2.5
750 (방전)	4.5

저전류 (A)	출력 전압 (V)
-75	0.5
0	2.5
75	4.5

2023 > 엔진 > 160kW > 배터리 제어 시스템 (일반형) > 고전압 배터리 컨트롤 시스템 > 파워 릴레이 어셈블리 (PRA) > 구성부품 및 부품위치

구성부품

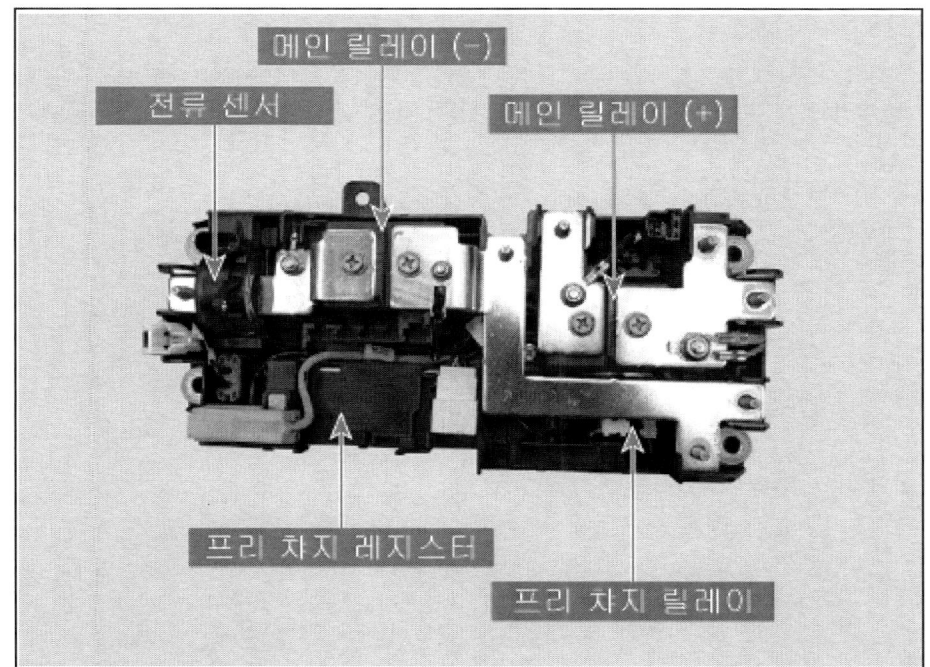

2023 > 엔진 > 160kW > 배터리 제어 시스템 (일반형) > 고전압 배터리 컨트롤 시스템 > 파워 릴레이 어셈블리 (PRA) > 점검

점검

> ⚠️ **경 고**
> - 고전압 시스템 관련 작업 시, 반드시 "안전 및 주의사항" 내용을 숙지하고 준수해야 한다. 미준수 시, 감전 또는 누전 등으로 인한 심각한 사고를 초래할 수 있다.
> - 고전압 시스템 관련 작업 시, "고전압 차단절차"에 따라 반드시 고전압을 먼저 차단해야 한다. 미준수 시, 감전 또는 누전 등으로 인한 심각한 사고를 초래할 수 있다.

PRA 융착 점검

[차상점검 - 진단 기기]

1. 진단 기기를 자기 진단 커넥터(DLC)에 연결한다.
2. IG 스위치를 ON 한다.
3. 진단 기기를 사용하여 서비스 데이터의 "BMS 융착 상태"를 점검한다.

    규정값 : Relay Welding not detection

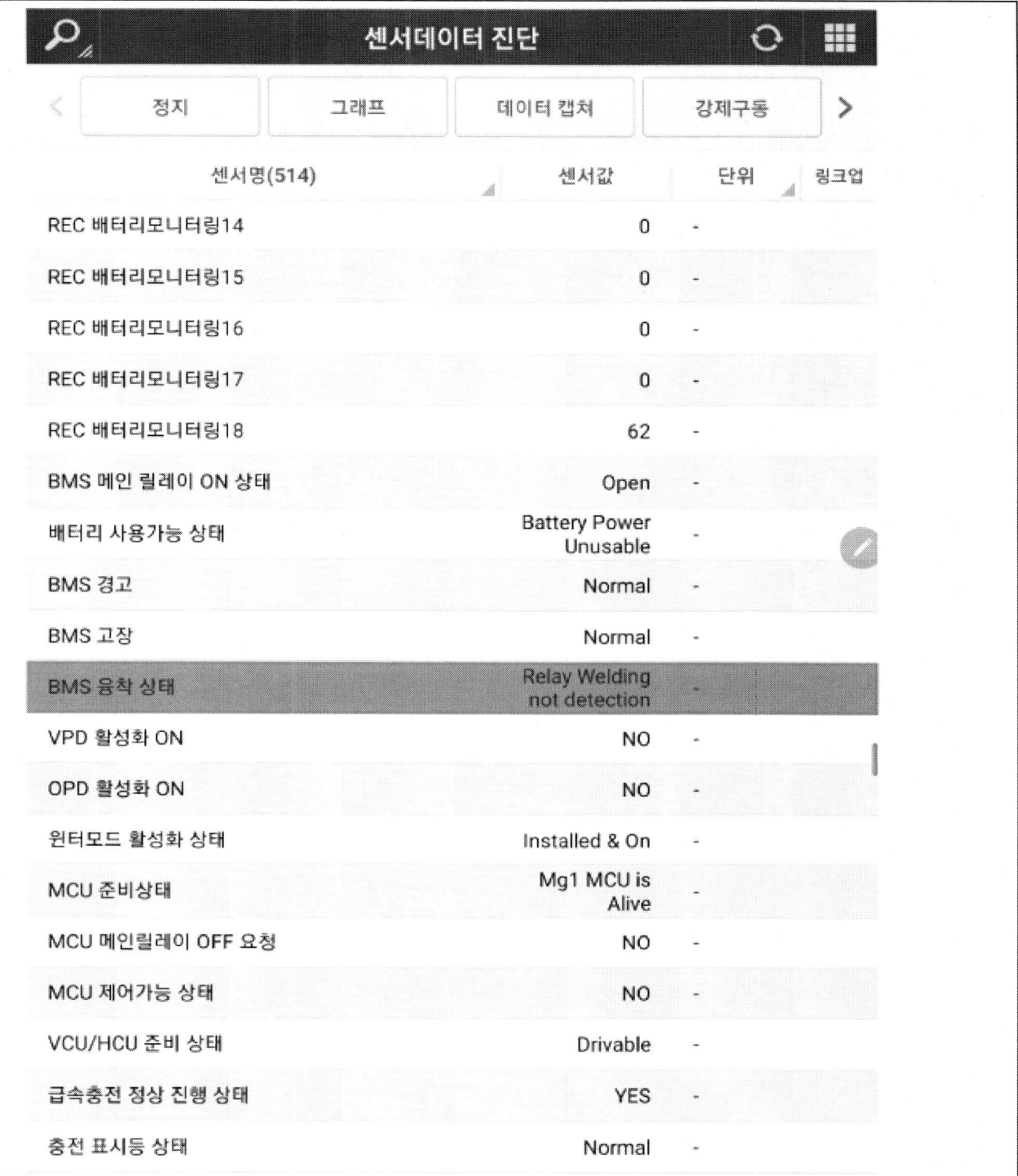

[차상점검 - 멀티미터]

> ⚠ **주 의**
>
> - 고전압 메인 릴레이의 접촉 융착을 검사하는 경우 먼저 배터리 시스템 어셈블리의 고전압 커넥터를 점검한다.
> - 배터리 시스템 어셈블리 내부 손상 방지를 위해 반드시 배터리 시스템 어셈블리에 연결된 고전압 커넥터를 모두 분리한다.

> **유 의**
>
> - 두 메인 릴레이(+/-)를 모두 용접하지 않으면 BMS 자체 고장 코드가 표시되지 않는다. DTC가 과거 고장 코드로 나타나면 DTC 코드를 삭제하지 말고 멀티미터를 사용하여 각 릴레이의 용접 상태를 점검한다.

1. 배터리 시스템 어셈블리의 리어 고전압 커넥터 단자 간 전압을 측정하여 파워 릴레이 어셈블리의 융착 유무를 점검한다.

정상 : 0V

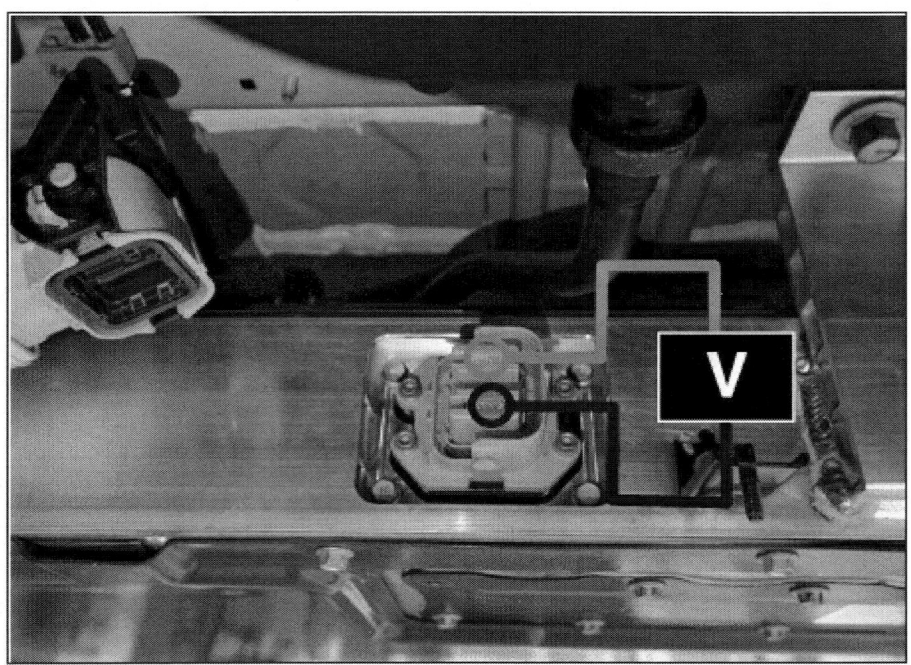

[단품 점검-멀티미터]

1. 고전압 차단 절차를 수행한다.
   (배터리 제어 시스템 - "고전압 차단 절차" 참조)
2. 고전압 배터리 시스템 어셈블리(BSA)를 탈거한다.
   (고전압 배터리 시스템 - "배터리 시스템 어셈블리 (BSA)" 참조)
3. 고전압 배터리 시스템 어셈블리(BSA) 상부 케이스를 탈거한다.
   (고전압 배터리 시스템 - "케이스" 참조)
4. 그림과 같이 고전압 메인 릴레이의 저항을 측정하여 융착 상태 점검을 실시한다.

> ⓘ 참 고
>
> - PRA에 멀티미터로 저항을 측정할 때는 접촉 핀을 사용하여 커넥터의 손상을 방지하고 보다 정확한 측정을 수행한다.
>

정상 : OL(∞)
릴레이 융착 : 1Ω 이하

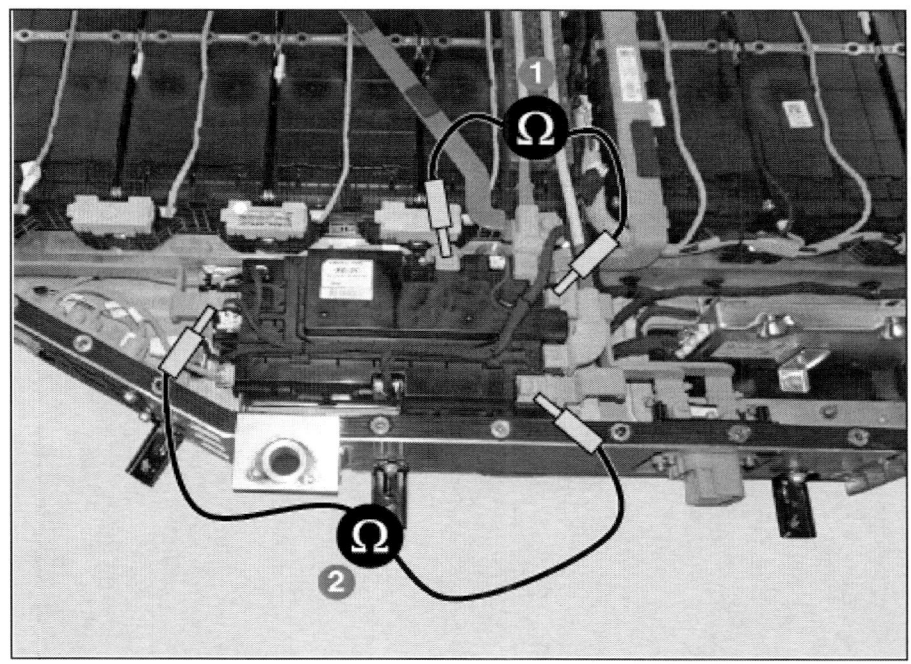

1 : 고전압 (+) 라인	
2 : 고전압 (-) 라인	

프리차지 릴레이/ 프리차지 레지스터/ 메인(-)릴레이 작동 점검

1. 고전압 차단 절차를 수행한다.
   (배터리 제어 시스템 - "고전압 차단 절차" 참조)
2. 리프트를 이용하여 차량을 들어올린다.
3. 리어 언더 커버를 탈거한다.
   (모터 및 감속기 시스템 - "리어 언더 커버" 참조)
4. 고전압 배터리 리어 커넥터(A)를 분리한다.

5. 고전압 배터리 시스템 어셈블리에 연결된 고전압 커넥터를 모두 분리한다.

   > **유 의**
   >
   > - 고전압 커넥터를 모두 분리하지 않고 해당 점검 진행 시, PRA 내부 프리차지 릴레이가 파손될 수 있다.

6. 저전압 배터리 (-) 터미널을 연결한다.

7. IG 스위치를 ON 한다. (EV ready OFF 상태)
8. 진단 기기를 자기 진단 커넥터(DLC)에 연결한다.
9. 메인 릴레이 (-) & 프리차지 릴레이를 강제구동 한다.

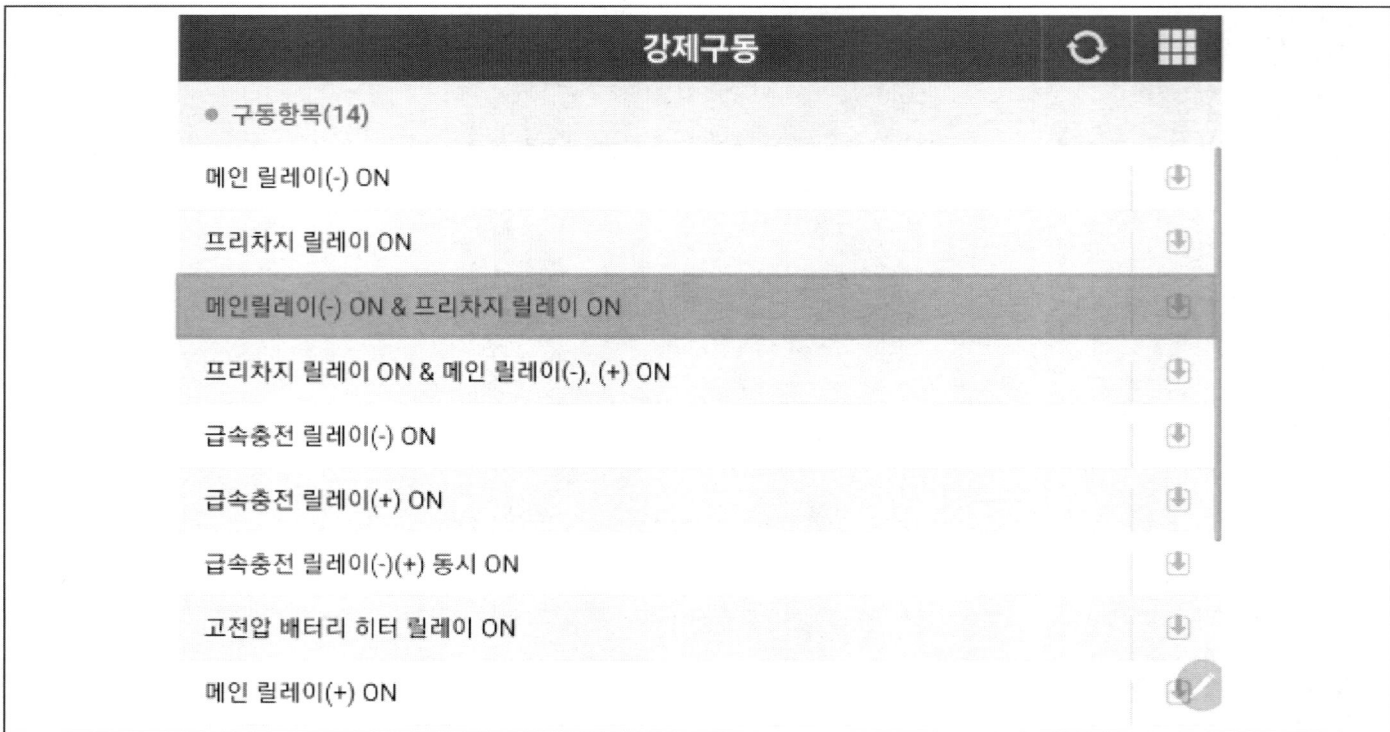

10. 강제 구동 중 배터리 시스템 어셈블리(BSA)측 후방 고전압 커넥터 (+)단자와 (-) 단자 간 전압을 측정한다.

정상 : 약 300 ~ 800V
고장 : 약 5V 이하

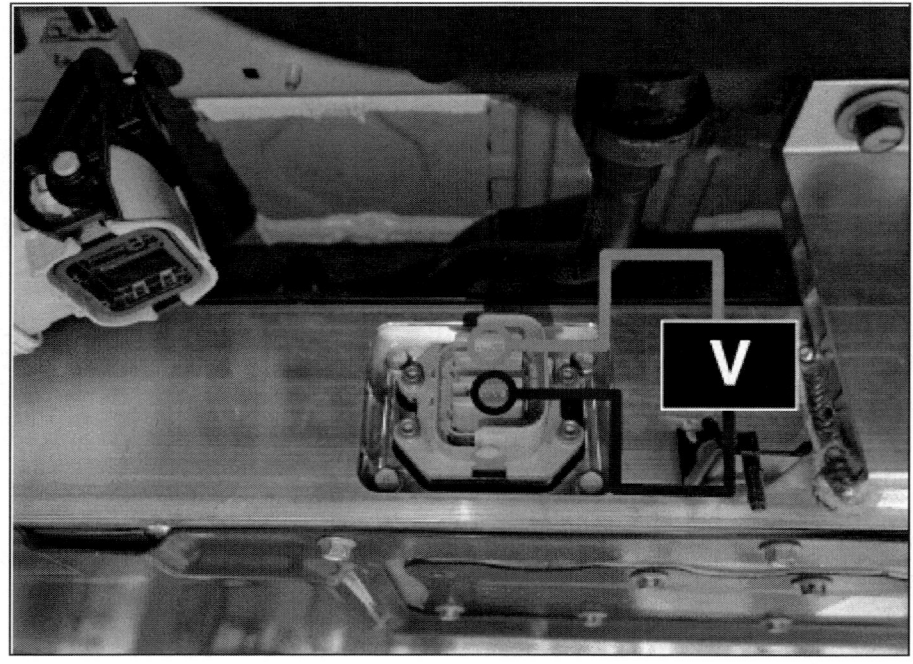

| 유 의 |

- **정상** : 메인 릴레이 (+) 점검 절차를 수행한다.
- **고장** : 파워 릴레이 어셈블리(PRA)를 교환한다.
  (고전압 배터리 시스템 - "파워 릴레이 어셈블리 (PRA)" 참조)

메인(+)릴레이 작동 점검

1. 고전압 차단 절차를 수행한다.
   (배터리 제어 시스템 - "고전압 차단 절차" 참조)
2. 리프트를 이용하여 차량을 들어올린다.
3. 리어 언더 커버를 탈거한다.
   (모터 및 감속기 시스템 - "리어 언더 커버" 참조)
4. 고전압 배터리 리어 커넥터(A)를 분리한다.

5. 고전압 배터리 시스템 어셈블리에 연결된 고전압 커넥터를 모두 분리한다.
6. 저전압 배터리 (-) 터미널을 연결한다.
7. IG 스위치를 ON 한다. (EV ready OFF 상태)
8. 진단 기기를 자기 진단 커넥터(DLC)에 연결한다.
9. 메인 릴레이(+)를 강제구동 한다.

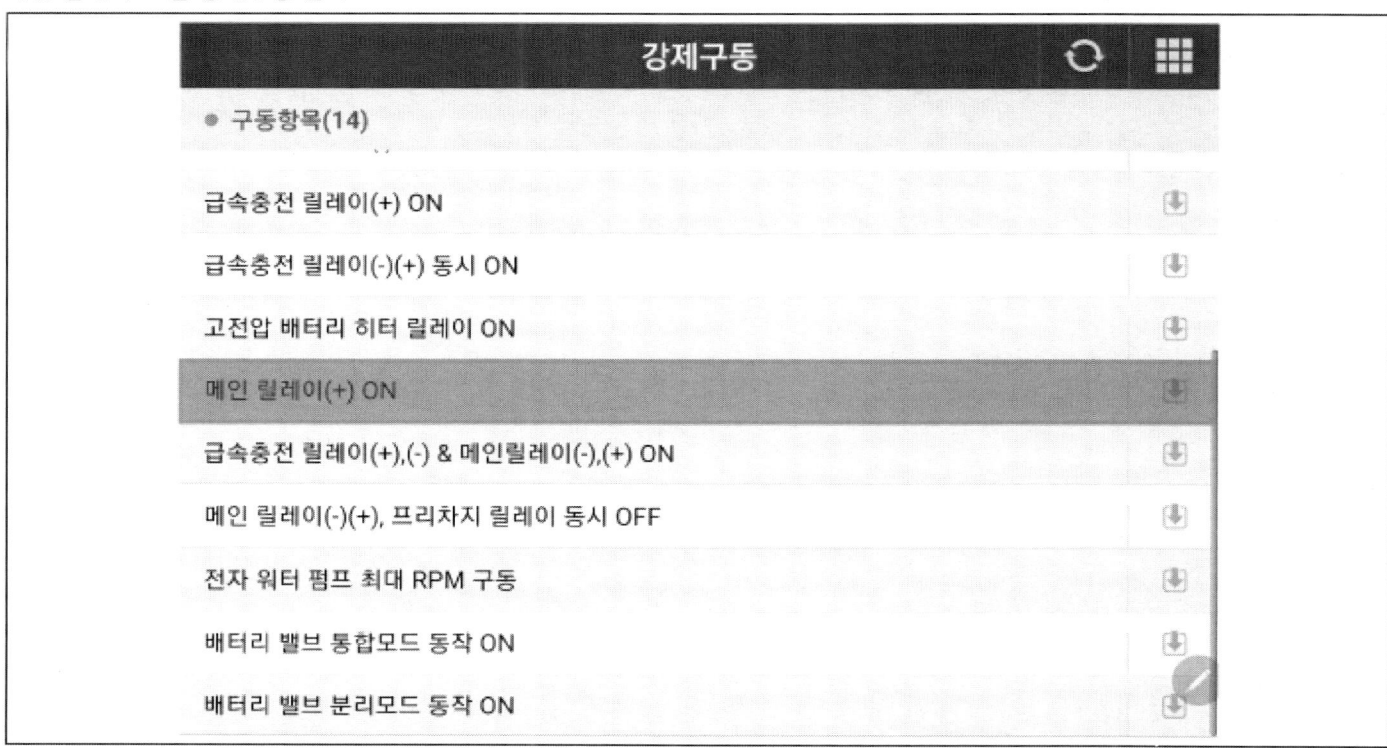

10. 강제 구동 중 배터리 시스템 어셈블리(BSA)측 후방 고전압 커넥터 (+)단자와 차체 간 전압을 측정한다.

정상 : 약 5~800V (고전압 배터리 전압값 범위 내에서 주기적으로 측정됨 : BMU 절연 센싱 작동 시 측정됨)
고장 : 약 5V 이하 유지 (메인 릴레이 (+) 작동 불가)

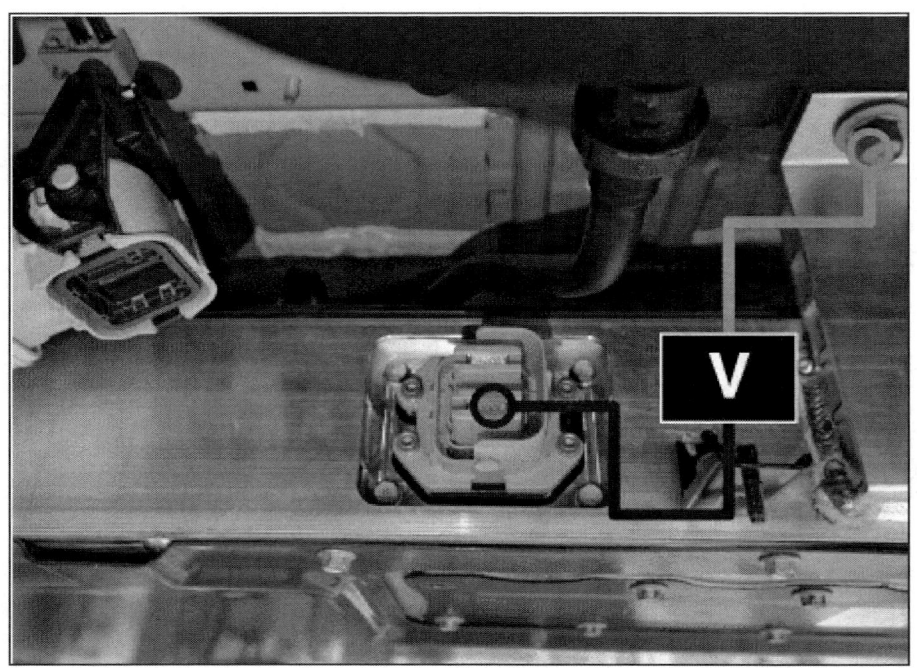

유 의

- **정상** : 점검 완료
- **고장** : 파워 릴레이 어셈블리(PRA)를 교환한다.
  (고전압 배터리 시스템 - "파워 릴레이 어셈블리 (PRA)" 참조)

탈거 및 장착

> **⚠ 경 고**
>
> - 고전압 시스템 관련 작업 시, 반드시 "안전 및 주의사항" 내용을 숙지하고 준수해야 한다. 미준수 시, 감전 또는 누전 등으로 인한 심각한 사고를 초래할 수 있다.
> - 고전압 시스템 관련 작업 시, "고전압 차단절차"에 따라 반드시 고전압을 먼저 차단해야 한다. 미준수 시, 감전 또는 누전 등으로 인한 심각한 사고를 초래할 수 있다.

> **유 의**
>
> - 고전압 버스바 체결용 록타이트 볼트는 신품으로 교체한다.
> - PRA와 고전압 커넥터에 장착된 버스바 탈거 시, 수공구를 사용하여 1.4kgf.m 이하로 푼다.

1. 고전압 차단 절차를 수행한다.
   (배터리 제어 시스템 - "고전압 차단 절차" 참조)
2. 고전압 배터리 시스템 어셈블리(BSA)를 탈거한다.
   (고전압 배터리 시스템 - "배터리 시스템 어셈블리 (BSA)" 참조)
3. 고전압 배터리 시스템 어셈블리(BSA) 상부 케이스를 탈거한다.
   (고전압 배터리 시스템 - "케이스" 참조)
4. 퓨즈 박스 커버(A)를 연다.

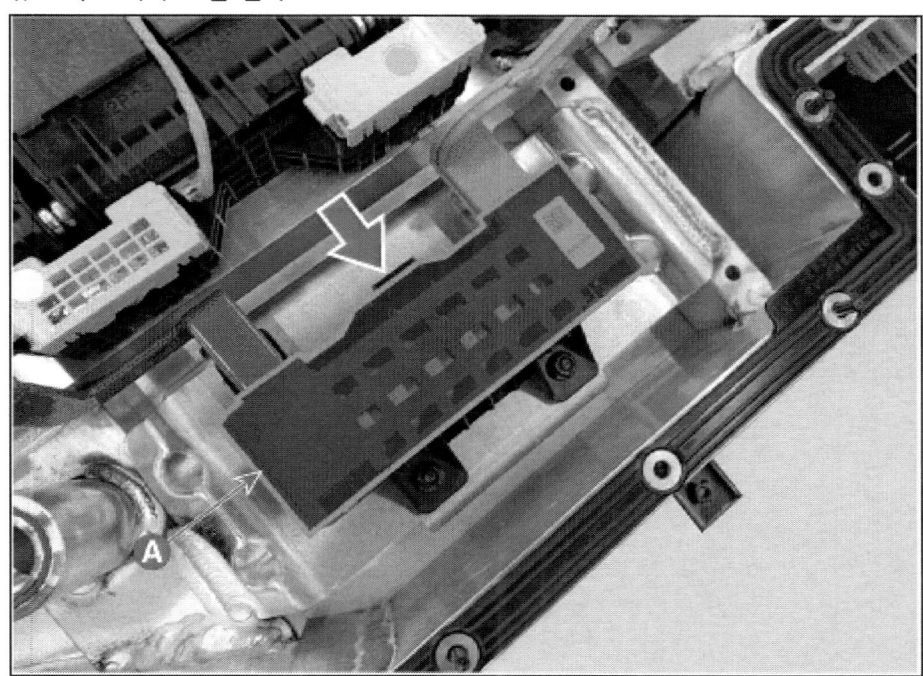

5. 고전압 배터리 버스바(A)를 탈거한다.

   체결 토크 : 0.8 ~ 1.2 kgf.m

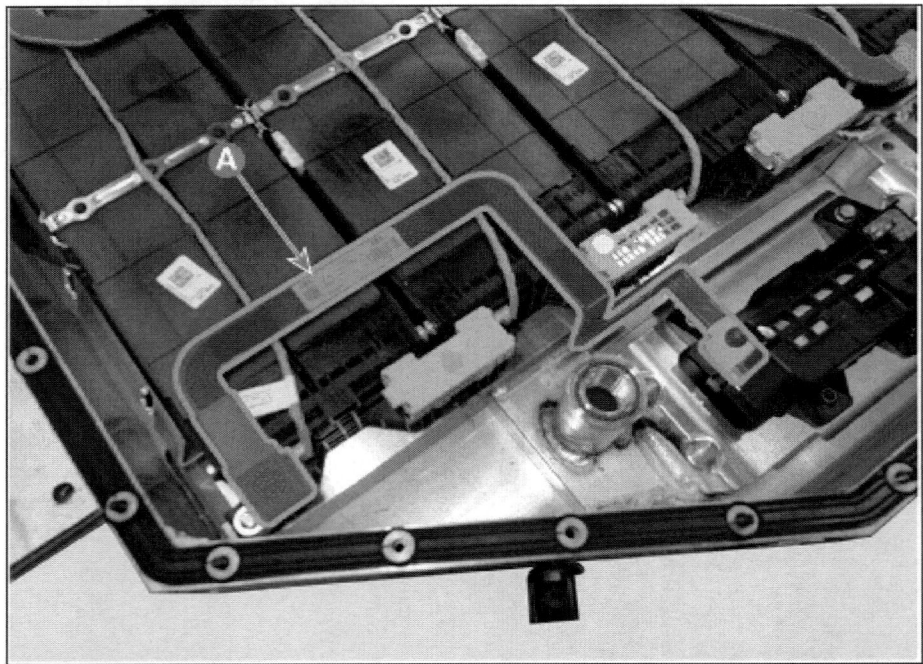

6. 메인 퓨즈 어셈블리를 탈거한다.

   체결 토크 : 0.8 ~ 1.2 kgf.m

7. 버스바(A)를 탈거한다.

   체결 토크 : 0.8 ~ 1.2 kgf.m

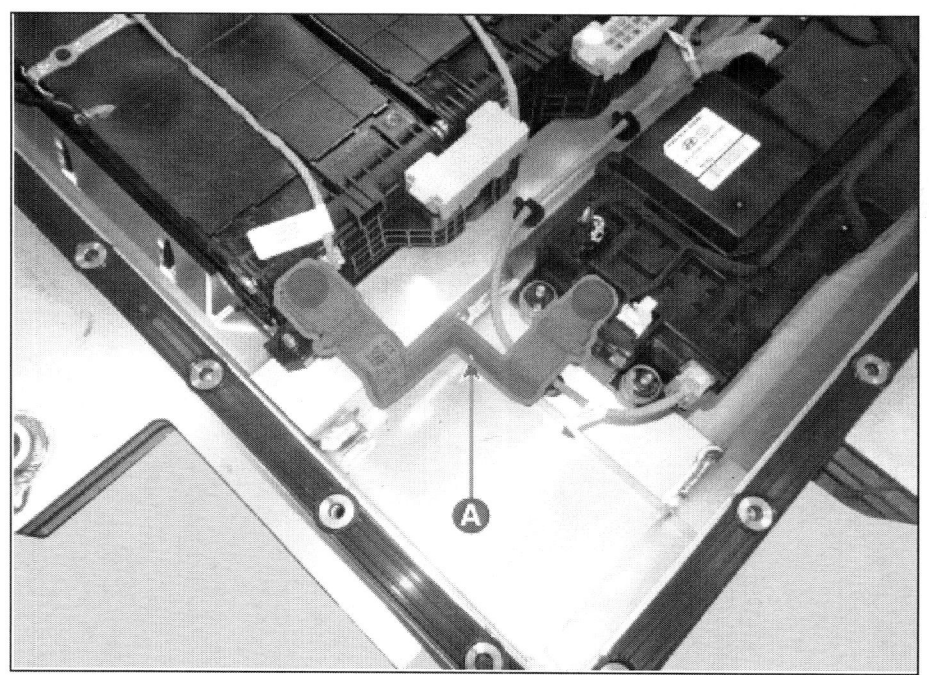

8. 볼트 및 너트를 풀어 버스바(A)를 탈거한다.

   체결 토크 : 0.8 ~ 1.2 kgf.m

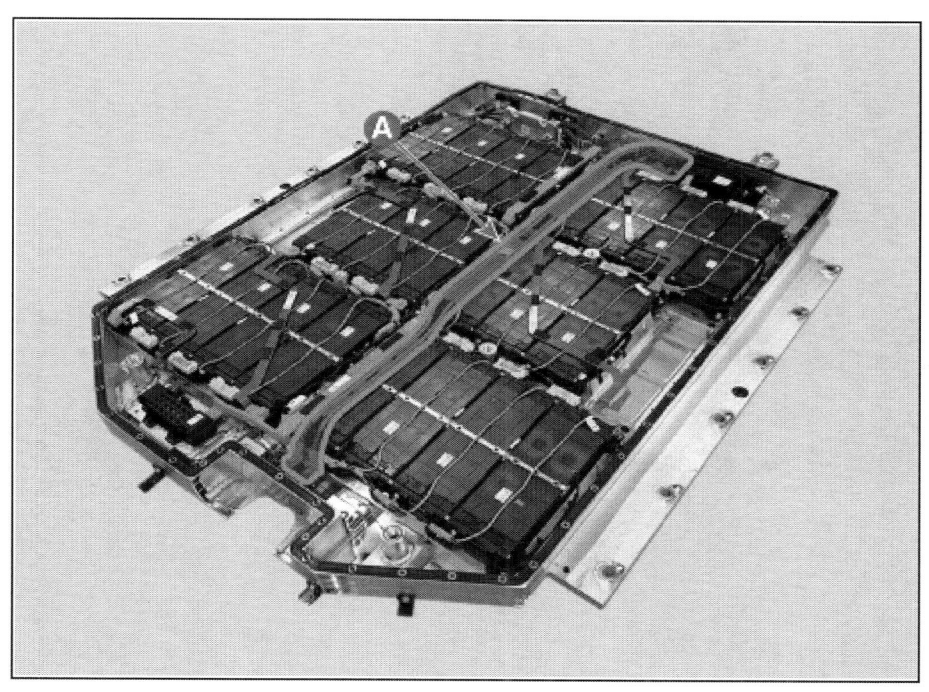

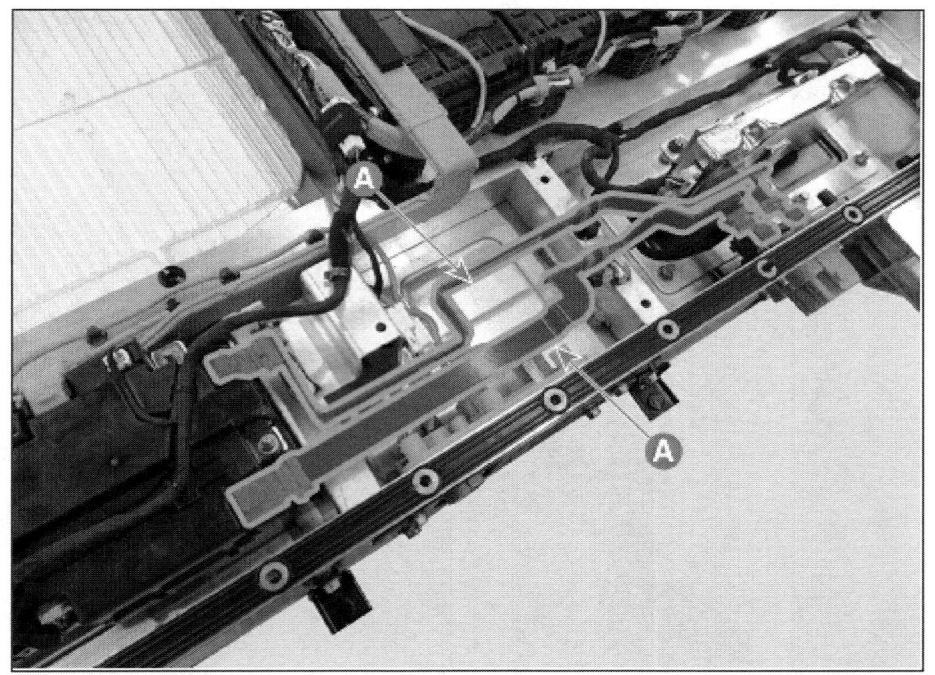

9. 너트를 풀어 ICCU (-) 케이블(A)을 탈거한다.

   체결 토크 : 0.8 ~ 1.2 kgf.m

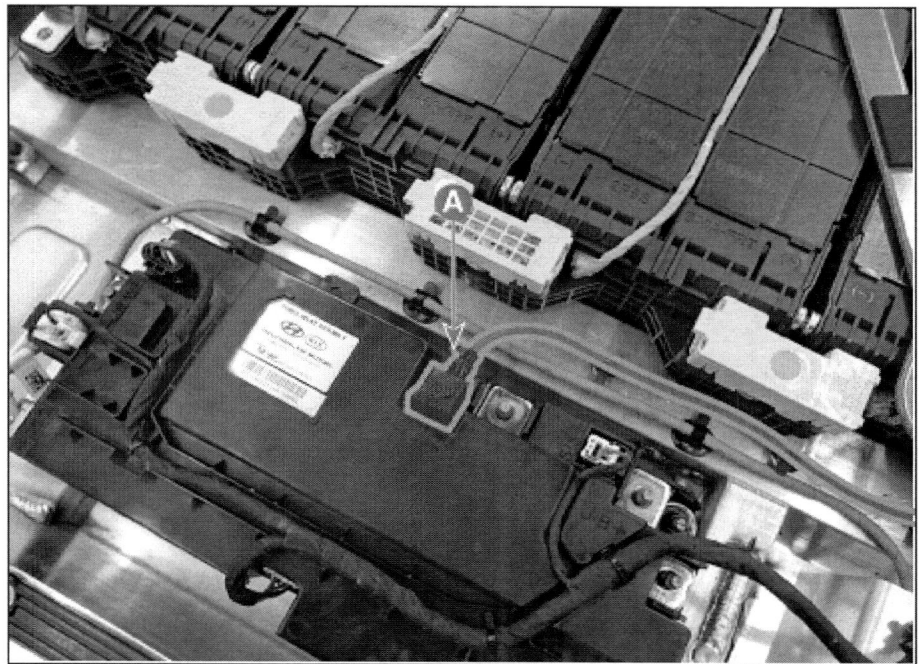

10. ICCU (+) 커넥터(A)를 분리한다.

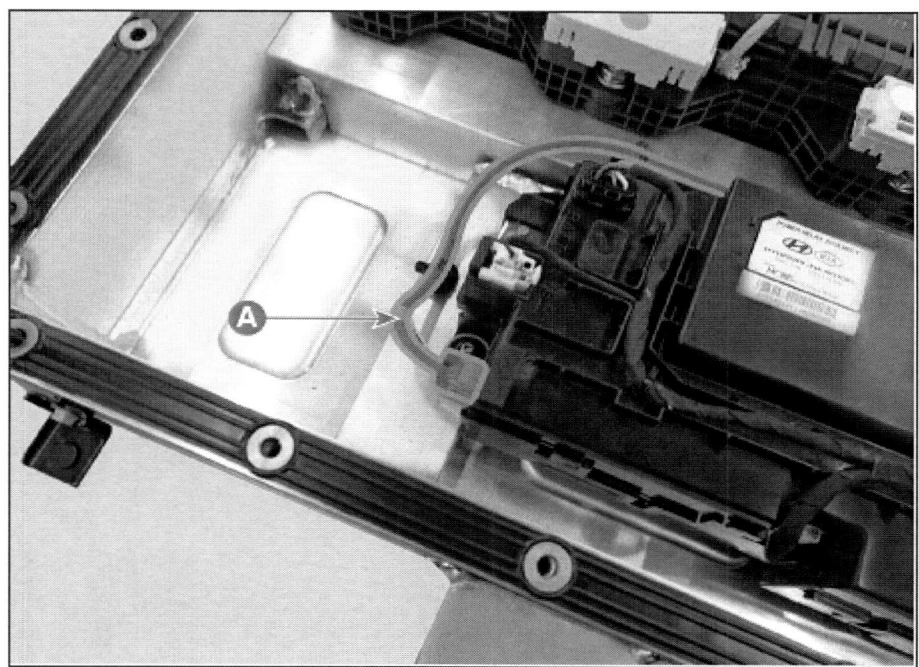

11. PRA 와이어링 커넥터(A)를 분리한다.

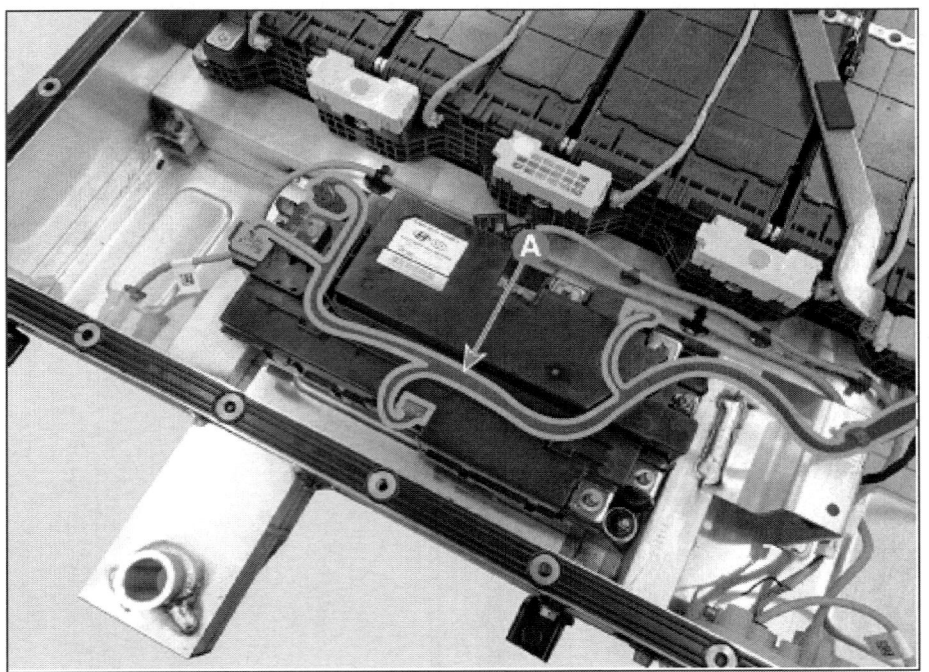

12. 너트를 풀어 PRA(A)를 탈거한다.

   체결 토크 : 0.8 ~ 1.2 kgf.m

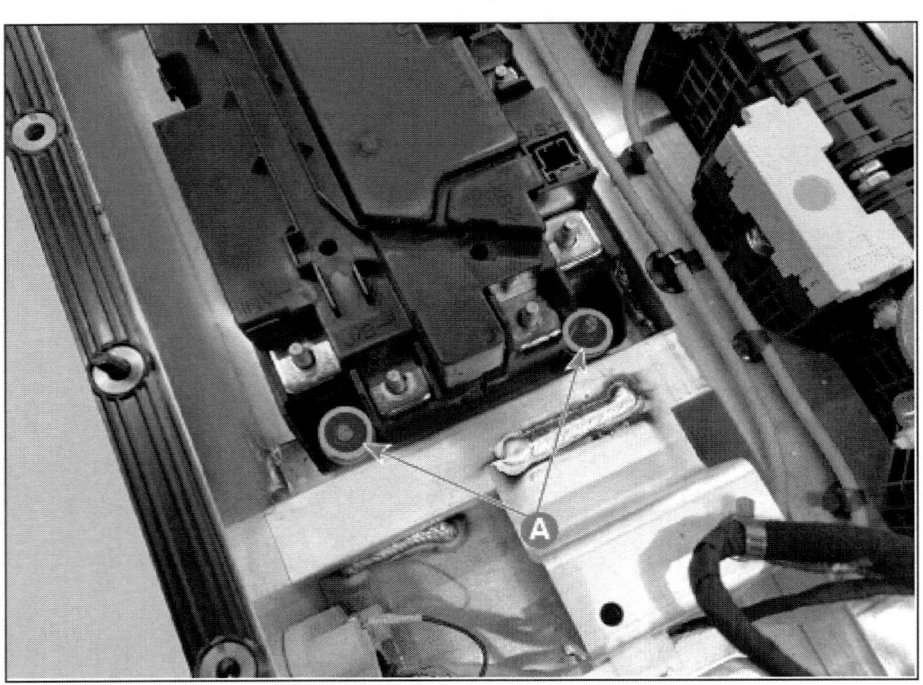

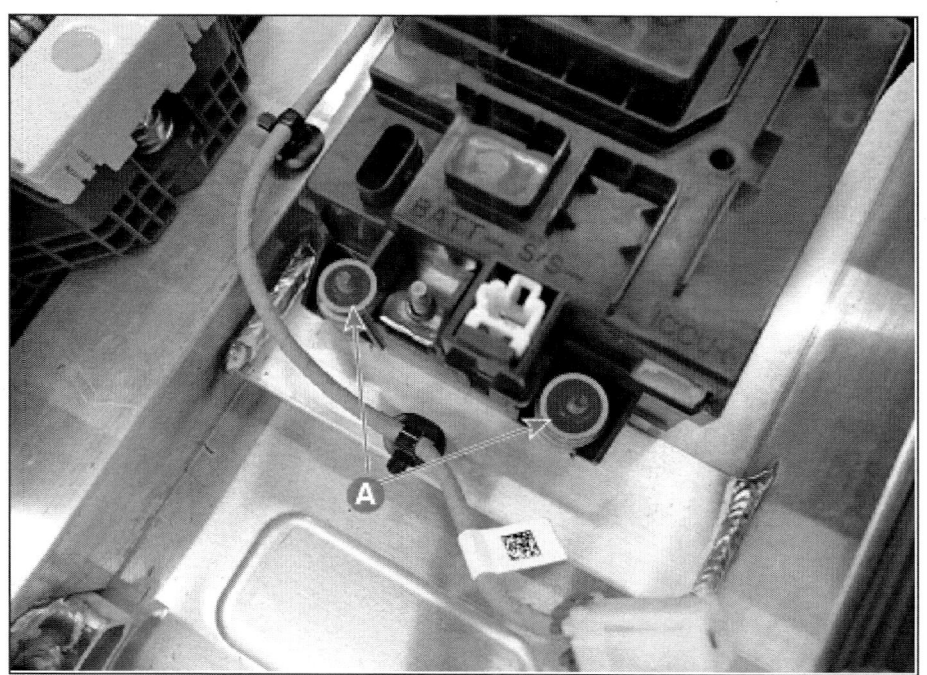

13. 장착은 탈거의 역순으로 진행한다.

2023 > 엔진 > 160kW > 배터리 제어 시스템 (일반형) > 고전압 배터리 컨트롤 시스템 > 메인 퓨즈 > 1 Page Guide Manual

메인 퓨즈 탈장착

PE 부품 절연 정상

작업		H/W	체결토크 (kgf.m)	SST/장비	케미컬	기타
• 탈거						
1	고전압 차단 절차 수행	-	-	진단 기기	-	매뉴얼 참고
2	리프트를 이용하여, 차량을 들어올린다.	-	-	-	-	-
3	메인 퓨즈 서비스 커버 탈거	볼트	[1단계 : 0.9] + [2단계 : 1.1]	-	-	매뉴얼 참고
4	메인 퓨즈 커버 탈거	스크류	0.10 ~ 0.15	-	-	-
5	메인 퓨즈 어셈블리 탈거	너트	1.6 ~ 1.7	-	-	-
• 장착						
탈거의 역순으로 진행						-
• 부가기능						
• 배터리 시스템 어셈블리 기밀 테스트 - 기밀 검사 장비와 진단 기기를 사용하여 배터리 시스템 어셈블리 기밀 테스트 수행						

PE 부품 절연 파괴

작업		H/W	체결토크 (kgf.m)	SST/장비	케미컬	기타
• 탈거						
1	고전압 차단 절차 수행	-	-	진단 기기	-	매뉴얼 참고
2	고전압 배터리 시스템 어셈블리 (BSA) 탈거 (고전압 배터리 시스템 - "배터리 시스템 어셈블리 (BSA)" 참조)	-	-	-	-	-
3	고전압 배터리 시스템 어셈블리 (BSA) 상부 케이스 탈거 (고전압 배터리 시스템 - "케이스" 참조)	-	-	-	-	-
4	메인 퓨즈 박스 커버 분리	-	-	-	-	-
5	버스바 탈거	볼트/너트	0.8 ~ 1.2	-	-	-
6	메인 퓨즈 어셈블리 탈거	너트	0.8 ~ 1.2	-	-	-
• 장착						
탈거의 역순으로 진행						-
• 부가기능						

- 냉각수 라인 기밀 테스트
  - 배터리 시스템 어셈블리 냉각수 라인 기밀 테스트 수행
- 배터리 시스템 어셈블리 기밀 테스트
  - 기밀 검사 장비와 진단 기기를 사용하여 배터리 시스템 어셈블리 기밀 테스트 수행
- 전동식 워터 펌프(EWP) 구동

- 진단 기기를 이용하여 전동식 워터 펌프(EWP) 구동

개요

메인 퓨즈는 배터리 시스템 내부에 장착되어 있으며, 고전압 배터리 및 고전압 회로를 과전류로부터 보호하는 기능을 한다.

서비스 정보

메인 퓨즈

▷ 제원

항목	제원
정격 전압 (V)	850 (DC)
정격 전류 (A)	500
저항(Ω)	1.0 이하 (20°C)

서비스 정보

메인 퓨즈

▷ 제원

점검

> **⚠ 경 고**
> - 고전압 시스템 관련 작업 시, 반드시 "안전사항 및 주의, 경고" 내용을 숙지하고 준수해야 한다. 미준수시, 감전 또는 누전 등으로 인한 심각한 사고를 초래할수 있다.
> - 고전압 시스템 관련 작업 시, "고전압 차단절차"에 따라 반드시 고전압을 먼저 차단해야 한다. 미준수 시, 감전 또는 누전 등으로 인한 심각한 사고를 초래할 수있다.

1. 메인 퓨즈를 탈거한다.
   (메인 퓨즈 - "탈거 및 장착" 참조)
2. 메인 퓨즈의 저항을 측정한다.

   규정값 : 1Ω 이하 (20°C)

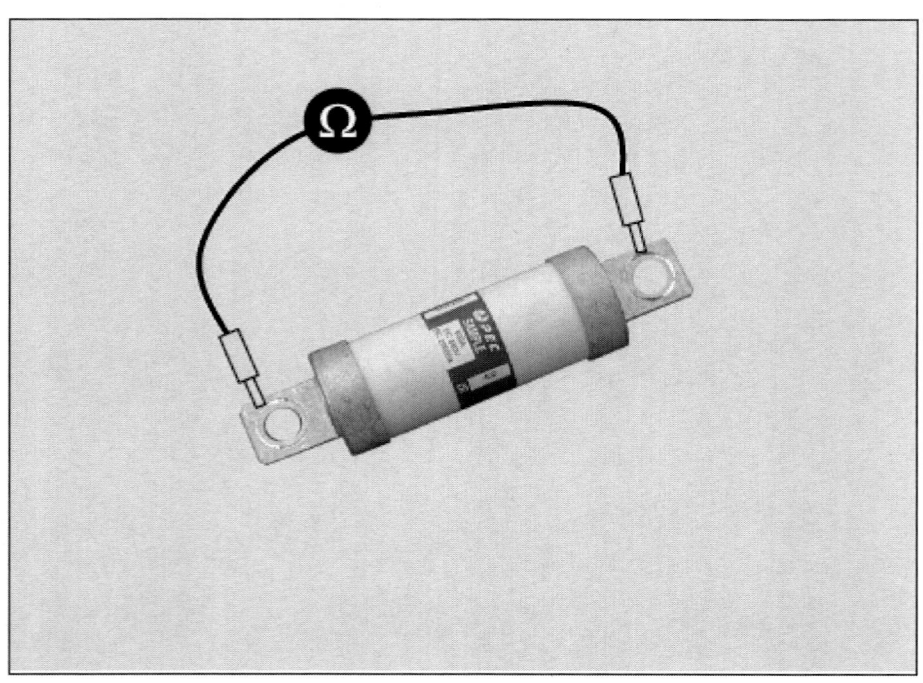

3. 측정된 저항이 규정값 내에 있지 않으면 메인 퓨즈를 교체한다.

2023 > 엔진 > 160kW > 배터리 제어 시스템 (일반형) > 고전압 배터리 컨트롤 시스템 > 메인 퓨즈 > 탈거 및 장착

탈거 및 장착

> ⚠️ **경 고**
>
> - 고전압 시스템 관련 작업 시, 반드시 "안전 및 주의사항" 내용을 숙지하고 준수해야 한다. 미준수 시, 감전 또는 누전 등으로 인한 심각한 사고를 초래할 수 있다.
> - 고전압 시스템 관련 작업 시, "고전압 차단절차"에 따라 반드시 고전압을 먼저 차단해야 한다. 미준수 시, 감전 또는 누전 등으로 인한 심각한 사고를 초래할 수 있다.

> ⚠️ **경 고**
>
> - PE 부품 절연파괴 또는 단락 발생 가능 고장코드 발생시 배터리 시스템 어셈블리 상부 케이스 탈거 후 퓨즈를 점검한다.
> - 메인퓨즈 서비스 커버 정비 금지 고장코드
>   ("DTC 진단 가이드" 참조)

PE 부품 절연 정상

1. 고전압 차단 절차를 수행한다.
   (배터리 제어 시스템 - "고전압 차단 절차" 참조)
2. 리프트를 이용하여, 차량을 들어올린다.
3. 볼트를 풀어 메인 퓨즈 서비스 커버(A)를 탈거한다

   체결 토크 :
   1단계 : 0.9 kgf.m
   2단계 : 1.1 kgf.m

> **유 의**
>
> - 서비스 커버는 재사용하지 않는다.
> - 서비스 커버를 장착하기 전에 서비스 커버 주위에 실런트를 도포한다.
> - 록타이트를 도포한 후 즉시 서비스 커버를 장착한다.

- 서비스 커버 장착 전, 배터리 시스템 어셈블리와 서비스 커버에 이물질, 먼지, 오일, 수분 등을 깨끗이 제거한다.
- 고전압 배터리 시스템 어셈블리에 연결된 고전압 커넥터를 모두 분리한다.

4. 스크류를 풀어 메인 퓨즈 커버(A)를 탈거한다.

체결 토크 : 0.10 ~ 0.15 kgf.m

5. 너트를 풀어 메인 퓨즈 어셈블리(A)를 탈거한다.

체결 토크 : 1.6 ~ 1.7 kgf.m

6. 장착은 탈거의 역순으로 진행한다.
7. 배터리 시스템 어셈블리 기밀 테스트를 수행한다.
   (고전압 배터리 시스템 - "기밀 점검" 참조)

PE 부품 절연 파괴

1. 고전압 차단 절차를 수행한다.
   (배터리 제어 시스템 - "고전압 차단 절차" 참조)
2. 고전압 배터리 시스템 어셈블리(BSA)를 탈거한다.
   (고전압 배터리 시스템 - "배터리 시스템 어셈블리 (BSA)" 참조)
3. 고전압 배터리 시스템 어셈블리(BSA) 상부 케이스를 탈거한다.
   (고전압 배터리 시스템 - "케이스" 참조)
4. 퓨즈 박스 커버(A)를 연다.

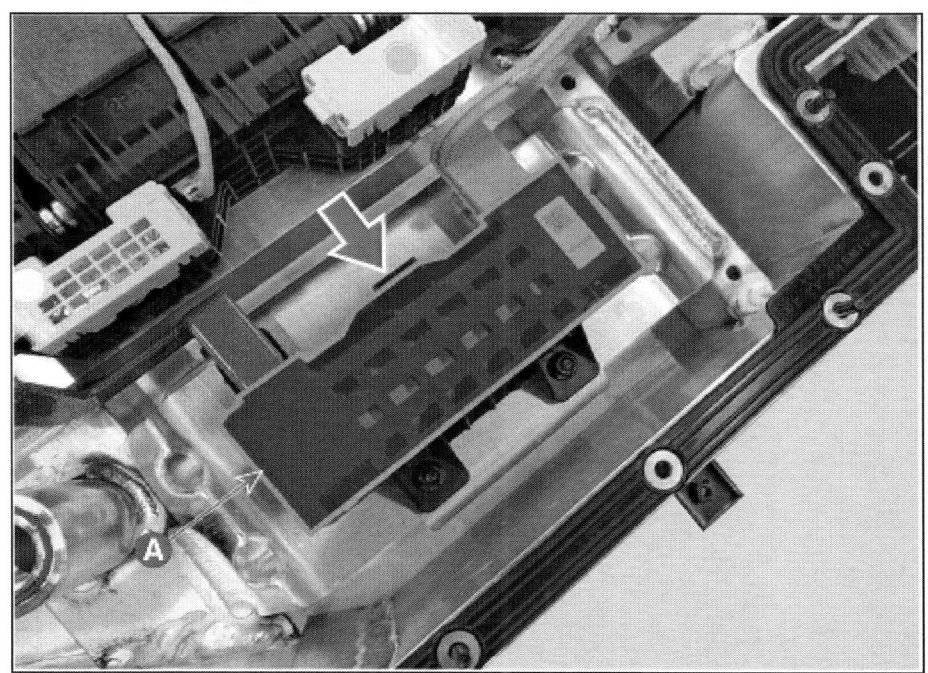

5. 고전압 배터리 버스바(A)를 탈거한다.

   체결 토크 : 0.8 ~ 1.2 kgf.m

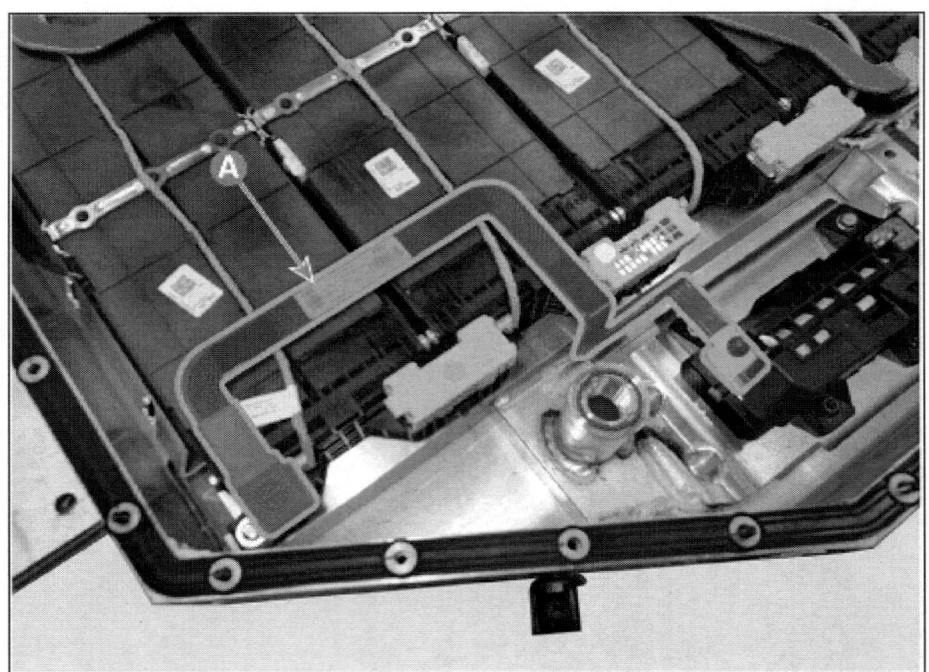

6. 메인 퓨즈 어셈블리를 탈거한다.

   체결 토크 : 0.8 ~ 1.2 kgf.m

7. 장착은 탈거의 역순으로 진행한다.
8. 배터리 시스템 어셈블리 기밀 테스트를 수행한다.
   (고전압 배터리 시스템 - "기밀 점검" 참조)

전압 & 온도 센싱 와이어링 / 배터리 모듈 하부 온도 센서 탈장착

전압 & 온도 센싱 와이어링

	작업	H/W	체결토크 (kgf.m)	SST/장비	케미컬	기타
• 탈거						
1	고전압 차단 절차 수행	-	-	진단 기기	-	매뉴얼 참고
2	고전압 배터리 시스템 어셈블리 (BSA) 탈거 (고전압 배터리 시스템 - "배터리 시스템 어셈블리 (BSA)" 참조)	-	-	-	-	-
3	고전압 배터리 시스템 어셈블리 (BSA) 상부 케이스 탈거 (고전압 배터리 시스템 - "케이스" 참조)	-	-	-	-	-
4	버스바 탈거	볼트/너트	0.8 ~ 1.2	-	-	-
5	배터리 모듈 온도 센서 커넥터 및 배터리 모듈 전압 센싱 와이어링 하네스 분리	-	-	-	-	-
6	분리 커넥터 분리	-	-	-	-	-
7	전압 센싱 와이어링 커넥터 분리	-	-	-	-	매뉴얼 참고
• 장착						
탈거의 역순으로 진행						-
• 부가기능						

• 냉각수 라인 기밀 테스트
  - 배터리 시스템 어셈블리 냉각수 라인 기밀 테스트 수행
• 배터리 시스템 어셈블리 기밀 테스트
  - 기밀 검사 장비와 진단 기기를 사용하여 배터리 시스템 어셈블리 기밀 테스트 수행
• 전동식 워터 펌프(EWP) 구동
  - 진단 기기를 이용하여 전동식 워터 펌프(EWP) 구동						

배터리 모듈 하부 온도 센서

	작업	H/W	체결토크 (kgf.m)	SST/장비	케미컬	기타
• 탈거						
1	고전압 차단 절차 수행	-	-	진단 기기	-	매뉴얼 참고
2	고전압 배터리 시스템 어셈블리 (BSA) 탈거 (고전압 배터리 시스템 - "배터리 시스템 어셈블리 (BSA)" 참조)	-	-	-	-	-
3	고전압 배터리 시스템 어셈블리 (BSA) 상부 케이스 탈거 (고전압 배터리 시스템 - "케이스" 참조)	-	-	-	-	-
4	배터리 모듈 어셈블리(#5 ~ #7) 탈거	-	-	-	-	-

	[배터리 모듈 하부 온도 센서 #13] (고전압 배터리 시스템 - "배터리 모듈 어셈블리 (BMA)" 참조)					
5	배터리 모듈 어셈블리(#19 ~ #22) 탈거 [배터리 모듈 하부 온도 센서 #13] (고전압 배터리 시스템 - "배터리 모듈 어셈블리 (BMA)" 참조)	-	-	-	-	-
6	배터리 모듈 하부 온도 센서 탈거	-	-	-	-	-

- **장착**

탈거의 역순으로 진행	-

- **부가기능**

- 냉각수 라인 기밀 테스트
  - 배터리 시스템 어셈블리 냉각수 라인 기밀 테스트 수행
- 배터리 시스템 어셈블리 기밀 테스트
  - 기밀 검사 장비와 진단 기기를 사용하여 배터리 시스템 어셈블리 기밀 테스트 수행
- 전동식 워터 펌프(EWP) 구동
  - 진단 기기를 이용하여 전동식 워터 펌프(EWP) 구동

서비스 정보

전압 & 온도 센싱 와이어링 하네스
▷ 제원

온도 (°C)	저항값 (kΩ)	편차 (%)
-40	214.8	-0.7 ~ 0.7
-30	122	-0.7 ~ 0.7
-20	72.04	-0.6 ~ 0.6
-10	44.09	-0.6 ~ 0.6
0	27.86	-0.5 ~ 0.5
10	18.13	-0.4 ~ 0.4
20	12.12	-0.4 ~ 0.4
30	8.3	-0.4 ~ 0.4
40	5.81	-0.5 ~ 0.5
50	4.14	-0.6 ~ 0.6
60	3.01	-0.8 ~ 0.8
70	2.23	-0.9 ~ 0.9

2023 > 엔진 > 160kW > 배터리 제어 시스템 (일반형) > 고전압 배터리 컨트롤 시스템 > 전압 & 온도 센싱 와이어링 > 구성부품 및 부품위치

부품위치

온도 센서 번호

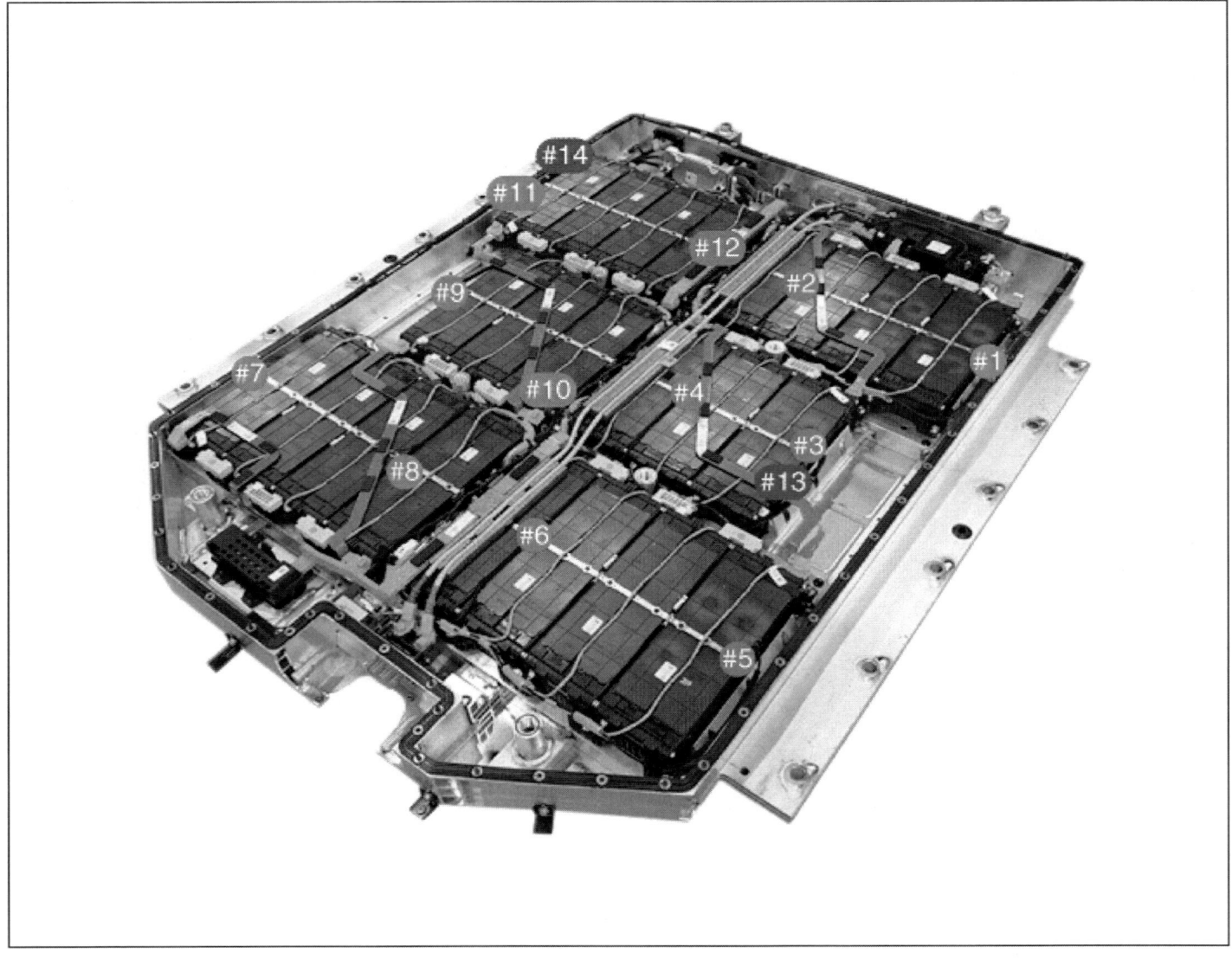

> [i] 참 고
>
> - 빨간색 : 배터리 모듈 온도 센서
> - 파란색 : 배터리 모듈 하부 온도 센서

점검

[전압 센싱 와이어링]

1. 고전압 배터리 시스템 어셈블리(BSA)를 탈거한다.
   (고전압 배터리 시스템 - "배터리 시스템 어셈블리 (BSA)" 참조)
2. 전압 & 온도 센싱 와이어링 하네스를 탈거한다.
   (고전압 배터리 컨트롤 시스템 - "전압 & 온도 센싱 와이어링" 참조)
3. 전압 센싱 와이어링 통전 상태를 확인한다.

규정값 : 1Ω 이하 (20°C)

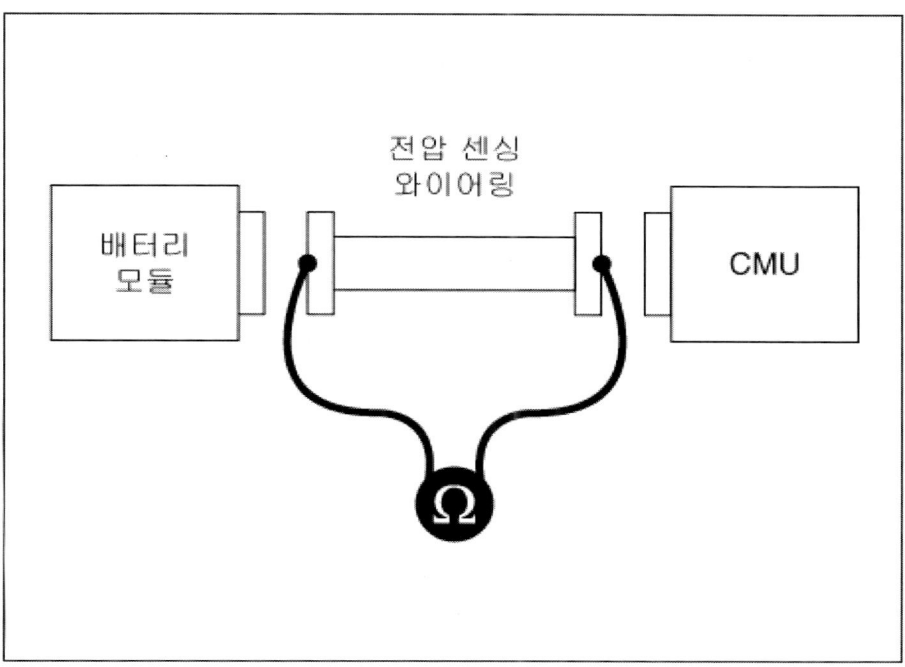

4. CMU를 하부케이스에 장착한다.
5. 전압 & 온도 센싱 와이어링을 CMU에 연결한다.
6. 접지 단락 점검은 전압 센싱 와이어링과 하부 케이스와의 절연저항을 측정한다.

규정값 : 1MΩ 이상 (20°C)

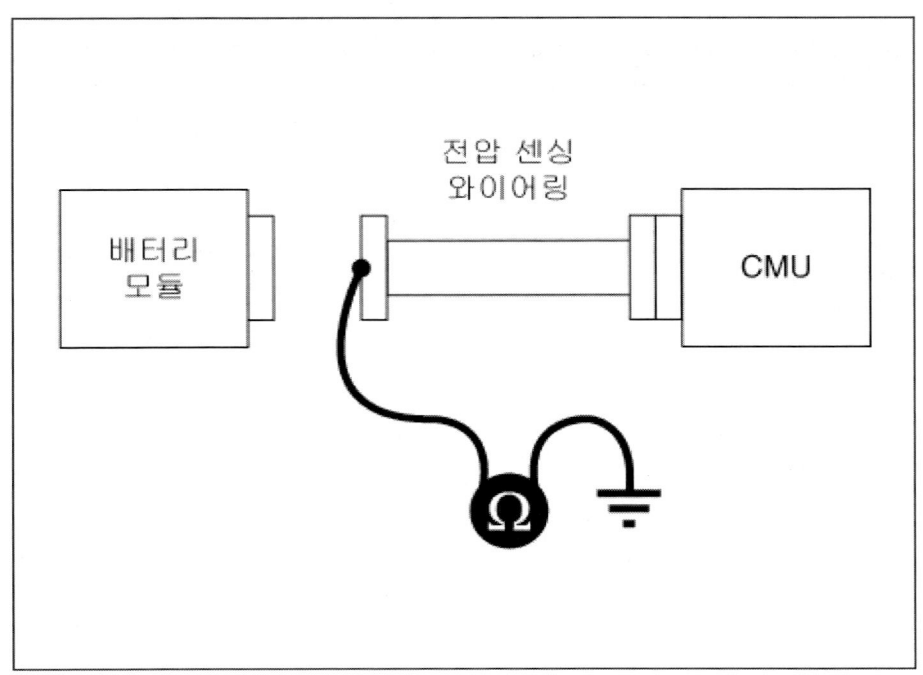

[온도 센싱 와이어링]

1. 진단 기기를 자기 진단 커넥터(DLC)에 연결한다.
2. IG 스위치를 ON 한다.
3. 진단 기기를 사용하여 서비스 데이터의 "배터리 모듈 온도"를 점검한다.

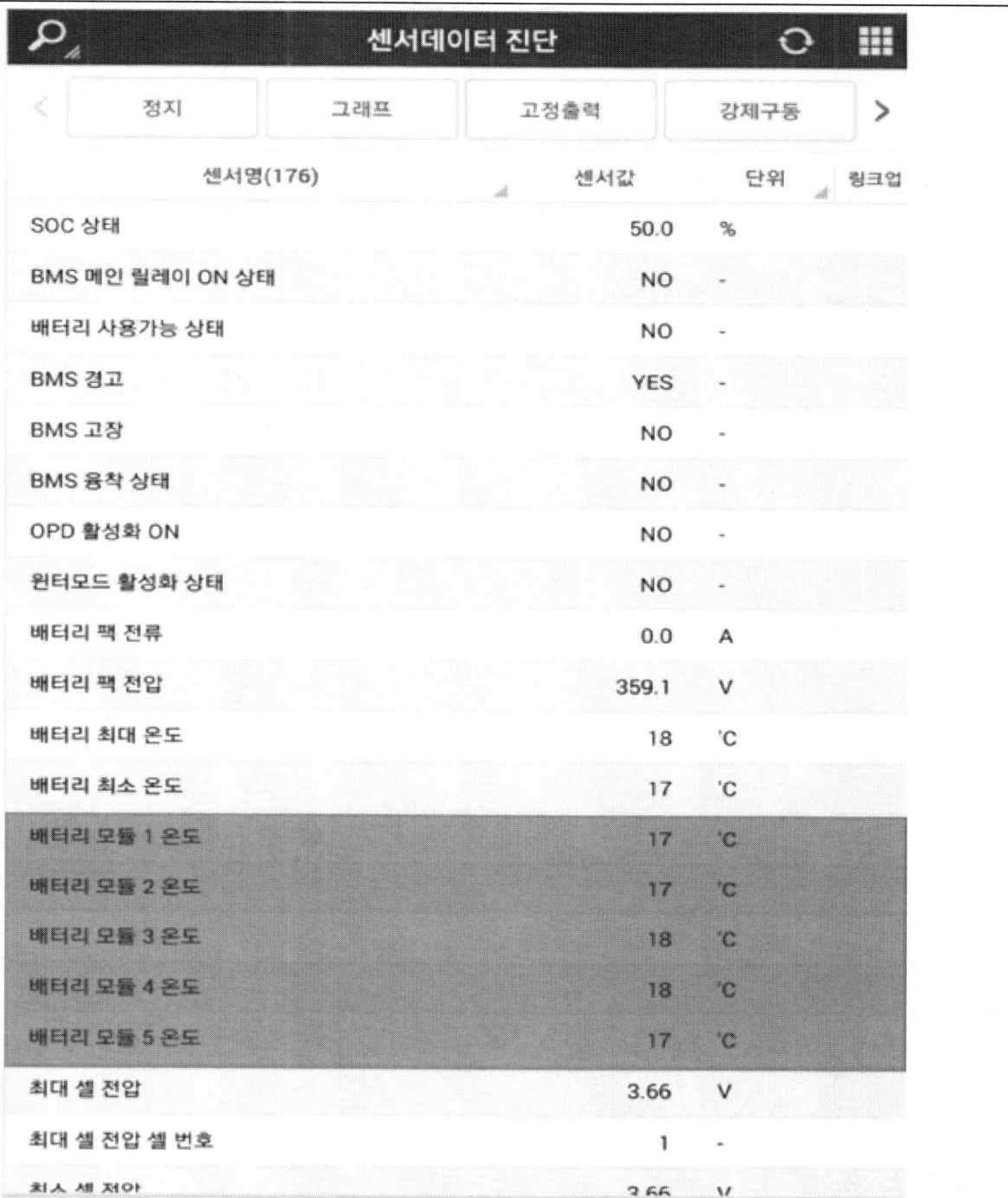

탈거 및 장착

> **⚠ 경 고**
> - 고전압 시스템 관련 작업 시, 반드시 "안전 및 주의사항" 내용을 숙지하고 준수해야 한다. 미준수 시, 감전 또는 누전 등으로 인한 심각한 사고를 초래할 수 있다.
> - 고전압 시스템 관련 작업 시, "고전압 차단절차"에 따라 반드시 고전압을 먼저 차단해야 한다. 미준수 시, 감전 또는 누전 등으로 인한 심각한 사고를 초래할 수 있다.

> **유 의**
> - 고전압 버스바 체결용 록타이트 볼트는 신품으로 교체한다.
> - PRA와 고전압 커넥터에 장착된 버스바 탈거시, 수공구를 사용하여 1.4kgf.m 이하로 푼다.

> **ℹ 참 고**
> - 아래 탈거 절차는 배터리 모듈 어셈블리[#1 ~ #4]의 전압 & 온도 센싱 와이어링 탈거 절차이다. 다른 전압 & 온도 센싱 와이어링도 동일한 방법으로 탈거한다.
>   (서브 배터리 팩 어셈블리 (Sub-BPA) - "구성부품 및 부품위치" 참조)

1. 고전압 차단 절차를 수행한다.
   (배터리 제어 시스템 - "고전압 차단 절차" 참조)
2. 고전압 배터리 시스템 어셈블리(BSA)를 탈거한다.
   (고전압 배터리 시스템 - "배터리 시스템 어셈블리 (BSA)" 참조)
3. 고전압 배터리 시스템 어셈블리(BSA) 상부 케이스를 탈거한다.
   (고전압 배터리 시스템 - "케이스" 참조)
4. 퓨즈 박스 커버(A)를 연다.

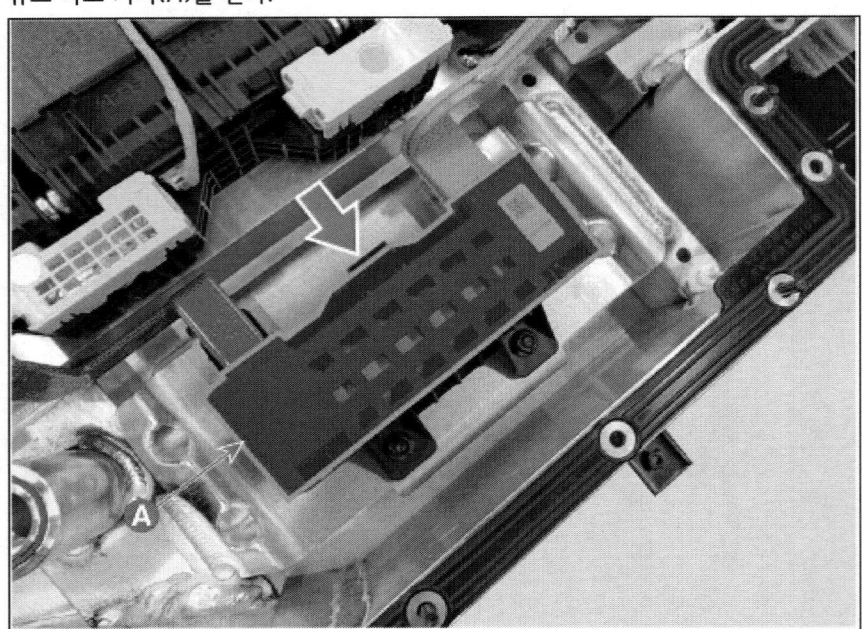

5. 고전압 배터리 버스바(A)를 탈거한다.

   체결 토크 : 0.8 ~ 1.2 kgf.m

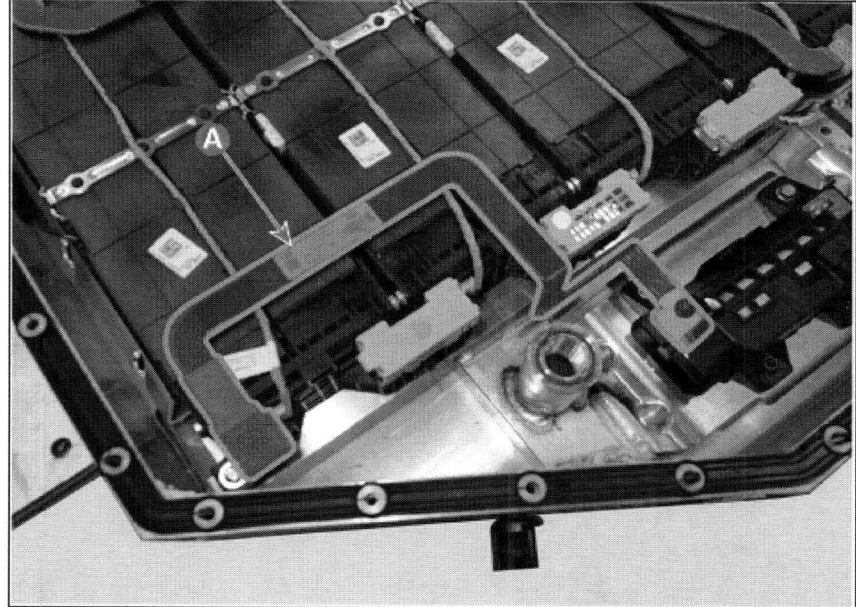

6. 메인 퓨즈 어셈블리를 탈거한다.

체결 토크 : 0.8 ~ 1.2 kgf.m

![img]
7. 버스바(A)를 탈거한다.

체결 토크 : 0.8 ~ 1.2 kgf.m

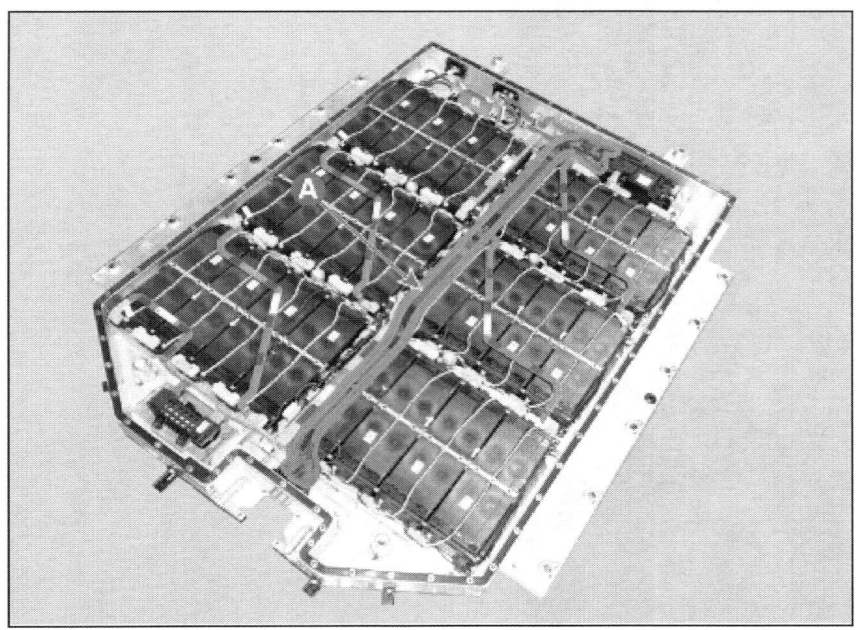

8. 볼트 및 너트를 풀어 버스바(A)를 탈거한다.

체결 토크 : 0.8 ~ 1.2 kgf.m

9. 배터리 모듈 온도 센서 커넥터(A)를 분리한다.
10. 배터리 모듈 전압 센싱 와이어링 하네스(B)를 분리한다.

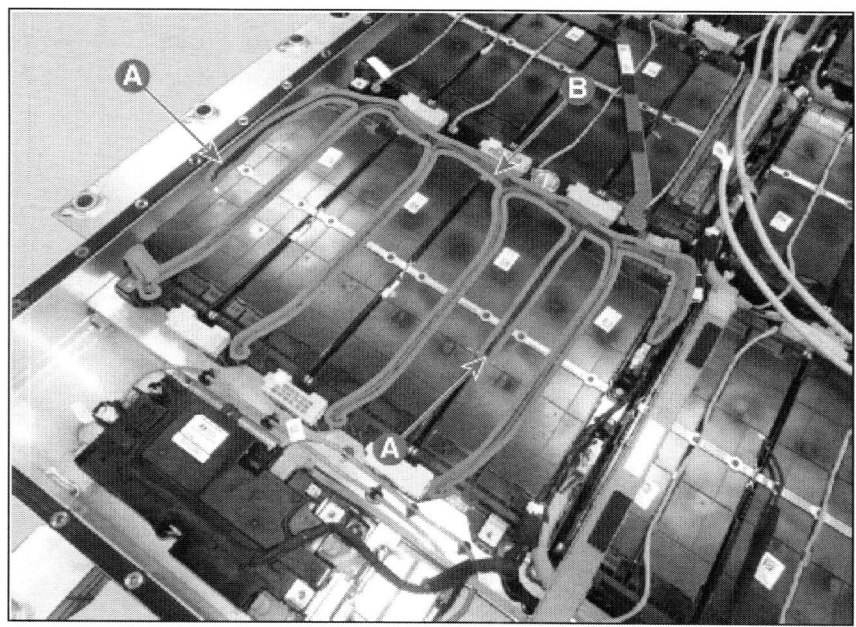

11. 분기 커넥터(A)를 분리한다.

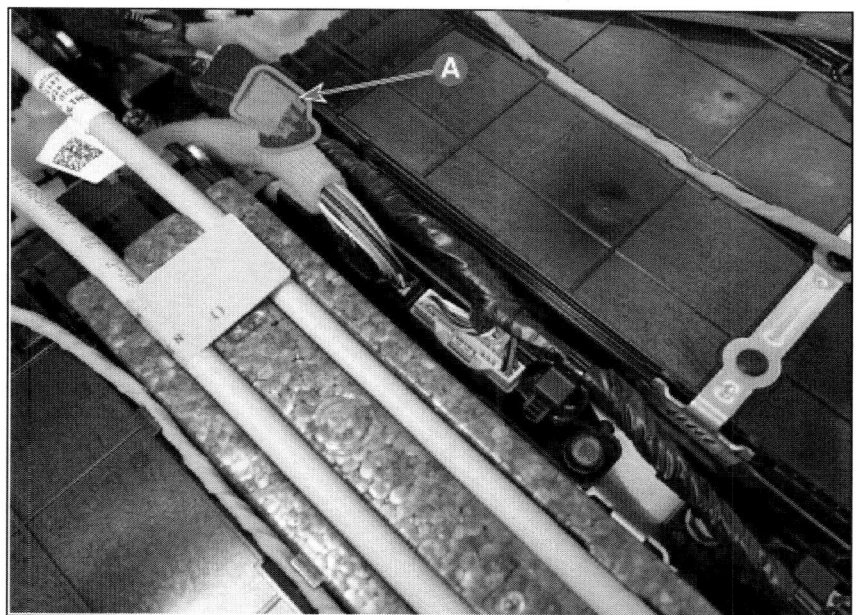

12. 전압 센싱 와이어링 커넥터(A)를 분리한다.

> **유 의**
>
> • 전압 센싱 와이어링 커넥터 탈거 전, 셀 모니터링 유닛 측 모든 전압 센싱 와이어링 커넥터(A)를 역순(6→5→4→3→2→1)으로 분리한다.

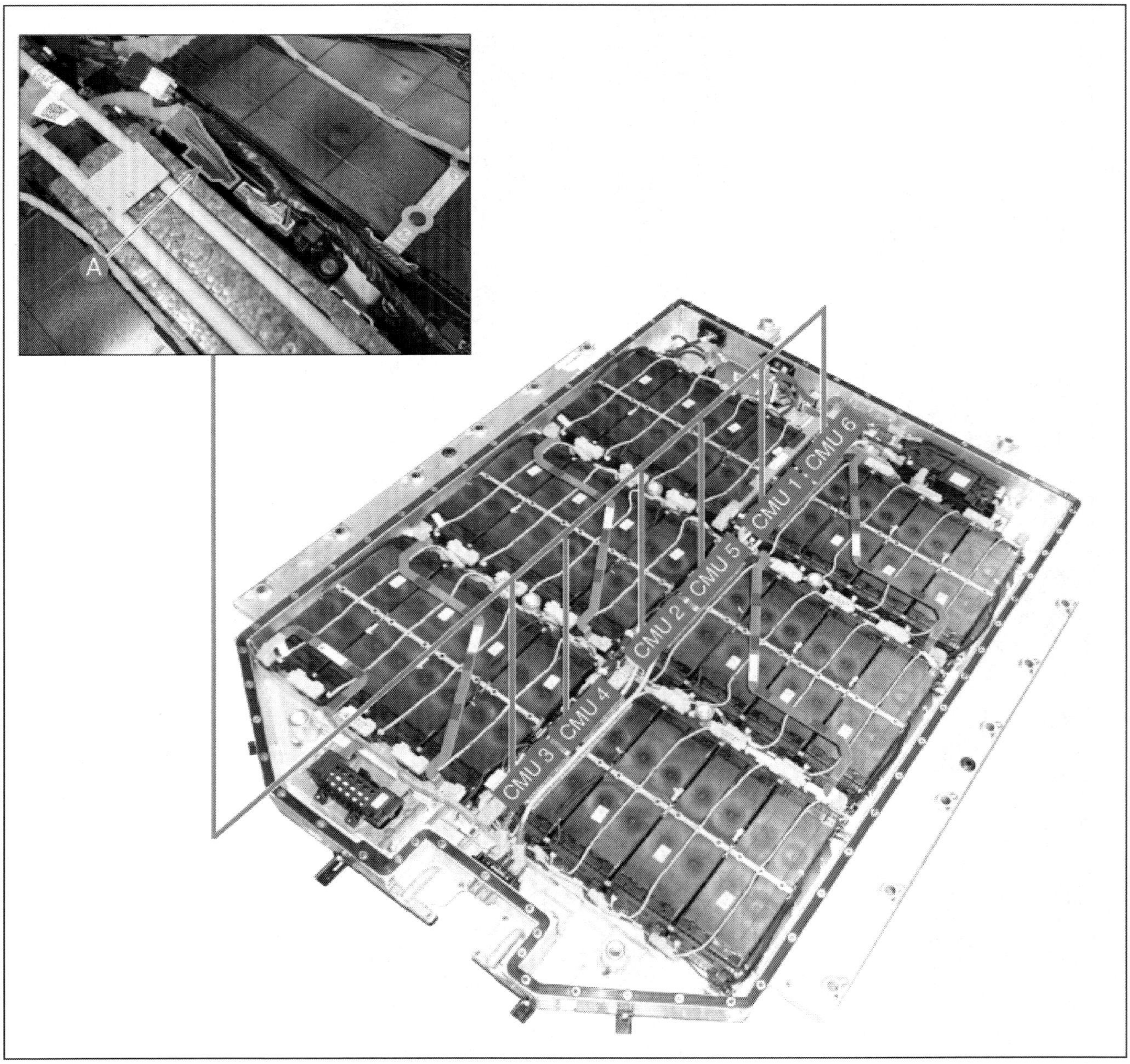

13. 장착은 탈거의 역순으로 진행한다.

배터리 모듈 하부 온도 센서

1. 배터리 모듈 어셈블리(#5 ~ #7)를 탈거한다. [배터리 모듈 하부 온도 센서 #13]

(고전압 배터리 시스템 - "배터리 모듈 어셈블리 (BMA)" 참조)
2. 배터리 모듈 어셈블리(#19 ~ #22)를 탈거한다. [배터리 모듈 하부 온도 센서 #13]
　(고전압 배터리 시스템 - "배터리 모듈 어셈블리 (BMA)" 참조)
3. 배터리 모듈 하부 온도 센서를 탈거한다.
　(1) 스티커(A)를 탈거한다.

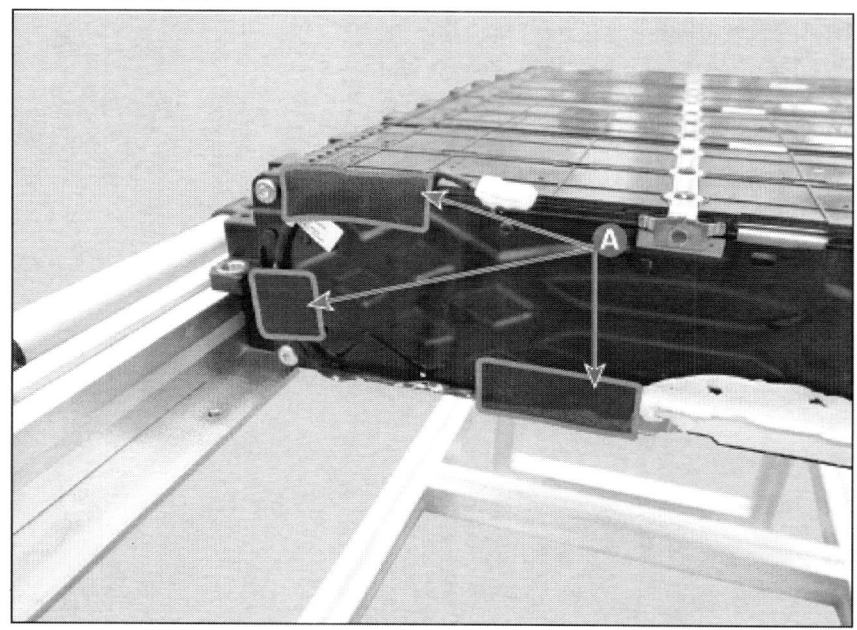

　(2) 온도센서(A)를 화살표 방향으로 탈거한다.

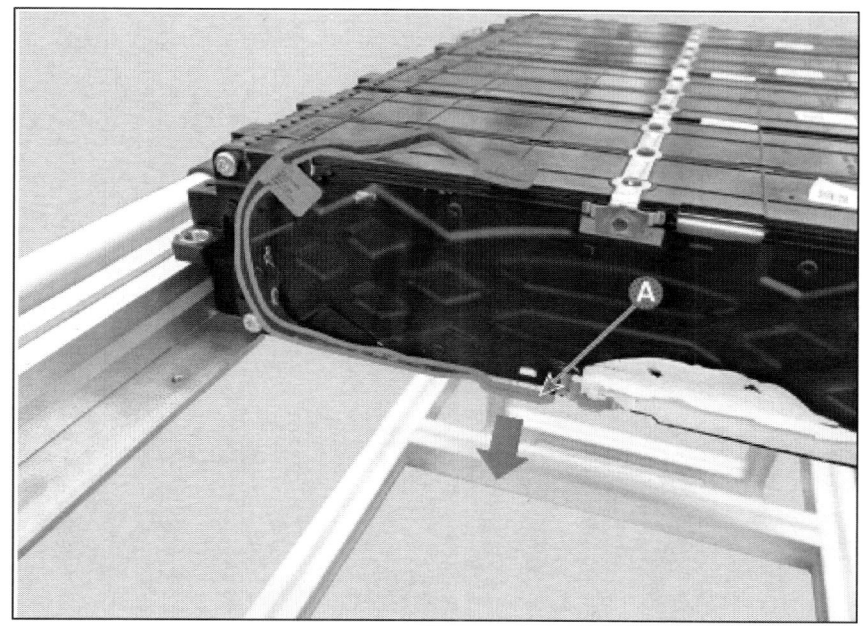

4. 장착은 탈거의 역순으로 진행한다.

개요

전기 자동차는 급속 충전과 완속 충전 두 가지 방식으로 충전이 가능하다.

충전 시에는 안전을 위해 차량 주행이 불가능하고 급속 충전과 완속 충전이 동시에 이뤄질 수 없다.

완속 충전 : ICCU(OBC+LDC)를 통해서 220V 교류 전압을 직류 전압으로 변환 후, DC 800V로 승압하여 고전압 배터리를 충전한다.

급속 충전 : EVSE에서 나온 직류 전압을 멀티 인버터를 통해 승압 또는 패싱하여 고전압 배터리를 충전한다. (승압 : 400V → 800V, 패싱 : 800V → 800V)

> **참 고**
>
> - EVSE(Electric Vehicle Supply Equipment) : 전기차 충전 장치

ICCU / ICCU 퓨즈 탈장착

ICCU

	작업	H/W	체결토크 (kgf.m)	SST/장비	케미컬	기타
• 탈거						
1	고전압 차단 절차 수행	-	-	진단 기기	-	매뉴얼 참고
2	모터 냉각수 배출 (모터 냉각 시스템 - "냉각수" 참조)	-	-	-	-	-
3	리어 시트 쿠션 어셈블리 탈거 (바디 (내장 / 외장 / 전장) - "리어 시트 쿠션 어셈블리" 참조)	-	-	-	-	-
4	리어 휠 하우스 트림 탈거 (바디 (내장 / 외장 / 전장) - "리어 휠 하우스 트림" 참조)	-	-	-	-	-
5	V2L 신호 커넥터 및 V2L 익스텐션 커넥터 분리	-	-	-	-	-
6	상부 프레임 탈거	볼트/너트	2.0 ~ 3.0	-	-	-
7	ICCU AC 커넥터 분리	-	-	-	-	-
8	LDC 접지 탈거	볼트	1.1 ~ 1.4	-	-	-
9	ICCU DC 커넥터 및 ICCU 신호 커넥터 분리	-	-	-	-	-
10	LDC (+) 단자 탈거	볼트	0.7 ~ 1.0	-	-	-
11	냉각수 퀵-커넥터 분리	-	-	-	-	-
12	ICCU 탈거	볼트	2.0 ~ 3.0	-	-	-
13	ICCU 패드 탈거	-	-	-	-	-
14	압력 조정재 탈거	-	-	-	-	-
• 장착						
탈거의 역순으로 진행						-
• 부가기능						
• 배터리 시스템 어셈블리 기밀 테스트 - 기밀 검사 장비와 진단 기기를 사용하여 배터리 시스템 어셈블리 기밀 테스트 수행						

ICCU 퓨즈

	작업	H/W	체결토크 (kgf.m)	SST/장비	케미컬	기타
• 탈거						
1	고전압 차단 절차 수행	-	-	진단 기기	-	매뉴얼 참고
2	리어 언더 커버 탈거 (모터 및 감속기 시스템 - "리어 언더 커버" 참조)	-	-	-	-	-
3	ICCU 고전압 커넥터 분리	-	-	-	-	-
4	ICCU 고전압 커넥터 어셈블리 커버 탈	볼트	0.8 ~ 1.2			

	거					
5	ICCU 퓨즈 커버 탈거	−	−	−	−	−
6	ICCU 퓨즈 탈거	−	−	−	−	−

- **장착**

탈거의 역순으로 진행	−

개요

- 고전압 배터리 충전 및 보조 배터리(12 V) 충전 기능을 수행한다.
- 통합 충전 제어 유닛(ICCU)은 양방향 완속 충전기(OBC)와 저전압 직류 변환 장치(LDC)가 일체형으로 구성된 통합형 유닛이다.

1) OBC
   - 상용 전원인 AC 전압을 DC 전압으로 변환후 승압하여 고전압 배터리 전력을 공급한다.
   - 고전압 배터리 전력인 DC 전압을 AC 전압으로 변환후 감압하여 차량 내/외부로 전원(110 V / 220 V)을 제공한다. (V2L : Vehicle-to-Load)

2) LDC
   - 고전압 배터리의 전력(DC)을 보조 배터리(12 V)의 전력(DC)으로 변환시킨다. (고전압 → 저전압)

2023 > 엔진 > 160kW > 배터리 제어 시스템 (일반형) > 고전압 충전 시스템 > 통합 충전기 및 컨버터 유닛 (ICCU) > 서비스 정보

서비스 정보

통합 충전 컨트롤 유닛(ICCU) (OBC+LDC)

차량 탑재형 충전기(OBC)

▷ 제원

항목	제원
정격 전력 (kW)	11
입력 전압 (V)	AC 70 ~ 285
출력 전압 (V)	DC 360 ~ 826
냉각 방식	수냉식

저전압 DC/DC 컨버터(LDC)

▷ 제원

항목	제원
입력 전압 (V)	360 ~ 826
출력 전압 (V)	12.8 ~ 15.1
정격 전력 (kW)	2.1
냉각 방식	수냉식

탈거

> **⚠ 경 고**
>
> - 고전압 시스템 관련 작업 시, 반드시 "안전사항 및 주의, 경고" 내용을 숙지하고 준수해야 한다. 미준수시, 감전 또는 누전 등으로 인한 심각한 사고를 초래할수 있다.
> - 고전압 시스템 관련 작업 시, "고전압 차단절차"에 따라 반드시 고전압을 먼저 차단해야 한다. 미준수 시, 감전 또는 누전 등으로 인한 심각한 사고를 초래할 수있다.

[ICCU]

1. 고전압 차단 절차를 수행한다.
   (배터리 제어 시스템 - "고전압 차단 절차" 참조)
2. 모터 냉각수를 배출한다.
   (모터 냉각 시스템 - "냉각수" 참조)
3. 리어 시트 쿠션 어셈블리를 탈거한다.
   (바디 (내장 / 외장 / 전장) - "리어 시트 쿠션 어셈블리" 참조)
4. 리어 휠 하우스 트림을 탈거한다.
   (바디 (내장 / 외장 / 전장) - "리어 휠 하우스 트림" 참조)
5. V2L 신호 커넥터(A)를 탈거한다.
6. V2L 익스텐션 커넥터(B)를 탈거한다.

7. 볼트 및 너트를 풀어 상부 프레임(A)을 탈거한다.

체결 토크 : 2.0 ~ 3.0 kgf.m

8. ICCU AC 커넥터(A)를 분리한다.

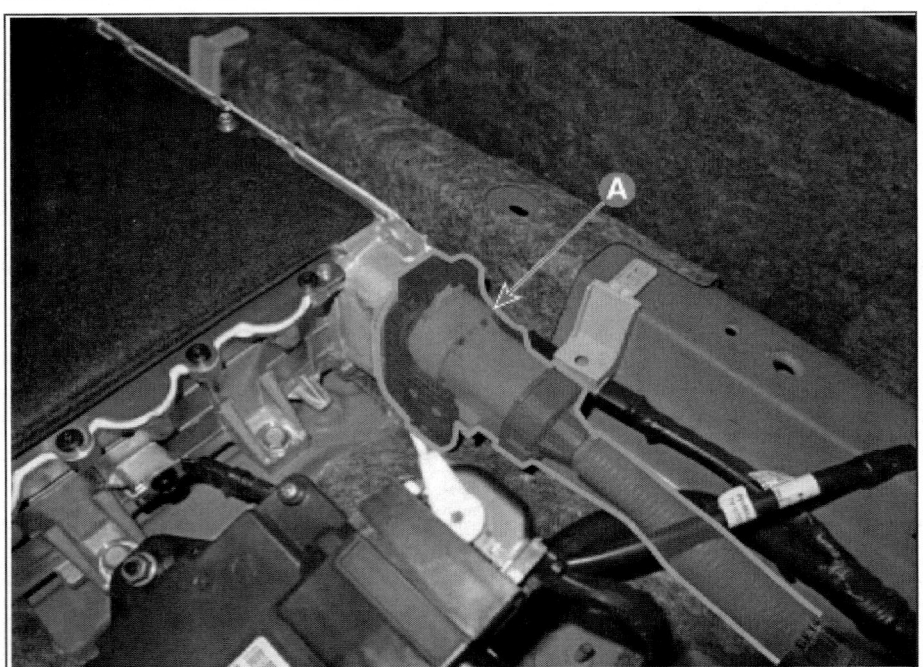

9. 볼트를 풀어 LDC 접지(A)를 탈거한다.

체결 토크 : 1.1 ~ 1.4 kgf.m

10. ICCU DC 커넥터(A)를 분리한다.
11. ICCU 신호 커넥터(B)를 분리한다.

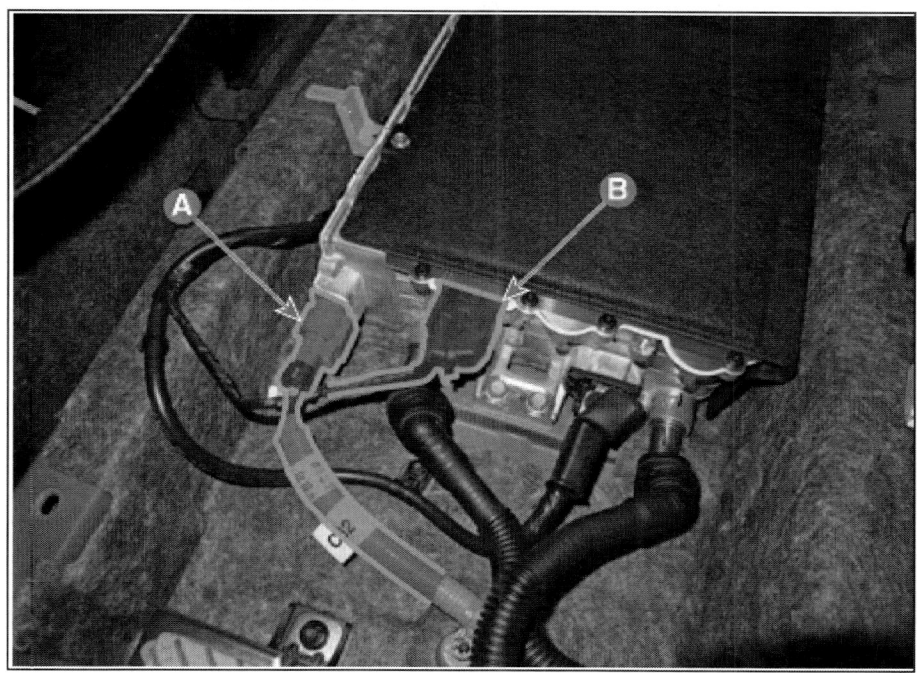

12. 볼트를 풀어 LDC 플러스(A)를 탈거한다.

체결 토크 : 0.7 ~ 1.0 kgf.m

13. 냉각수 퀵-커넥터(A)를 분리한다.

14. 볼트를 풀어 ICCU(A)를 탈거한다.

체결 토크 : 2.0 ~ 3.0 kgf.m

15. ICCU 패드(A)를 탈거한다.

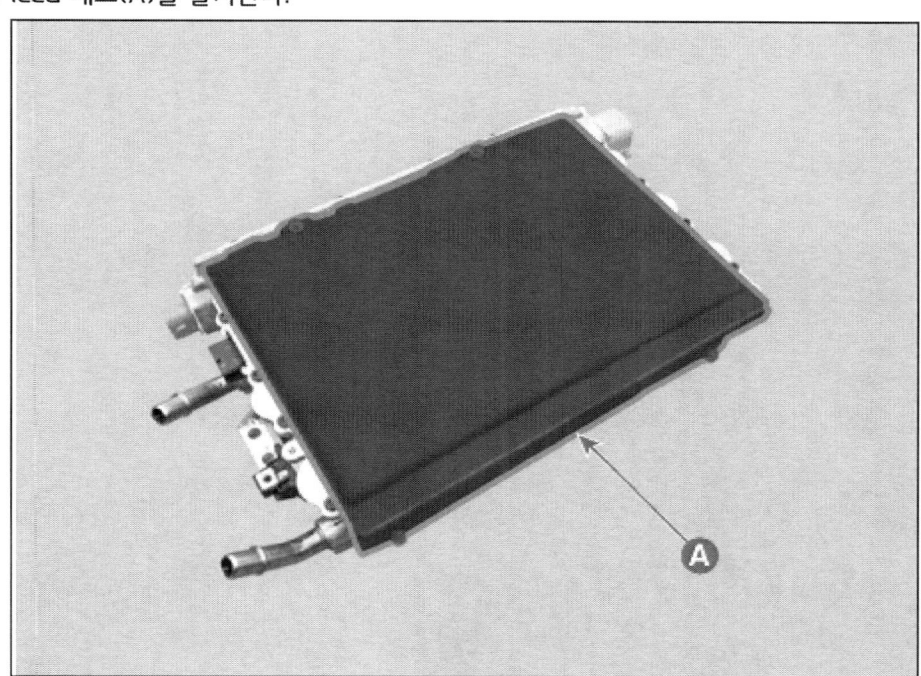

16. 압력 조정재(A)를 탈거한다.

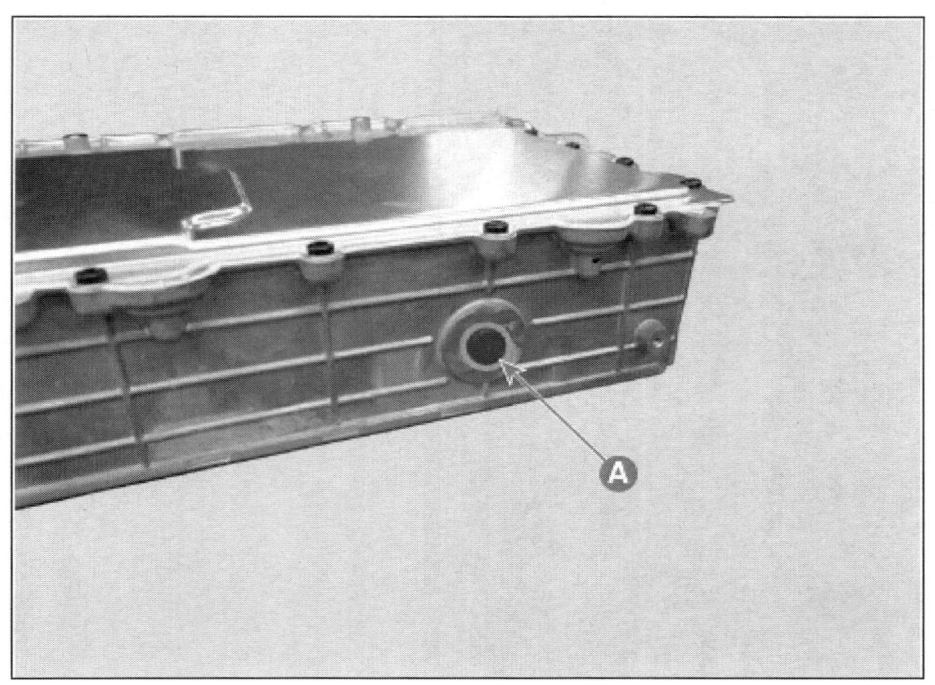

[ICCU 퓨즈]

1. 고전압 차단 절차를 수행한다.
   (배터리 제어 시스템 - "고전압 차단 절차" 참조)
2. 리어 언더 커버를 탈거한다.
   (모터 및 감속기 시스템 - "리어 언더 커버" 참조)
3. ICCU 고전압 커넥터(A)를 분리한다.

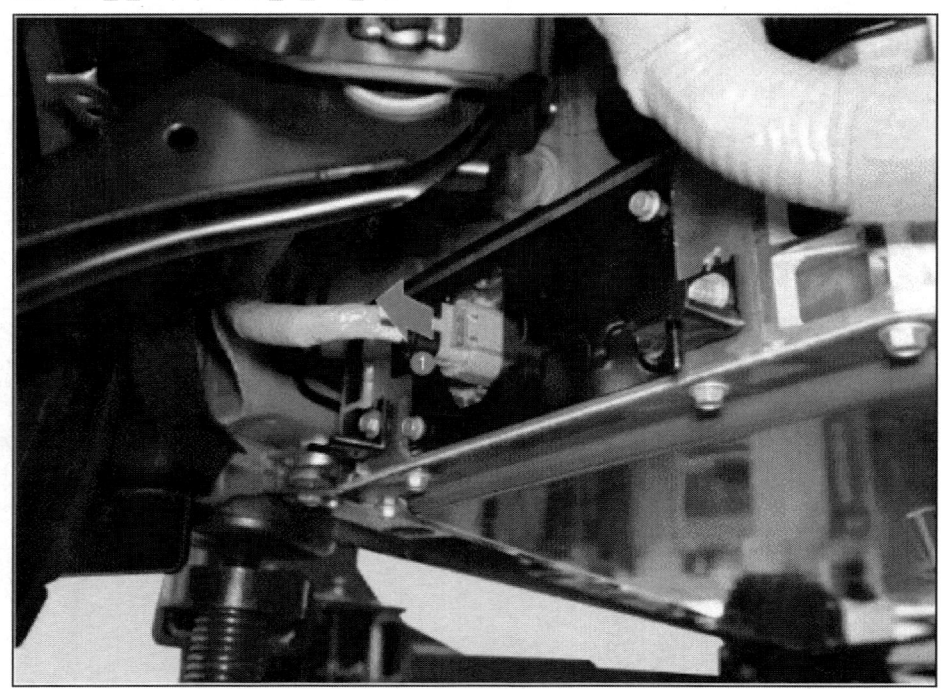

4. ICCU 고전압 커넥터 어셈블리 커버(A)를 탈거한다.

체결 토크 : 0.8 ~ 1.2 kgf.m

5. ICCU 퓨즈 커버(A)를 탈거한다.

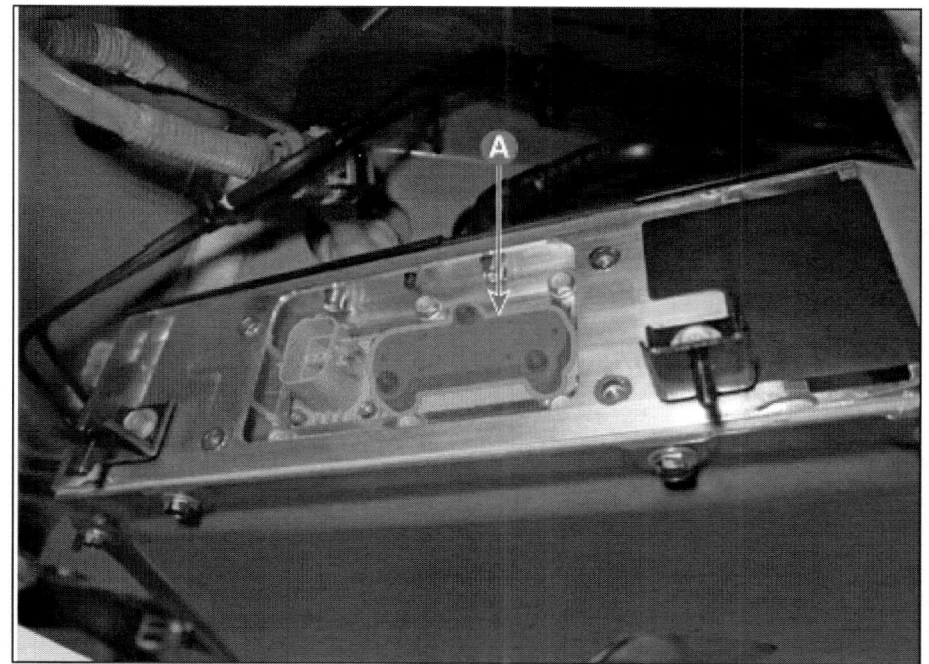

6. ICCU 퓨즈(A)를 탈거한다.

7. 장착은 탈거의 역순으로 진행한다.

장착

[ICCU]

1. 장착은 탈거의 역순으로 진행한다.
2. 냉각수 주입 후 누수 여부를 확인한다.

> **유 의**
>
> - 모터 냉각수를 주입한 후 진단 기기를 사용하여 공기를 제거한다.
>   (모터 냉각 시스템 - "냉각수" 참조)

[ICCU 퓨즈]

1. 장착은 탈거의 역순으로 진행한다.
2. 배터리 시스템 어셈블리 기밀 테스트를 수행한다.
   (고전압 배터리 시스템 - "기밀 점검" 참조)

차량 충전 관리 시스템 (VCMS) 탈장착

	Work	H/W	체결토크 (kgf.m)	SST/장비	케미컬	기타
• 탈거						
1	고전압 차단 절차 수행	-	-	진단 기기	-	매뉴얼 참고
2	리어 시트 쿠션 어셈블리 탈거 (바디 (내장 / 외장 / 전장) - "리어 시트 쿠션 어셈블리" 참조)	-	-	-	-	-
3	리어 휠 하우스 트림 탈거 (바디 (내장 / 외장 / 전장) - "리어 휠 하우스 트림" 참조)	-	-	-	-	-
4	V2L 신호 커넥터 및 V2L 익스텐션 커넥터 분리	-	-	-	-	-
5	상부 프레임 탈거	볼트/너트	2.0 ~ 3.0	-	-	-
6	차량 충전 관리 시스템 커텍터 분리	-	-	-	-	-
7	차량 충전 관리 시스템 탈거	볼트	0.8 ~ 1.2	-	-	-
8	차량 충전 관리 시스템 트레이 탈거	너트	0.8 ~ 1.2	-	-	-
• 장착						
탈거의 역순으로 진행						-

2023 > 엔진 > 160kW > 배터리 제어 시스템 (일반형) > 고전압 충전 시스템 > 차량 충전 관리 시스템 (VCMS) > 개요 및 작동원리

개요

기능	설명
충전	• AC 완속 충전 제어
	• 인버터를 활용한 멀티입력(400V, 800V) DC 급속 충전 제어
	• CP/PD 인식
	• PLC 통신
	• 인렛 잠금 및 온도 센싱
V2L	• 양방향 ICCU(OBC)를 활용한 배터리 전력 공급 제어
PnC	• 충전시 자동 인증/결제/과금 진행되는 충전 인터페이스 기능
	• PnC 기능을 위한 인증서 저장, 삭제 등 인증서 관리

> **참 고**
>
> - CP (Control Pilot) : 충전기와 VCMS간 충전 관련 정보 송/수신
> - PD (Proximity Detection) : VCMS가 충전기 체결 감지
> - PLC (Power Line Communication) : 1개의 라인에 2개의 역할을 하는 신호를 보내는 통신 방법
> - PnC (Plug and Charge) : 간편 결제 시스템
> - V2L (Vehicle to Load) : 양방향 OBC를 활용하여 차량 내/외부로 일반 전기 전원(220 V)을 제공한다.

서비스 정보

차량 충전 관리 시스템(VCMS)

▷ 제원

항목	제원
정격 전압 (V)	DC 11 ~ 13
작동 전압 (V)	DC 9 ~ 16
동작 온도 (°C)	-30 ~ 75

2023 > 엔진 > 160kW > 배터리 제어 시스템 (일반형) > 고전압 충전 시스템 > 차량 충전 관리 시스템 (VCMS) > 탈거 및 장착

탈거 및 장착

> **⚠ 경 고**
> - 고전압 시스템 관련 작업 시, 반드시 "안전 및 주의사항" 내용을 숙지하고 준수해야 한다. 미준수 시, 감전 또는 누전 등으로 인한 심각한 사고를 초래할 수 있다.
> - 고전압 시스템 관련 작업 시, "고전압 차단절차"에 따라 반드시 고전압을 먼저 차단해야 한다. 미준수 시, 감전 또는 누전 등으로 인한 심각한 사고를 초래할 수 있다.

1. 고전압 차단 절차를 수행한다.
   (배터리 제어 시스템 - "고전압 차단 절차" 참조)
2. 리어 시트 쿠션 어셈블리를 탈거한다.
   (바디 (내장 / 외장 / 전장) - "리어 시트 쿠션 어셈블리" 참조)
3. 리어 휠 하우스 트림을 탈거한다.
   (바디 (내장 / 외장 / 전장) - "리어 휠 하우스 트림" 참조)
4. V2L 신호 커넥터(A)를 탈거한다.
5. V2L 익스텐션 커넥터(B)를 탈거한다.

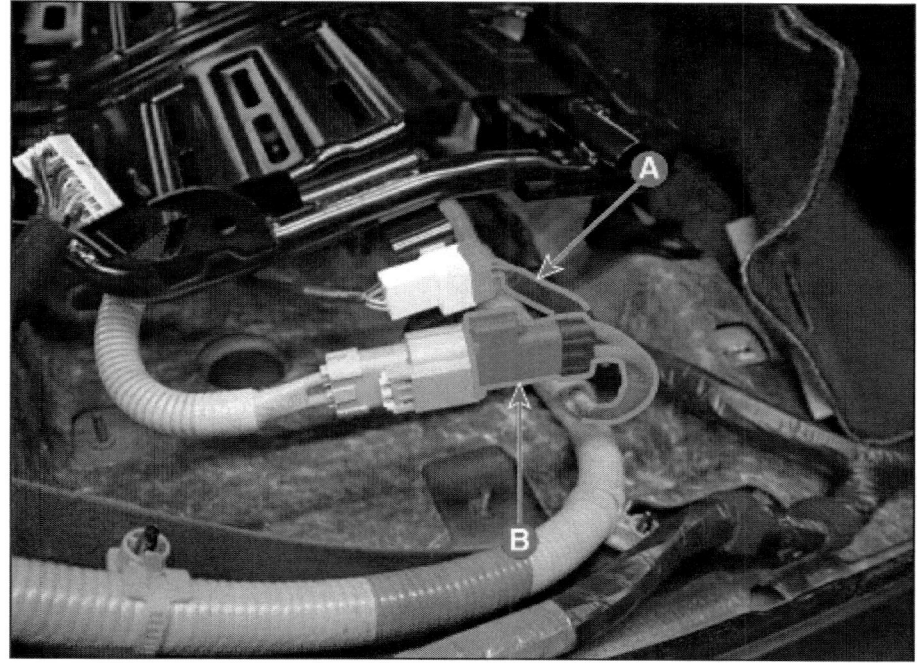

6. 볼트 및 너트를 풀어 상부 프레임(A)을 탈거한다.

체결 토크 : 2.0 ~ 3.0 kgf.m

7. 차량 충전 관리 시스템 커넥터(A)를 분리한다.

8. 너트를 풀어 차량 충전 관리 시스템(A)을 탈거한다.

체결 토크 : 0.8 ~ 1.2 kgf.m

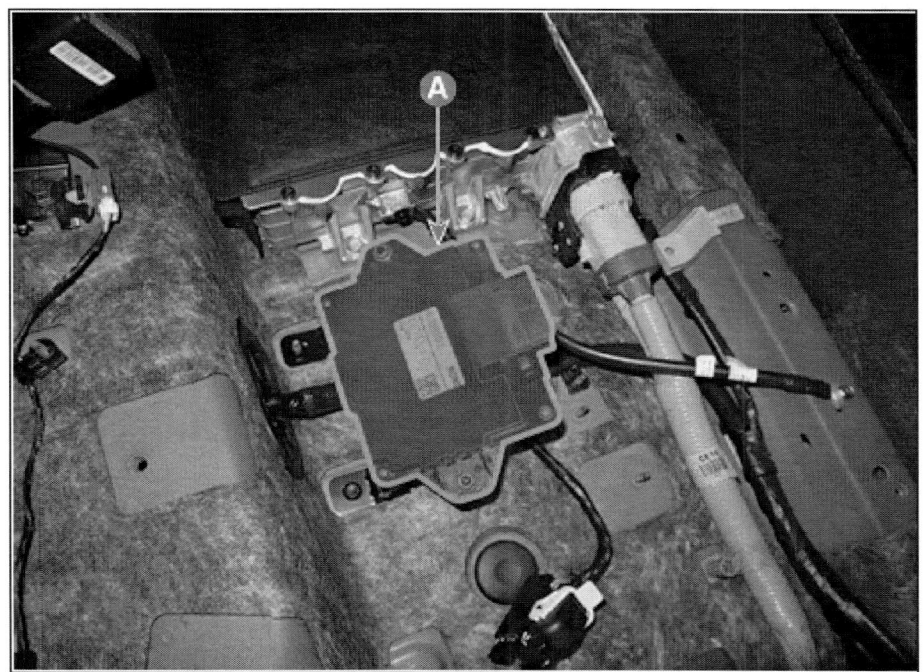

9. 차량 충전 관리 시스템 트레이(A)를 탈거한다.

체결 토크 : 0.8 ~ 1.2 kgf.m

10. 장착은 탈거의 역순으로 진행한다.

급속 충전 릴레이 어셈블리 (QRA) 탈장착

	작업	H/W	체결토크 (kgf.m)	SST/장비	케미컬	기타
•	탈거					
1	고전압 차단 절차 수행	-	-	진단 기기	-	매뉴얼 참고
2	리어 고전압 정션 블록 탈거 (고전압 분배 시스템 - "고전압 정션 블록" 참조)	-	-	-	-	-
3	고전압 정션 블록 어퍼 커버 탈거	볼트	0.8 ~ 1.2	-	-	-
4	QRA (-) 버스바 (A) 탈거	-	-	-	-	-
5	QRA (-) 커넥터 탈거	-	-	-	-	-
6	QRA (-) 탈거	-	-	-	-	-
7	QRA (+) 커넥터를 탈거	-	-	-	-	-
8	버스바 장착 볼트 탈거	-	-	-	-	-
9	QRA (+) 장착 너트 탈거	-	-	-	-	-
10	버스바 탈거	-	-	-	-	-
•	장착					
탈거의 역순으로 진행						-
•	부가기능					
• 모터 및 감속기 시스템 기밀 점검 수행 - 진단 기기 및 장비를 고전압 정션 블록 기밀 테스트 수행						

2023 > 엔진 > 160kW > 배터리 제어 시스템 (일반형) > 고전압 충전 시스템 > 급속 충전 릴레이 어셈블리 (QRA) > 개요 및 작동원리

개요

급속 충전 릴레이 어셈블리(QRA)는 고전압 정션 블록 내에 장착 되어 있으며 (+) 고전압 제어 메인 릴레이, (-) 고전압 제어 메인 릴레이로 구성 되어 있다. 그리고 BMU 제어 신호에 의해 고전압 배터리 팩과 고전압 정션 블록 사이에서 DC 800V 고전압을 ON, OFF 및 제어 한다. 급속 충전 릴레이 어셈블리(QRA)작동 시 에는 파워 릴레이 어셈블리(PRA)는 작동한다.

[주요기능]

1. 급속충전시 공급되는 고전압을 배터리팩에 공급주는 스위치 역할
2. 과충전이 되지 않도록 방지해주는 과충전 방지 역할

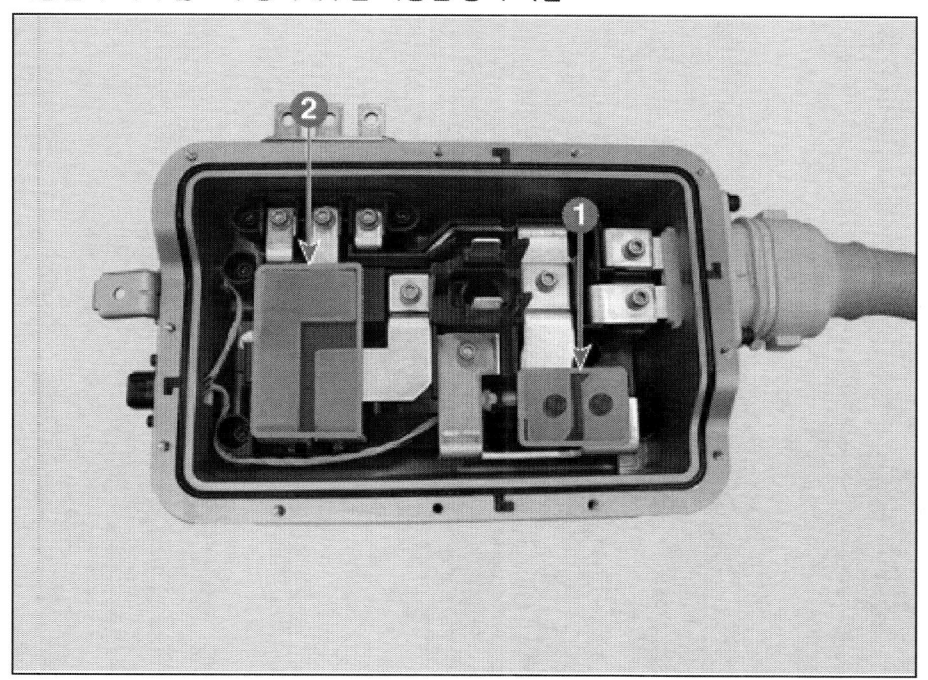

1 : 급속 충전 (-) 릴레이 어셈블리
2 : 급속 충전 (+) 릴레이 어셈블리

작동 원리

탈거

> **⚠ 경 고**
> - 고전압 시스템 관련 작업 시, 반드시 "안전 및 주의사항" 내용을 숙지하고 준수해야 한다. 미준수 시, 감전 또는 누전 등으로 인한 심각한 사고를 초래할 수 있다.
> - 고전압 시스템 관련 작업 시, "고전압 차단절차"에 따라 반드시 고전압을 먼저 차단해야 한다. 미준수 시, 감전 또는 누전 등으로 인한 심각한 사고를 초래할 수 있다.

1. 고전압 차단절차를 수행한다.
   (배터리 제어 시스템 - "고전압 차단 절차" 참조)
2. 리어 고전압 정션 블록을 탈거한다.
   (고전압 분배 시스템 - "고전압 정션 블록" 참조)
3. 고전압 정션 블록 어퍼 커버(A)를 탈거한다.

   체결 토크 : 0.8 ~ 1.2 kgf.m

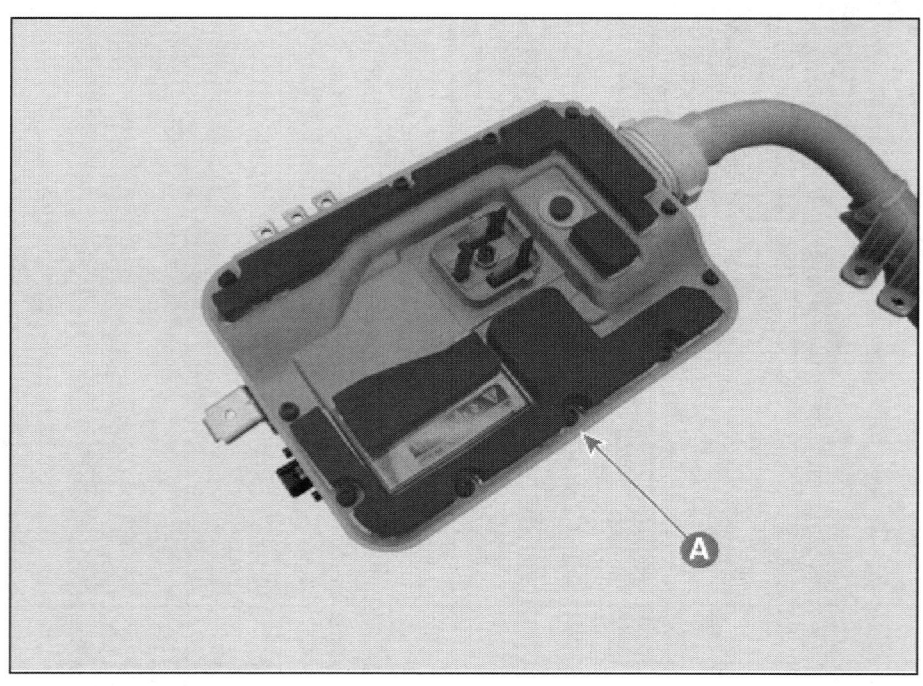

4. QRA (-)를 탈거한다.
   (1) 볼트를 풀어 QRA (-) 버스바 (A)를 탈거한다.

(2) QRA (-) 커넥터(A)를 탈거한다.

(3) 너트를 풀어 QRA (-) (A)를 탈거한다.

5. QRA (+)를 탈거한다.
   (1) QRA (+) 커넥터(A)를 탈거한다.

(2) 버스바 볼트(A)를 탈거한다.

(3) QRA (+) 너트(A)를 탈거한다.

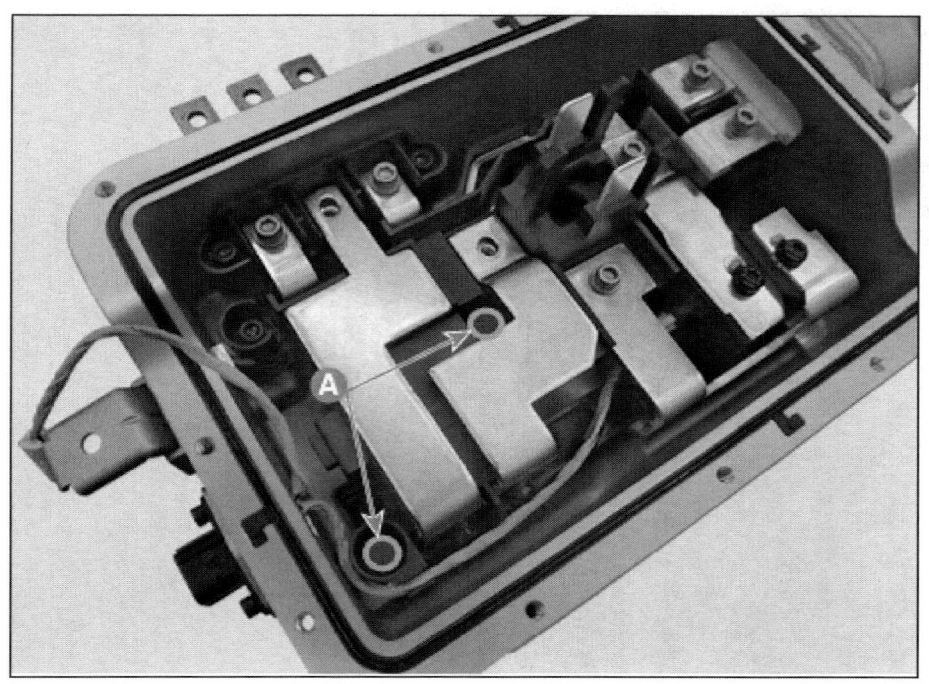

(4) 버스바(A)를 탈거한다.

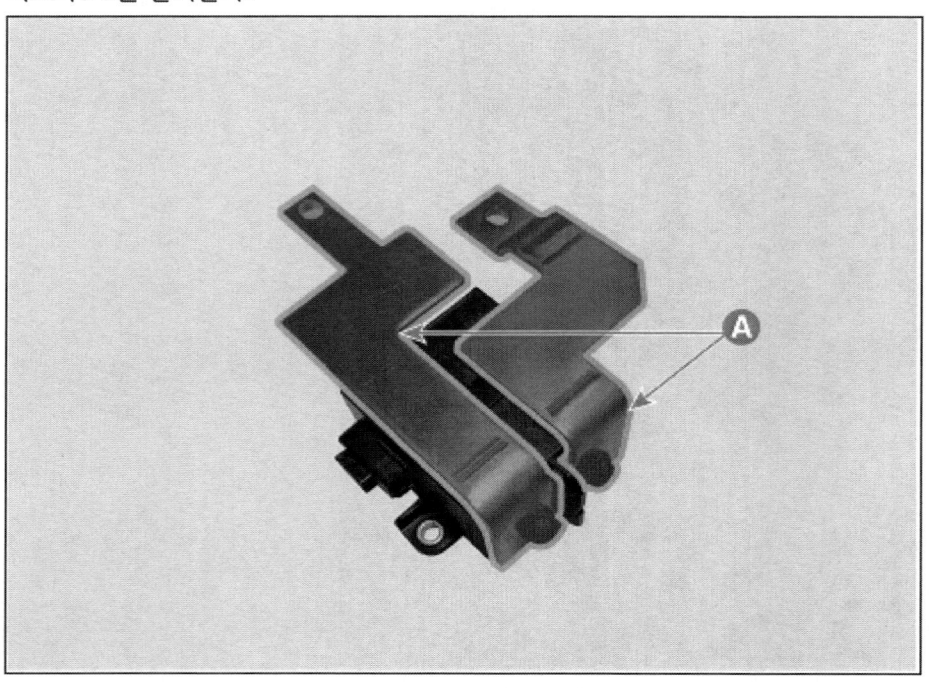

장착

> **⚠ 경 고**
> - 고전압 시스템 관련 작업 시, 반드시 "안전 및 주의사항" 내용을 숙지하고 준수해야 한다. 미준수 시, 감전 또는 누전 등으로 인한 심각한 사고를 초래할 수 있다.
> - 고전압 시스템 관련 작업 시, "고전압 차단절차"에 따라 반드시 고전압을 먼저 차단해야 한다. 미준수 시, 감전 또는 누전 등으로 인한 심각한 사고를 초래할 수 있다.

> **⚠ 주 의**
> - 버스바를 탈거한 후, (-) 드라이버나 다른 도구를 사용하여 록타이트를 제거한다.
> - 이물질이나 록타이트 잔여물로 인해 단자간 접촉불량이 발생할 수 있다.

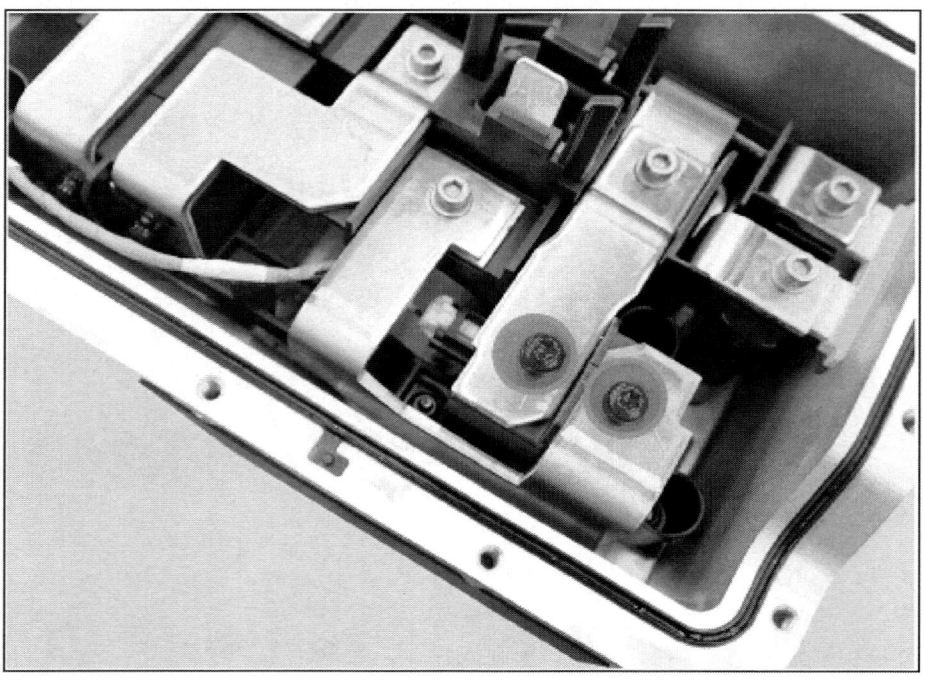

> **⚠ 주 의**
> - 릴레이 접점부 버스바 체결 후, 록타이트를 도포한다.
> - 단품 장착 시, 규정 토크를 준수하여 장착한다.
> - 단품을 떨어뜨렸을 경우, 보이지 않는 손상이 유발될 수 있으므로 성능 확인 후 사용한다.
> - 전면 어퍼 커버 조립 시, 가스켓이 정상적으로 조립될 수 있도록 주의한다.

1. 장착은 탈거의 역순으로 진행한다.
2. 후륜 모터 및 감속기 시스템 기밀 점검을 수행한다.
   (모터 및 감속기 시스템 - "기밀 점검" 참조)

2023 > 엔진 > 160kW > 배터리 제어 시스템 (일반형) > 고전압 충전 시스템 > 콤보 충전 인렛 어셈블리 > 1 Page Guide Manual

콤보 충전 인렛 어셈블리 탈장착

	작업	H/W	체결토크 (kgf.m)	SST/장비	케미컬	기타
• 탈거						
1	고전압 차단 절차 수행	-	-	진단 기기	-	매뉴얼 참고
2	러기지 사이드 트림 탈거 (바디 (내장 / 외장 / 전장) - "러기지 사이드 트림" 참조)	-	-	-	-	-
3	리어 휠 가드[RH]를 탈거 (바디 (내장 / 외장 / 전장) - "휠 가드" 참조)	-	-	-	-	-
4	서비스 커버 탈거	너트	0.5 ~ 0.8	-	-	-
5	급속 충전 커넥터 분리	볼트	0.95 ~ 1.05	-	-	-
6	접지 와이어링, 플로어 와이어링, 비상 해제 케이블 클립 분리	볼트	1.1 ~ 1.4	-	-	-
7	인렛 콤보 장착 볼트 탈거	볼트	0.7 ~ 1.0	-	-	-
8	완속 충전 커넥터 분리	-	-	-	-	-
9	급속 충전 커넥터 장착 너트 탈거	너트	0.5 ~ 0.8	-	-	-
10	콤보 충전 인렛 어셈블리 장착 볼트 탈거	볼트	0.5 ~ 0.8	-	-	-
• 장착						
탈거의 역순으로 진행						-

2023 > 엔진 > 160kW > 배터리 제어 시스템 (일반형) > 고전압 충전 시스템 > 콤보 충전 인렛 어셈블리 > 개요 및 작동원리

개요

콤보 충전 인렛 어셈블리는 우측 후방 콤비네이션 램프 측에 위치해있다. ICCB를 완속 충전 포트에 연결하거나 급속 충전 커넥터를 급속 충전 포트에 연결하면 충전이 시작된다.

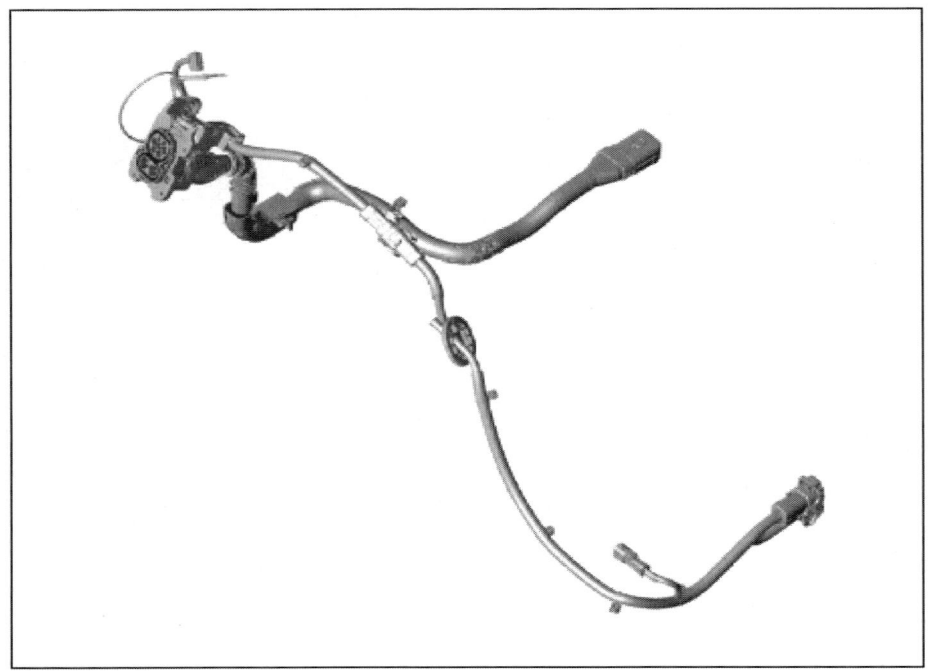

탈거 및 장착

> ⚠ **경 고**
> - 고전압 시스템 관련 작업 시, 반드시 "안전사항 및 주의, 경고" 내용을 숙지하고 준수해야 한다. 미준수시, 감전 또는 누전 등으로 인한 심각한 사고를 초래할 수 있다.
> - 고전압 시스템 관련 작업 시, "고전압 차단절차"에 따라 반드시 고전압을 먼저 차단해야 한다. 미준수 시, 감전 또는 누전 등으로 인한 심각한 사고를 초래할 수 있다.

1. 고전압 차단 절차를 수행한다.
   (배터리 제어 시스템 - "고전압 차단 절차" 참조)
2. 러기지 사이드 트림을 탈거한다.
   (바디 (내장 / 외장 / 전장) - "러기지 사이드 트림" 참조)
3. 리어 휠 가드를 탈거한다
   (바디 (내장 / 외장 / 전장) - "휠 가드" 참조)
4. 너트를 풀어 서비스 커버(A)를 탈거한다.

   체결 토크 : 0.5 ~ 0.8 kgf.m

5. 급속 충전 커넥터(A)를 분리한다.

   체결 토크 : 0.95 ~ 1.05 kgf.m

6. 볼트를 풀어 접지 와이어링(A)을 탈거한다.
7. 플로어 와이어링 커넥터(B)를 분리한다.
8. 비상 해제 케이블 클립(C)을 분리한다.

체결 토크 : 1.1 ~ 1.4 kgf.m

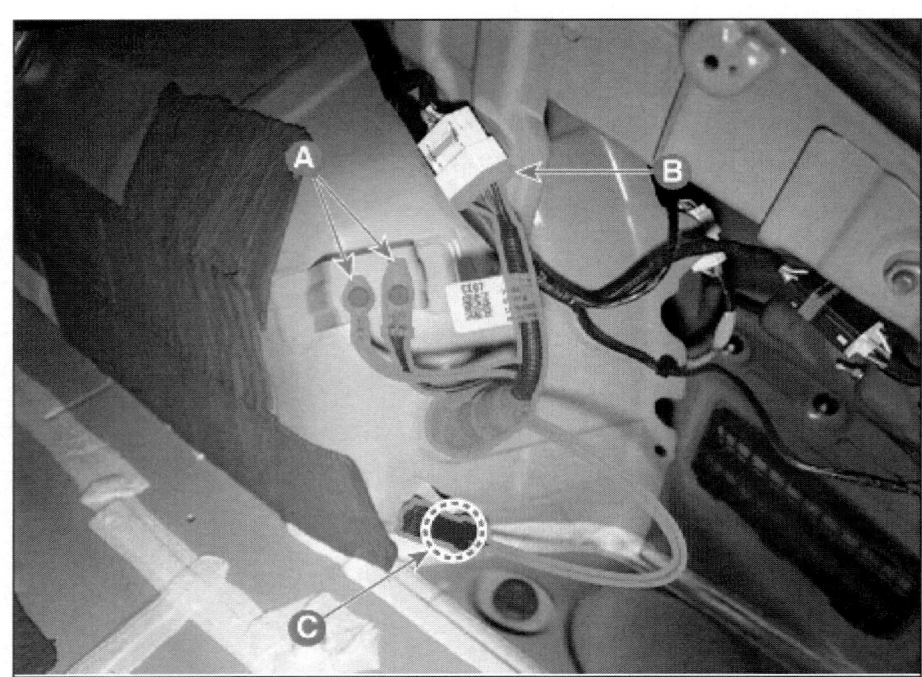

9. 인렛 콤보 볼트(A)를 탈거한다.

체결 토크 : 0.7 ~ 1.0 kgf.m

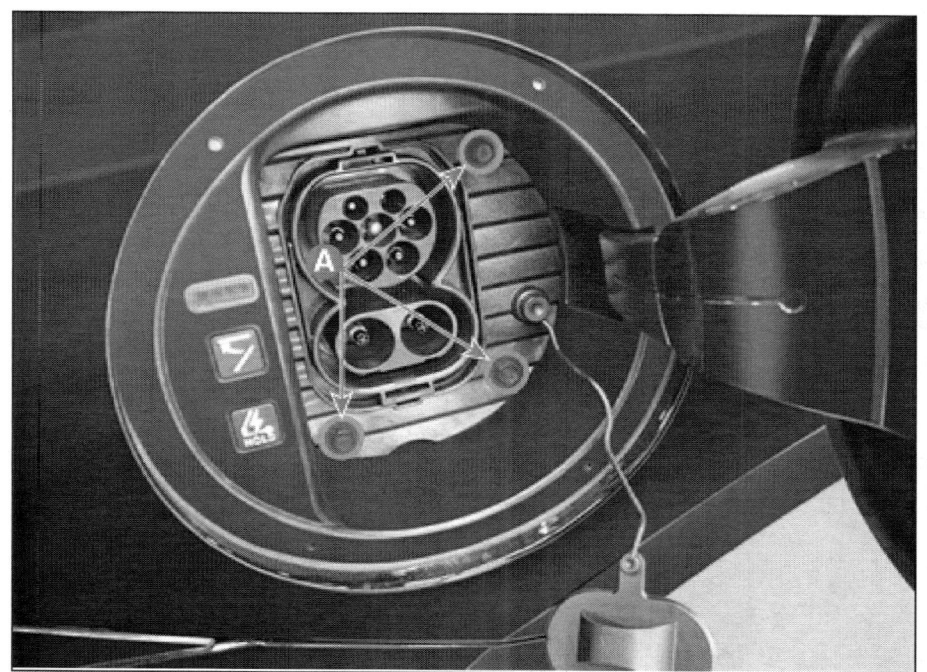

10. 완속 충전 커넥터(A)를 탈거한다.

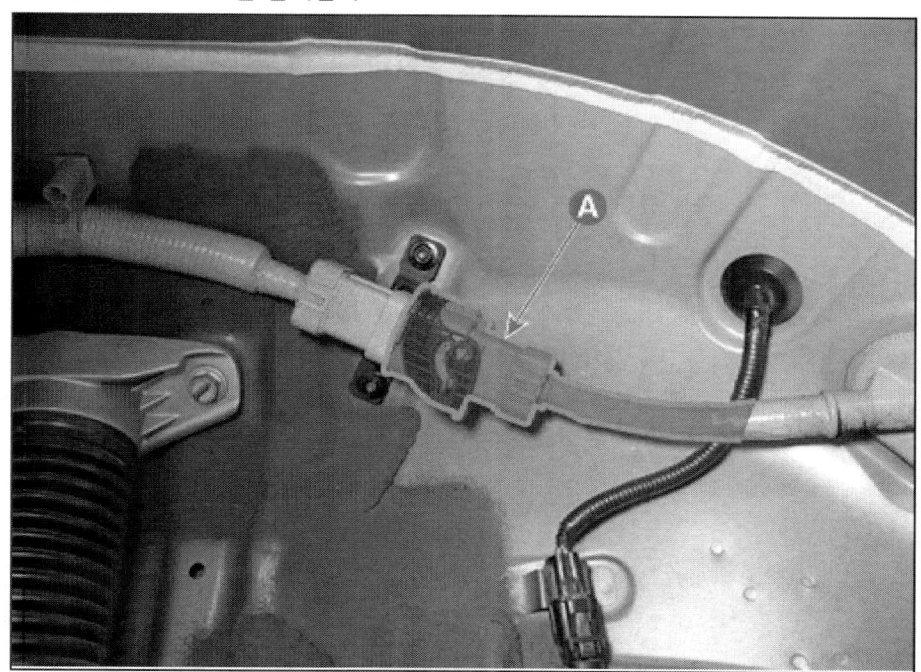

11. 급속 충전 커넥터 너트(A)를 탈거한다.

체결 토크 : 0.5 ~ 0.8 kgf.m

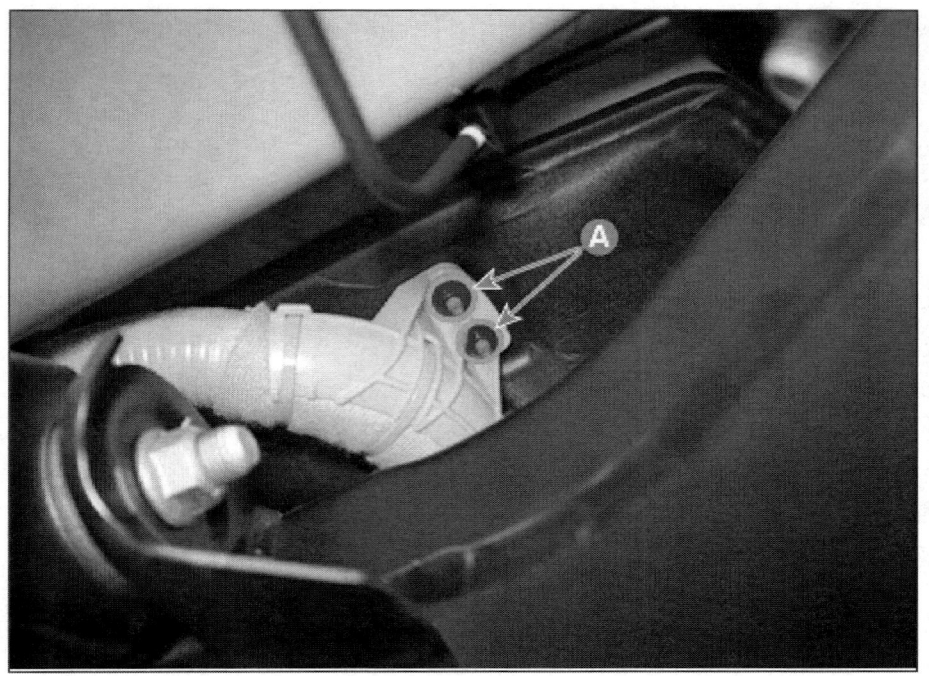

12. 콤보 충전 인렛 어셈블리 볼트(A)를 탈거한다.

체결 토크 : 0.5 ~ 0.8 kgf.m

13. 장착은 탈거의 역순으로 진행한다.

완속충전 케이블 잠금 액추에이터 탈장착

	작업	H/W	체결토크 (kgf.m)	SST/장비	케미컬	기타
• 탈거						
1	고전압 차단 절차 수행	-	-	진단 기기	-	매뉴얼 참고
2	콤보 충전 인렛 어셈블리 탈거 (고전압 충전 시스템 - "콤보 충전 인렛 어셈블리" 참조)	-	-	-	-	-
3	완속충전 케이블 잠금 액추에이터 커넥터 분리	-	-	-	-	-
4	케이블 분리	-	-	-	-	매뉴얼 참고
5	완속충전 케이블 잠금 액추에이터 탈거	스크류	0.1 ~ 0.4	-	-	-
• 장착						
탈거의 역순으로 진행						-

개요

문이 잠겼을 때 액추에이터를 작동시켜 일반 충전 케이블 도난을 방지합니다. 문이 잠금 해제된 경우에만 일반 충전 케이블을 연결할 수 있습니다. 그리고 케이블을 연결한 후 문이 잠기면 액추에이터에서 케이블을 분리할 수 없습니다.

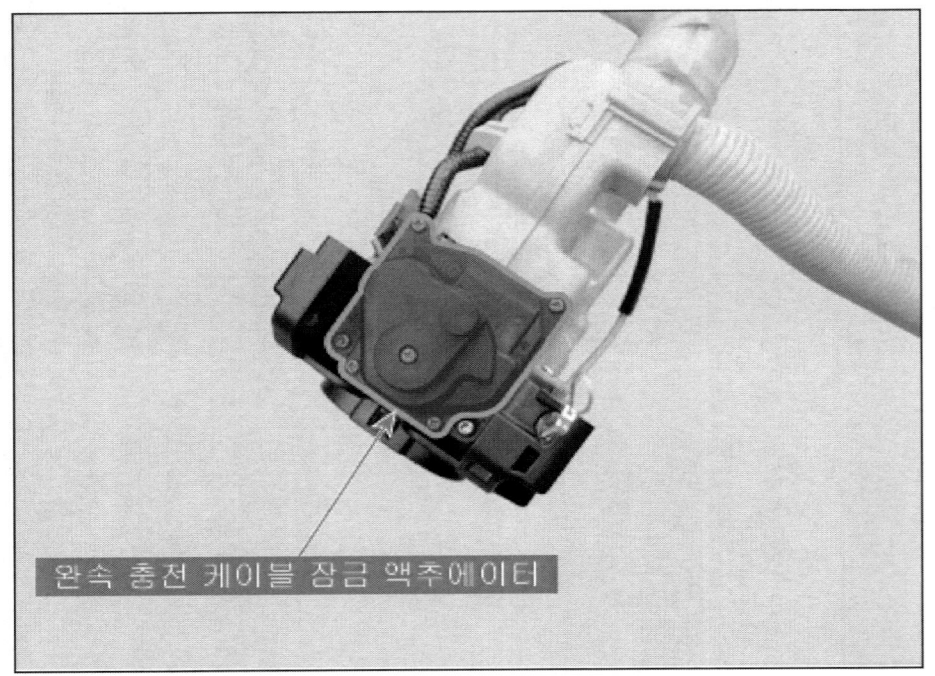

2023 > 엔진 > 160kW > 배터리 제어 시스템 (일반형) > 고전압 충전 시스템 > 완속충전 케이블 잠금 액추에이터 > 탈거 및 장착

탈거 및 장착

> ⚠ **경 고**
> - 고전압 시스템 관련 작업 시, 반드시 "안전 및 주의사항" 내용을 숙지하고 준수해야 한다. 미준수 시, 감전 또는 누전 등으로 인한 심각한 사고를 초래할 수 있다.
> - 고전압 시스템 관련 작업 시, "고전압 차단절차"에 따라 반드시 고전압을 먼저 차단해야 한다. 미준수 시, 감전 또는 누전 등으로 인한 심각한 사고를 초래할 수 있다.

1. 고전압 차단 절차를 수행한다.
   (배터리 제어 시스템 - "고전압 차단 절차" 참조)
2. 콤보 충전 인렛 어셈블리를 탈거한다.
   (고전압 충전 시스템 - "콤보 충전 인렛 어셈블리" 참조)
3. 완속충전 케이블 잠금 액추에이터 커넥터(A)를 분리한다.

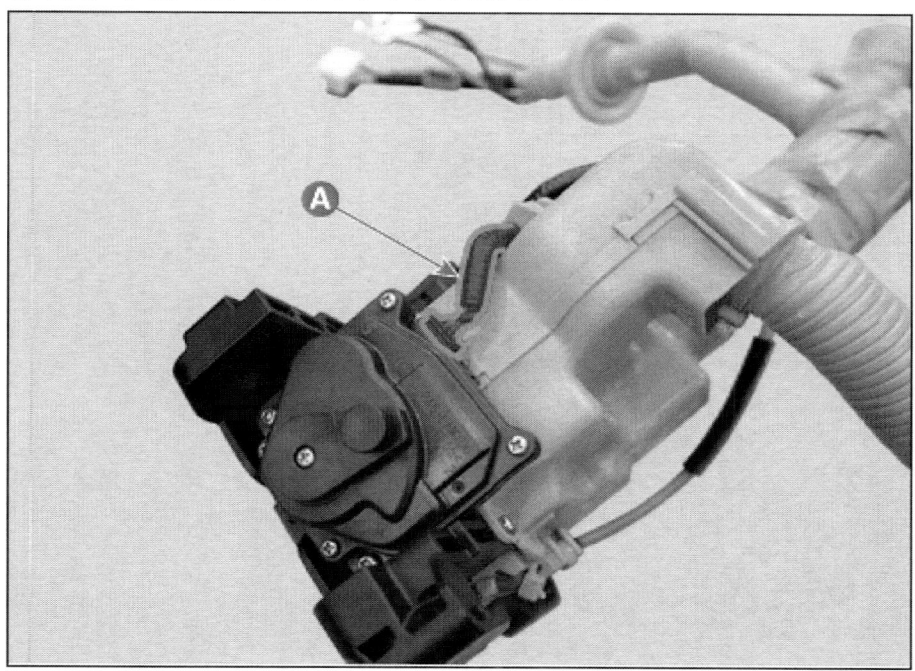

4. 케이블(A)을 분리한다.

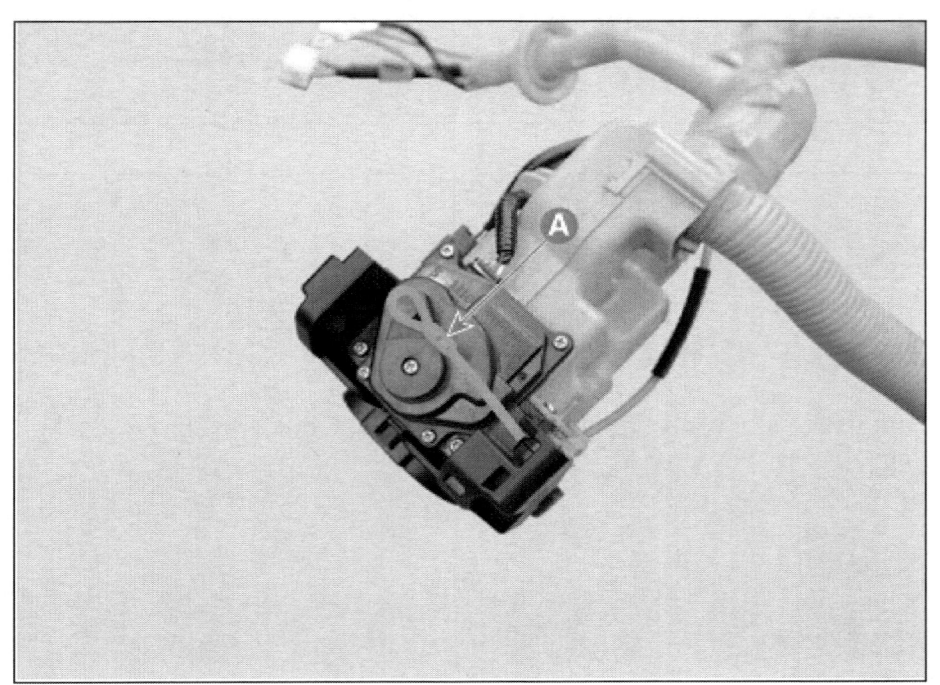

> ⚠ 주 의
>
> - 케이블을 분리할 때, 아래 그림과 같이 화살표 방향으로 돌려 케이블을 분리한다.

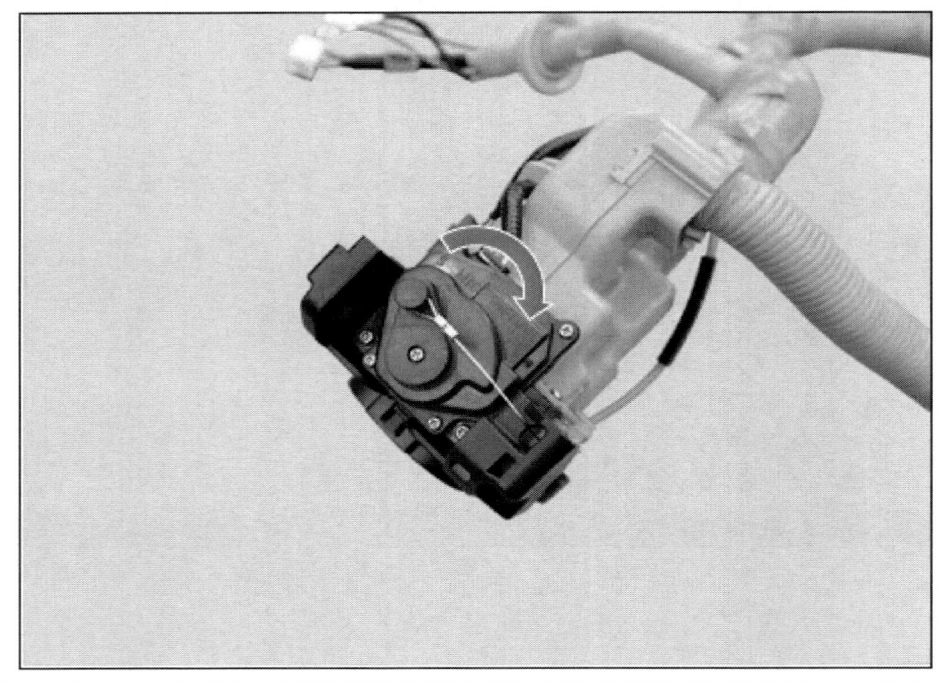

5. 스크류(A)를 풀어 액추에이터를 탈거한다.

체결 토크 : 0.1 ~ 0.4 kgf.m

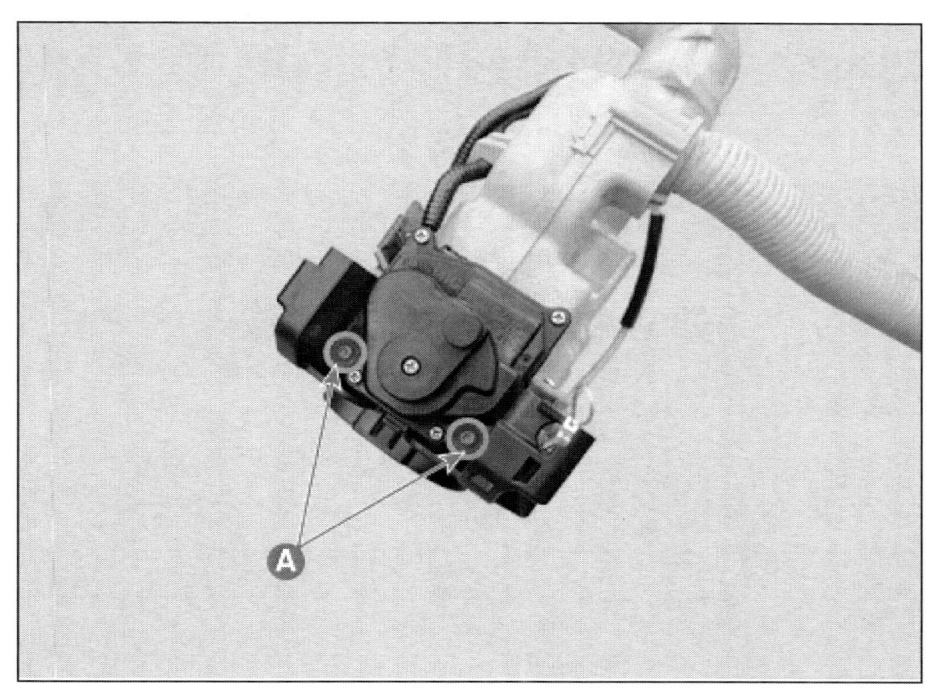

6. 장착은 탈거의 역순으로 진행한다.

전기차 가정용 충전기 (ICCB) 탈장착

입력 케이블

작업	H/W	체결토크 (kgf.m)	SST/장비	케미컬	기타
• 탈거					
1 ICCB 하부 케이스 탈거	-	-	-	-	-
2 와이어링 핀 분리	-	-	-	-	-
3 입력 케이블 밴드 탈거	-	-	-	-	-
4 입력 케이블 탈거	-	-	-	-	-
• 장착					
탈거의 역순으로 진행					-

출력 케이블

작업	H/W	체결토크 (kgf.m)	SST/장비	케미컬	기타
• 탈거					
1 ICCB 하부 케이스 탈거	-	-	-	-	-
2 와이어링 핀 분리	-	-	-	-	-
3 출력 케이블 밴드 탈거	-	-	-	-	-
4 출력 케이블 탈거	-	-	-	-	-
• 장착					
탈거의 역순으로 진행					-

케이스

작업	H/W	체결토크 (kgf.m)	SST/장비	케미컬	기타
• 탈거					
1 ICCB 하부 케이스 탈거	-	-	-	-	-
2 입력 케이블 탈거	-	-	-	-	-
3 출력 케이블 탈거	-	-	-	-	-
4 ICCB PCB 보드 탈거	-	-	-	-	-
5 ICCB 케이스 탈거	-	-	-	-	-
• 장착					
탈거의 역순으로 진행					-

2023 > 엔진 > 160KW > 배터리 제어 시스템 (일반형) > 고전압 충전 시스템 > 전기차 가정용 충전기 (ICCB) > 개요 및 작동원리

개요

ICCB 충전기는 가정용 전기로 고전압 배터리를 충전 할수 있는 장치이다.
가정용 전기는 ICCB를 통해 차량을 충전하고 이 전기는 차량 탑재형 충전기(OBC)를 통해 고전압 배터리를 충전하는 방식이다.

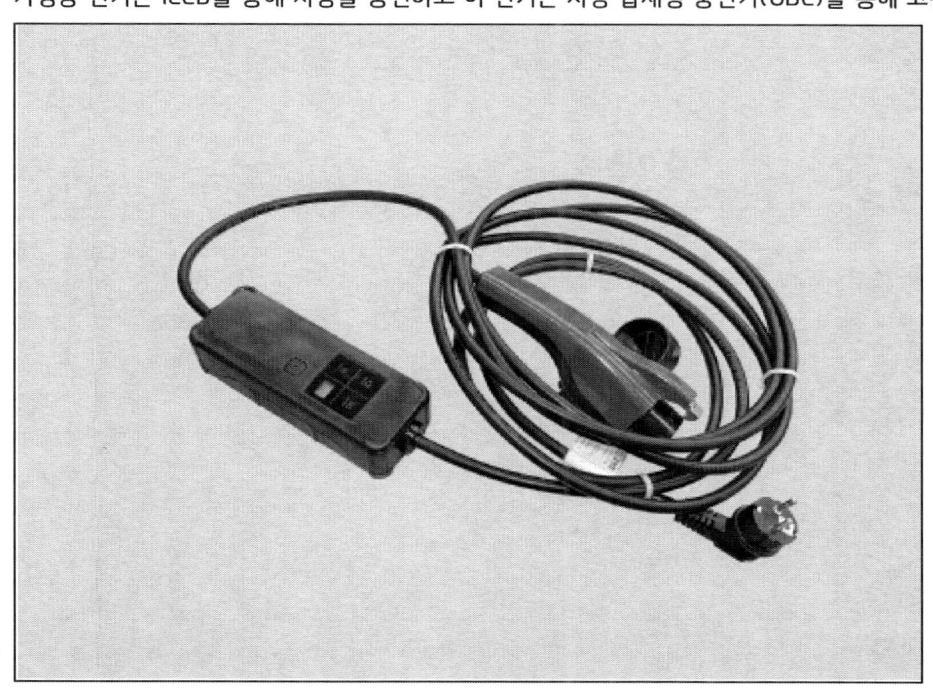

[ICCB 상태 표시등]

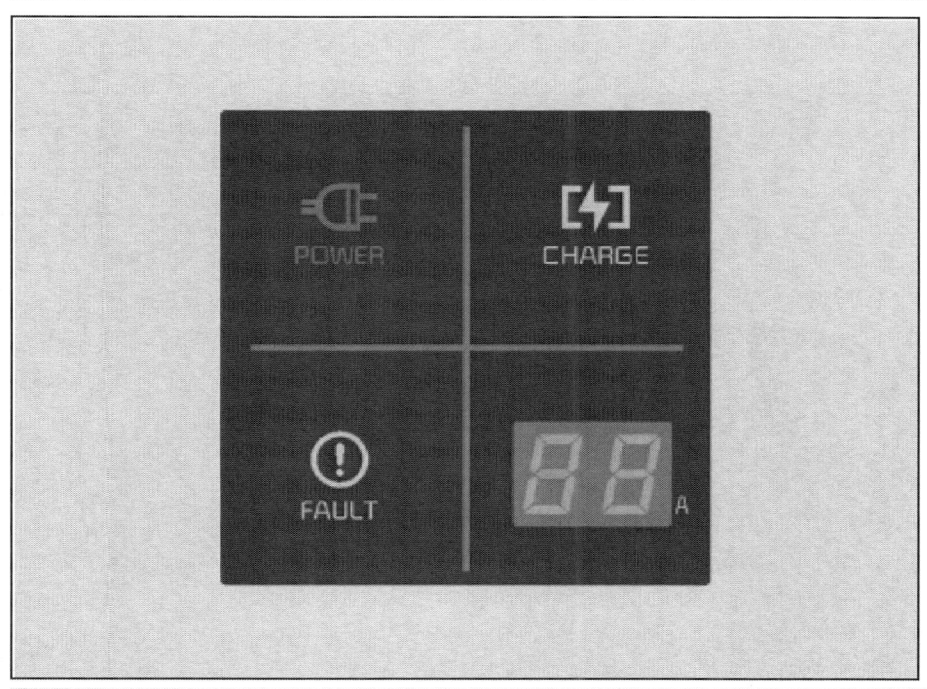

전원 (POWER)	![POWER]	켜짐 : 전원 연결
충전		켜짐 : 충전

(CHARGE)		깜빡임 : 충전 전류 제한 (최소 충전 전류 6A로 자동 하향 충전)
고장 (FAULT)		깜빡임 : 충전 중단 (누설 전류, 통신, 과전류, 플러그/내부 고온 보호)
충전 전류 (CHARGE LEVEL)		충전 전류 6A
		충전 전류 8A
		충전 전류 10A
		충전 전류 12A

[ICCB 충전 상태 표시등]

LED 표시	상태
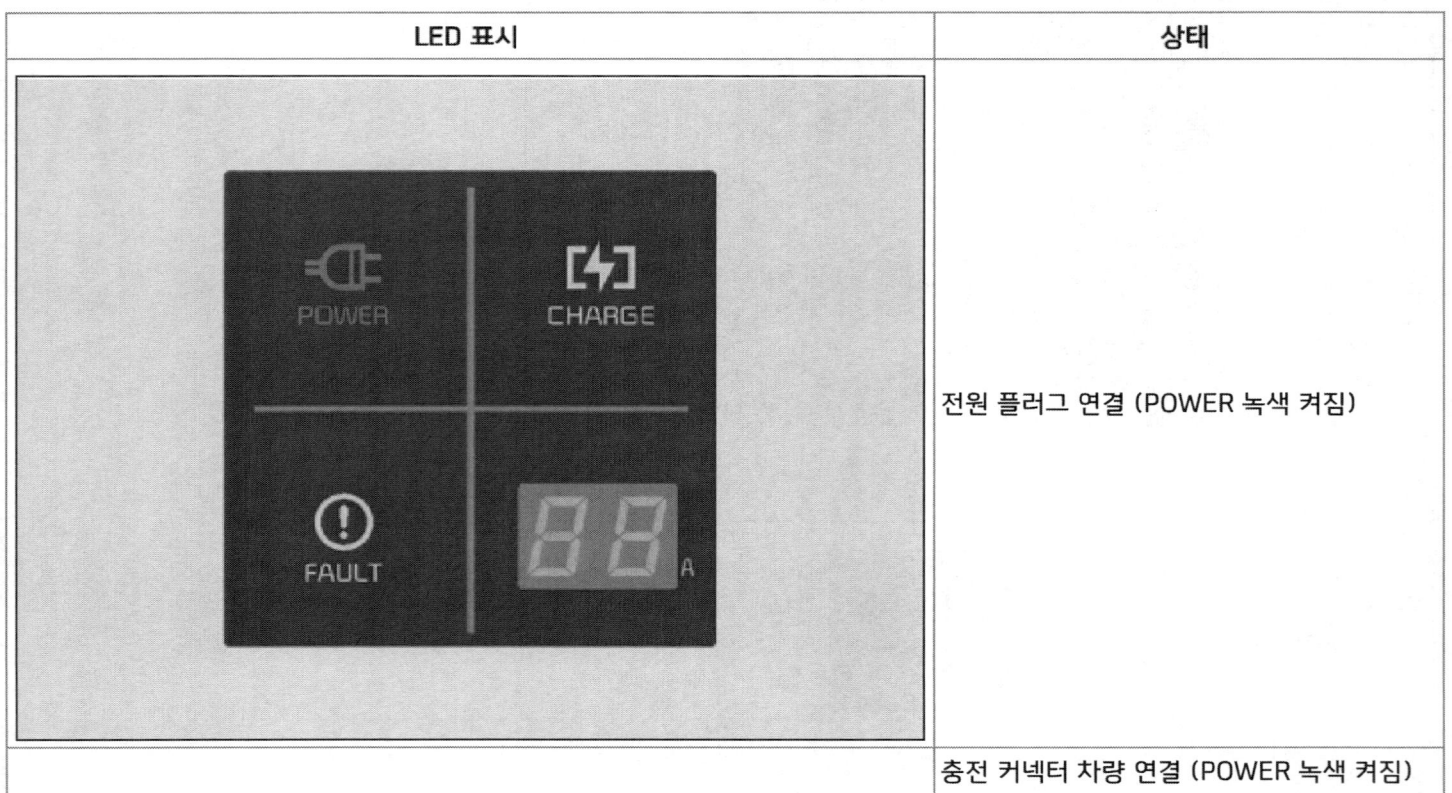	전원 플러그 연결 (POWER 녹색 켜짐)
	충전 커넥터 차량 연결 (POWER 녹색 켜짐)

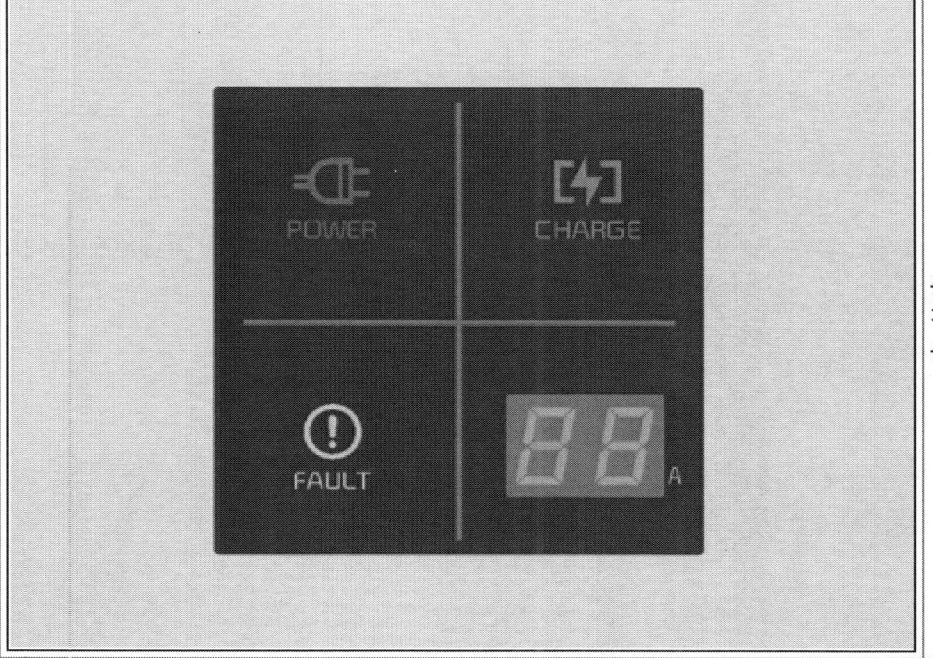

충전 중 (POWER 녹색, CHARGE 파란색 켜짐)
충전 전류 표시

차량 연결 전(POWER 녹색 켜짐, FAULT 적색 깜빡임)
- 플러그/ 내부 온도 이상 발생
- 기기 오류 발생

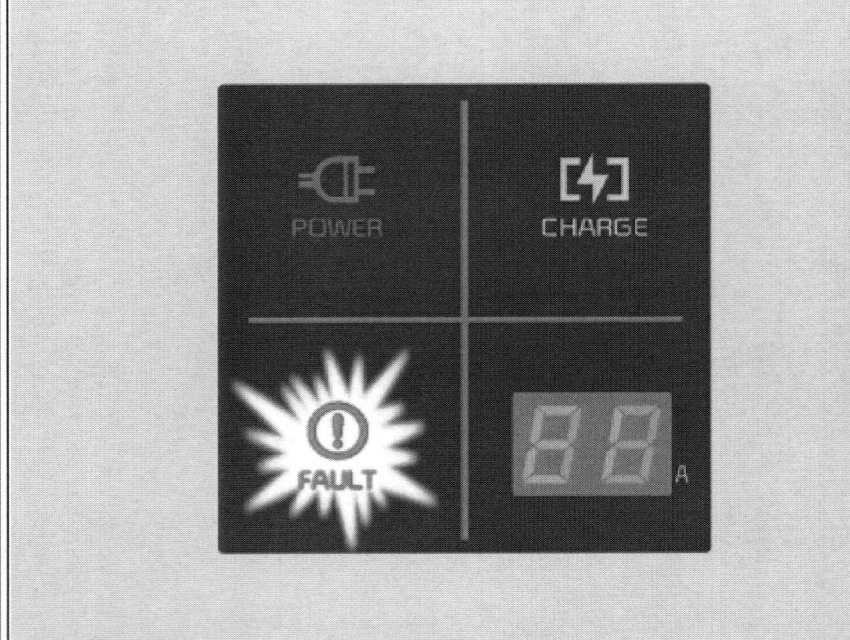

차량 연결 후(POWER 녹색 켜짐, FAULT 적색 깜빡임)
- 내부 진단 소자 고장
- 누설 전류 발생
- 플러그/ 내부 온도 이상 발생

누설 전류 고장 발생 시(POWER 녹색, FAULT 적색 깜빡임)
전원 플러그 분리하고 다시 연결 후 버튼 2초 이상 누르고 떼면 에러 해제

절전 모드1분 이상 상태 변경 없으면 7segment 디스플레이 꺼짐

고장진단

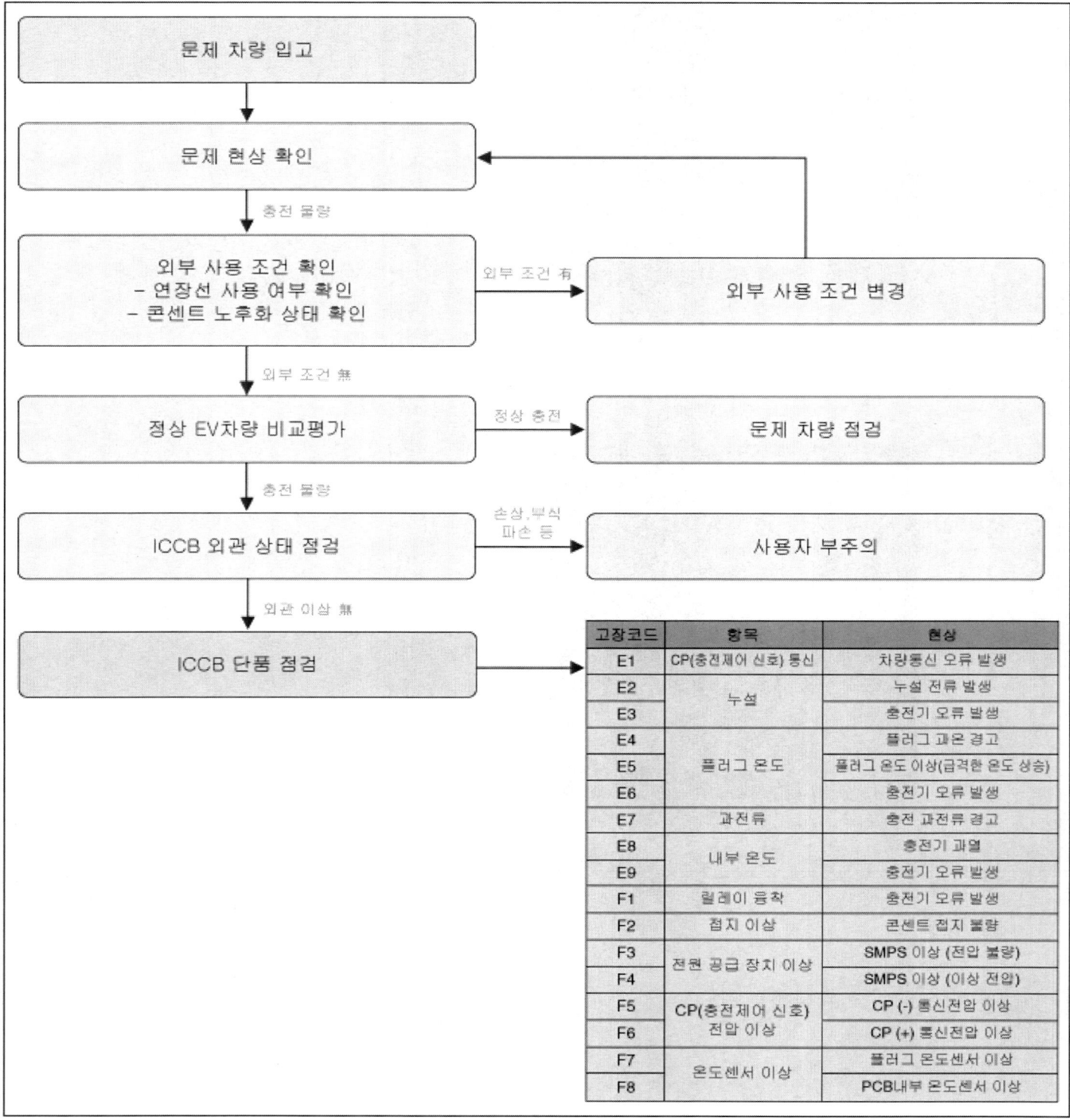

2023 > 엔진 > 160kW > 배터리 제어 시스템 (일반형) > 고전압 충전 시스템 > 전기차 가정용 충전기 (ICCB) > 탈거 및 장착

탈거 및 장착

> ⚠ **경 고**
> - 고전압 시스템 관련 작업 시, 반드시 "안전 및 주의사항" 내용을 숙지하고 준수해야 한다. 미준수 시, 감전 또는 누전 등으로 인한 심각한 사고를 초래할 수 있다.
> - 고전압 시스템 관련 작업 시, "고전압 차단절차"에 따라 반드시 고전압을 먼저 차단해야 한다. 미준수 시, 감전 또는 누전 등으로 인한 심각한 사고를 초래할 수 있다.

[입력 케이블]

1. 스크류를 풀어 ICCB 하부 케이스(A)를 탈거한다.

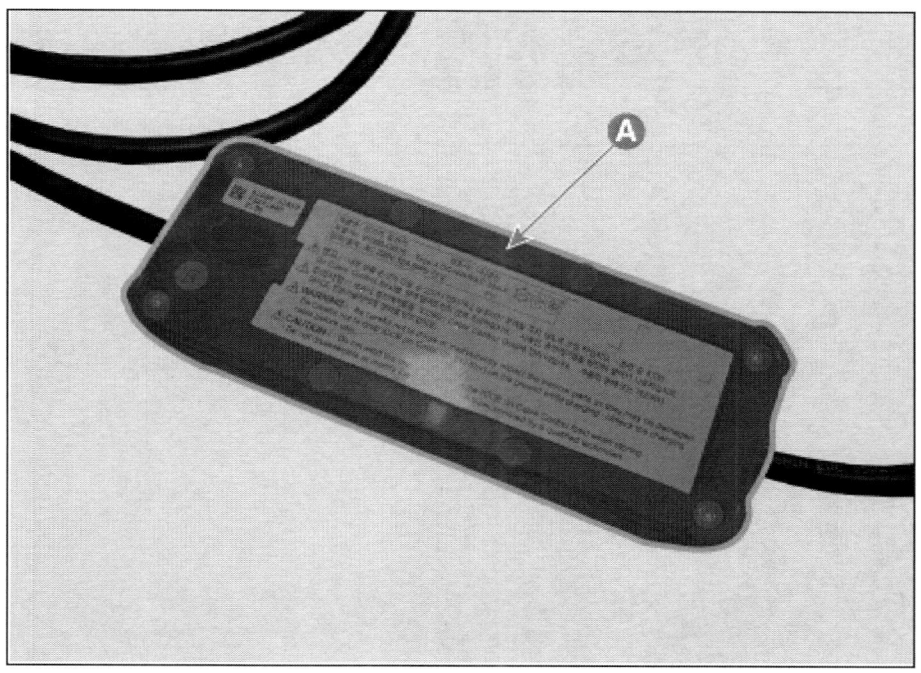

2. 와이어링 핀(A)를 분리한다.

3. 스크류를 풀어 입력 케이블 밴드(A)를 탈거한다.

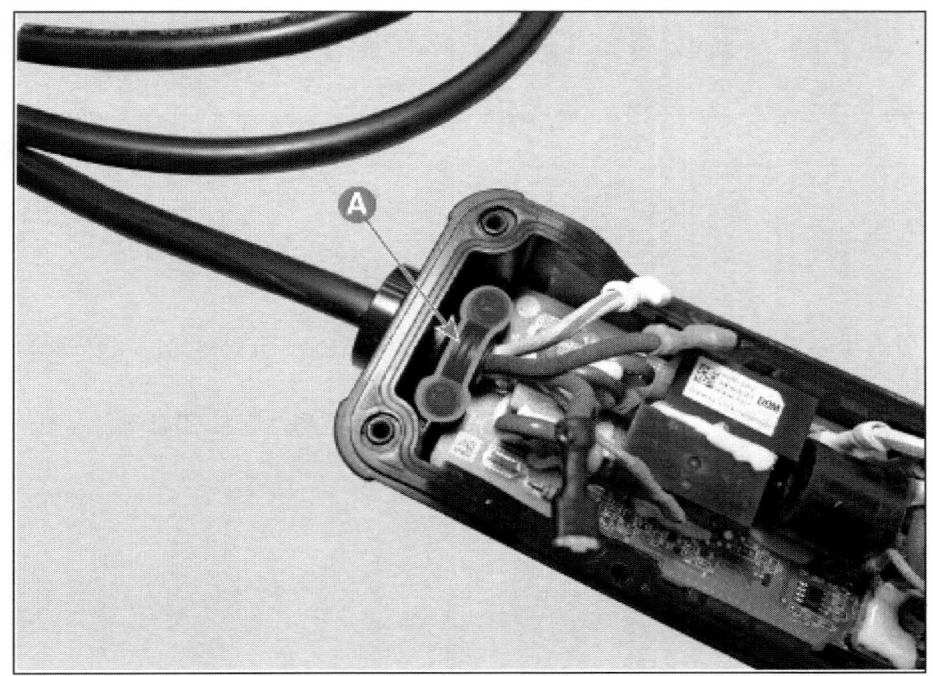

4. 입력 케이블(A)를 탈거한다.

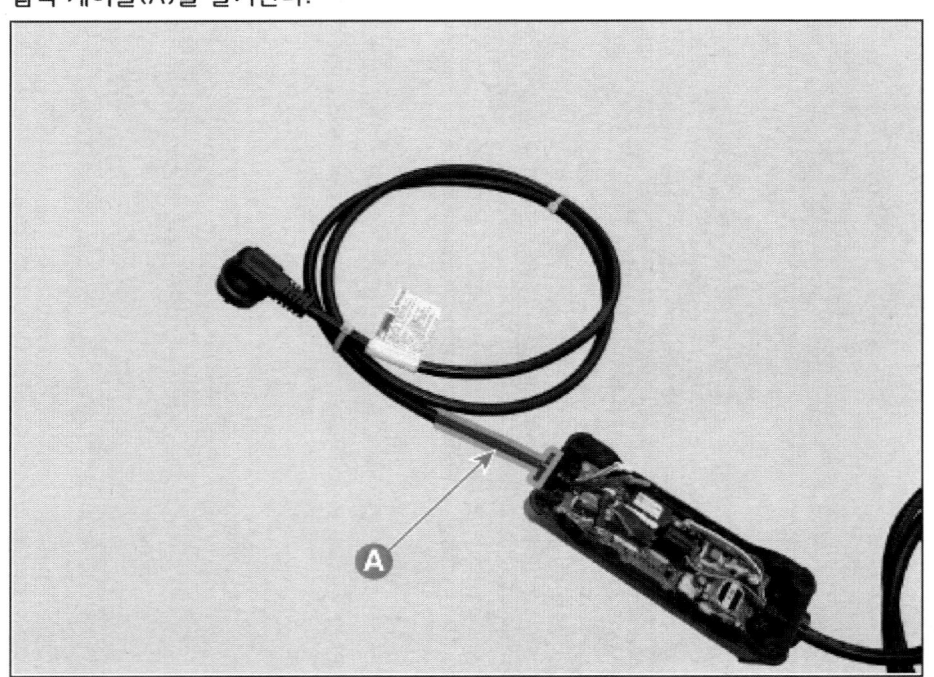

[출력 케이블]
1. 스크류를 풀어 ICCB 하부 케이스(A)를 탈거한다.

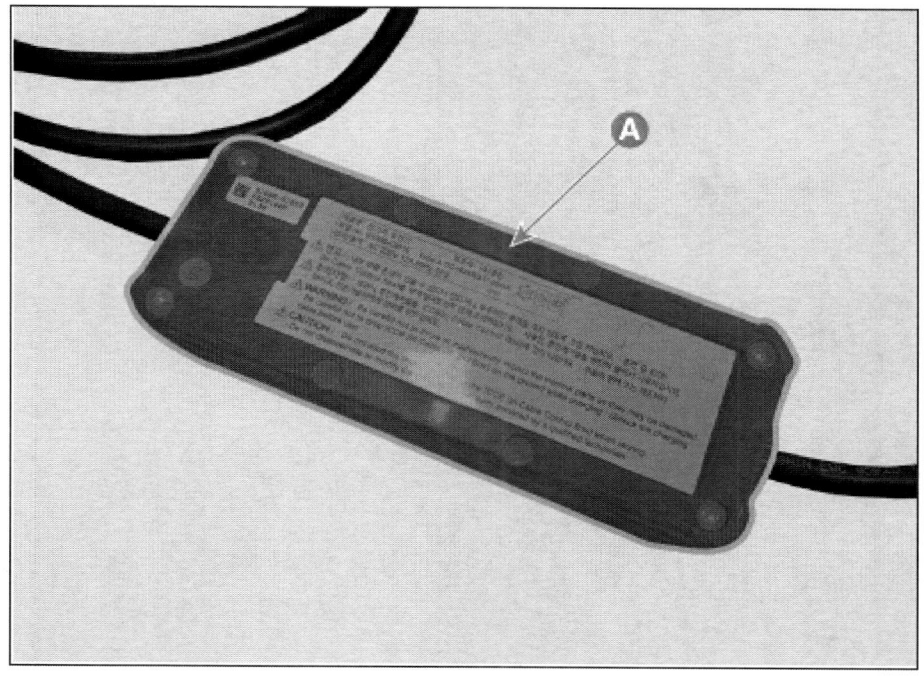

2. 와이어링 핀(A)을 분리한다.

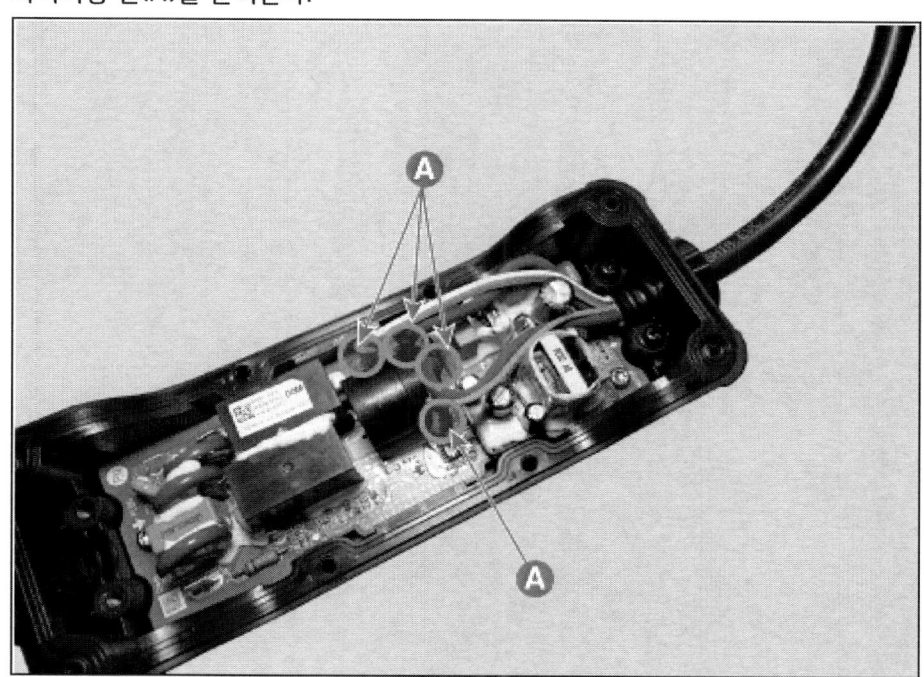

3. 스크류를 풀어 출력 케이블 밴드(A)를 탈거한다.

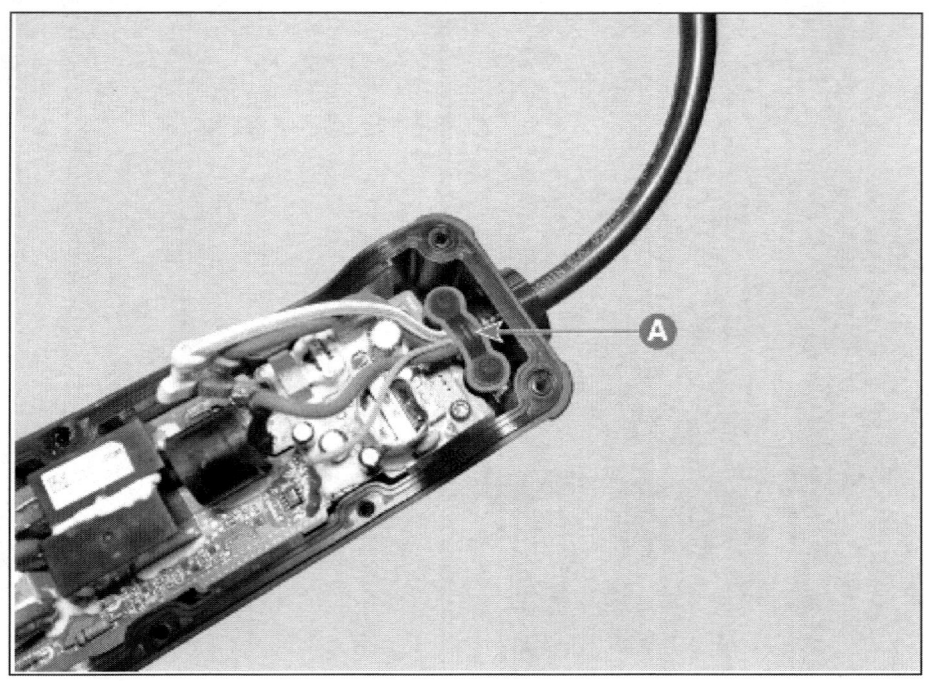

4. 출력 케이블(A)을 탈거한다.

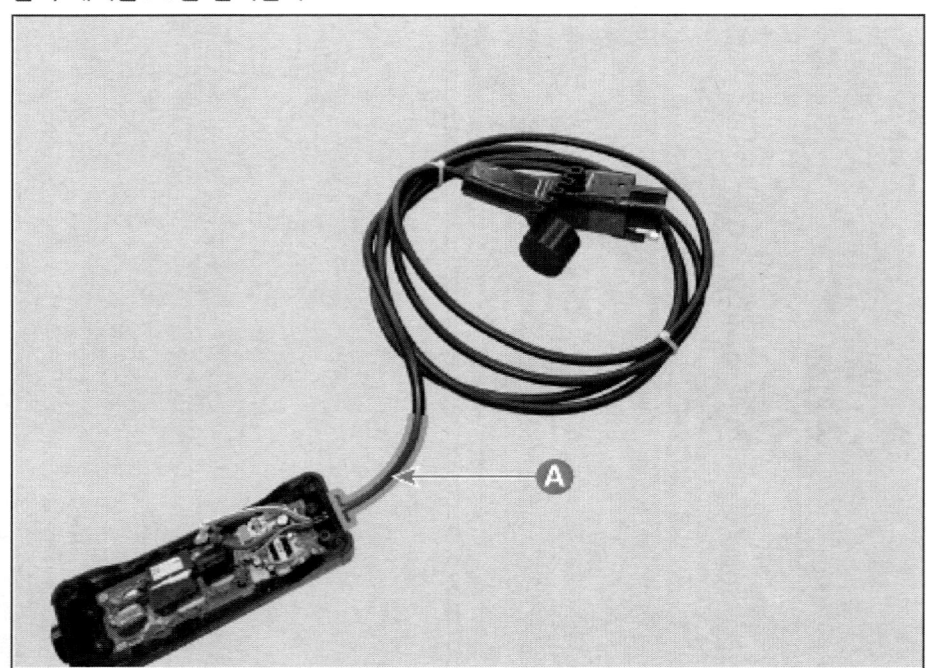

[케이스]
1. 스크류를 풀어 ICCB 하부 케이스(A)를 탈거한다.

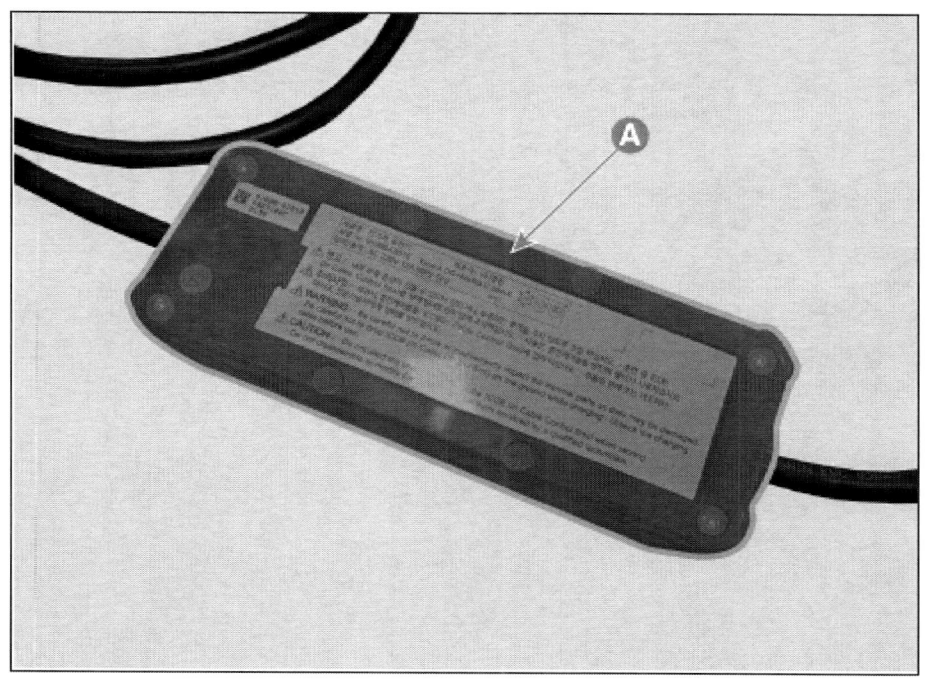

2. 입력 케이블을 탈거한다.
3. 출력 케이블을 탈거한다.
4. 스크류를 풀어 ICCB pcb 보드(A)를 탈거한다.

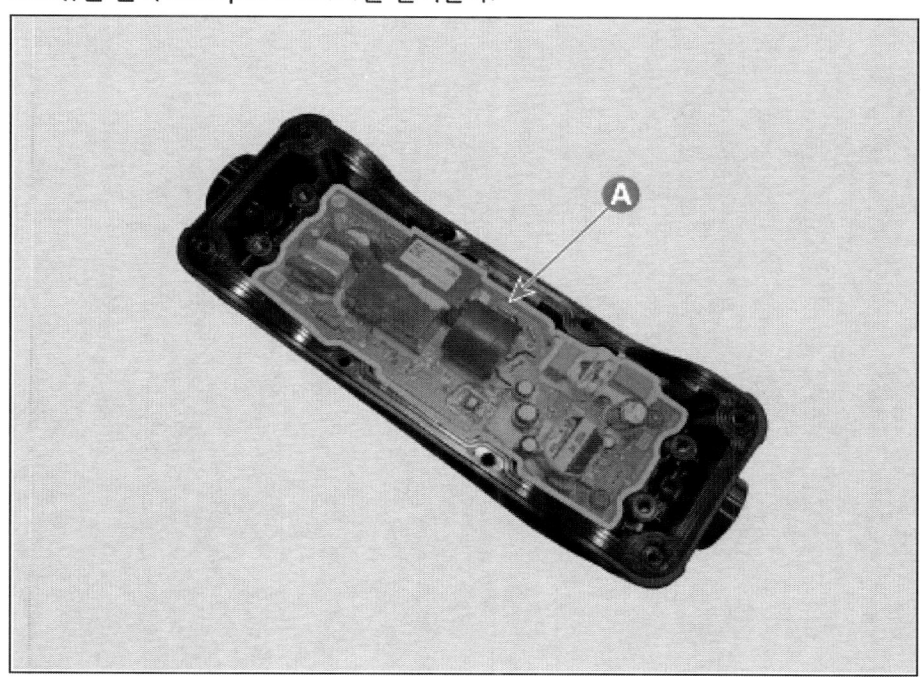

5. ICCB 케이스를 탈거한다.

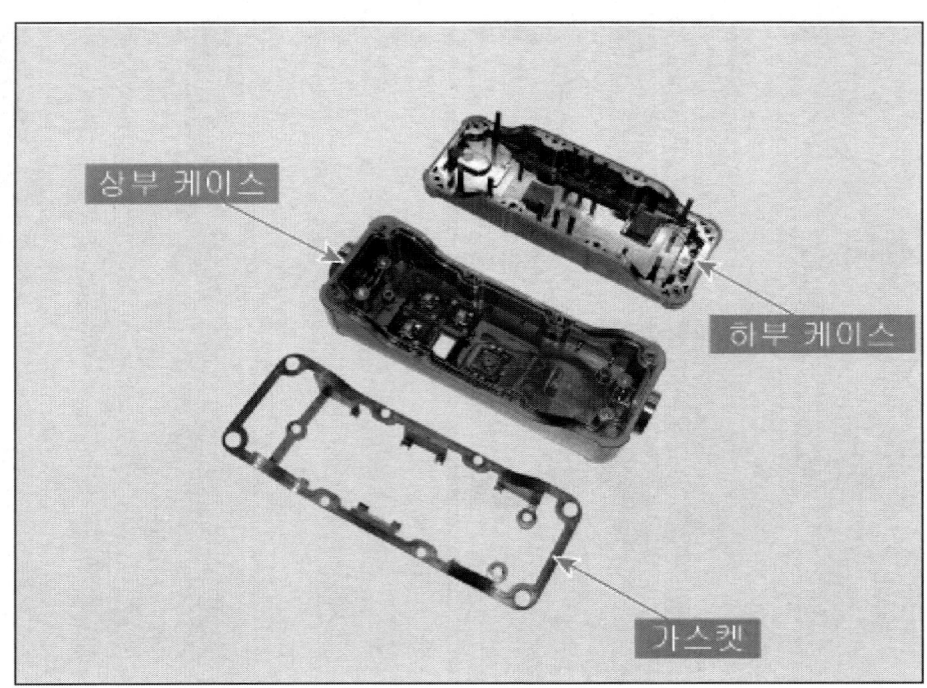

6. 장착은 탈거의 역순으로 진행한다.

고전압 정션 블록 탈장착

프런트 고전압 정션 블록

[2WD]

	작업	H/W	체결토크 (kgf.m)	SST/장비	케미컬	기타
• 탈거						
1	고전압 차단 절차 수행	-	-	진단 기기	-	매뉴얼 참고
2	프런트 트렁크 탈거 (바디 (내장 / 외장 / 전장) - "프런트 트렁크" 참조)	-	-	-	-	-
3	차량 제어 유닛(VCU) 탈거 (차량 제어 시스템 - "차량 제어 유닛 (VCU)" 참조)	-	-	-	-	-
4	보조 배터리 (12V) 및 배터리 트레이 탈거 (차량 제어 시스템 - "보조 배터리 (12V)" 참조)	-	-	-	-	-
5	전동식 에어컨 컴프레서 커넥터 분리	-	-	-	-	-
6	고전압 커넥터 분리	-	-	-	-	-
7	배터리 PTC 히트 펌프 고전압 커넥터 분리 [PTC 히트 펌프 사양]	-	-	-	-	매뉴얼 참고
8	고전압 정션 블록 신호 커넥터 분리	-	-	-	-	-
9	고전압 정션 블록 탈거	볼트	0.5 ~ 0.8	-	-	-
• 장착						
탈거의 역순으로 진행						-
• 부가기능						
• 모터 및 감속기 시스템 기밀 점검 수행 - 진단 기기 및 장비를 고전압 정션 블록 기밀 테스트 수행						

[AWD]

	작업	H/W	체결토크 (kgf.m)	SST/장비	케미컬	기타
• 탈거						
1	고전압 차단 절차 수행	-	-	진단 기기	-	매뉴얼 참고
2	프런트 트렁크 탈거 (바디 (내장 / 외장 / 전장) - "프런트 트렁크" 참조)	-	-	-	-	-
3	프런트 언더 커버 탈거 (모터 및 감속기 시스템 - "프런트 언더 커버" 참조)	-	-	-	-	-
4	고전압 커넥터 커버 탈거	볼트	0.8 ~ 1.2	-	-	-
5	고전압 배터리 프런트 커넥터 분리	-	-	-	-	-
6	전동식 에어컨 컴프레서 커넥터 분리	-	-	-	-	-

	작업	H/W	체결토크 (kgf.m)	SST/장비	케미컬	기타
7	고전압 커넥터 및 배터리 PTC 히트 펌프 고전압 커넥터 분리 [PTC 히트 펌프 사양]	-	-	-	-	매뉴얼 참고
8	고전압 정션 블록 신호 커넥터 분리	-	-	-	-	-
9	와이어링 하네스 프로텍터 볼트 탈거	볼트	0.7 ~ 1.0	-	-	-
10	인버터 커넥터 분리	-	-	-	-	-
11	서비스 커버 탈거	볼트	0.4 ~ 0.6	-	-	-
12	모터 인버터 & 고전압 정션 블록 장착 볼트 탈거	볼트	0.7 ~ 1.0	-	-	-
13	고전압 정션 블록 탈거	볼트	0.7 ~ 1.0	-	-	-

- 장착

탈거의 역순으로 진행 — -

- 부가기능

- 모터 및 감속기 시스템 기밀 점검 수행
  - 진단 기기 및 장비를 고전압 정션 블록 기밀 테스트 수행

리어 고전압 정션 블록

	작업	H/W	체결토크 (kgf.m)	SST/장비	케미컬	기타
	탈거					
1	고전압 차단 절차 수행	-	-	진단 기기	-	매뉴얼 참고
2	리어 크로스 맴버 탈거 (서스펜션 시스템 - "리어 크로스 맴버" 참조)	-	-	-	-	-
3	고전압 케이블 장착 볼트 탈거	볼트	1.8 ~ 2.4	-	-	-
4	고전압 정션 블록 신호 커넥터 분리	-	-	-	-	-
5	서비스 커버 탈거	볼트	0.4 ~ 0.6	-	-	-
6	모터 인버터 & 고전압 정션 블록 장착 볼트 탈거	볼트	0.7 ~ 1.0	-	-	-
7	리어 고전압 정션 블록 장착 볼트 및 너트 탈거	볼트 (A)	2.0 ~ 2.7	-	-	-
		너트 (B)	2.0 ~ 2.4			
8	리어 고전압 정션 블록 탈거	-	-	-	-	-

- 장착

탈거의 역순으로 진행 — -

- 부가기능

- 모터 및 감속기 시스템 기밀 점검 수행
  - 진단 기기 및 장비를 고전압 정션 블록 기밀 테스트 수행

부품위치

1. 프런트 고전압 정션 블록 [2WD]
2. 프런트 고전압 정션 블록 [AWD]
3. 리어 고전압 정션 블록 [2WD / AWD]

개요

고전압 배터리의 고전압 전력을 차량의 각 장치에 분배하는 장치입니다.

[프런트 고전압 정션 블록]

[2WD]

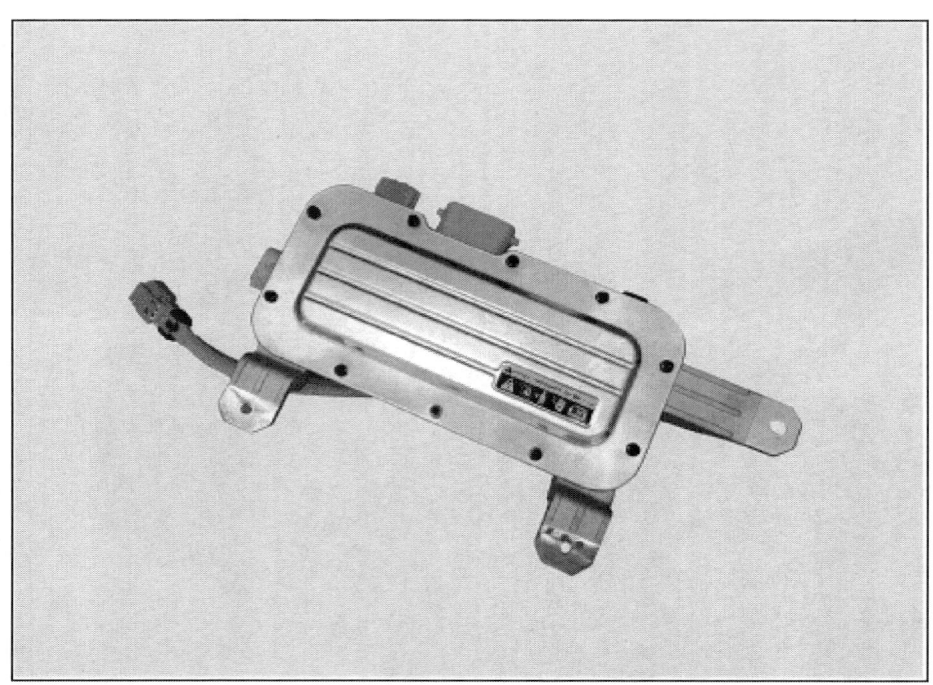

[AWD]

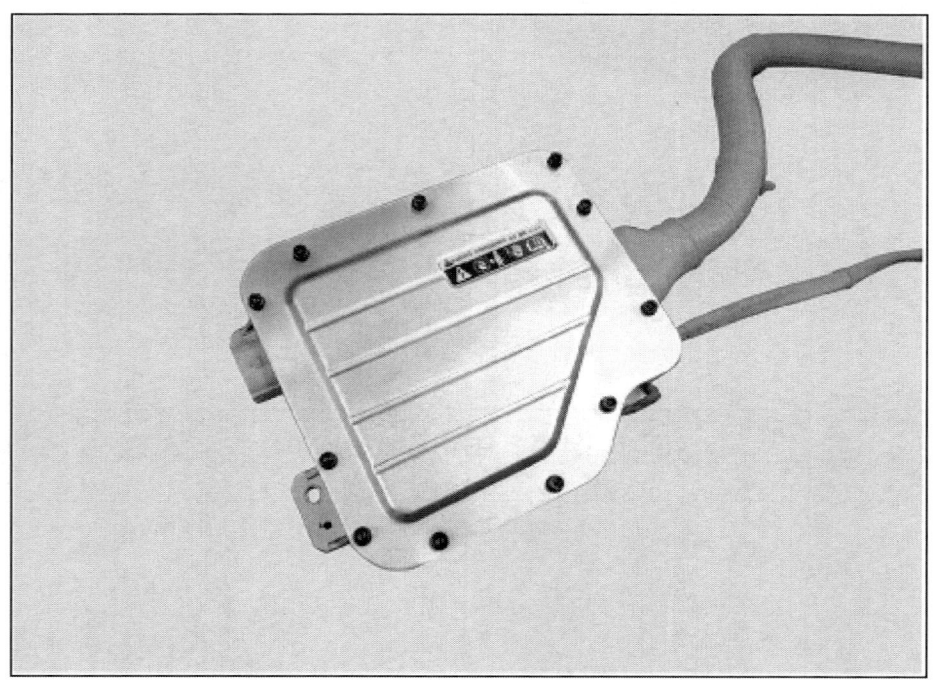

[리어 고전압 정션 블록]

[2WD / AWD]

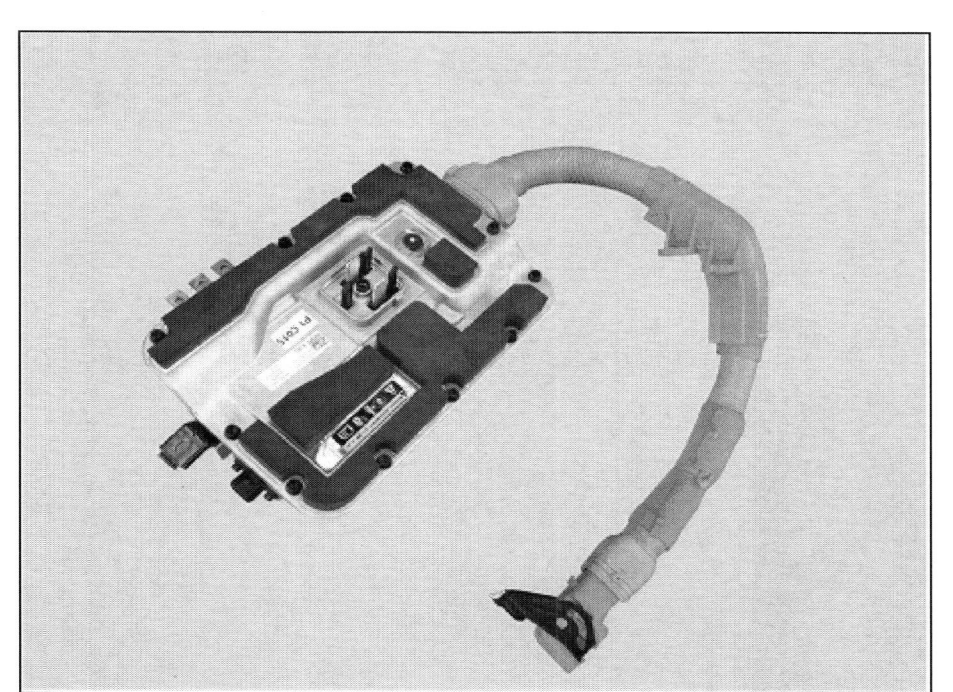

기밀점검

프런트 고전압 정션 블록

[2WD]

1. 고전압 차단 절차를 수행한다.
   (배터리 제어 시스템 - "고전압 차단 절차" 참조)
2. 프런트 트렁크를 탈거한다.
   (바디 (내장 및 외장) - "프런트 트렁크" 참조)
3. 전동식 에어컨 컴프레서 커넥터(A)를 분리한다.

4. 고전압 커넥터(A)를 분리한다.

5. 고전압 커넥터(A)를 분리한다.
6. 배터리 PTC 히트 펌프 고전압 커넥터(B)를 분리한다. [PTC 히트 펌프 사양]

> **참고**
>
> 다음의 절차에 따라 배터리 PTC 히트 펌프 고전압 커넥터를 분리한다.

1) 잠금 핀(A)을 화살표 방향으로 당긴다.
2) 잠금 클립(B)을 화살표 방향으로 누른 뒤 커넥터를 당긴다.
3) 잠금 클립(A)을 화살표 방향으로 공구를 사용하여 들어올린 후 화살표 방향으로 당겨 커넥터를 분리한다.

7. 고전압 정션 블록에 기밀 유지 커넥터(A)를 장착한다.

8. 고전압 정션 블록 압력 조정재와 평평한 곳에 기밀 점검 테스터기의 압력 조정재 어댑터(A)를 연결한다.

> **참 고**
> - 기밀 점검 테스터기를 작동하고 난 후, 손을 떼어도 진공 압력에 의해 압력 조정제 어댑터는 떨어지지 않는다.
>   단, 압력 조정제 어댑터가 떨어질 경우 손으로 일정 시간 누르고 있어야 한다.

9. 진단 기기를 이용하여 기밀 점검을 실시한다.

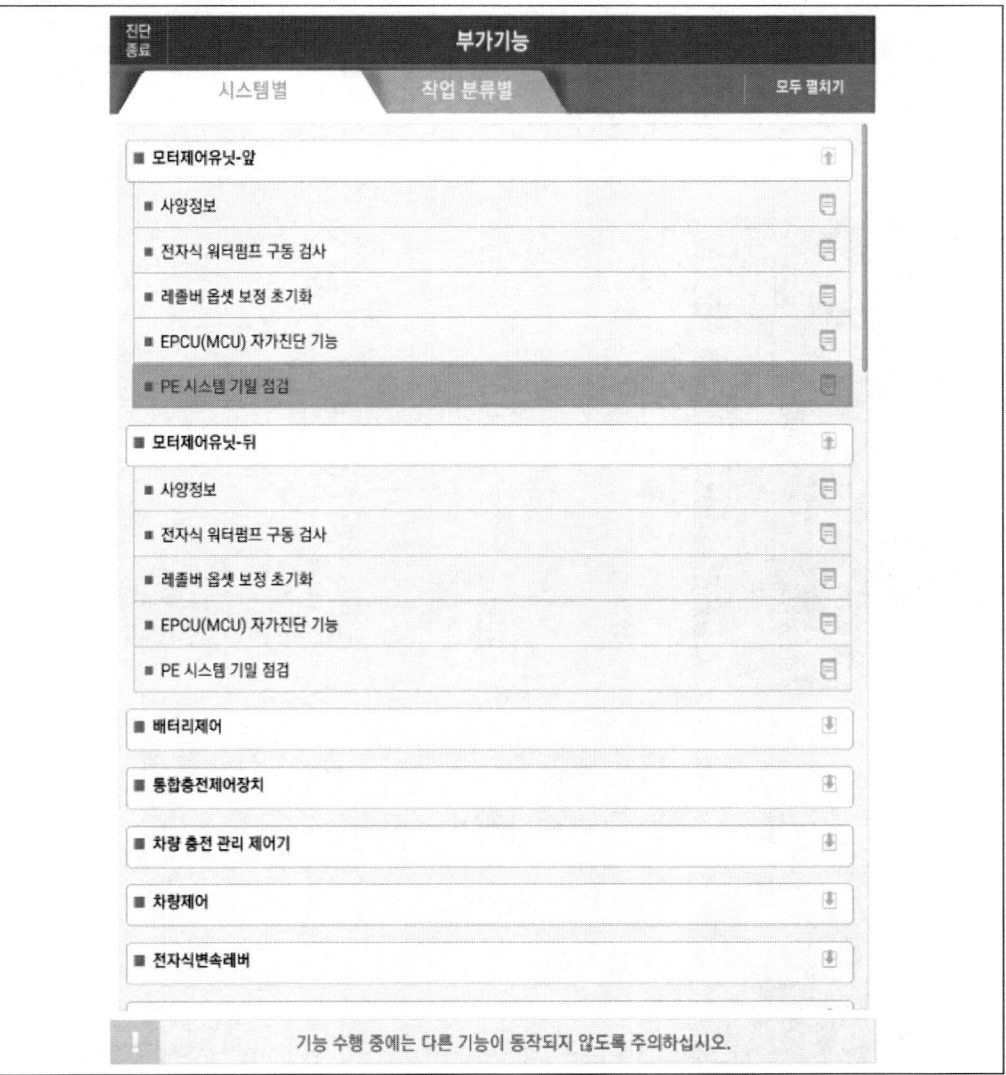

10. 고전압 정션 블록 상단에 QR코드를 스캔하거나 시스템 코드를 입력한다.

부가기능

■ PE 시스템 기밀 점검

● [기능 선택]

진행할 기능을 선택하십시오.
1. 기밀 점검 : PE시스템 기밀 점검을 진행합니다.
2. 진공라인 셀프테스트 : 진공라인을 서로 맞물려 준 후 진행하십시오.

[기밀 점검]

[진공라인 셀프테스트]

[이전]

기능 수행 중에는 다른 기능이 동작되지 않도록 주의하십시오.

부가기능

■ PE 시스템 기밀 점검

● [PE시스템 기밀 점검 - 영점조정]

전체 미연결된 상태로 [영점 조정] 버튼을 누르십시오.

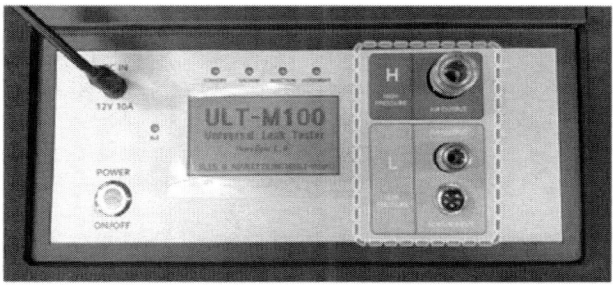

❶ [영점 조정]

❷ [확인]   [이전]   [취소]

기능 수행 중에는 다른 기능이 동작되지 않도록 주의하십시오.

| 진단 종료 | 부가기능 |

■ PE 시스템 기밀 점검

● [PE시스템 기밀 점검 - 막음 커넥터 결합]

막음 커넥터 결합 여부를 확인하신 후 [확인] 버튼을 누르십시오.

⚠ [주의]
차종에 맞는 커넥터를 사용해 주십시오.

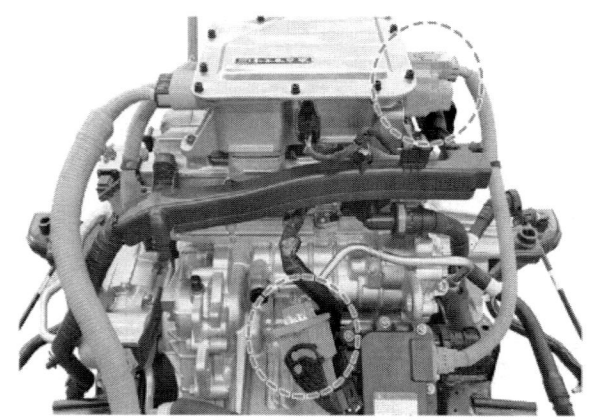

| 확인 | 이전 | 취소 |

기능 수행 중에는 다른 기능이 동작되지 않도록 주의하십시오.

● [PE시스템 기밀 점검 - 장비연결]

1. 압력조정재 2곳에 진공 라인을 연결해주십시오.
2. 'LOW PRESSURE AIR OUTPUT'과 'PE시스템 진공 라인'을 연결 후 검사를 진행해 주십시오.

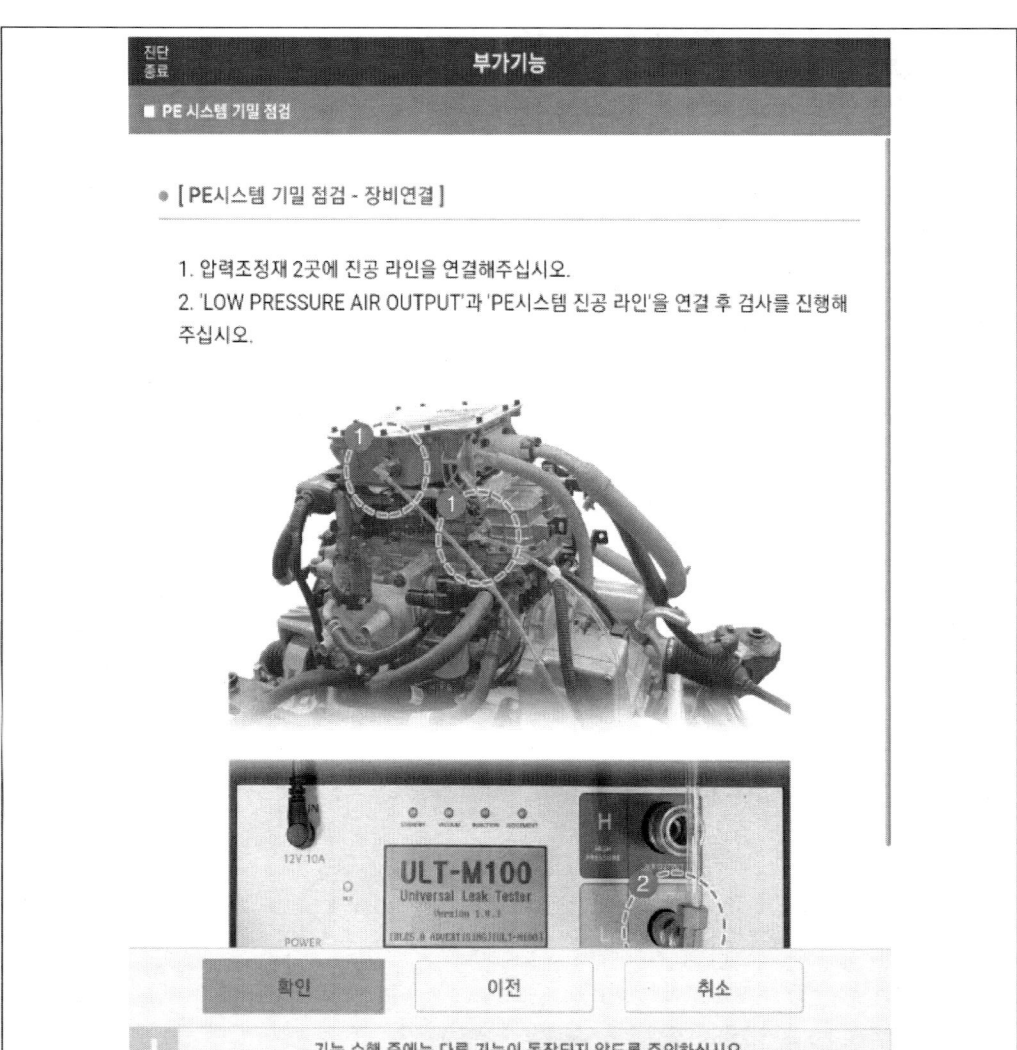

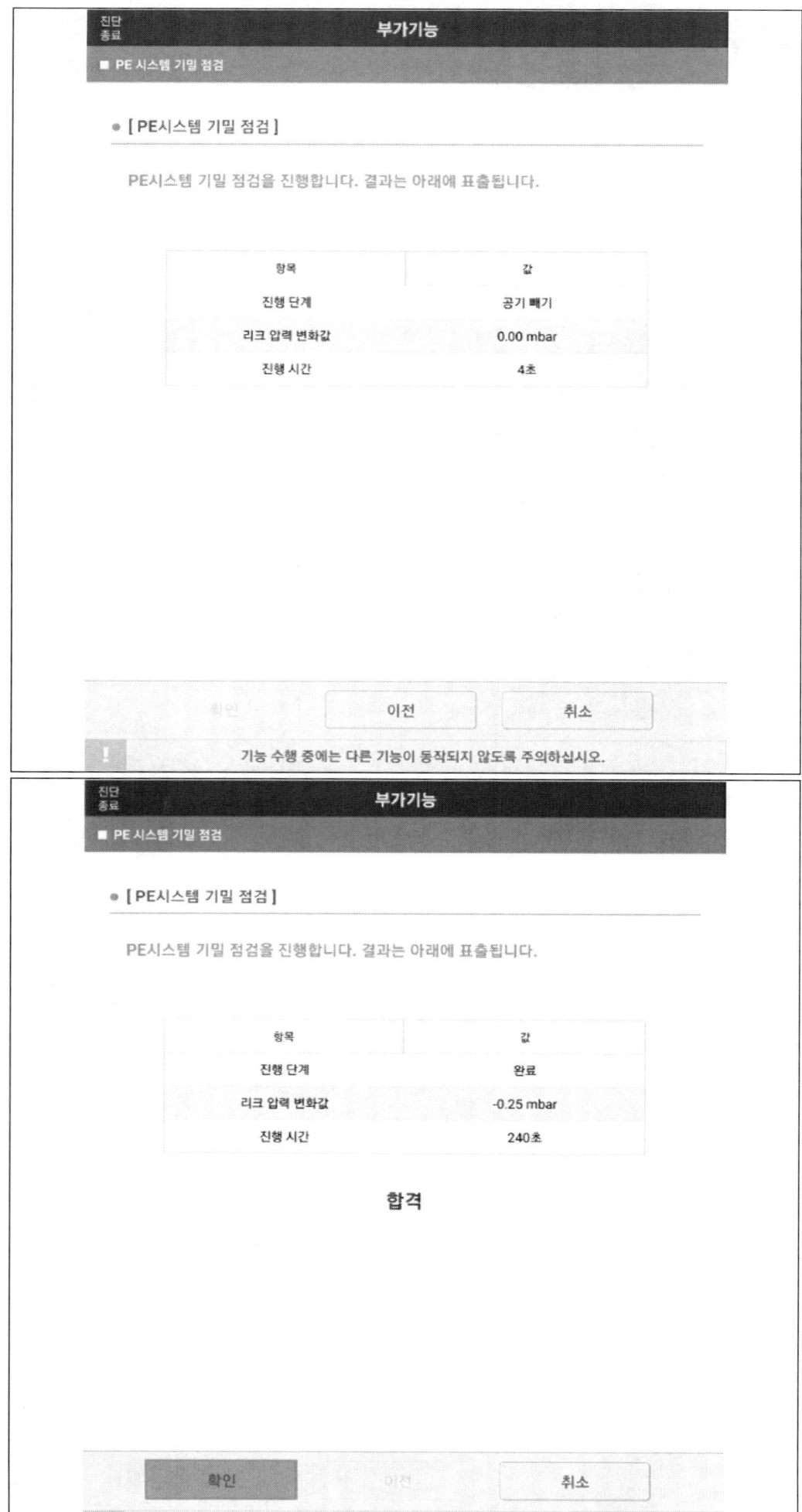

11. PE 시스템의 기밀 누설 여부를 확인한다.

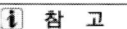 참 고

- "PE 시스템" 의 기밀 누설 판정 기준

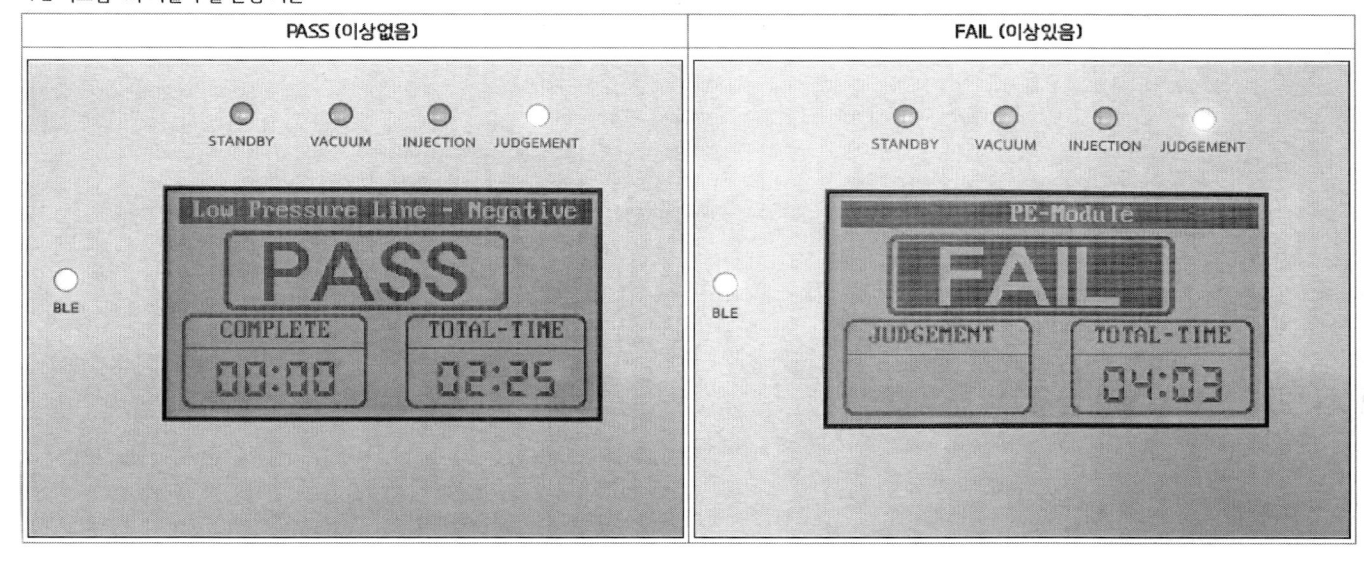

탈거

> **⚠ 경 고**
> - 고전압 시스템 관련 작업 시, 반드시 "안전 및 주의사항" 내용을 숙지하고 준수해야 한다. 미준수 시, 감전 또는 누전 등으로 인한 심각한 사고를 초래할 수 있다.
> - 고전압 시스템 관련 작업 시, "고전압 차단절차"에 따라 반드시 고전압을 먼저 차단해야 한다. 미준수 시, 감전 또는 누전 등으로 인한 심각한 사고를 초래할 수 있다.

[프런트 고전압 정션 블록]

[2WD]

1. 고전압 차단 절차를 수행한다.
   (배터리 제어 시스템 - "고전압 차단 절차" 참조)
2. 프런트 트렁크를 탈거한다.
   (바디 (내장 / 외장 / 전장) - "프런트 트렁크" 참조)
3. 차량 제어 유닛(VCU)을 탈거한다.
   (차량 제어 시스템 - "차량 제어 유닛 (VCU)" 참조)
4. 보조 배터리 (12V) 및 배터리 트레이를 탈거한다.
   (차량 제어 시스템 - "보조 배터리 (12V)" 참조)
5. 전동식 에어컨 컴프레서 커넥터(A)를 분리한다.

6. 고전압 커넥터(A)를 분리한다.

7. 고전압 커넥터(A)를 분리한다.
8. 배터리 PTC 히트 펌프 고전압 커넥터(B)를 분리한다. [PTC 히트 펌프 사양]

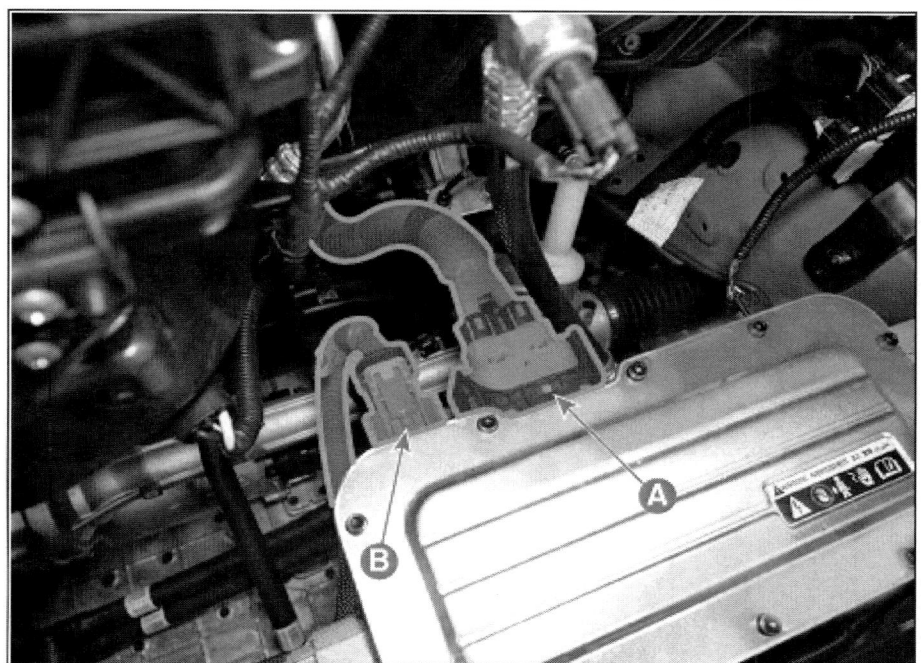

> **참 고**
>
> 다음의 절차에 따라 배터리 PTC 히트 펌프 고전압 커넥터를 분리한다.
> 1) 잠금 핀(A)을 화살표 방향으로 당긴다.
> 2) 잠금 클립(B)을 화살표 방향으로 누른 뒤 커넥터를 당긴다.
>   img
> 3) 잠금 클립(A)을 화살표 방향으로 공구를 이용하여 들어올린 후 화살표 방향으로 당겨 커넥터를 분리한다.
>   img

9. 고전압 정션 블록 신호 커넥터(A)를 분리한다.

10. 볼트를 풀어 고전압 정션 블록(A)을 탈거한다.

   체결 토크 : 0.5 ~ 0.8 kgf.m

[AWD]

1. 고전압 차단 절차를 수행한다.
   (배터리 제어 시스템 - "고전압 차단 절차" 참조)
2. 프런트 트렁크를 탈거한다.
   (바디 (내장 및 외장) - "프런트 트렁크" 참조)
3. 프런트 언더 커버를 탈거한다.
   (모터 및 감속기 시스템 - "프런트 언더 커버" 참조)
4. 고전압 커넥터 커버(A)를 탈거한다.

   체결 토크 : 0.8 ~ 1.2 kgf.m

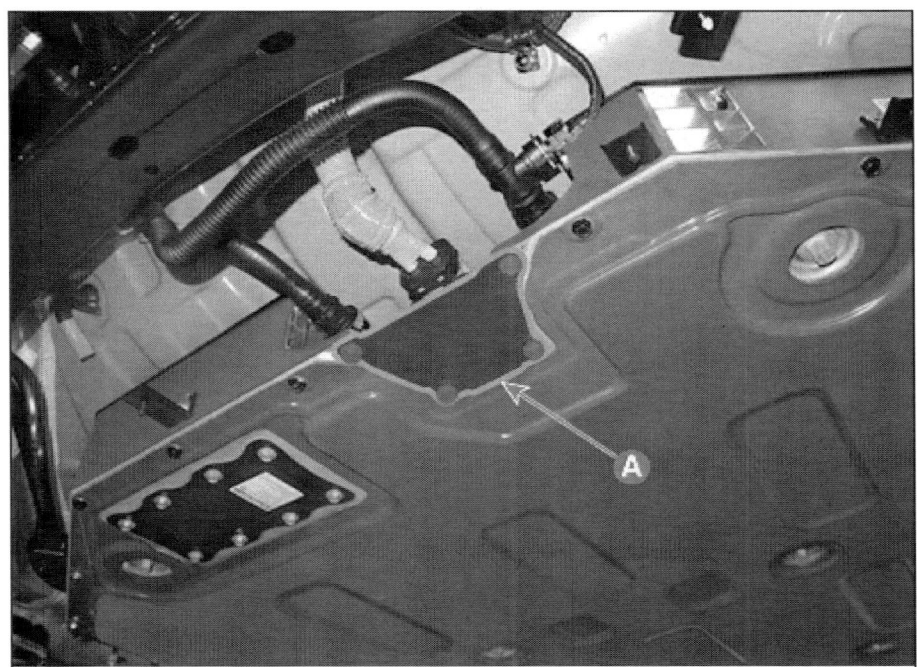

5. 고전압 배터리 프런트 커넥터(A)를 분리한다.

6. 전동식 에어컨 컴프레서 커넥터(A)를 분리한다.

7. 고전압 커넥터(A)를 분리한다.
8. 배터리 PTC 히트 펌프 고전압 커넥터(B)를 분리한다. [PTC 히트 펌프 사양]

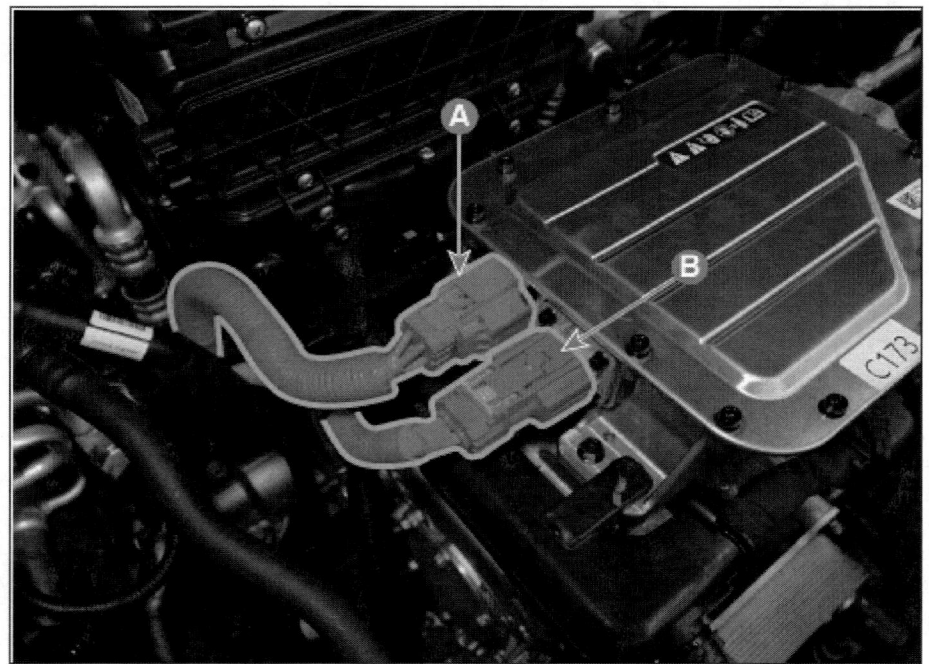

> [i] 참 고
>
> 다음의 절차에 따라 배터리 PTC 히트 펌프 고전압 커넥터를 분리한다.
> 1) 잠금 핀(A)을 화살표 방향으로 당긴다.
> 2) 잠금 클립(B)을 화살표 방향으로 누른 뒤 커넥터를 당긴다.
>   img
> 3) 잠금 클립(A)을 화살표 방향으로 공구를 사용하여 들어올린 후 화살표 방향으로 당겨 커넥터를 분리한다.
>   img

9. 고전압 정션 블록 신호 커넥터(A)를 분리한다.

10. 와이어링 하네스 프로텍터 볼트(A)를 탈거한다.
11. 인버터 커넥터(B)를 분리한다.

체결 토크 : 0.7 ~ 1.0 kgf.m

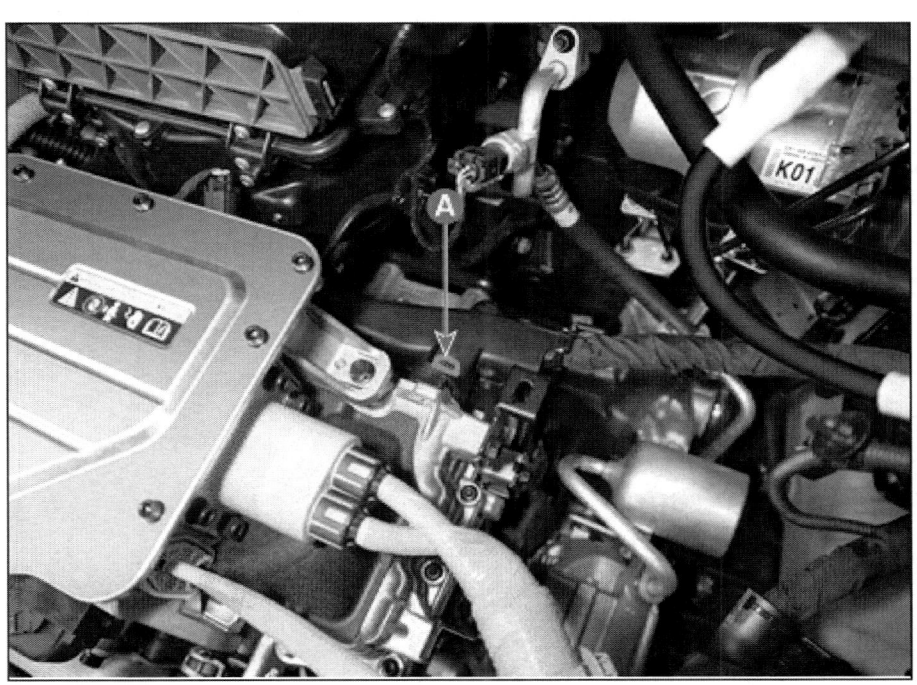

12. 볼트를 풀어 서비스 커버(A)를 탈거한다.

    체결 토크 : 0.4 ~ 0.6 kgf.m

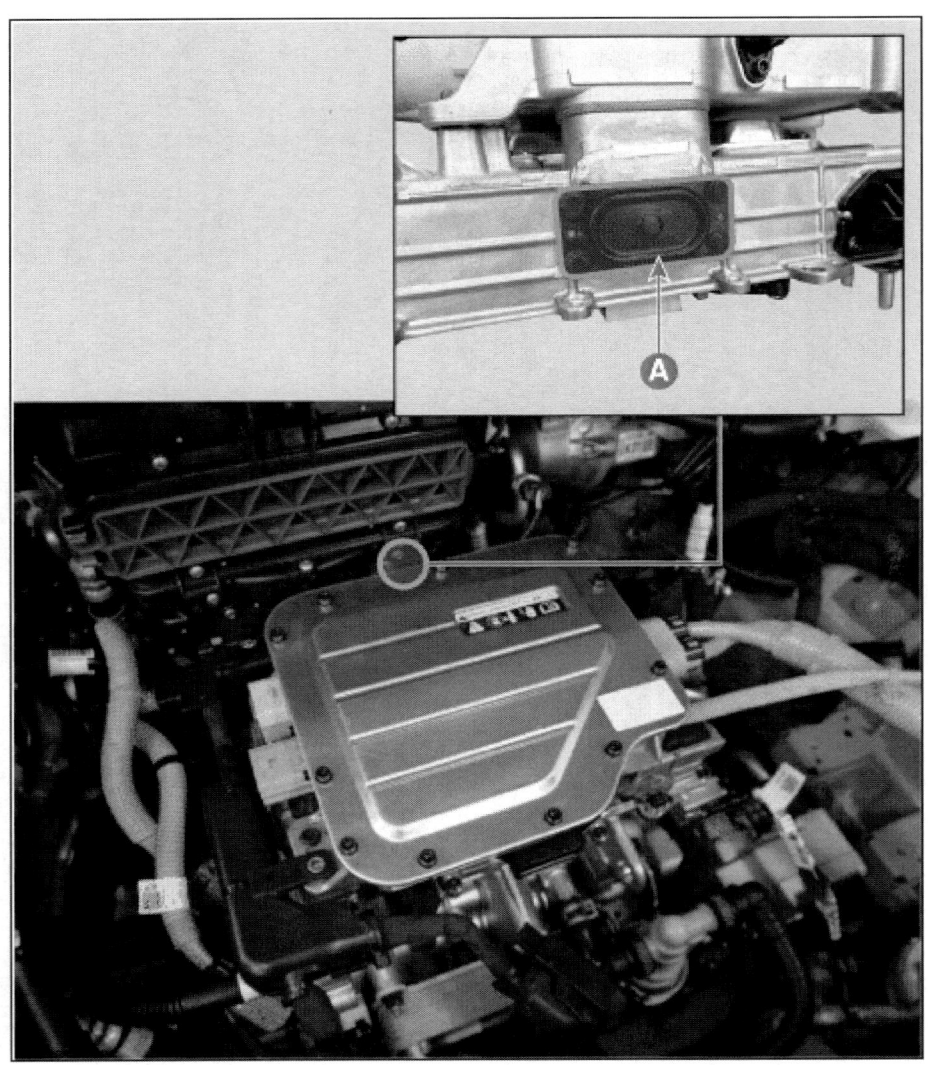

13. 모터 인버터 및 고전압 정션 블록 볼트(A)를 탈거한다.

체결 토크 : 0.7 ~ 1.0 kgf.m

14. 볼트를 풀어 고전압 정션 블록(A)을 탈거한다.

체결 토크 : 0.7 ~ 1.0 kgf.m

[리어 고전압 정션 블록]

1. 고전압 차단 절차를 수행한다.
   (배터리 제어 시스템 - "고전압 차단 절차" 참조)
2. 리어 크로스 맴버를 탈거한다.
   (서스펜션 시스템 - "리어 크로스 맴버" 참조)
3. 고전압 케이블 볼트(A)를 푼다.

   체결 토크 : 1.8 ~ 2.4 kgf.m

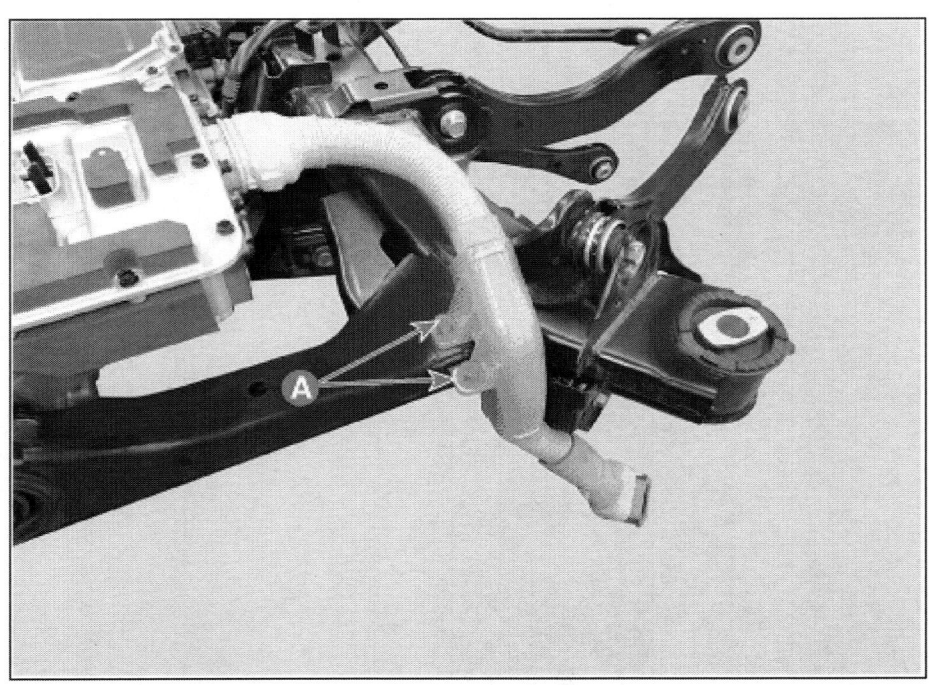

4. 고전압 정션 블록 신호 커넥터(A)를 분리한다.

5. 볼트를 풀어 서비스 커버(A)를 탈거한다.

   체결 토크 : 0.4 ~ 0.6 kgf.m

6. 모터 인버터 및 고전압 정션 블록 볼트(A)를 탈거한다.

   체결 토크 : 0.7 ~ 1.0 kgf.m

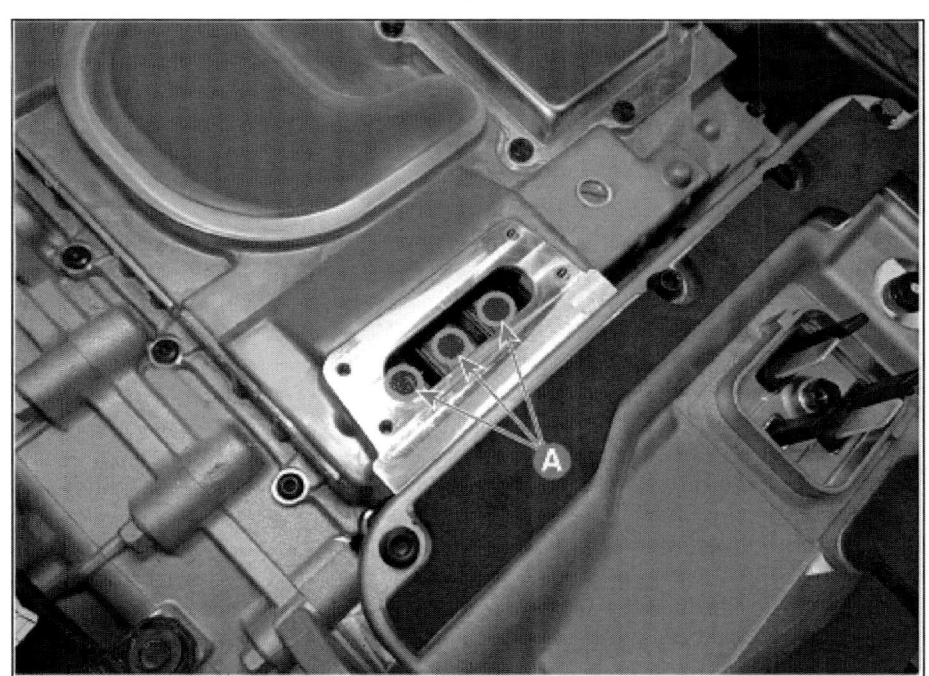

7. 리어 고전압 정션 블록 볼트 및 너트(A)를 푼다.

   체결 토크
   (A) : 2.0 ~2.7 kgf.m
   (B) : 2.0 ~ 2.4 kgf.m

8. 리어 고전압 정션 블록(A)을 탈거한다.

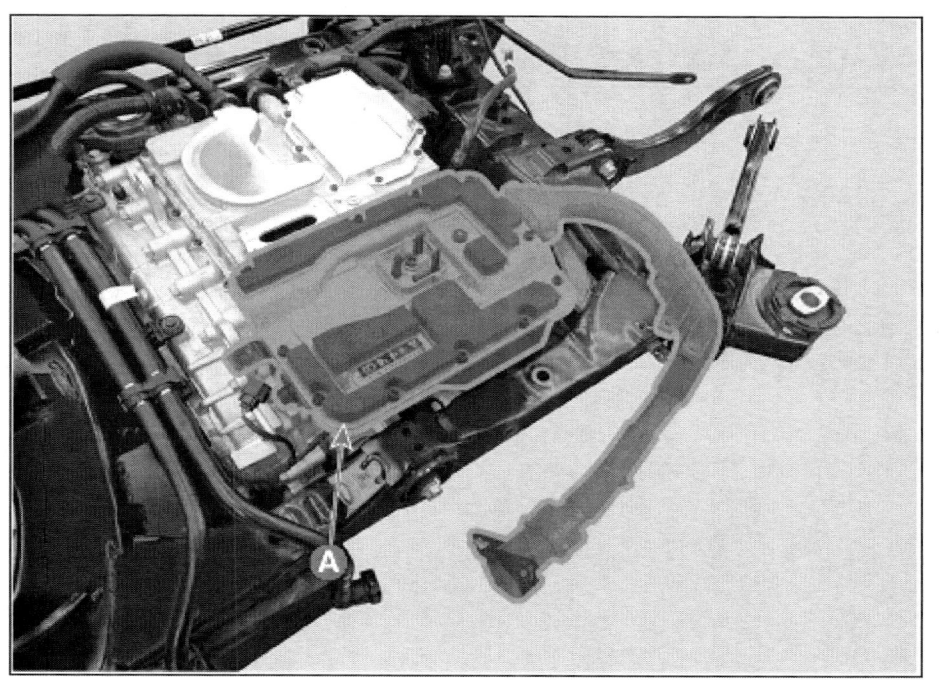

장착

[프런트 고전압 정션 블록]

[2WD]

1. 장착은 탈거의 역순으로 진행한다.
2. 프런트 고전압 정션 블록 기밀점검을 수행한다. (2WD)
   (고전압 정션 블록 - "기밀 점검" 참조)

[AWD]

1. 장착은 탈거의 역순으로 진행한다.
2. 전륜 모터 및 감속기 시스템 기밀점검을 수행한다.
   (모터 및 감속기 시스템 - "기밀 점검" 참조)

[리어 고전압 정션 블록]

1. 장착은 탈거의 역순으로 진행한다.
2. 후륜 모터 및 감속기 시스템 기밀 점검을 수행한다.
   (모터 및 감속기 시스템 - "기밀 점검" 참조)

파워 케이블 탈장착

파워 케이블 [프런트 고전압 정션블록 <-> 고전압 배터리]

	작업	H/W	체결토크 (kgf.m)	SST/장비	케미컬	기타
• 탈거						
1	고전압 차단 절차 수행	-	-	진단 기기	-	매뉴얼 참고
2	프런트 트렁크 탈거 (바디 (내장 / 외장 / 전장) - "프런트 트렁크" 참조)	-	-	-	-	-
3	고전압 커넥터(고전압 정션 블록 ↔ 고전압 배터리)분리	-	-	-	-	-
4	프런트 언더 커버 탈거 (모터 및 감속기 시스템 - "프런트 언더 커버" 참조)	-	-	-	-	-
5	고전압 커넥터 커버 탈거	볼트	0.8 ~ 1.2	-	-	-
6	고전압 커넥터(고전압 배터리 ↔ 고전압 정션 블록) 분리	-	-	-	-	-
• 장착						
탈거의 역순으로 진행						-

파워 케이블 [ICCU <-> 고전압 배터리]

	작업	H/W	체결토크 (kgf.m)	SST/장비	케미컬	기타
• 탈거						
1	고전압 차단 절차 수행	-	-	진단 기기	-	매뉴얼 참고
2	리어 언더 커버 탈거 (모터 및 감속기 시스템 - "리어 언더 커버" 참조)	-	-	-	-	-
3	ICCU 연결 커넥터 분리	-	-	-	-	-
4	리어 시트 쿠션 어셈블리 탈거 (바디(내장 / 외장 / 전장) - "리어 시트 쿠션 어셈블리" 참조)	-	-	-	-	-
5	리어 휠 하우스 트림 탈거 (바디(내장 / 외장 / 전장) - "리어 휠 하우스 트림" 참조)	-	-	-	-	-
6	V2L 신호 커넥터 및 V2L 익스텐션 커넥터 분리	-	-	-	-	-
7	상부 프레임 탈거	볼트/너트	2.0 ~ 3.0	-	-	-
8	ICCU DC 커넥터 분리	-	-	-	-	-
9	파워 케이블 탈거	-	-	-	-	-
• 장착						
탈거의 역순으로 진행						-

파워 케이블 [ICCU <-> 콤보 충전 인렛 어셈블리]

	작업	H/W	체결토크 (kgf.m)	SST/장비	케미컬	기타
• 탈거						
1	고전압 차단 절차 수행	-	-	진단 기기	-	매뉴얼 참고
2	리어 시트 쿠션 어셈블리 탈거 (바디(내장 / 외장 / 전장) - "리어 시트 쿠션 어셈블리" 참조)	-	-	-	-	-
3	리어 휠 하우스 트림 탈거 (바디(내장 / 외장 / 전장) - "리어 휠 하우스 트림" 참조)	-	-	-	-	-
4	리어 휠 가드[RH] 탈거 (바디 (내장 / 외장 / 전장) - "휠 가드" 참조)	-	-	-	-	-
5	완속 충전 커넥터 분리	-	-	-	-	-
6	V2L 신호 커넥터 및 V2L 익스텐션 커넥터 분리	-	-	-	-	-
7	상부 프레임 탈거	볼트/너트	2.0 ~ 3.0	-	-	-
8	ICCU AC 커넥터 분리	-	-	-	-	-
9	파워 케이블 탈거	-	-	-	-	-
• 장착						
탈거의 역순으로 진행						-

탈거 및 장착

> **⚠ 경 고**
>
> - 고전압 시스템 관련 작업 시, 반드시 "안전 및 주의사항" 내용을 숙지하고 준수해야 한다. 미준수 시, 감전 또는 누전 등으로 인한 심각한 사고를 초래할 수 있다.
> - 고전압 시스템 관련 작업 시, "고전압 차단절차"에 따라 반드시 고전압을 먼저 차단해야 한다. 미준수 시, 감전 또는 누전 등으로 인한 심각한 사고를 초래할 수 있다.

[프런트 고전압 정션 블록 <-> 고전압 배터리] (2WD)

1. 고전압 차단 절차를 수행한다.
   (배터리 제어 시스템 - "고전압 차단 절차" 참조)
2. 프런트 트렁크를 탈거한다.
   (바디 (내장 / 외장 / 전장) - "프런트 트렁크" 참조)
3. 고전압 커넥터[고전압 정션 블록 ↔ 고전압 배터리](A)를 분리한다.

4. 프런트 언더 커버를 탈거한다.
   (모터 및 감속기 시스템 - "프런트 언더 커버" 참조)
5. 고전압 커넥터 커버(A)를 탈거한다.

체결 토크 : 0.8 ~ 1.2 kgf.m

6. 고전압 커넥터[고전압 배터리 ↔ 고전압 정션 블록](A)를 분리한다.

7. 장착은 탈거의 역순으로 진행한다.

[ICCU <-> 고전압 배터리]

1. 고전압 차단 절차를 수행한다.
   (배터리 제어 시스템 - "고전압 차단 절차" 참조)

2. 리어 언더 커버를 탈거한다.
   (모터 및 감속기 시스템 - "리어 언더 커버" 참조)

3. ICCU 연결 커넥터(A)를 분리한다.

4. 리어 시트 쿠션 어셈블리를 탈거한다.
   (바디 (내장 / 외장 / 전장) - "리어 시트 쿠션 어셈블리" 참조)
5. 리어 휠 하우스 트림을 탈거한다.
   (바디 (내장 / 외장 / 전장) - "리어 휠 하우스 트림" 참조)
6. V2L 신호 커넥터(A)를 탈거한다.
7. V2L 익스텐션 커넥터(B)를 탈거한다.

8. 볼트 및 너트를 풀어 상부 프레임(A)을 탈거한다.

체결 토크 : 2.0 ~ 3.0 kgf.m

9. ICCU DC 커넥터(A)를 분리한다.

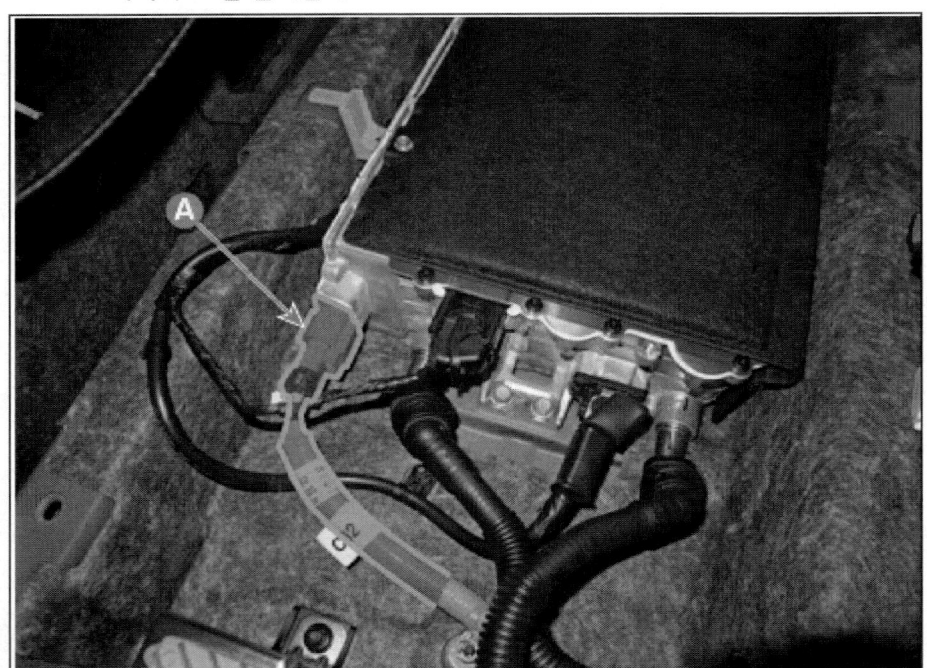

10. 파워케이블(A)을 탈거한다.

11. 장착은 탈거의 역순으로 진행한다.

[ICCU <-> 콤보 충전 인렛 어셈블리]

1. 고전압 차단 절차를 수행한다.
   (배터리 제어 시스템 - "고전압 차단 절차" 참조)
2. 리어 시트 쿠션 어셈블리를 탈거한다.
   (바디 (내장 / 외장 / 전장) - "리어 시트 쿠션 어셈블리" 참조)
3. 리어 휠 하우스 트림을 탈거한다.
   (바디 (내장 / 외장 / 전장) - "리어 휠 하우스 트림" 참조)
4. 리어 휠 가드를 탈거한다. [RH]
   (바디 (내장 / 외장 / 전장) - "휠 가드" 참조)
5. 완속 충전 커넥터(A)를 탈거한다.

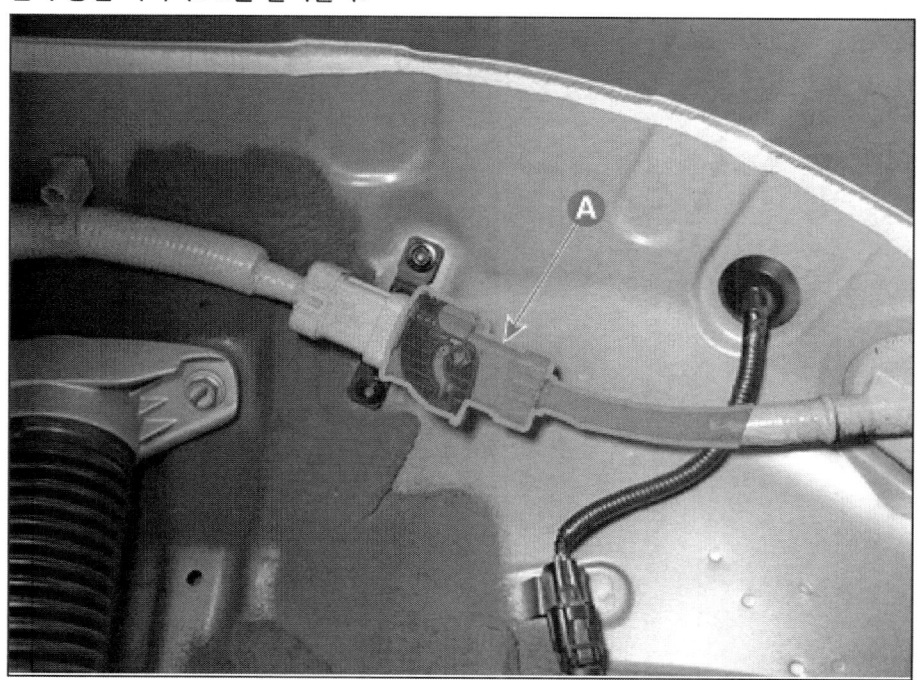

6. V2L 신호 커넥터(A)를 탈거한다.
7. V2L 익스텐션 커넥터(B)를 탈거한다.

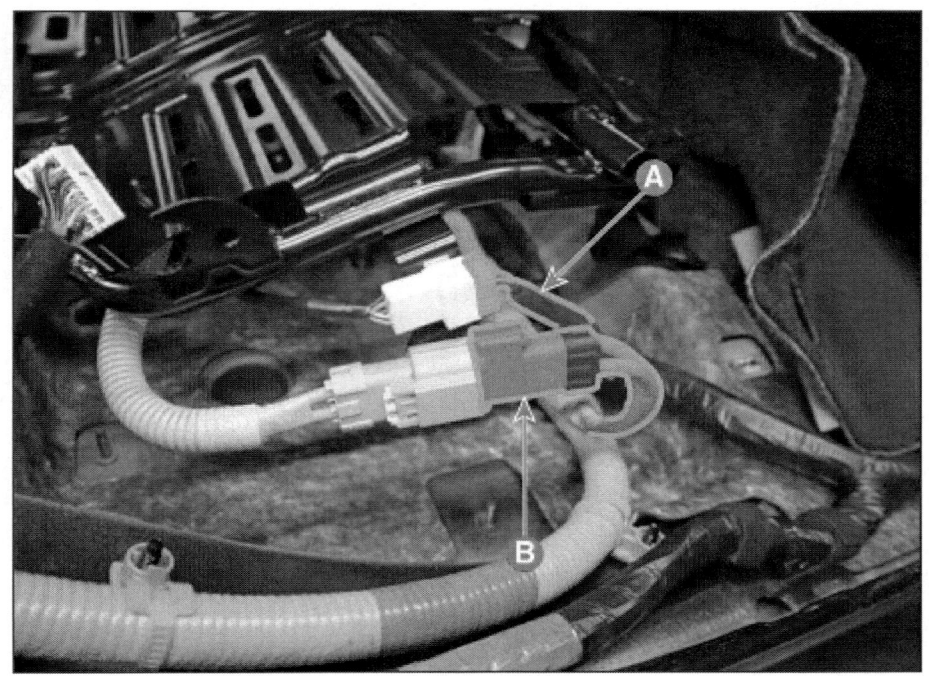

8. 볼트 및 너트를 풀어 상부 프레임(A)을 탈거한다.

체결 토크 : 2.0 ~ 3.0 kgf.m

9. ICCU AC 커넥터(A)를 분리한다.

10. 파워케이블(A)을 탈거한다.

11. 장착은 탈거의 역순으로 진행한다.

모터 및 감속기 시스템

- 개요 및 작동원리 ·················· 346
- 서비스 정보 ·························· 347
- 기밀점검 ······························· 349
- 체결 토크 ······························ 358
- 윤활유 ·································· 359
- 특수공구 ······························· 360
- 후륜 모터 및 감속기 시스템 ·········· 361
- 모터 및 감속기 컨트롤 시스템 ········ 389

개요 및 작동원리

개요

전기차용 구동 모터는 엔진이 없는 전기 자동차에서 동력을 발생하는 장치로 높은 구동력과 출력으로 가속과 등판 및 고속 운전에 필요한 동력을 제공하며 소음이 거의 없는 정숙한 차량 운행을 제공한다.또한 감속 시에는 발전기로 전환되어 전기를 생산하여 고전압 배터리를 충전함으로써 연비를 향상시키고 주행 거리를 증대시킨다.모터에서 발생한 동력은 회전자 축과 연결된 감속기와 드라이브 샤프트를 통해 바퀴에 전달된다.
구동모터 주요 기능

- 동력(방전) : 배터리에 저장된 전기에너지를 이용하여 구동모터에서 구동력을 발생하여 바퀴에 전달

에너지 흐름도

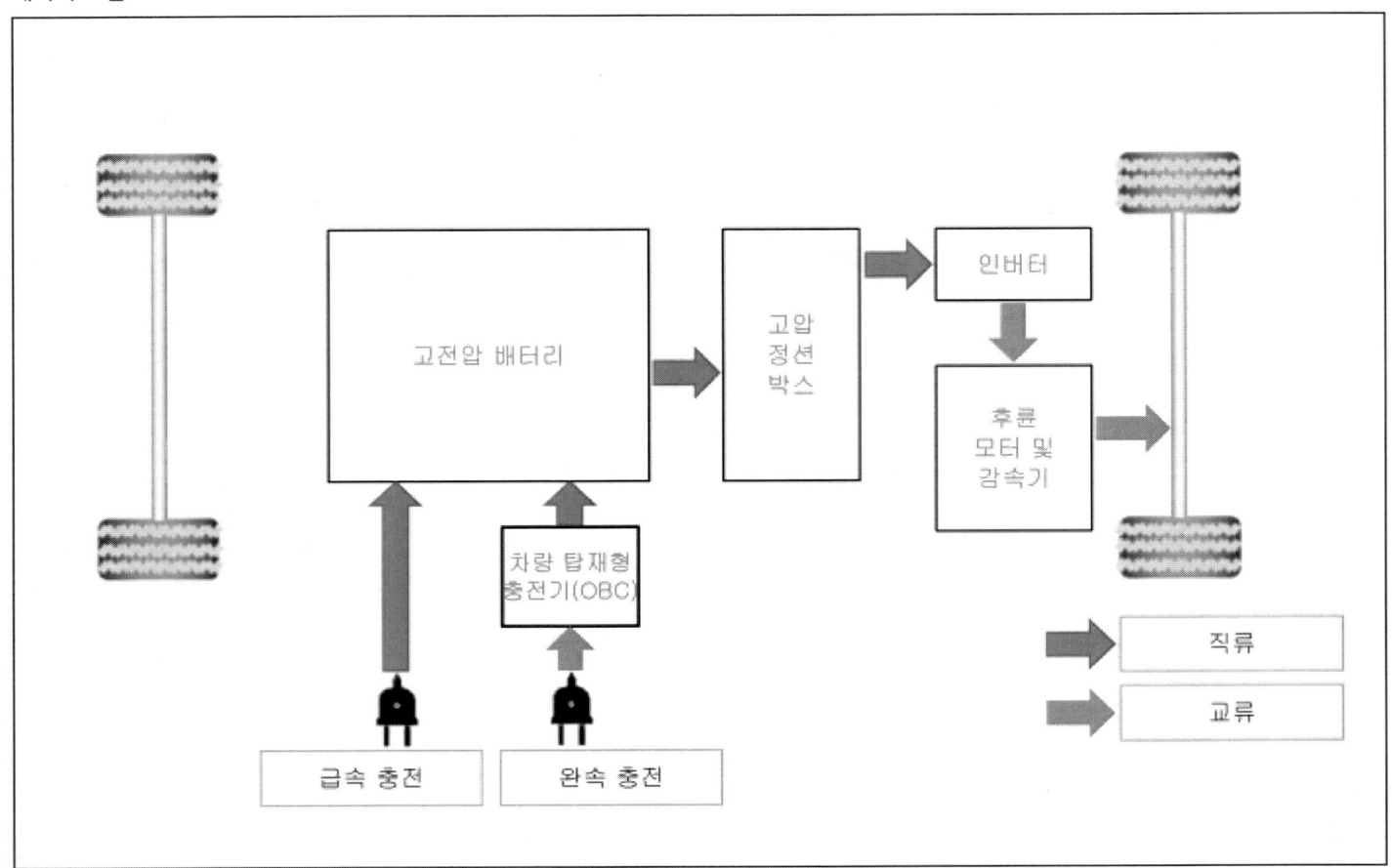

서비스 정보

모터 및 감속기

항목	제원
	160 kw
모터 타입	매입형 영구자석 동기 모터 (IPMSM)
감속기 기어비	10.118
최대 출력	160 kW
최대 토크	350 Nm
최대 회전 속도	15,000 rpm
냉각 방식	유냉식

감속기 오일 온도 센서

항목		제원
센서 타입		부특성 서미스터
작동 전압		5V ± 0.25V
최대 제한 전류		100mA
응답 시간	테스트 매체 : 냉각수	MAX. 5sec
R-T Table		-40 to 150°C

감속기 오일 온도 차트

온도(°C)	저항 (kΩ)		
	MIN	Normal	MAX
-40	41.74	48.14	54.54
-30	23.54	26.74	29.94
-20	14.13	15.48	16.83
-10	8.393	9.308	10.223
0	5.281	5.790	6.299
10	3.422	3.714	4.007
20	2.310	2.450	2.590
30	1.554	1.658	1.762
40	1.084	1.148	1.212
50	0.7729	0.8126	0.8524
60	0.5615	0.5865	0.6115
70	0.4154	0.4311	0.4469
80	0.3122	0.3222	0.3322
90	0.2382	0.2446	0.2510
100	0.1844	0.1884	0.1924
110	0.1451	0.1471	0.1491
120	0.1139	0.1163	0.1187

130	0.0908	0.0930	0.0953
140	0.0731	0.0752	0.0773
150	0.0594	0.0614	0.0634

기밀 점검

1. 고전압 정션 블록에 씰링 커넥터(A)를 장착한다.

   체결 토크 : 0.8 ~ 1.2 kgf.m

2. 고전압 케이블에 씰링 커넥터(A)를 장착한다.

3. 기밀 점검 테스터기의 압력 조정제 어댑터(A)를 연결한다.

   > **참 고**
   >
   > - 기밀 점검 테스터기를 작동하고 난 후, 손을 떼어도 진공압력에 의해 압력 조정제 어댑터는 떨어지지 않는다.

   [인버터 측]

   [고전압 정션 블록 측]

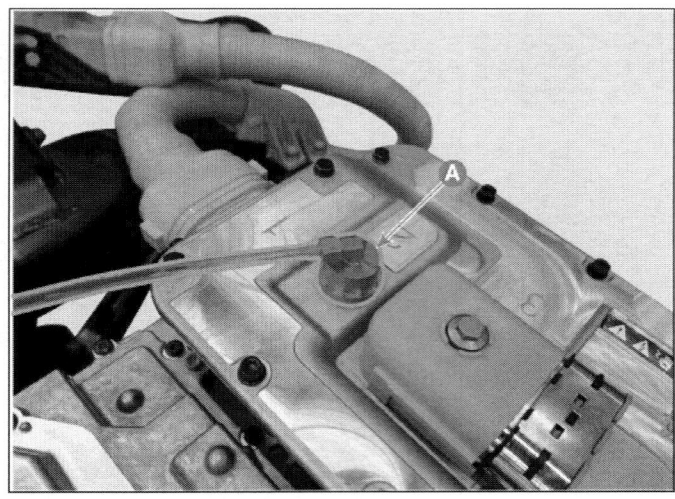

4. 진단기기를 사용하여 기밀 점검을 실시한다.

> **유 의**
>
> - 기밀 점검시 기밀 테스터기 및 압력 조정제 어댑터에 연결된 호스(A)의 꺾임을 유의한다.
>
>

- PE시스템 기밀 점검

검사목적	진공 후 증설 압력을 체크하여 PE시스템 조립상태를 점검하는 기능
검사조건	-
연계단품	Motor Control Unit (MCU)
연계DTC	-
불량현상	-
기 타	

5. 인버터 어셈블리 상단에 QR코드를 스캔하거나 시스템 코드를 입력한다.

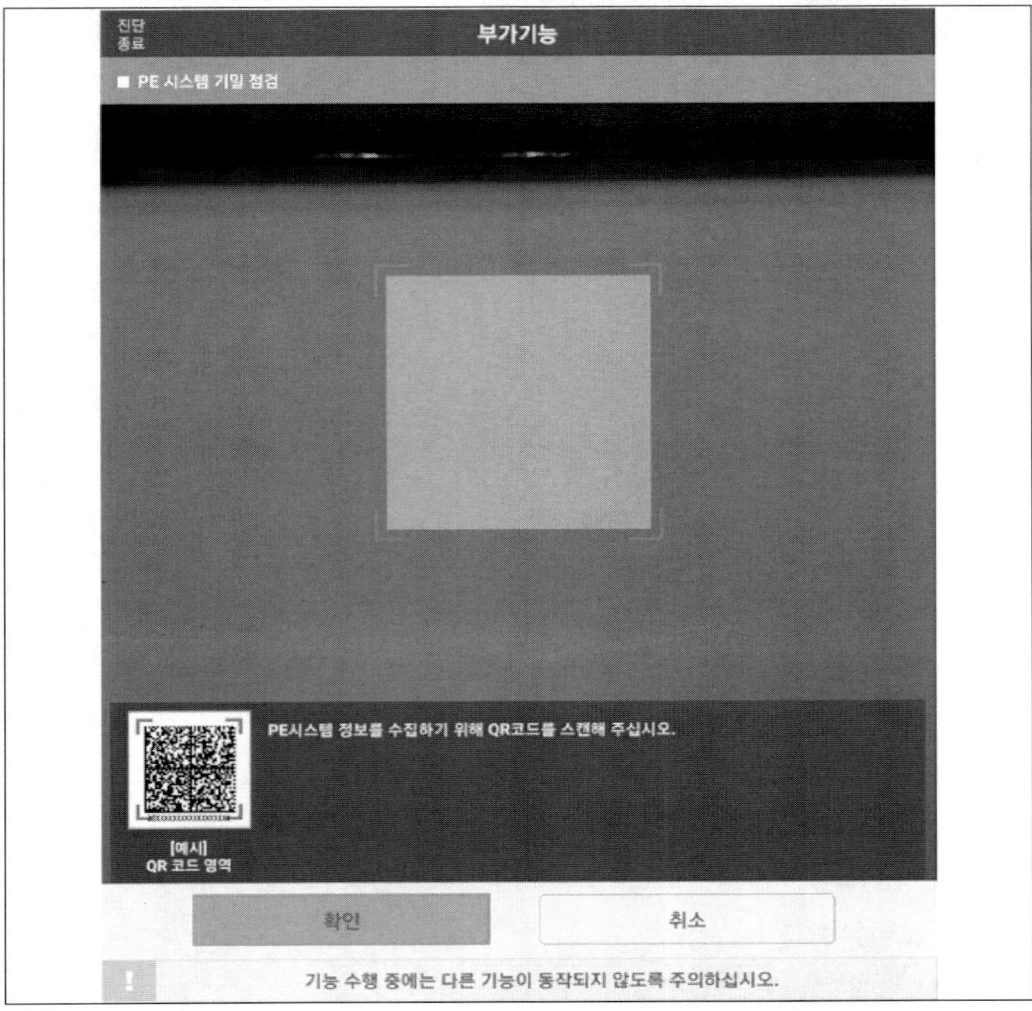

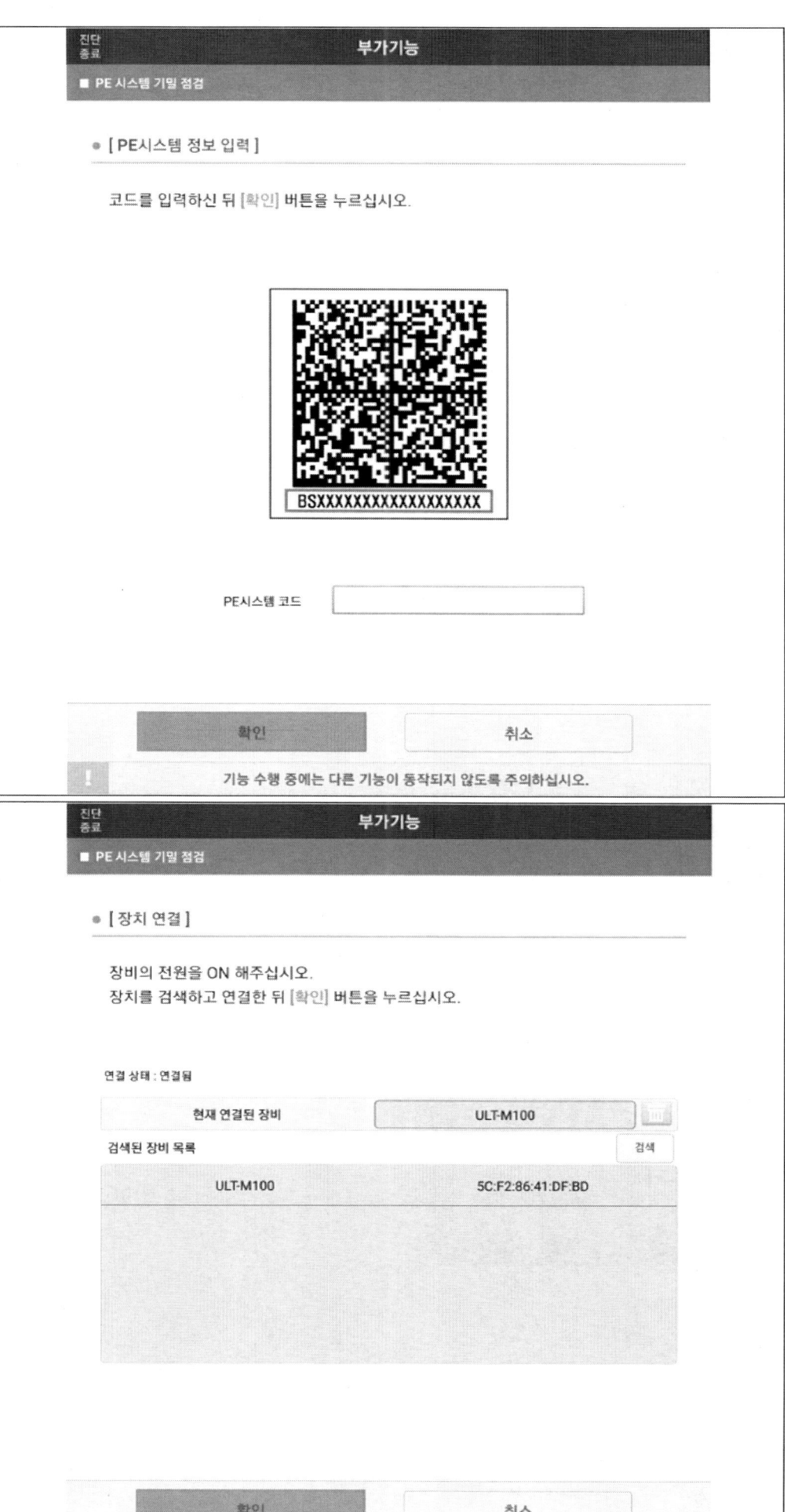

● [기능 선택]

진행할 기능을 선택하십시오.
1. 기밀 점검 : PE시스템 기밀 점검을 진행합니다.
2. 진공라인 셀프테스트 : 진공라인을 서로 맞물려 준 후 진행하십시오.

기밀 점검

진공라인 셀프테스트

이전

기능 수행 중에는 다른 기능이 동작되지 않도록 주의하십시오.

● [PE시스템 기밀 점검 - 영점조정]

전체 미연결된 상태로 [영점 조정] 버튼을 누르십시오.

❶ 영점 조정

❷ 확인   이전   취소

기능 수행 중에는 다른 기능이 동작되지 않도록 주의하십시오.

진단 종료 | 부가기능

■ PE 시스템 기밀 점검

● [PE시스템 기밀 점검 - 막음 커넥터 결합]

막음 커넥터 결합 여부를 확인하신 후 [확인] 버튼을 누르십시오.

⚠ [주의]
차종에 맞는 커넥터를 사용해 주십시오.

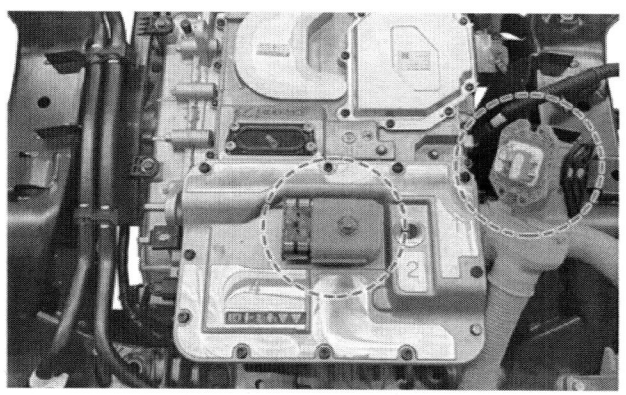

| 확인 | 이전 | 취소 |

기능 수행 중에는 다른 기능이 동작되지 않도록 주의하십시오.

■ PE 시스템 기밀 점검

● [PE시스템 기밀 점검 - 장비연결]

1. 압력조정재 2곳에 진공 라인을 연결해주십시오.
2. 'LOW PRESSURE AIR OUTPUT'과 'PE시스템 진공 라인'을 연결 후 검사를 진행해 주십시오.

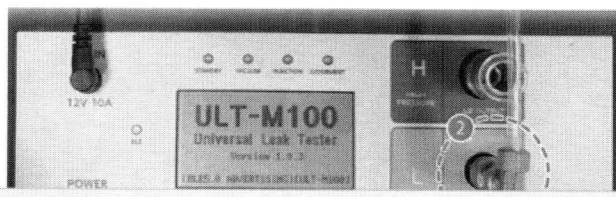

| 확인 | 이전 | 취소 |

기능 수행 중에는 다른 기능이 동작되지 않도록 주의하십시오.

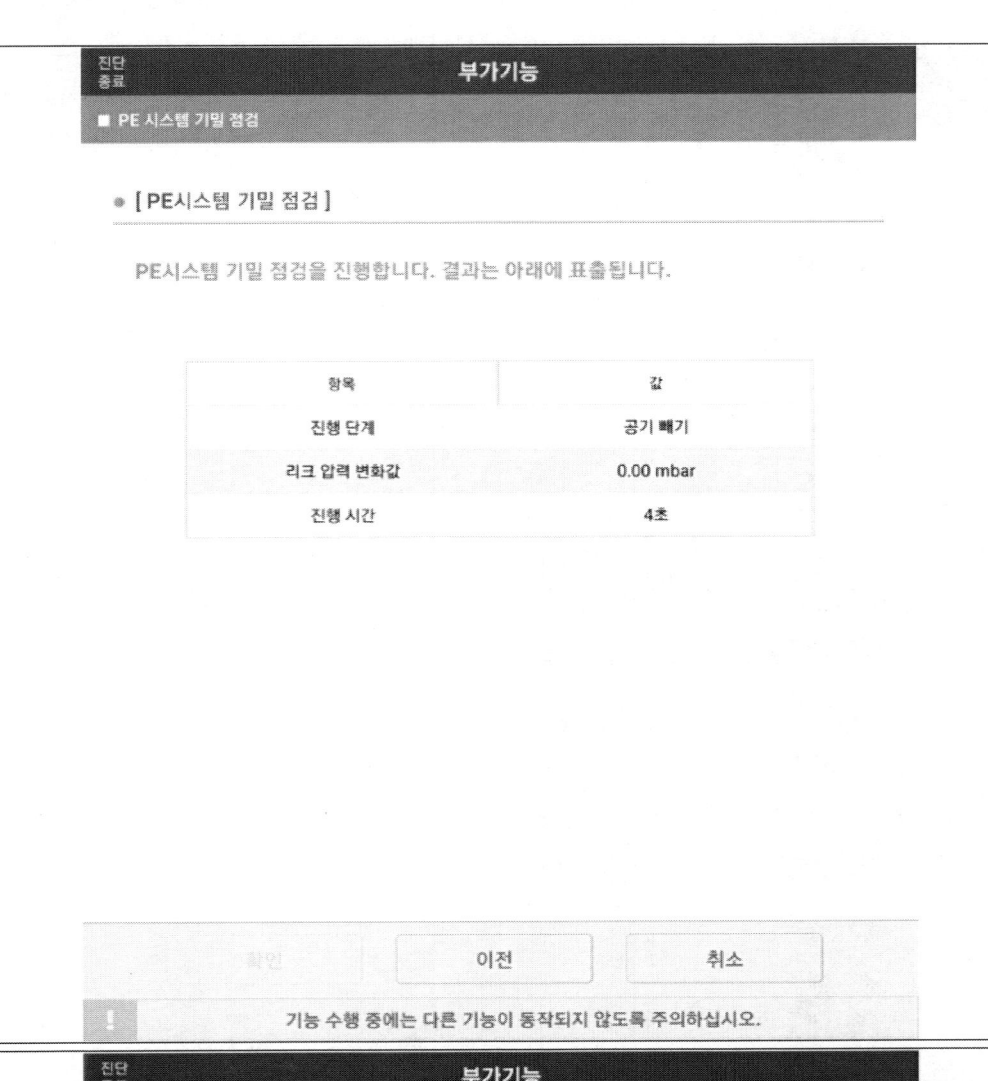

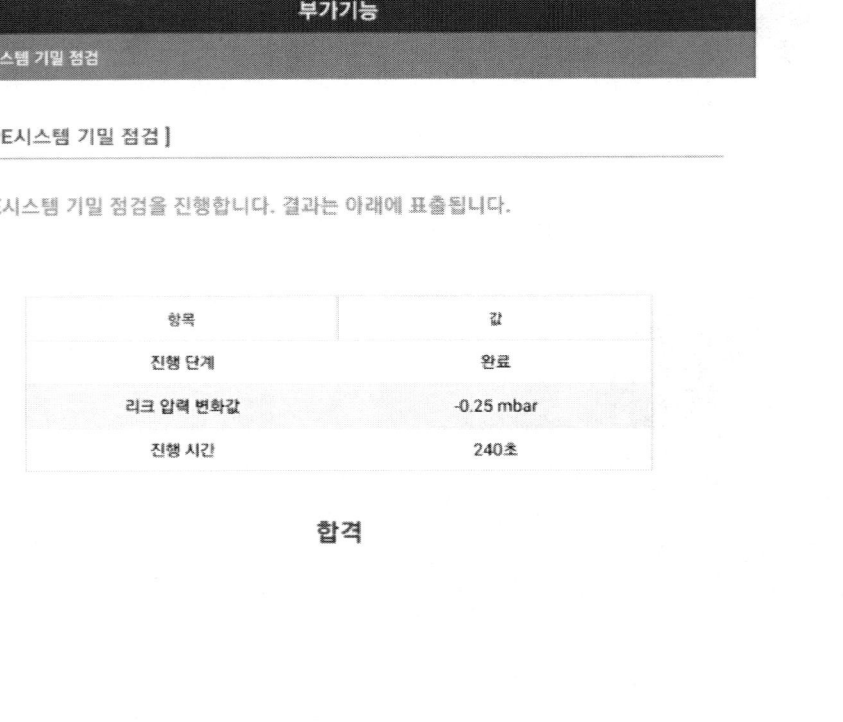

6. PE 시스템의 기밀 누설 여부를 확인한다.

> 🛈 참 고
>
> • "PE 시스템" 의 기밀 누설 판정 기준

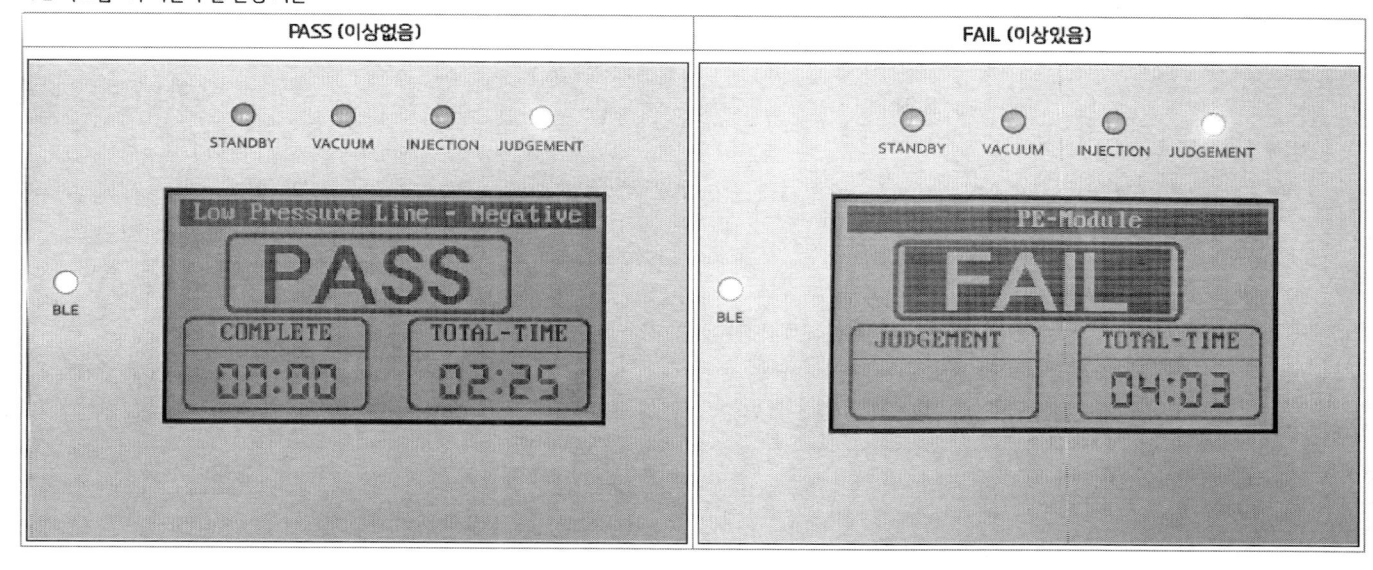

체결 토크

항목	kgf.m
언더 커버 장착 볼트	0.8 ~ 1.2
후륜 모터 및 감속기 마운팅 브라켓 어셈블리와 리어 크로스 멤버 장착 볼트(RH)	11.0 ~ 13.0
후륜 모터 및 감속기 마운팅 브라켓 어셈블리 장착 볼트(RH)	6.5 ~ 8.5
후륜 모터 및 감속기 마운팅 브라켓 어셈블리 장착 볼트(LH)	11.0 ~ 13.0
후륜 모터 및 감속기 마운팅 브라켓 어셈블리 장착 볼트(FR)	18.0 ~ 20.0
오일 드레인 플러그	4.5 ~ 6.0
오일 필러 플러그	4.5 ~ 6.0
SBW 액추에이터 장착 볼트	2.0 ~ 2.7
SBW 레버 장착 스크류	0.05 ~ 0.15
SBW 제어 유닛 장착 너트	1.0 ~ 1.2

윤활유

회사명 및 규정 오일	HK ATF 6S SP4M-1
오일 량	3.4 ~ 3.5 L

윤활유

특수공구

공구 번호 / 공구 이름	형상	기능
09445-GI100 감속기 오일 씰 인스톨러		감속기 케이스 측 및 하우징 측 디퍼렌셜 오일 씰 장착 [핸들과 함께 사용]
09231-H1100 핸들		디퍼렌셜 오일 씰 장착 [오일 씰 인스톨러와 함께 사용]

언더 커버 탈장착

프런트 언더 커버

	작업	H/W	체결토크 (kgf.m)	SST/장비	케미컬	기타
•	탈거					
1	볼트를 풀어 프런트 언더 커버 탈거	볼트	0.8 ~ 1.2	-	-	-
2	볼트 및 너트를 풀어 리어 언더 커버 탈거	볼트/너트	0.8 ~ 1.2	-	-	-
•	장착					
탈거의 역순으로 실시						-

리어 언더 커버[기본형 타입]

	작업	H/W	체결토크 (kgf.m)	SST/장비	케미컬	기타
•	탈거					
1	너트를 풀어 프런트 언더 커버 탈거	너트	0.8 ~ 1.2	-	-	-
2	볼트를 풀어 센터 언더 커버 탈거	볼트	0.4 ~ 0.6	-	-	-
3	너트 및 클립을 탈거하여 리어 언더 커버 탈거	너트/클립	0.8 ~ 1.2	-	-	-
•	장착					
탈거의 역순으로 실시						-

리어 언더 커버[항속형 타입]

	작업	H/W	체결토크 (kgf.m)	SST/장비	케미컬	기타
•	탈거					
1	너트를 풀어 프런트 언더 커버 탈거	너트	0.8 ~ 1.2	-	-	-
2	볼트를 풀어 센터 언더 커버 탈거	볼트	0.4 ~ 0.6	-	-	-
3	너트 및 클립을 탈거하여 리어 언더 커버 탈거	너트/클립	0.8 ~ 1.2	-	-	-
•	장착					
탈거의 역순으로 실시						-

2023 > 엔진 > 160kW > 모터 및 감속기 시스템 > 후륜 모터 및 감속기 시스템 > 언더 커버 > 탈거 및 장착

탈거 및 장착

프런트 언더 커버

1. 볼트를 풀어 프런트 언더 커버(A)를 탈거한다.

    체결 토크 : 0.8 ~ 1.2kgf.m

2. 볼트 및 너트를 풀어 리어 언더 커버(A)를 탈거한다.

    체결 토크 : 0.8 ~ 1.2 kgf.m

3. 장착은 탈거의 역순으로 실시한다.

리어 언더 커버[기본형 타입]

1. 너트를 풀어 프런트 언더 커버(A)를 탈거한다.

    체결 토크 : 0.8 ~ 1.2 kgf.m

2. 볼트를 풀어 센터 언더 커버(A)를 탈거한다.

    체결 토크 : 0.4 ~ 0.6 kgf.m

3. 너트 및 클립을 탈거하여 리어 언더 커버(A)를 탈거한다.

    체결 토크 : 0.8 ~ 1.2 kgf.m

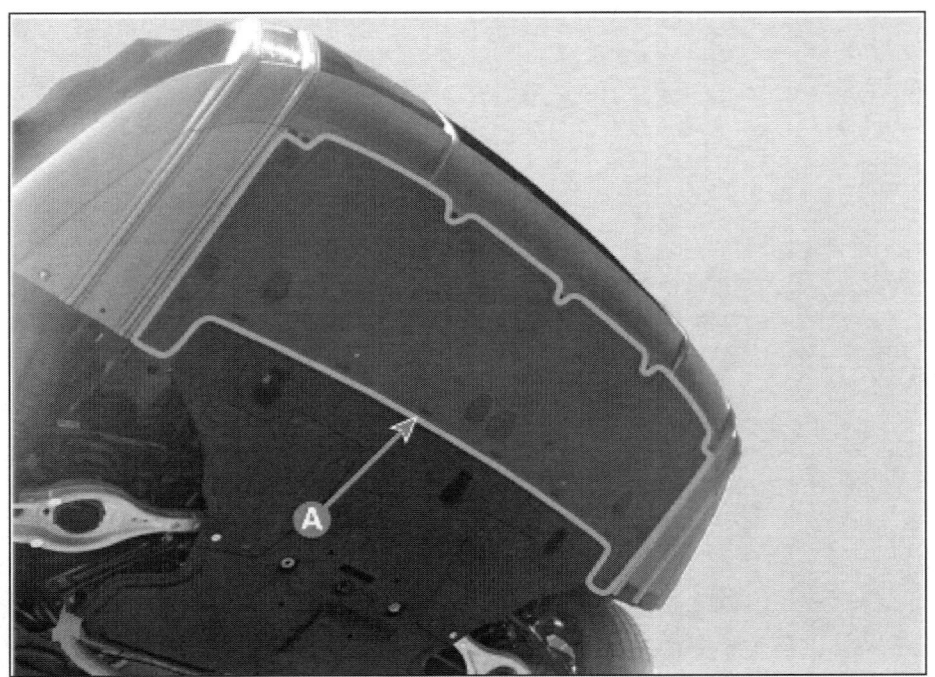

4. 장착은 탈거의 역순으로 실시한다.

리어 언더 커버[항속형 타입]

1. 너트를 풀어 프런트 언더 커버(A)를 탈거한다.

체결 토크 : 0.8 ~ 1.2 kgf.m

2. 볼트를 풀어 센터 언더 커버(A)를 탈거한다.

체결 토크 : 0.4 ~ 0.6 kgf.m

3. 너트 및 클립을 탈거하여 리어 언더 커버(A)를 탈거한다.

체결 토크 : 0.8 ~ 1.2 kgf.m

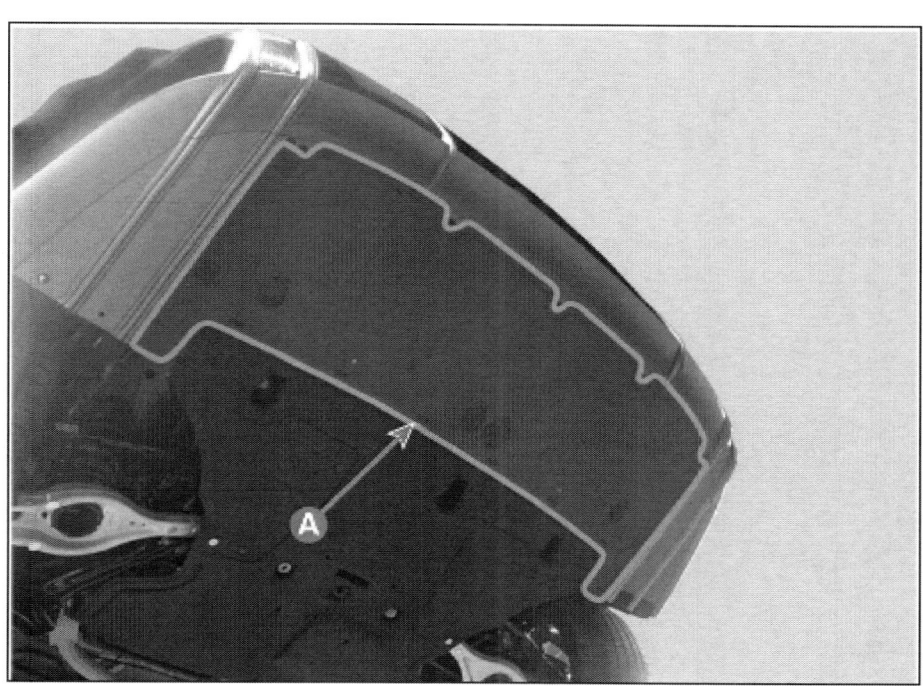

4. 장착은 탈거의 역순으로 실시한다.

후륜 RH 모터 및 감속기 마운팅 브라켓 어셈블리 탈장착

후륜 RH 모터 및 감속기 마운팅 브라켓 어셈블리

작업		H/W	체결토크 (kgf.m)	SST/장비	케미컬	기타
• 탈거						
1	리어 언더 커버 탈거 (후륜 모터 및 감속기 시스템 - "언더 커버" 참조)	-	-	-	-	-
2	후륜 모터 및 감속기 어셈블리 하부 잭을 이용하여 지지	-	-	-	-	매뉴얼 참고
3	볼트를 풀어 후륜 RH 모터 및 감속기 마운팅 브라켓 어셈블리 탈거	볼트 (B)	11.0 ~ 13.0	-	-	매뉴얼 참고
		볼트 (C)	6.5 ~ 8.5			
• 장착						
탈거의 역순으로 실시						-

2023 > 엔진 > 160kW > 모터 및 감속기 시스템 > 후륜 모터 및 감속기 시스템 > 후륜 모터 및 감속기 마운팅 브라켓 어셈블리 > 구성부품 및 부품위치

구성부품

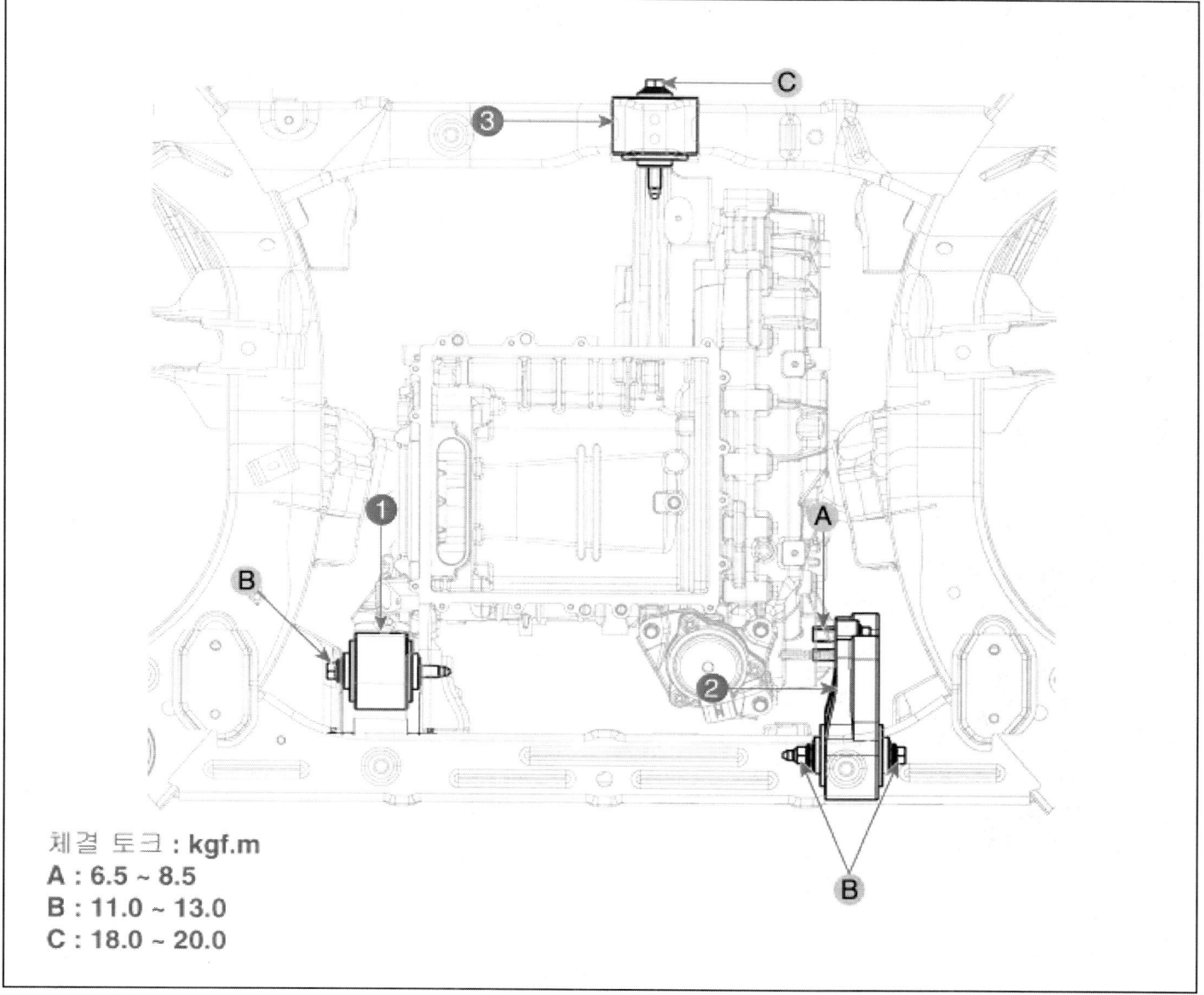

체결 토크 : kgf.m
A : 6.5 ~ 8.5
B : 11.0 ~ 13.0
C : 18.0 ~ 20.0

1. 후륜 LH 모터 및 감속기 마운팅 브라켓 어셈블리 2. 후륜 RH 모터 및 감속기 마운팅 브라켓 어셈블리	3. 후륜 FR 모터 및 감속기 마운팅 브라켓 어셈블리

탈거 및 장착

후륜 RH 모터 및 감속기 마운팅 브라켓 어셈블리

1. 리어 언더 커버를 탈거한다.
   (후륜 모터 및 감속기 시스템 - "언더 커버" 참조)
2. 후륜 모터 및 감속기 어셈블리 하부에 잭을 받친다.

   > **유 의**
   >
   > - 후륜 모터 및 감속기 어셈블리와 잭 사이에 나무 블록 등을 넣어 후륜 모터 및 감속기 어셈블리의 손상을 방지한다.

3. 볼트(B), (C)를 풀어 후륜 RH 모터 및 감속기 마운팅 브라켓 어셈블리(A)를 탈거한다.

   체결 토크
   볼트 (B) : 11.0 ~ 13.0 kgf.m
   볼트 (C) : 6.5 ~ 8.5 kgf.m

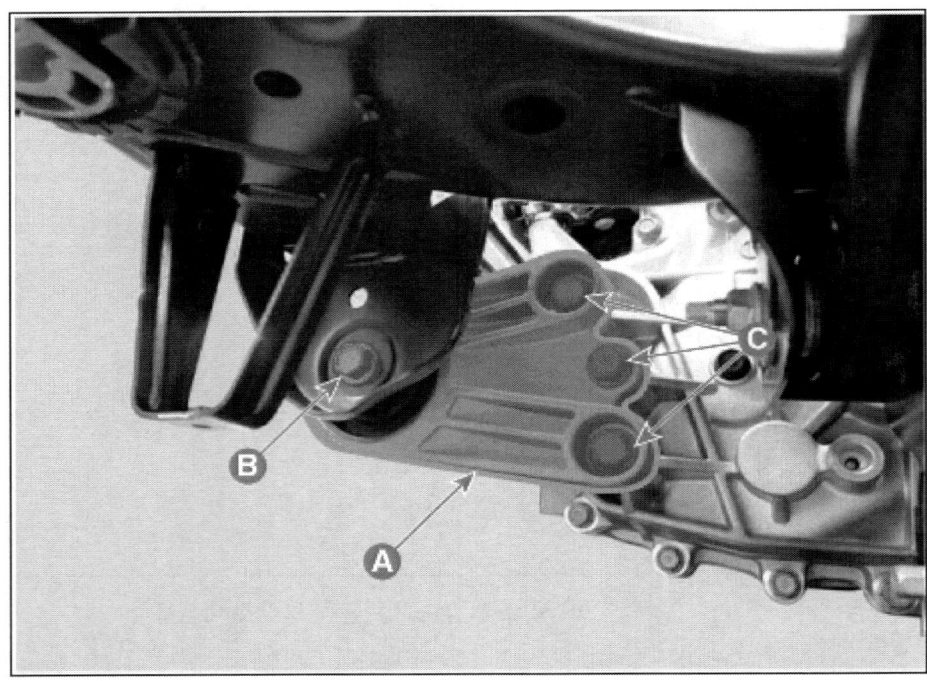

4. 장착은 탈거의 역순으로 실시한다.

후륜 모터 및 감속기 시스템 탈장착

	작업	H/W	체결토크 (kgf.m)	SST/장비	케미컬	기타
• 탈거						
1	고전압 차단 절차 실시	-	-	진단 기기	-	매뉴얼 참고
2	12V 배터리 (-) 터미널 분리 (차량 제어 시스템 - "보조 배터리 (12V)" 참조)	-	-	-	-	-
3	리어 크로스 멤버 탈거 (서스펜션 시스템 - "리어 크로스 멤버" 참조)	-	-	-	-	-
4	리어 고전압 정션 블록 탈거 (배터리 제어 시스템 - "고전압 정션 블록" 참조)	-	-	-	-	-
5	오일 쿨러 인렛 호스 분리	-	-	-	-	-
6	인버터 인렛 워터 호스 및 오일 쿨러 아웃렛 호스 분리	-	-	-	-	-
7	인버터 인렛 및 오일 쿨러 아웃렛 호스 탈거	-	-	-	-	-
8	SBW(Shift By Wire) 액추에이터 커넥터 분리	-	-	-	-	-
9	차고 센서 커넥터 분리	-	-	-	-	-
10	인버터 커넥터 분리	-	-	-	-	-
11	모터 위치 및 온도 센서 커넥터 분리	-	-	-	-	-
12	전동식 오일 펌프 (EOP) 커넥터 및 오일 온도 센서 커넥터 분리	-	-	-	-	-
13	볼트를 풀어 후륜 모터 및 감속기 어셈블리에서 PE 모듈 와이어링 탈거	볼트 (M6)	0.7 ~ 1.0	-	-	-
		볼트 (M8)	2.0 ~ 2.4			
14	볼트를 풀어 접지선 탈거	볼트	1.0 ~ 1.2	-	-	-
15	후륜 모터 및 감속기 어셈블리를 크레인잭을 사용하여 안전하게 지지	-	-	-	-	-
16	후륜 모터 및 감속기 마운팅 브라켓 어셈블리 볼트 탈거	볼트 (A)	11.0 ~ 13.0	-	-	매뉴얼 참고
		볼트 (B)	6.5 ~ 8.5			
		볼트 (C)	11.0 ~ 13.0			
		볼트 (D)	18.0 ~ 20.0			
17	크레인잭을 들어 올려 후륜 모터 및 감속기 어셈블리를 리어 크로스 멤버에서 분리	-	-	-	-	매뉴얼 참고
18	오일 쿨러 호스 분리	-	-	-	-	-
19	볼트 및 너트를 풀어 오일 쿨러 탈거	볼트/너트	2.0 ~ 2.4	-	-	-
20	볼트를 풀어 SBW(Shift By Wire) 액추에이터를 모터 및 감속기에서 탈거	볼트	2.0 ~ 2.7	-	-	-

| 21 | 볼트를 풀어 인버터 어셈블리 탈거 | 볼트 | - | - | - | 볼트 재사용 금지 |

- **장착**

| 탈거의 역순으로 실시 | 매뉴얼 참고 |

- **부가기능**

- 진단 기기를 사용하여 레졸버 옵셋 자동 보정 초기화
- 냉각수 주입 시 진단 기기를 사용하여 전자식 워터 펌프(EWP)를 강제 구동시켜 공기 빼기 실시
- 진단 기기 및 장비를 사용하여 후륜 모터 및 감속기 어셈블리 기밀 점검 실시

2023 > 엔진 > 160kW > 모터 및 감속기 시스템 > 후륜 모터 및 감속기 시스템 > 후륜 모터 및 감속기 어셈블리 > 탈거

탈거

⚠ 경 고

- 고전압 시스템 관련 작업 시, 반드시 "안전사항 및 주의, 경고" 내용을 숙지하고 준수해야 한다. 미준수 시, 감전 또는 누전 등으로 인한 심각한 사고를 초래할 수 있다.
- 고전압 시스템 관련 작업 시, "고전압 차단절차"에 따라 반드시 고전압을 먼저 차단해야 한다. 미준수 시, 감전 또는 누전 등으로 인한 심각한 사고를 초래할 수 있다.

⚠ 주 의

- 리프트를 사용하여 차량을 들어 올릴 경우에는 차량의 하부 부품(플로어 언더 커버, 배터리)에 손상이 없도록 주의한다.
  (일반 사항 - "리프트 포인트" 참조)

유 의

- 차체 도장부의 손상을 방지하기 위해 펜더 커버를 사용한다.
- 커넥터 및 와이어링이 손상되지 않도록 주의하여 분리한다.
- 퀵 커넥터 작업 시, 퀵 커넥터 클램프(A)를 화살표 방향으로 누르면서 분리한다.
- 내부의 고무 씰(B)을 만지거나 분리하지 않는다.

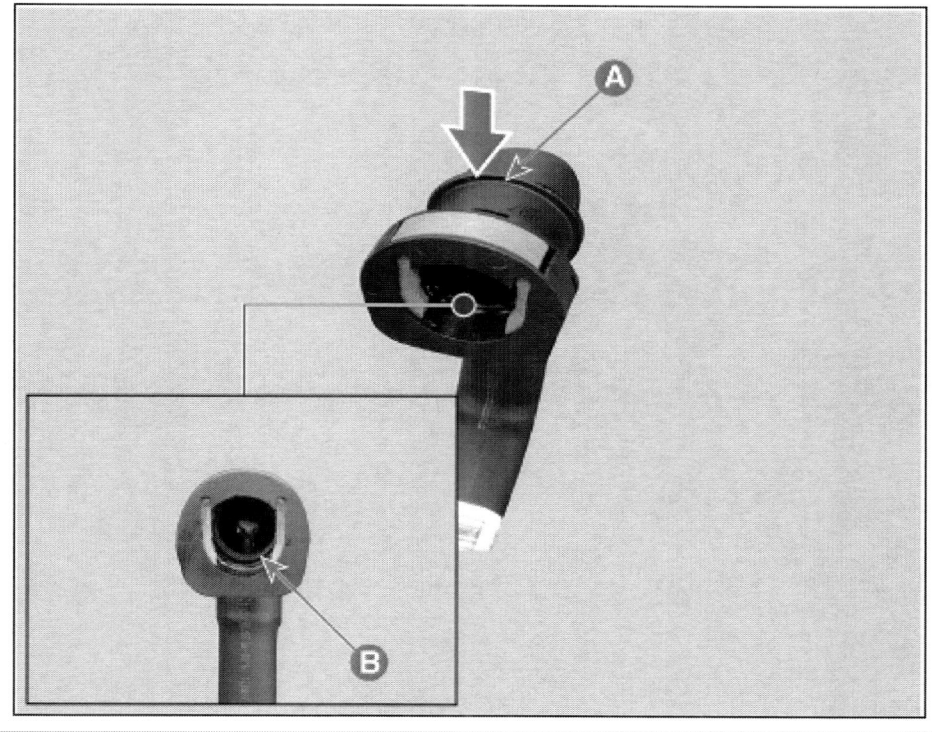

ⓘ 참 고

- 와이어링 커넥터 및 호스의 잘못된 연결을 방지하기 위해 표시를 해둔다.

1. 고전압 차단 절차를 실시한다.
   (모터 및 감속기 시스템 - "고전압 차단 절차" 참조)
2. 12V 배터리 (-) 터미널을 분리한다.
   (차량 제어 시스템 - "보조 배터리 (12V)" 참조)
3. 리어 크로스 멤버를 탈거한다.

(서스펜션 시스템 - "리어 크로스 멤버" 참조)

4. 리어 고전압 정션 블록을 탈거한다.
   (배터리 제어 시스템 - "고전압 정션 블록" 참조)

5. 오일 쿨러 인렛 호스(A)를 분리한다.

6. 인버터 인렛 워터 호스(B) 및 오일 쿨러 아웃렛 호스(C)를 분리한다.

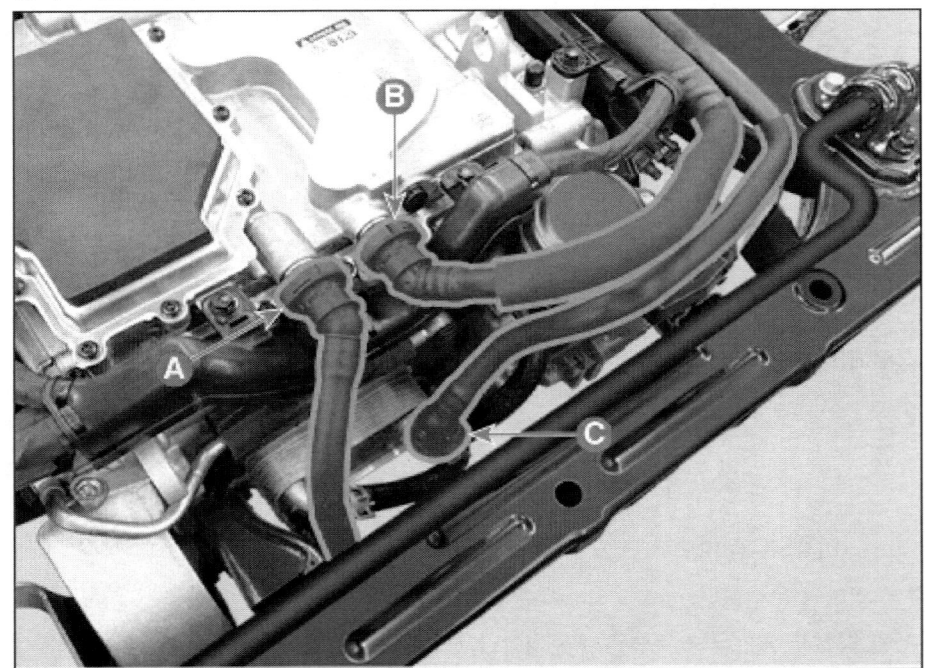

7. 인버터 인렛 및 오일 쿨러 아웃렛 호스(A)를 탈거한다.

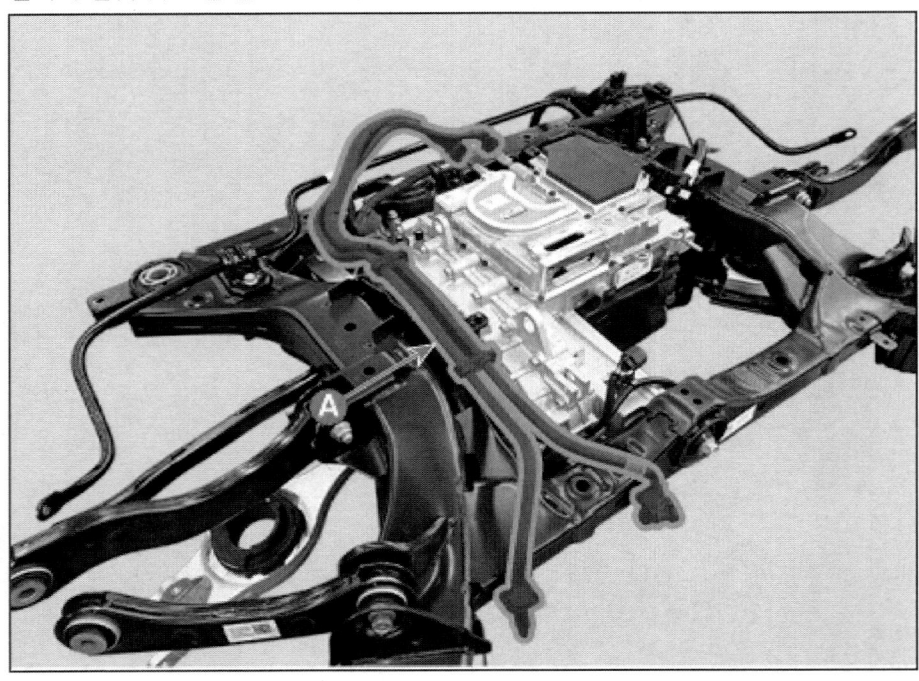

8. SBW(Shift By Wire) 액추에이터 커넥터(A)를 분리한다.

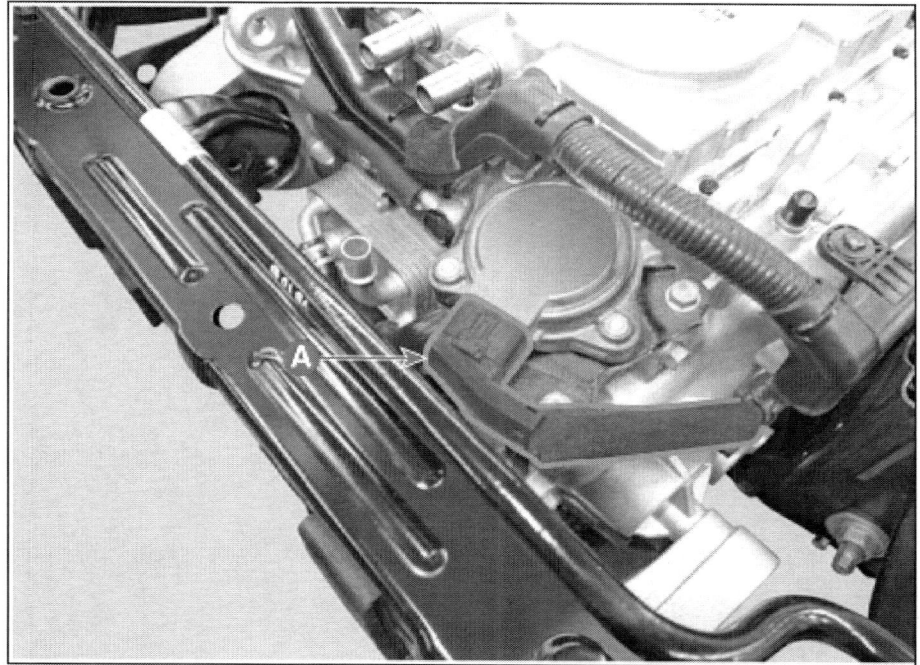

9. 차고 센서 커넥터(A)를 분리한다.

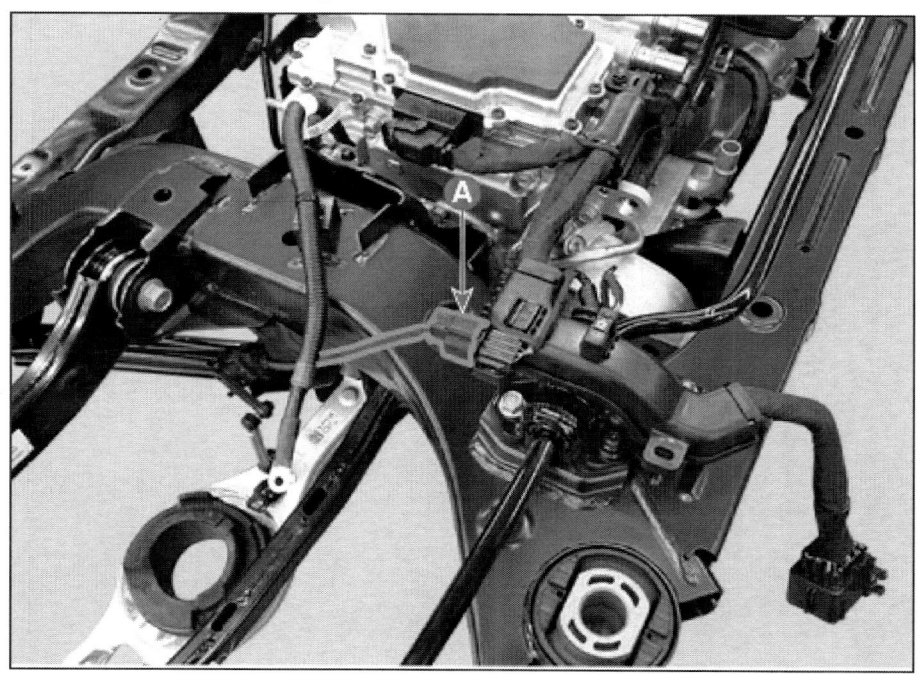

10. 인버터 커넥터(A)를 분리한다.
11. 모터 위치 및 온도 센서 커넥터(B)를 분리한다.

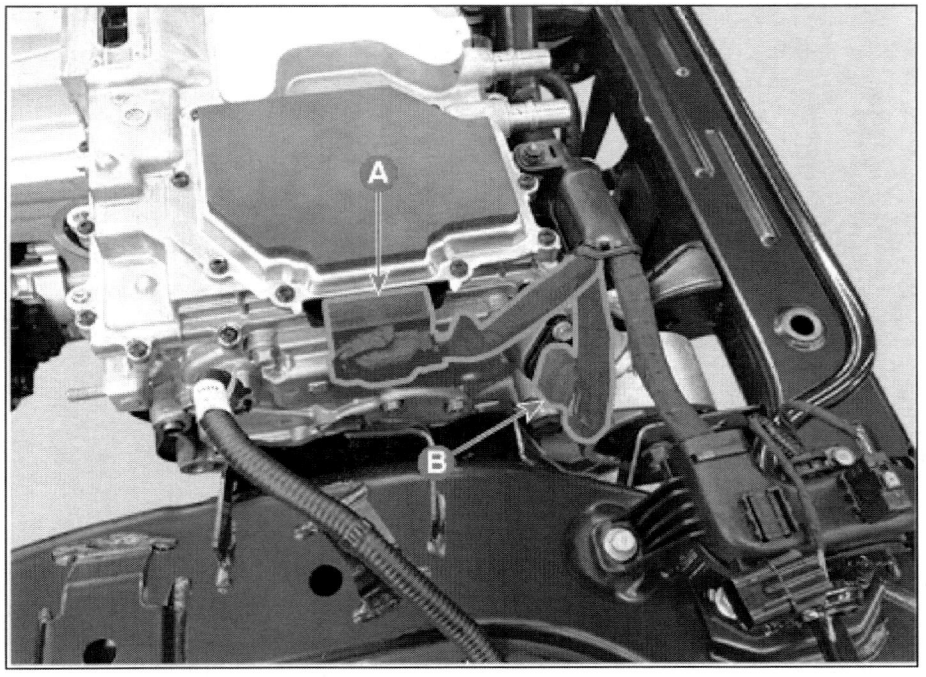

12. 전동식 오일 펌프 (EOP) 커넥터(A) 및 오일 온도 센서 커넥터(B)를 분리한다.

13. 볼트를 풀어 후륜 모터 및 감속기 어셈블리에서 PE 모듈 와이어링(A)을 탈거한다.

체결 토크
M6 볼트 : 0.7 ~ 1.0 kgf.m
M8 볼트 : 2.0 ~ 2.4 kgf.m

14. 볼트를 풀어 접지선(A)을 탈거한다.

  체결 토크 : 1.0 ~ 1.2 kgf.m

15. 후륜 모터 및 감속기 어셈블리를 크레인잭을 사용하여 안전하게 지지한다.

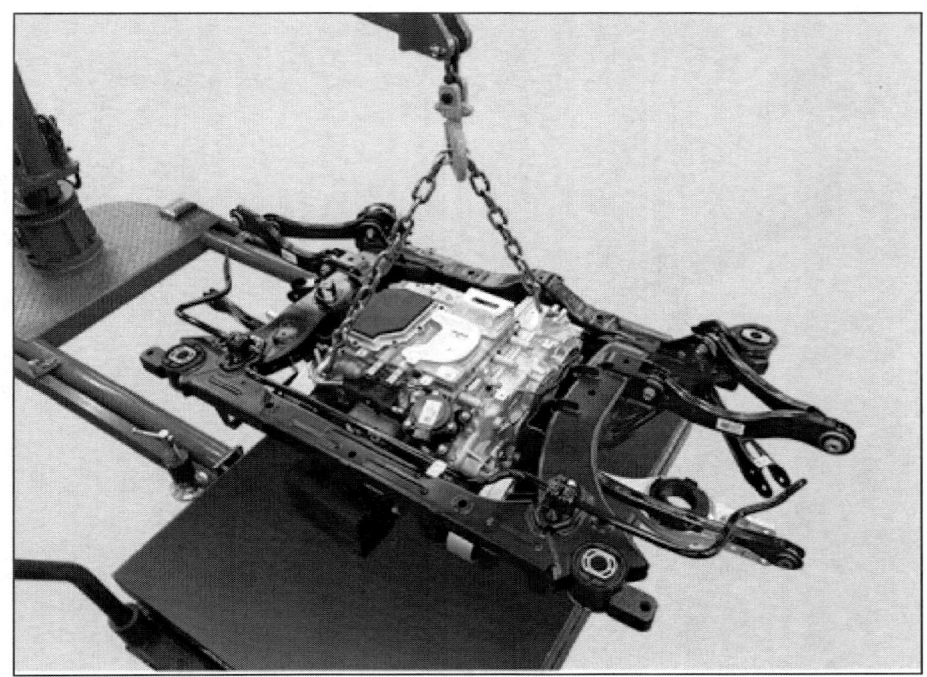

16. 후륜 모터 및 감속기 마운팅 브라켓 어셈블리 볼트를 탈거한다.

체결 토크
(A) : 11.0 ~ 13.0 kgf.m
(B) : 6.5 ~ 8.5 kgf.m
(C) : 11.0 ~ 13.0 kgf.m
(D) : 18.0 ~ 20.0 kgf.m

[RH]

[LH]

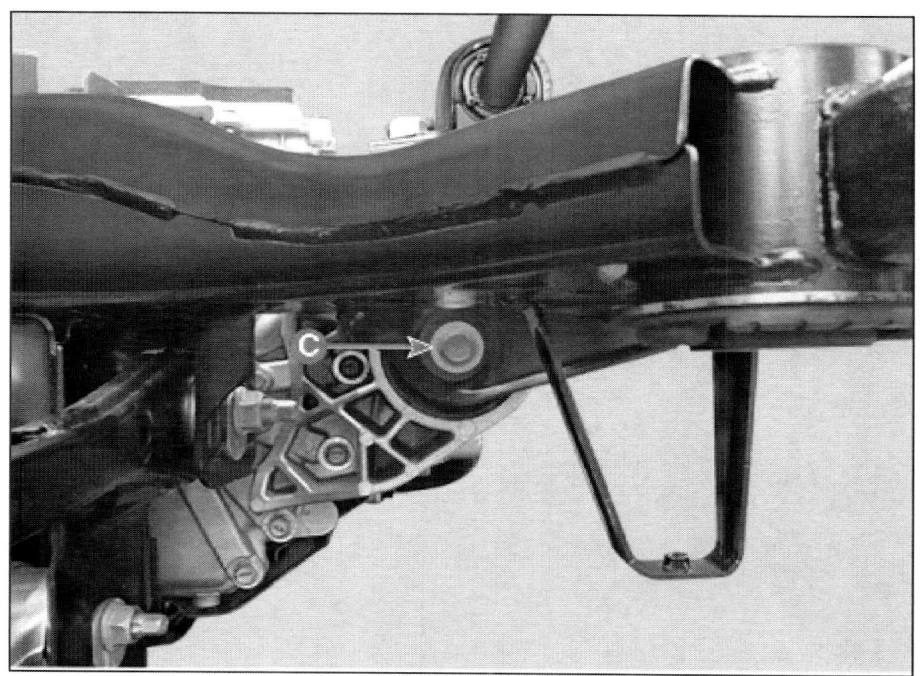

[FR]

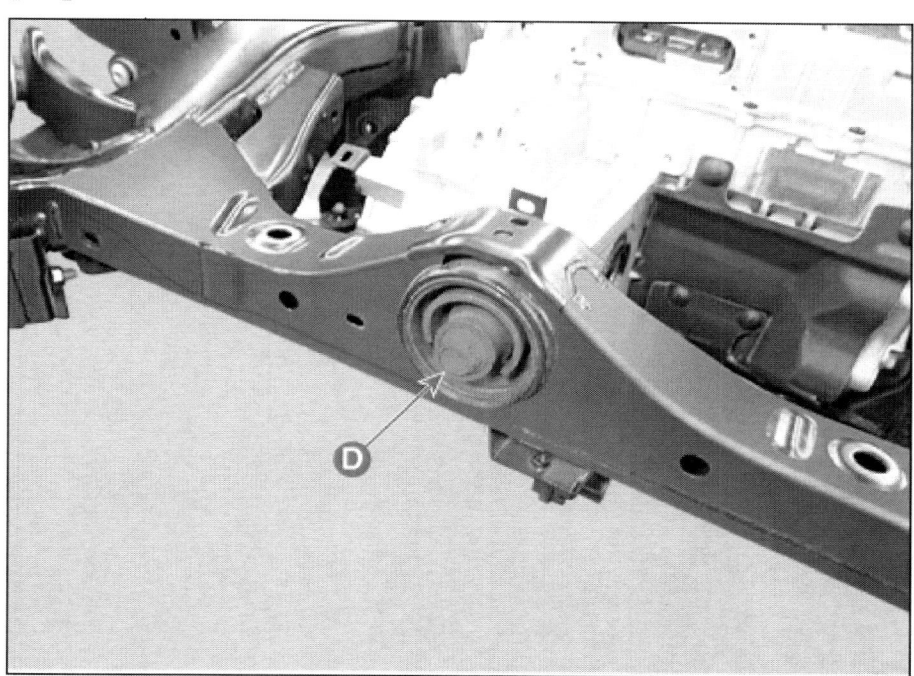

17. 크레인잭을 들어 올려 후륜 모터 및 감속기 어셈블리(A)를 리어 크로스 멤버에서 분리한다.

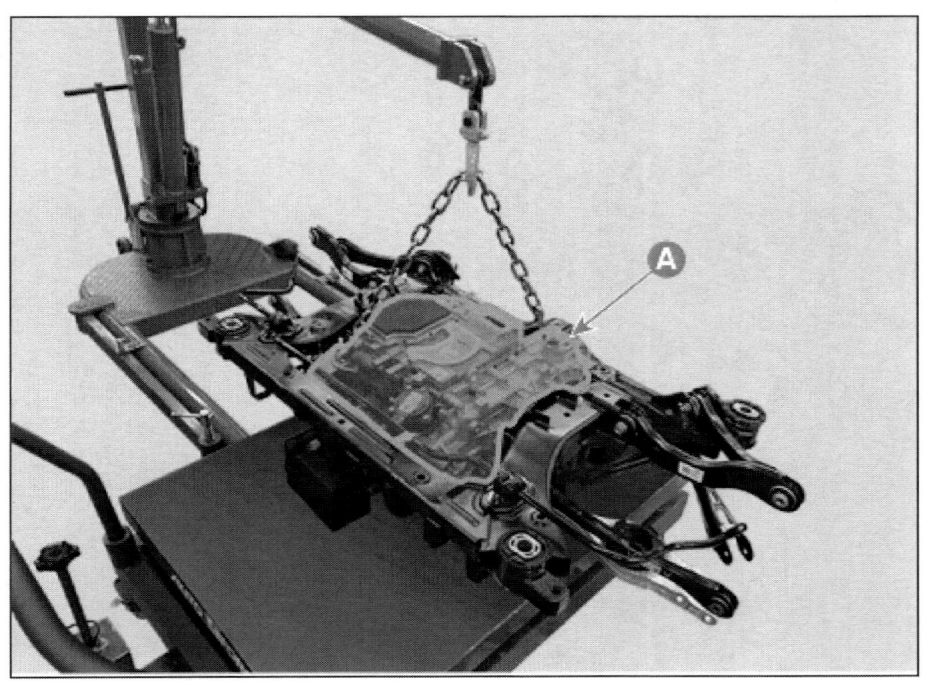

> **유 의**
>
> - 후륜 모터 및 감속기 어셈블리를 탈거하기 전에 호스 및 커넥터가 확실히 탈거 되었는지 확인한다.
> - 고전압 커넥터 부분이 손상되지 않도록 주의한다.
> - 후륜 모터 및 감속기 어셈블리 분리 시 기타 주변장치에 손상이 가지 않도록 주의한다.

18. 오일 쿨러 호스(A)를 분리한다.

19. 볼트 및 너트를 풀어 오일 쿨러(A)를 탈거한다.

체결 토크 : 2.0 ~ 2.4 kgf.m

20. 볼트를 풀어 SBW(Shift By Wire) 액추에이터(A)를 모터 및 감속기에서 탈거한다.

체결 토크 : 2.0 ~ 2.7 kgf.m

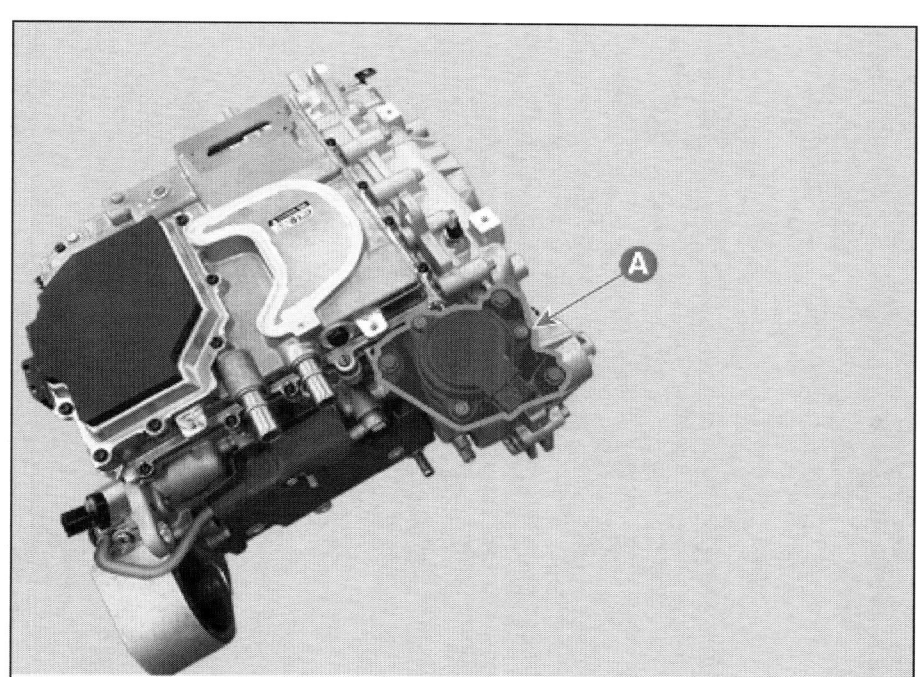

21. 볼트를 풀어 인버터 어셈블리(A)를 탈거한다.

유 의

- 인버터 어셈블리 장착 시, 인버터 어셈블리 볼트는 재사용 하지 않는다.

점검

[선간 저항]

1. 후륜 인버터 어셈블리를 탈거한다.
   (모터 및 감속기 시스템 - "인버터 어셈블리" 참조)
2. 멀티 옴미터기를 사용하여 각 선간(U, V, W)의 저항을 점검한다.

항목	점검 부위	규정값	비고
선간 저항 (Line - Line)	U - V	57.48 - 63.52 mΩ	상온 (20 - 20.08°C)
	V - W		
	W - U		

[절연 저항]

1. 후륜 인버터 어셈블리를 탈거한다.
   (모터 및 감속기 시스템 - "인버터 어셈블리" 참조)
2. 절연 저항 시험기를 사용하여 절연 저항을 점검한다.
   (1) 절연 저항 시험기의 (-) 단자와 하우징, (+) 단자와 상(U, V, W)에 연결한다.
   (2) 1분간 DC 1,000V를 인가하여 측정값을 확인한다

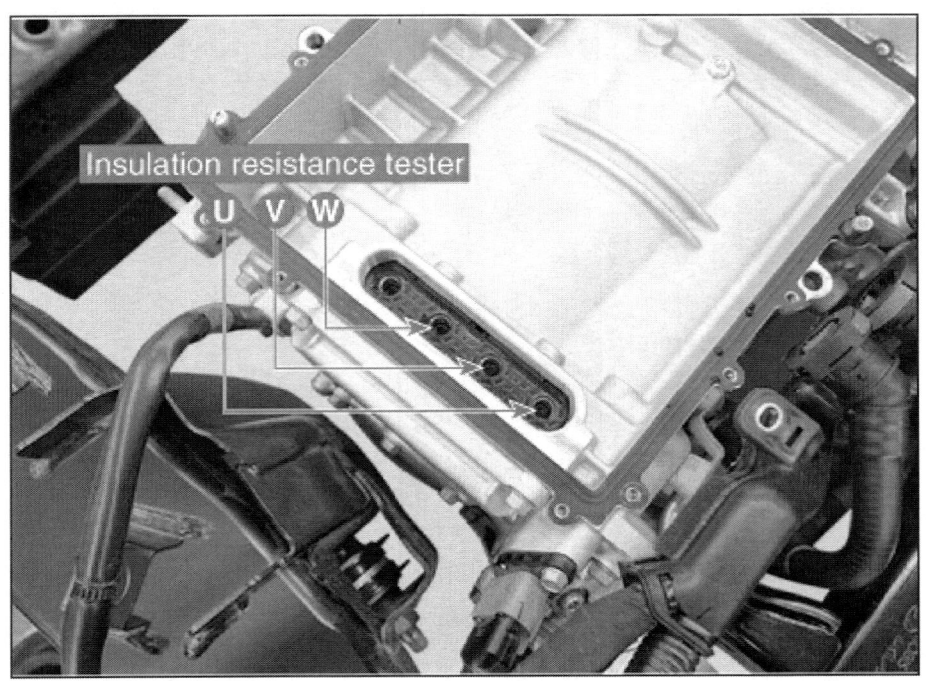

항목	점검 부위	규정값	비고
절연 저항	Housing - U	100 MΩ 이상	DC 1,000V, 1분간
	Housing - V		
	Housing - W		

[절연 내력]

1. 후륜 인버터 어셈블리를 탈거한다.
   (모터 및 감속기 시스템 - "인버터 어셈블리" 참조)
2. 내전압 시험기를 사용하여 누설 전류를 점검한다..
   (1) 내전압 시험기의 (-) 단자와 하우징, (+) 단자와 상(U, V, W)에 연결한다.
   (2) 1분간 AC 2,200V를 인가하여 측정값을 확인한다.

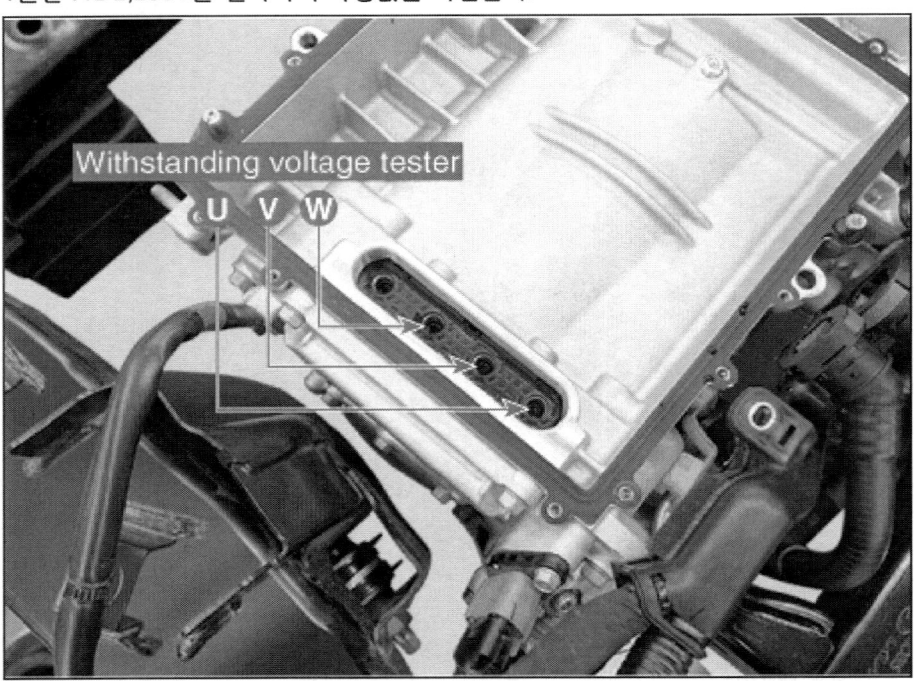

항목	점검 부위	규정값	비고
절연 내력	Housing - U	18 mA 이하	AC 2,200V, 1분간
	Housing - V		

		Housing – W		

장착

1. 장착은 탈거의 역순으로 실시한다.

   > **유 의**
   > - 인버터 어셈블리 개스킷은 메탈 개스킷 이므로 휘어지지 않도록 주의한다.
   > - 개스킷은 항상 신품을 사용한다.

   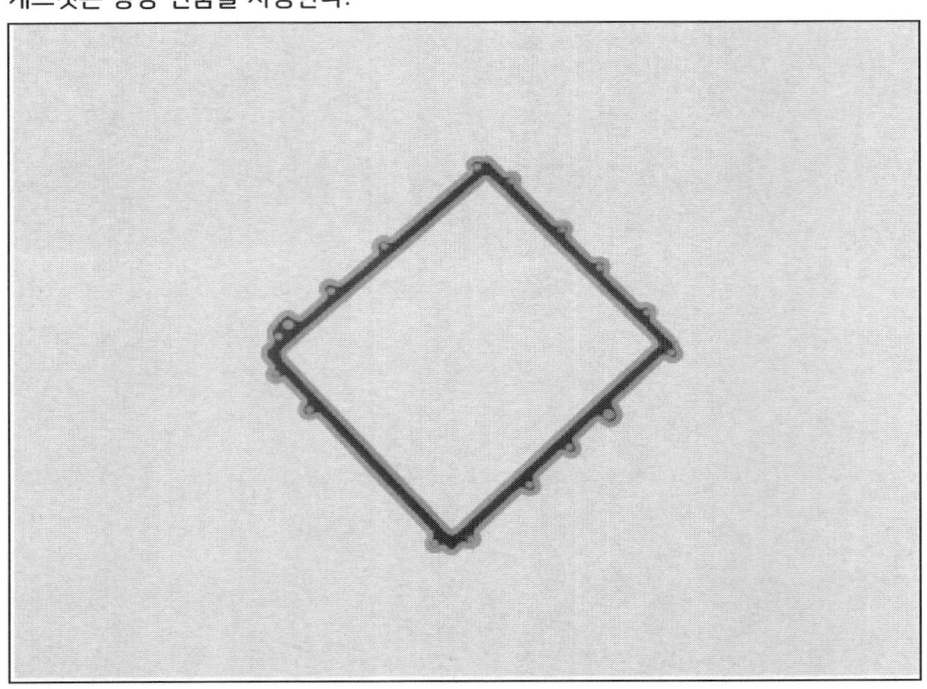

2. 오일 씰(A) 손상으로 오일이 누유되는 경우, 특수공구(09445-GI100, 09231-H1100)를 사용하여 오일 씰을 신품으로 교환한다.

3. 인버터 어셈블리와 고전압 정션 블록을 장착 후, 기밀점검을 실시한다.
   (모터 및 감속기 시스템 - "기밀점검" 참조)
4. 냉각수 주입 후 누수 여부를 확인한다.

> **유 의**
>
> - 냉각수 주입 시 진단기기를 사용하여 전자식 워터 펌프(EWP)를 강제 구동시켜 공기 빼기를 실시한다.
>   (냉각 시스템 - "모터 냉각수" 참조)
>   (냉각 시스템 - "고전압 배터리 냉각수" 참조)

5. 장착 완료 후 레졸버 옵셋 자동 보정 초기화를 실시한다.

> **유 의**
>
> - 모터 교환 후 레졸버 옵셋 자동 보정 초기화를 하지 않은 경우 최고 출력 저하 및 주행 거리가 짧아질 수 있다.
>   (모터 및 감속기 컨트롤 시스템 - "모터 위치 및 온도 센서" 참조)

교환

> **유 의**
>
> 오일 점검 시, 차량 수평상태를 유지한다

> **⚠ 주 의**
>
> - 리프트를 사용하여 차량을 들어 올릴 경우에는 차량의 하부 부품(플로어 언더 커버, 배터리)에 손상이 없도록 주의한다.
>   (일반 사항 - "리프트 포인트" 참조)

1. 리어 언더 커버를 탈거한다.
   (리어 모터 및 감속기 시스템 - "리어 언더 커버" 참조)
2. 5.0L 이상의 비커를 준비한다.
3. 드레인 플러그(A)를 풀어 10분 동안 준비된 비커에 오일을 배출하고 드레인 플러그를 장착한다.

> **유 의**
>
> - 드레인 플러그 가스켓(A)을 신품으로 교환한다. (재사용 금지)

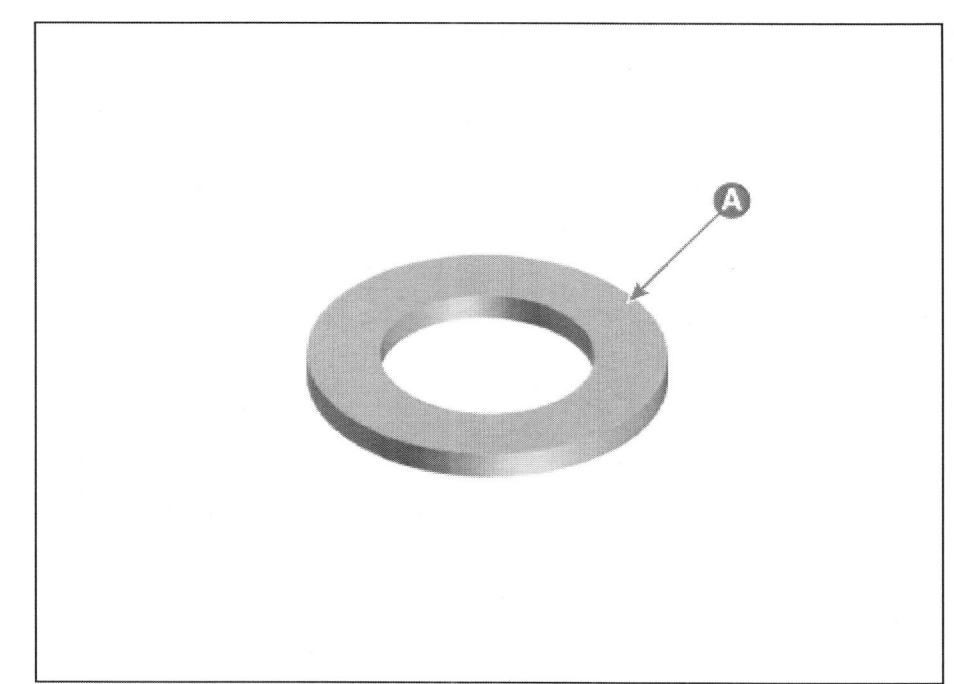

4. 필러 플러그(A)를 탈거한다.

5. 비커에 오일을 배출한 양만큼 규정 오일을 필러 플러그 홀에 주입한다.

    회사명 및 규정오일: HK ATF 6S SP4M-1

6. 필러 플러그를 장착한다

    체결토크: 4.5 ~ 6.0 kgf.m

> **유 의**
>
> • 필러 플러그 가스켓(A)을 신품으로 교환한다. (재사용 금지)

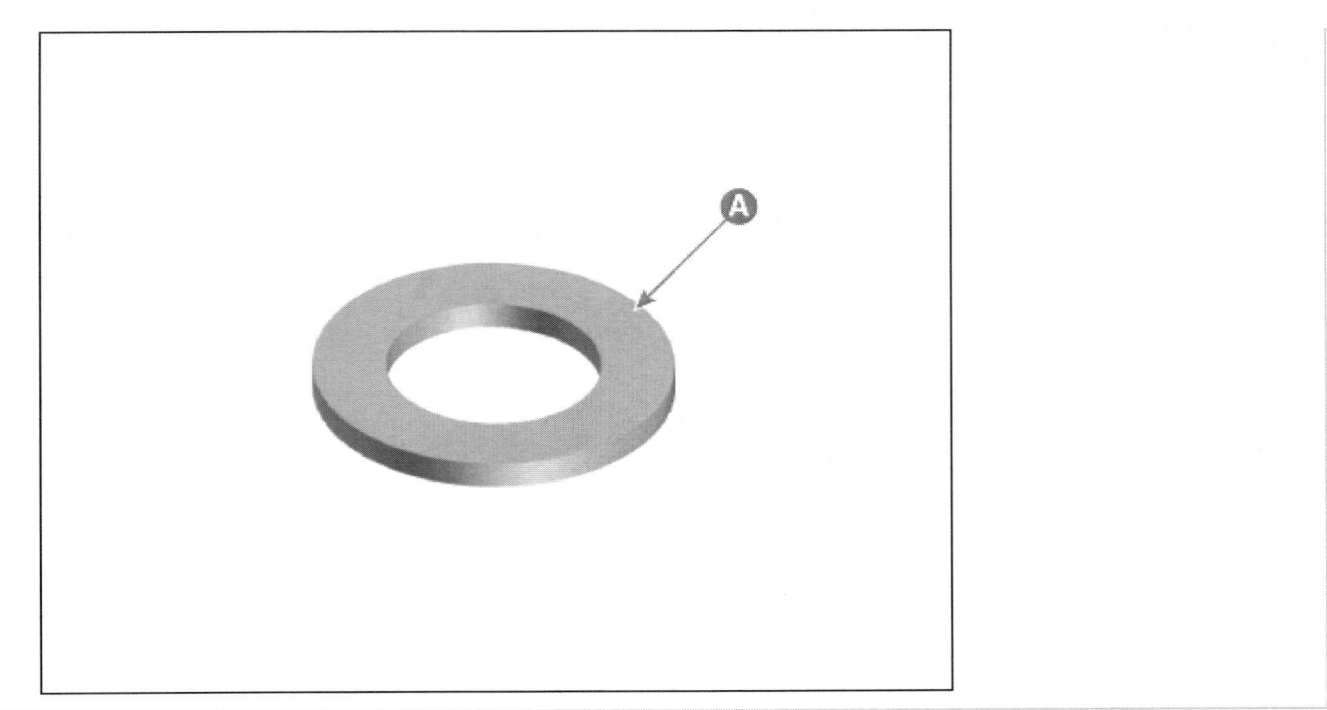

7. 리어 언더 커버를 장착한다.
   (리어 모터 및 감속기 시스템 - "리어 언더 커버" 참조)

모터 위치 및 온도 센서 탈장착

리어 모터

작업		H/W	체결토크 (kgf.m)	SST/장비	케미컬	기타
• 탈거						
1	12V 배터리 (-) 터미널 분리 (차량 제어 시스템 - "보조 배터리 (12V)" 참조)	-	-	-	-	-
2	리어 언더 커버 탈거 (후륜 모터 및 감속기 시스템 - "언더 커버" 참조)	-	-	-	-	-
3	모터 위치 및 온도 센서 커넥터 분리	-	-	-	-	-
4	볼트를 풀어 모터 위치 및 온도 센서 탈거	볼트	1.0 ~ 1.2	-	-	-
5	커넥터를 분리하여 모터 위치 및 온도 센서 탈거	-	-	-	-	-
• 장착						
탈거의 역순으로 실시						-

개요

모터 위치 센서
모터 제어를 위해서는 정확한 모터 회전자 절대 위치 검출이 필요하다.
레졸버를 이용한 회전자의 위치 및 속도 정보를 통하여 MCU는 최적으로 모터를 제어할 수 있게 된다. 레졸버는 모터의 회전자와 연결된 레졸버 회전자와 하우징과 연결된 레졸버 고정자로 구성되어 엔진의 CMP 센서 처럼 모터 내부의 회전자 위치를 파악한다.

모터 온도 센서
모터 온도 센서는 온도에 따른 토크 보상 및 모터 과온 보호를 목적으로 모터 온도 정보를 센싱하는 기능을 담당한다.

탈거 및 장착

리어 모터

> ⚠️ **경 고**
> - 고전압 시스템 관련 작업 시, 반드시 "안전사항 및 주의, 경고" 내용을 숙지하고 준수해야 한다. 미준수 시, 감전 또는 누전 등으로 인한 심각한 사고를 초래할 수 있다.
> - 고전압 시스템 관련 작업 시, "고전압 차단절차"에 따라 반드시 고전압을 먼저 차단해야 한다. 미준수 시, 감전 또는 누전 등으로 인한 심각한 사고를 초래할 수 있다.

> ⚠️ **주 의**
> - 리프트를 사용하여 차량을 들어 올릴 경우에는 차량의 하부 부품(플로어 언더 커버, 배터리)에 손상이 없도록 주의한다.
> (일반 사항 - "리프트 포인트" 참조)

> **유 의**
> - 차체 도장부의 손상을 방지하기 위해 펜더 커버를 사용한다.
> - 커넥터 및 와이어링이 손상되지 않도록 주의하여 분리한다.

> ℹ️ **참 고**
> - 와이어링 커넥터 및 호스의 잘못된 연결을 방지하기 위해 표시를 해둔다.

1. 12V 배터리 (-) 터미널을 분리한다.
   (차량 제어 시스템 - "보조 배터리 (12V)" 참조)
2. 리어 언더 커버를 탈거한다.
   (후륜 모터 및 감속기 시스템 - "언더 커버" 참조)
3. 모터 위치 및 온도 센서 커넥터(A)를 분리한다.

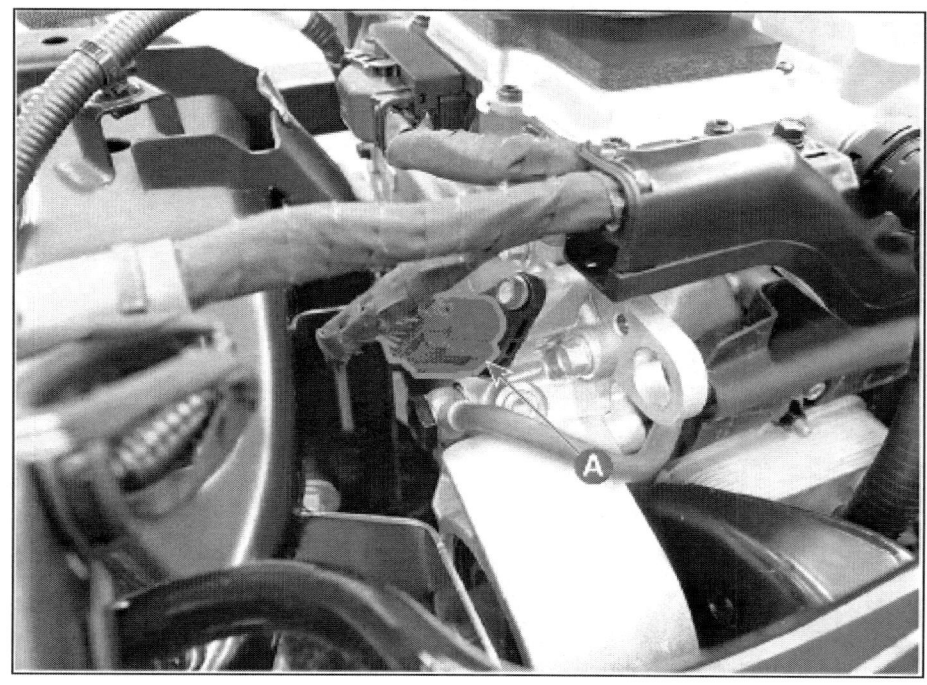

4. 볼트(A)를 풀어 모터 위치 및 온도 센서(B)를 탈거한다.

체결 토크 : 1.0 ~ 1.2 kgf.m

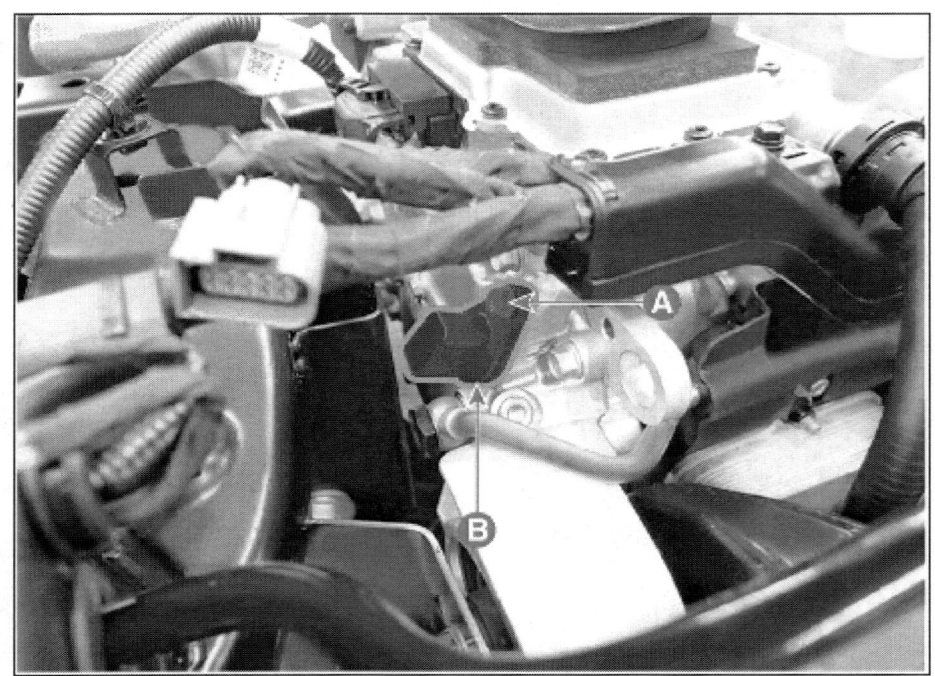

5. 커넥터를 분리하여 모터 위치 및 온도 센서(A)를 탈거한다.

6. 장착은 탈거의 역순으로 실시한다.

점검

리어 모터

> **⚠ 경 고**
> - 고전압 시스템 관련 작업 시, 반드시 "안전사항 및 주의, 경고" 내용을 숙지하고 준수해야 한다. 미준수 시, 감전 또는 누전 등으로 인한 심각한 사고를 초래할 수 있다.
> - 고전압 시스템 관련 작업 시, "고전압 차단절차"에 따라 반드시 고전압을 먼저 차단해야 한다. 미준수 시, 감전 또는 누전 등으로 인한 심각한 사고를 초래할 수 있다.

> **유 의**
> - 차체 도장부의 손상을 방지하기 위해 펜더 커버를 사용한다.
> - 커넥터 및 와이어링이 손상되지 않도록 주의하여 분리한다.

> **ℹ 참 고**
> - 와이어링 커넥터 및 호스의 잘못된 연결을 방지하기 위해 표시를 해둔다.

1. 12V 배터리 (-) 터미널을 분리한다.
   (차량 제어 시스템 - "보조 배터리 (12V)" 참조)
2. 리어 언더 커버를 탈거한다.
   (후륜 모터 및 감속기 시스템 - "언더 커버" 참조)
3. 모터 위치 및 온도 센서 커넥터(A)를 분리한다.

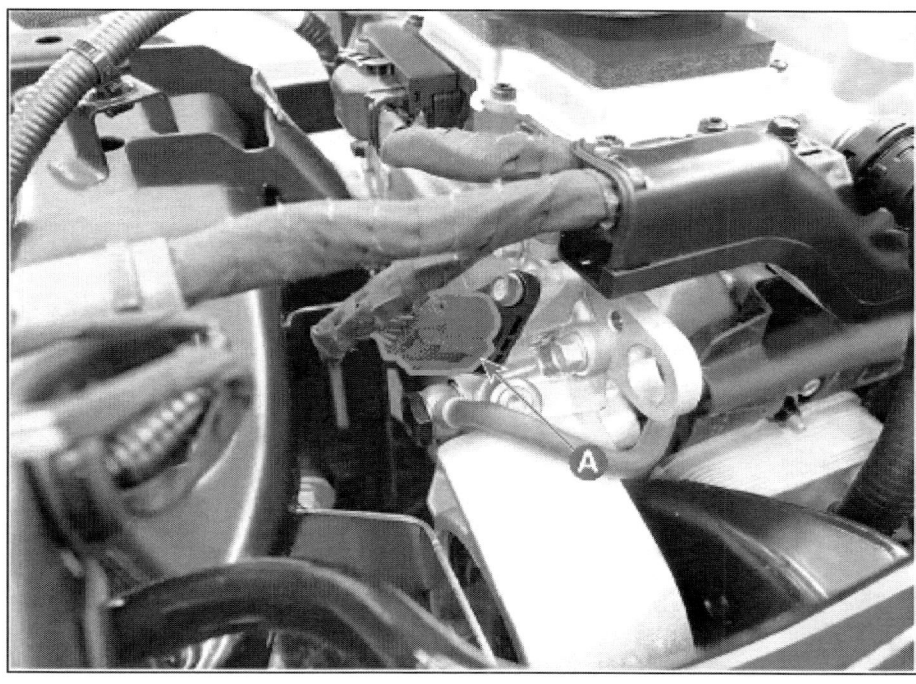

4. 멀티 테스터기를 사용하여 선간 저항을 점검한다.

핀 단자	핀 기능
1	SHIELD GND
2	REZ +
3	REZ S1
4	REZ S2
5	TEMP
6	SHIELD GND
7	REZ -
8	REZ S3
9	REZ S4
10	TEMP GND

항목	점검 부위		규정값	비고
모터 온도 센서	선간 저항	5 - 10	14.2 - 27.2 kΩ	10°C ~ 30°C
	절연 저항	5 - 하우징	100 MΩ 이상	DC 500V, 5초
		5 - U/V/W		
	절연 내역	5 - 하우징	0.5 mA 이하	AC 1800V, 1초
모터 위치 센서	선간 저항	2 - 7	23.0 Ω ±7%	상온 20 °C
		3 - 8	82.0 Ω ±7%	
		4 - 9	74.0 Ω ±7%	
	절연 저항	2 - 하우징	100 MΩ 이상	DC 500V, 5초
		3 - 하우징		
		4 - 하우징		

레졸버 옵셋 자동 보정 초기화

1. 점화스위치 "OFF", 자기진단 커넥터에 진단 기기를 연결한다.
2. 변속단 P 위치 & 점화스위치 "ON"(Power 버튼 LED "Red"), "부가기능" 모드를 선택한다.
3. 부가기능의 "레졸버 옵셋 자동 보정 초기화" 항목을 실시한다.

부가기능

시스템별 | 작업 분류별 | 모두 펼치기

- **Rear Occupant Alert**
- **Rear Right Power Seat Module**
- **Rear Motor Control Unit**
  - 사양정보
  - 전자식 워터펌프 구동 검사
  - 레졸버 옵셋 보정 초기화
  - EPCU(MCU) 자가진단 기능
- **Vehicle Charging Management System**
- **Battery Management System**
- **Integrated Charge Control Unit**
- **Vehicle Control Unit**
- **E-Shifter**
- **SBW Control Unit**
- **Front Radar**
- **Brake**
- **Airbag(Event #1)**

SBW(SHIFT BY WIRE) 액추에이터 탈장착

	작업	H/W	체결토크 (kgf.m)	SST/장비	케미컬	기타
•	탈거					
1	고전압 차단 절차 실시	-	-	진단기기	-	매뉴얼 참고
2	12V 배터리 (-) 터미널 분리 (차량 제어 시스템 - "보조 배터리 (12V)" 참조)	-	-	-	-	-
3	리어 크로스 멤버 탈거 (서스펜션 시스템 - "리어 크로스 멤버" 참조)	-	-	-	-	-
4	인버터 인렛 워터 호스 및 오일 쿨러 아웃렛 호스 분리	-	-	-	-	-
5	와이어링 브라켓 볼트 탈거	볼트	0.7 ~ 1.0	-	-	-
6	SBW(Shift By Wire) 액추에이터 커넥터 분리	-	-	-	-	-
7	볼트를 풀어 SBW(Shift By Wire) 액추에이터 탈거	볼트	2.0 ~ 2.7	-	-	-
•	장착					
탈거의 역순으로 실시						-

커넥터 및 단자 정보

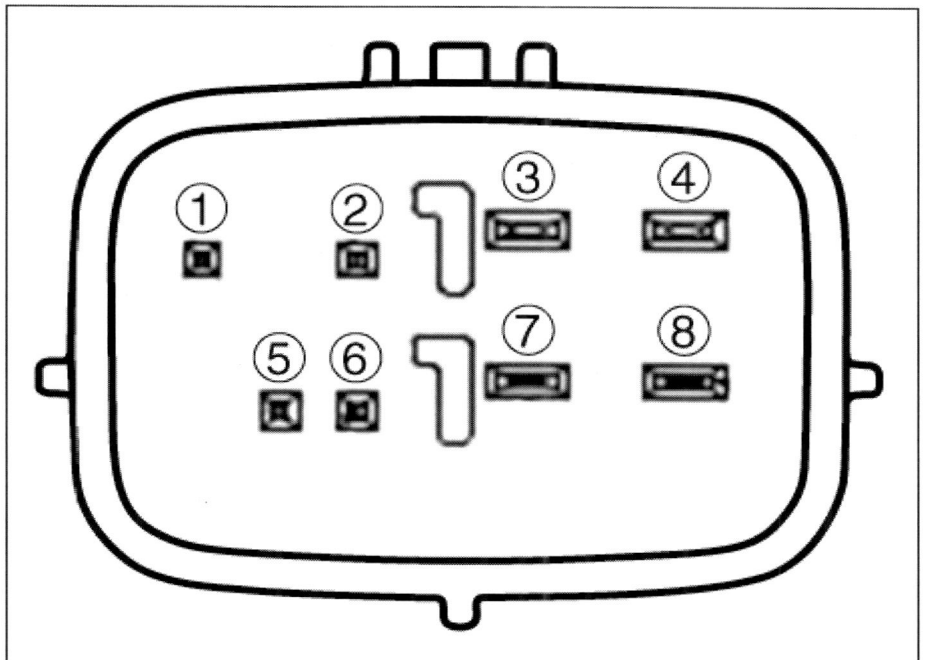

핀 번호	기능	비고
1	Encoder output B	-
2	Encoder output A	-
3	Motor power supply	-
4	Motor phase U	-
5	Encoder power supply	-
6	Encoder GND	-
7	Motor phase W	-
8	Motor phase V	-

2023 > 엔진 > 160kW > 모터 및 감속기 시스템 > 모터 및 감속기 컨트롤 시스템 > SBW(Shift By Wire) 액추에이터 > 탈거 및 장착

탈거 및 장착

⚠ 경 고

- 고전압 시스템 관련 작업 시, 반드시 "안전사항 및 주의, 경고" 내용을 숙지하고 준수해야 한다. 미준수 시, 감전 또는 누전 등으로 인한 심각한 사고를 초래할 수 있다.
- 고전압 시스템 관련 작업 시, "고전압 차단절차"에 따라 반드시 고전압을 먼저 차단해야 한다. 미준수 시, 감전 또는 누전 등으로 인한 심각한 사고를 초래할 수 있다.

⚠ 주 의

- 리프트를 사용하여 차량을 들어 올릴 경우에는 차량의 하부 부품(플로어 언더 커버, 배터리)에 손상이 없도록 주의한다.
  (일반 사항 - "리프트 포인트" 참조)

유 의

- 차체 도장부의 손상을 방지하기 위해 펜더 커버를 사용한다.
- 커넥터 및 와이어링이 손상되지 않도록 주의하여 분리한다.
- 퀵 커넥터 작업 시, 퀵 커넥터 클램프(A)를 화살표 방향으로 누르면서 분리한다.
- 내부의 고무 씰(B)을 만지거나 분리하지 않는다.

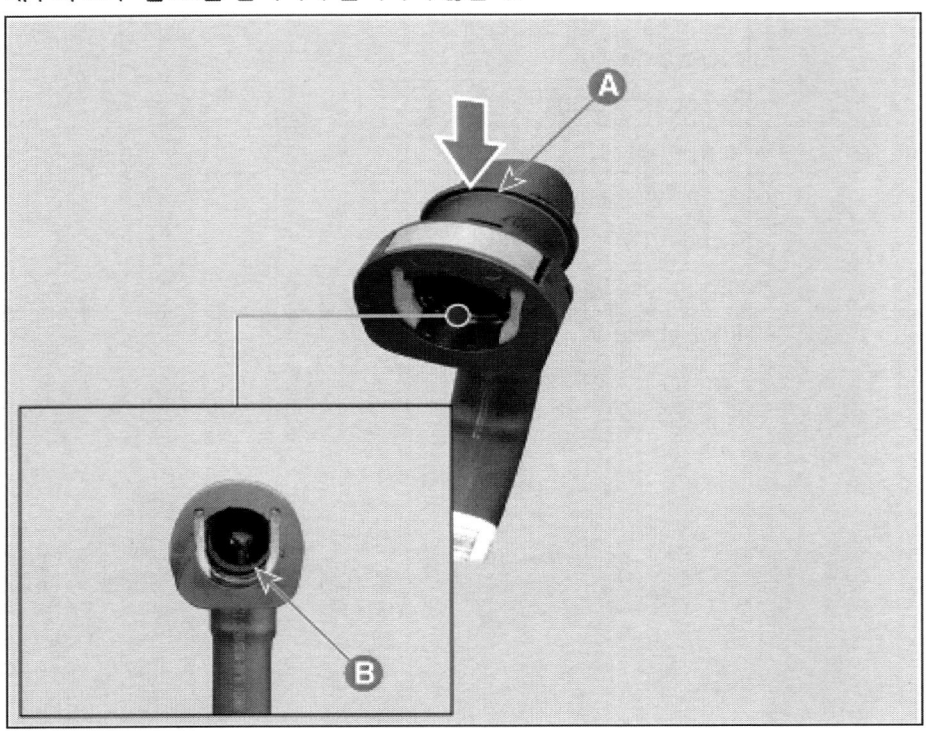

ⓘ 참 고

- 와이어링 커넥터 및 호스의 잘못된 연결을 방지하기 위해 표시를 해둔다.

1. 고전압 차단 절차를 실시한다.
   (모터 및 감속기 시스템 - "고전압 차단 절차" 참조)
2. 12V 배터리 (-) 터미널을 분리한다.
   (차량 제어 시스템 - "보조 배터리 (12V)" 참조)

3. 리어 크로스 멤버를 탈거한다.
   (서스펜션 시스템 - "리어 크로스 멤버" 참조)

4. 인버터 인렛 워터 호스(A) 및 오일 쿨러 아웃렛 호스(B)를 분리한다.

5. 와이어링 브라켓 볼트(A)를 탈거한다.

체결 토크 : 0.7 ~ 1.0 kgf.m

6. SBW(Shift By Wire) 액추에이터 커넥터(A)를 분리한다.

7. 볼트를 풀어 SBW(Shift By Wire) 액추에이터(A)를 탈거한다.

체결 토크 : 2.0 ~ 2.7 kgf.m

8. 장착은 탈거의 역순으로 실시한다.

SBW(SHIFT BY WIRE) 레버 탈장착

	작업	H/W	체결토크 (kgf.m)	SST/장비	케미컬	기타
•	탈거					
1	12V 배터리 (-) 터미널 분리 (차량 제어 시스템 - "보조 배터리 (12V)" 참조)	-	-	-	-	-
2	스티어링 컬럼 쉬라우드 패널 탈거 (바디 (내장 / 외장 / 전장) - "스티어링 컬럼 쉬라우드 패널" 참조)	-	-	-	-	-
3	스티어링 휠 탈거 (스티어링 시스템 - "스티어링 휠" 참조)	-	-	-	-	-
4	다기능 스위치 커넥터 분리	-	-	-	-	-
5	SBW(Shift By Wire) 레버 커넥터 분리	-	-	-	-	-
6	스크류를 풀어 SBW(Shift By Wire) 레버 탈거	스크류	0.05 ~ 0.15	-	-	-
•	장착					
탈거의 역순으로 실시						-

2023 > 엔진 > 160kW > 모터 및 감속기 시스템 > 모터 및 감속기 컨트롤 시스템 > SBW(Shift By Wire) 레버 > 구성부품 및 부품위치

부품 위치

체결 토크 : kgf.m
A : 0.05 ~ 0.15

1. SBW(Shift By Wire) 레버

커넥터 및 단자 정보

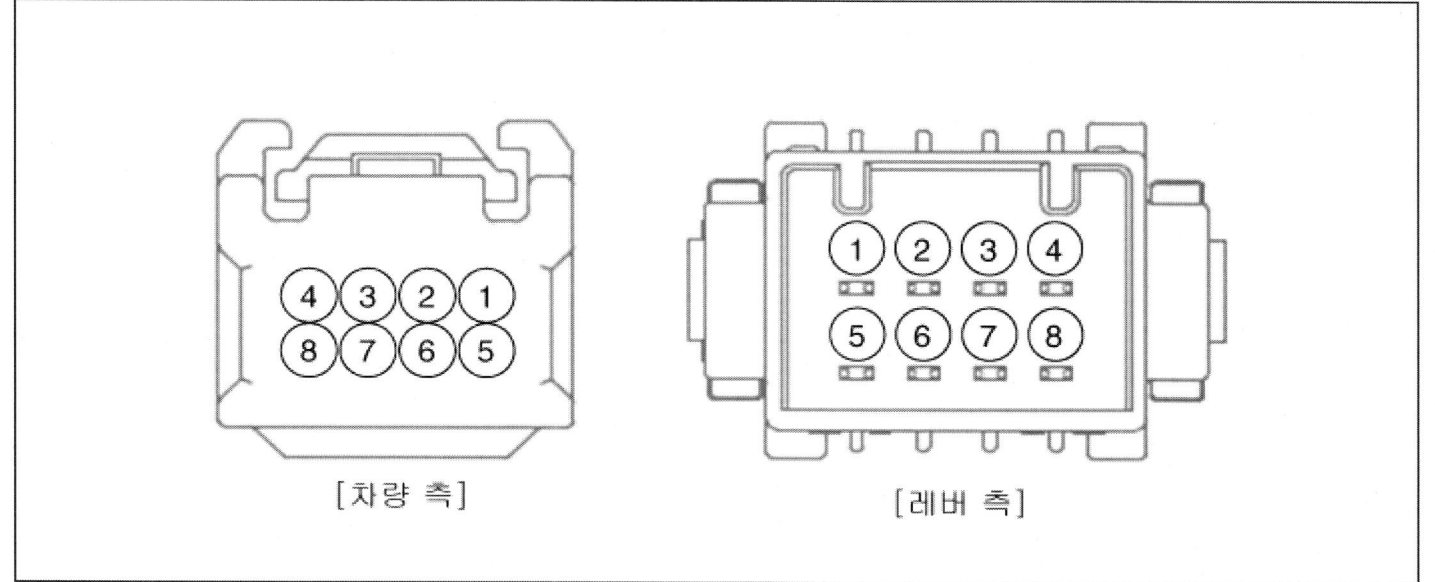

핀 번호	기능	비고
1	IG1	-
2	CAN#1_L	Main CAN (CAN FD Low)
3	CAN#1_H	Main CAN (CAN FD High)
4	GND	-
5	BAT+	-
6	-	-
7	CAN#2_H	Back up CAN (CAN FD High)
8	CAN#2_L	Back up CAN (CAN FD Low)

2023 > 엔진 > 160kW > 모터 및 감속기 시스템 > 모터 및 감속기 컨트롤 시스템 > SBW(Shift By Wire) 레버 > 탈거 및 장착

탈거 및 장착

> ⚠️ **경고**
> - 고전압 시스템 관련 작업 시, 반드시 "안전사항 및 주의, 경고" 내용을 숙지하고 준수해야 한다. 미준수 시, 감전 또는 누전 등으로 인한 심각한 사고를 초래할 수 있다.
> - 고전압 시스템 관련 작업 시, "고전압 차단절차"에 따라 반드시 고전압을 먼저 차단해야 한다. 미준수 시, 감전 또는 누전 등으로 인한 심각한 사고를 초래할 수 있다.

> **유 의**
> - 커넥터 및 와이어링이 손상되지 않도록 주의하여 분리한다.

1. 12V 배터리 (-) 터미널을 분리한다.
   (차량 제어 시스템 - "보조 배터리 (12V)" 참조)
2. 스티어링 컬럼 쉬라우드 패널을 탈거한다.
   (바디 (내장 / 외장 / 전장) - "스티어링 컬럼 쉬라우드 패널" 참조)
3. 스티어링 휠을 탈거한다
   (스티어링 시스템 - "스티어링 휠" 참조)
4. 다기능 스위치 커넥터(A)를 분리한다.

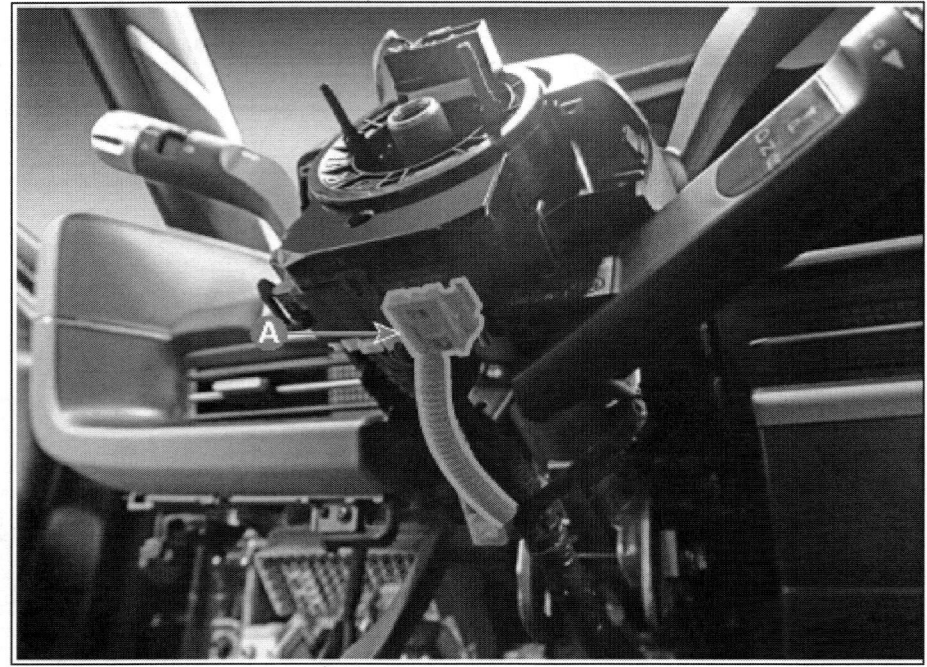

5. SBW(Shift By Wire) 레버 커넥터(A)를 분리한다.

6. 스크류를 풀어 SBW(Shift By Wire) 레버(A)를 탈거한다.

   체결토크: 0.05 ~ 0.15 kgf.m

7. 장착은 탈거의 역순으로 실시한다.

SBW(SHIFT BY WIRE) 제어 유닛 탈장착

	작업	H/W	체결토크 (kgf.m)	SST/장비	케미컬	기타
• 탈거						
1	12V 배터리 (-) 터미널 분리 (차량 제어 시스템 - "보조 배터리 (12V)" 참조)	-	-	-	-	-
2	SBW(Shift By Wire) 제어 유닛 커넥터 분리	-	-	-	-	-
3	너트를 풀어 SBW(Shift By Wire) 제어 유닛과 브라켓 어셈블리를 함께 탈거	너트	1.0 ~ 1.2	-	-	-
4	너트를 풀어 SBW(Shift By Wire) 제어 유닛을 브라켓에서 탈거	너트	1.0 ~ 1.2	-	-	-
• 장착						
탈거의 역순으로 실시						-
• 부가기능						
- 제어기 무선 S/W 업데이트(OTA) 대상 제어기 교체 시, S/W 업데이트 실시						

2023 > 엔진 > 160kW > 모터 및 감속기 시스템 > 모터 및 감속기 컨트롤 시스템 > SBW(Shift By Wire) 제어 유닛 > 구성부품 및 부품위치

구성부품

체결 토크 : kgf.m
A : 1.0 ~ 1.2

1. SBW(Shift By Wire) 제어 유닛

2023 > 엔진 > 160kW > 모터 및 감속기 시스템 > 모터 및 감속기 컨트롤 시스템 > SBW(Shift By Wire) 제어 유닛 > 커넥터 및 단자 정보

커넥터 및 단자 정보

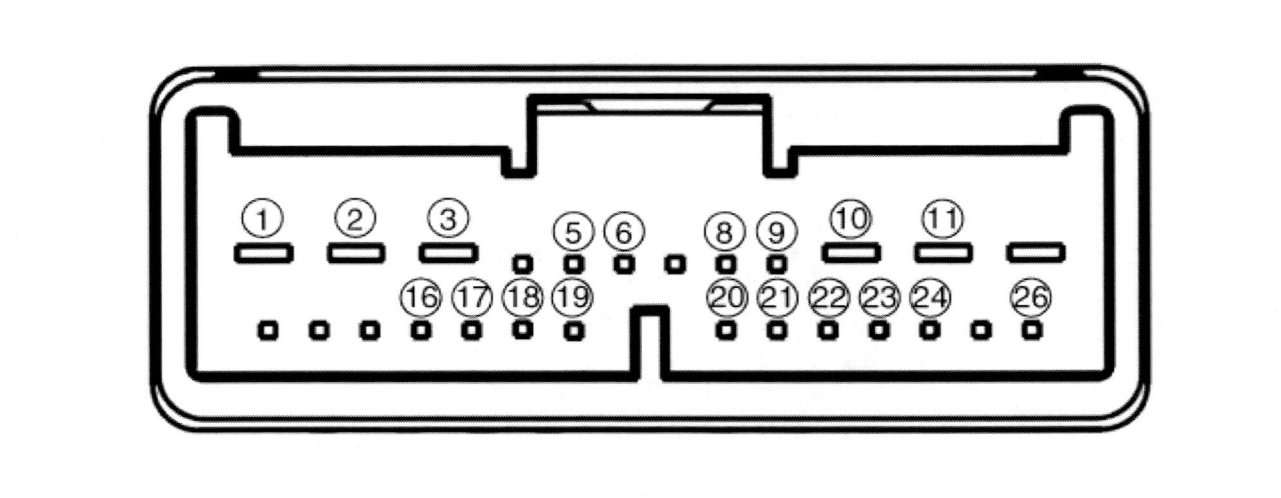

핀 번호	기능
1	Phase_U
2	Phase_V
3	Phase_W
4	-
5	PARK_TX
6	PARK_RX
7	-
8	P-CAN High signal
9	P-CAN Low signal
10	Power Ground
11	Power Ground
12	-
13	-
14	-
15	-
16	Motor power supply relay
17	Encoder sensor A
18	Encoder sensor B
19	Encoder sensor power
20	Encoder sensor ground
21	Signal ground
22	Signal ground
23	-
24	Ignition switch

| 25 | – |
| 26 | Battery voltage direct |

2023 > 엔진 > 160kW > 모터 및 감속기 시스템 > 모터 및 감속기 컨트롤 시스템 > SBW(Shift By Wire) 제어 유닛 > 탈거

탈거

> **⚠ 경 고**
>
> - 고전압 시스템 관련 작업 시, 반드시 "안전사항 및 주의, 경고" 내용을 숙지하고 준수해야 한다. 미준수 시, 감전 또는 누전 등으로 인한 심각한 사고를 초래할 수 있다.
> - 고전압 시스템 관련 작업 시, "고전압 차단절차"에 따라 반드시 고전압을 먼저 차단해야 한다. 미준수 시, 감전 또는 누전 등으로 인한 심각한 사고를 초래할 수 있다.

> **유 의**
>
> - 커넥터 및 와이어링이 손상되지 않도록 주의하여 분리한다.

1. 12V 배터리 (-) 터미널을 분리한다.
   (차량 제어 시스템 - "보조 배터리 (12V)" 참조)
2. SBW(Shift By Wire) 제어 유닛 커넥터(A)를 분리한다.

3. 너트를 풀어 SBW(Shift By Wire) 제어 유닛과 브라켓 어셈블리(A)를 함께 탈거한다.

   체결 토크: 1.0 ~ 1.2 kgf.m

4. 너트를 풀어 SBW(Shift By Wire) 제어 유닛(A)을 브라켓에서 탈거한다.

체결 토크: 1.0 ~ 1.2 kgf.m

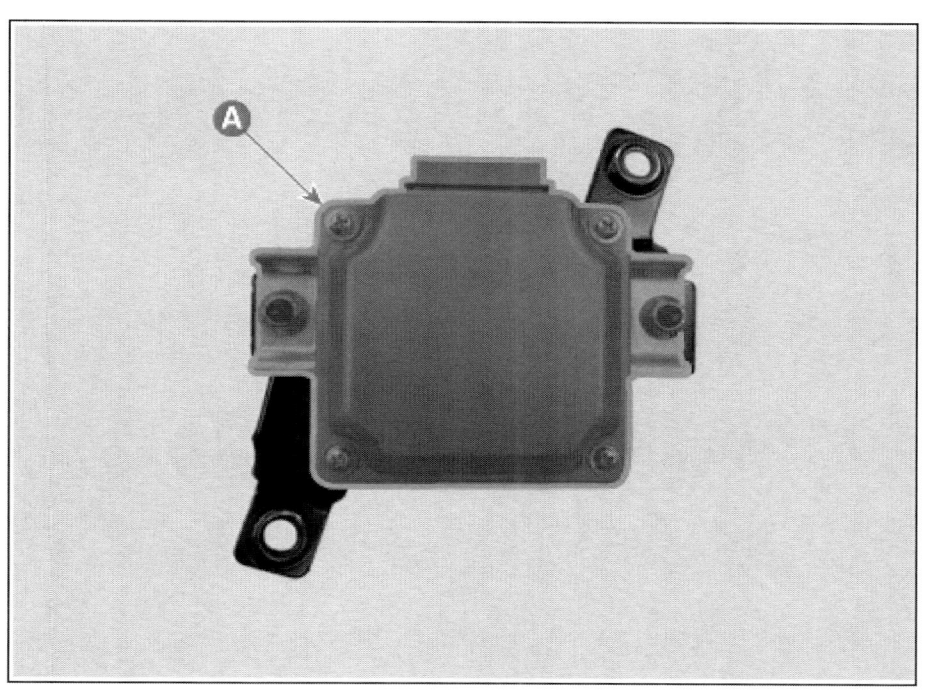

2023 > 엔진 > 160kW > 모터 및 감속기 시스템 > 모터 및 감속기 컨트롤 시스템 > SBW(Shift By Wire) 제어 유닛 > 장착

장착

1. 장착은 탈거의 역순으로 실시한다.
2. 제어기 무선 S/W 업데이트(OTA) 대상 제어기 교체 시, 진단기기를 사용하여 S/W업데이트를 실시한다. (미실시 시 OTA 자동 업데이트 불가).
 (바디 (내장 / 외장 / 전장) - "제어기 무선 S/W 업데이트 (OTA)" 참조)

오일 온도 센서 탈장착

	작업	H/W	체결토크 (kgf.m)	SST/장비	케미컬	기타
•	탈거					
1	12V 배터리 (-) 터미널 분리 (차량 제어 시스템 - "보조 배터리 (12V)" 참조)	-	-	-	-	-
2	리어 언더 커버 탈거 (모터 및 감속기 시스템 - "리어 언더 커버" 참조)	-	-	-	-	-
3	후륜 모터 및 감속기 오일 배출	-	-	-	-	-
4	오일 온도 센서 커넥터 분리	-	-	-	-	-
5	오일 온도 센서 탈거	-	-	-	-	-
•	장착					
탈거의 역순으로 실시						매뉴얼 참고
•	부가기능					
- 오일 온도 센서 탈거 시, 오일 보충 실시						

서비스 정보

항목		제원
센서 형식		NTC 서미스터
작동 전압		5V ± 0.25V
최대 저항		100mA
응답 시간	시험 매체 : 냉각수	MAX. 5sec
오일온도 표		-40 to 150°C (-40 to 302°F)

오일 온도 표

온도 (°C)	저항 (kΩ)		
	최저MIN	보통	최대
-40	41.74	48.14	54.54
-30	23.54	26.74	29.94
-20	14.13	15.48	16.83
-10	8.393	9.308	10.223
0	5.281	5.790	6.299
10	3.422	3.714	4.007
20	2.310	2.450	2.590
30	1.554	1.658	1.762
40	1.084	1.148	1.212
50	0.7729	0.8126	0.8524
60	0.5615	0.5865	0.6115
70	0.4154	0.4311	0.4469
80	0.3122	0.3222	0.3322
90	0.2382	0.2446	0.2510
100	0.1844	0.1884	0.1924
110	0.1451	0.1471	0.1491
120	0.1139	0.1163	0.1187
130	0.0908	0.0930	0.0953
140	0.0731	0.0752	0.0773
150	0.0594	0.0614	0.0634

탈거

> ⚠️ **경고**
> - 고전압 시스템 관련 작업 시, 반드시 "안전사항 및 주의, 경고" 내용을 숙지하고 준수해야 한다. 미준수 시, 감전 또는 누전 등으로 인한 심각한 사고를 초래할 수 있다.
> - 고전압 시스템 관련 작업 시, "고전압 차단절차"에 따라 반드시 고전압을 먼저 차단해야 한다. 미준수 시, 감전 또는 누전 등으로 인한 심각한 사고를 초래할 수 있다.

> ⚠️ **주의**
> - 리프트를 사용하여 차량을 들어 올릴 경우에는 차량의 하부 부품(플로어 언더 커버, 배터리)에 손상이 없도록 주의한다.
> (일반 사항 - "리프트 포인트" 참조)

> **유의**
> - 커넥터 및 와이어링이 손상되지 않도록 주의하여 분리한다.

1. 12V 배터리 (-) 터미널을 분리한다.
   (차량 제어 시스템 - "보조 배터리 (12V)" 참조)
2. 리어 언더 커버를 탈거한다.
   (모터 및 감속기 시스템 - "리어 언더 커버" 참조)
3. 후륜 모터 및 감속기 오일을 배출한다.
   (모터 및 감속기 시스템 - "후륜 모터 및 감속기 오일" 참조)
4. 오일 온도 센서 커넥터(A)를 분리한다.

5. 오일 온도 센서(A)를 탈거한다.

장착

1. 장착은 탈거의 역순으로 실시한다.

   > **유 의**
   >
   > - O-링(A)을 신품으로 교환한다.
   >
   >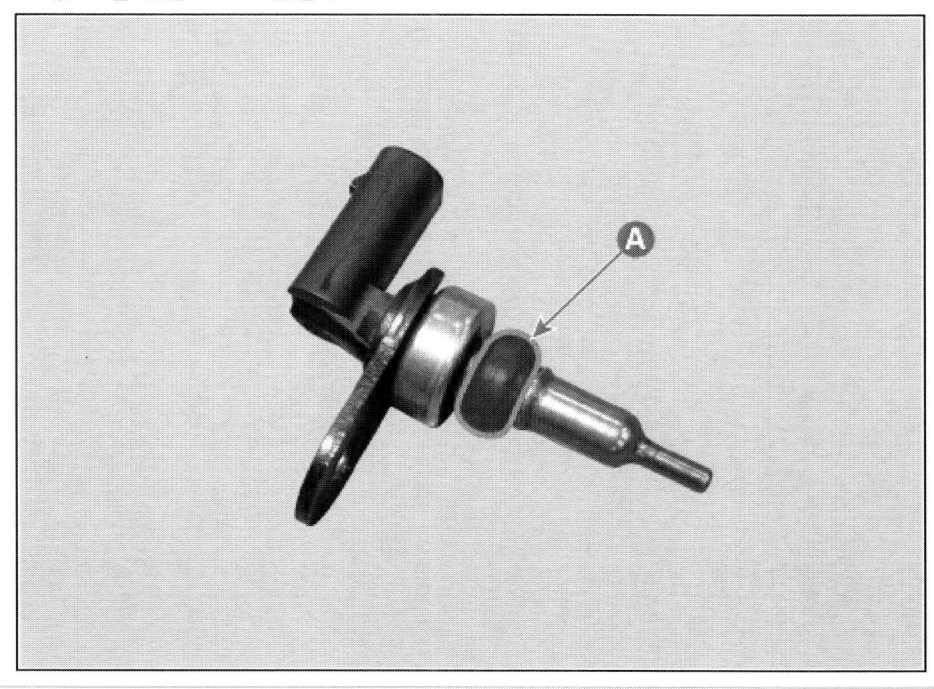

2. 후륜 모터 및 감속기 오일을 보충한다.
   (모터 및 감속기 시스템 - "후륜 모터 및 감속기 오일" 참조)

전동식 오일 펌프 (EOP) 탈장착

작업		H/W	체결토크 (kgf.m)	SST/장비	케미컬	기타
• 탈거						
1	12V 배터리 (-) 터미널 분리 (차량 제어 시스템 - "보조 배터리 (12V)" 참조)	-	-	-	-	-
2	리어 언더 커버 탈거 (모터 및 감속기 시스템 - "리어 언더 커버" 참조)	-	-	-	-	-
3	후륜 모터 및 감속기 오일 배출	-	-	-	-	매뉴얼 참고
4	전동식 오일 펌프 (EOP) 커넥터 분리	-	-	-	-	-
5	볼트를 풀어 전동식 오일 펌프 (EOP) 탈거	볼트	2.0 ~ 2.7	-	-	-
• 장착						
탈거의 역순으로 실시						매뉴얼 참고
• 부가기능						
- 전동식 오일 펌프 (EOP) 탈거 시, 오일 보충 실시						

탈거

> **⚠ 경 고**
>
> - 고전압 시스템 관련 작업 시, 반드시 "안전사항 및 주의, 경고" 내용을 숙지하고 준수해야 한다. 미준수 시, 감전 또는 누전 등으로 인한 심각한 사고를 초래할 수 있다.
> - 고전압 시스템 관련 작업 시, "고전압 차단절차"에 따라 반드시 고전압을 먼저 차단해야 한다. 미준수 시, 감전 또는 누전 등으로 인한 심각한 사고를 초래할 수 있다.

> **⚠ 주 의**
>
> - 리프트를 사용하여 차량을 들어 올릴 경우에는 차량의 하부 부품(플로어 언더 커버, 배터리)에 손상이 없도록 주의한다. (일반 사항 - "리프트 포인트" 참조)

> **유 의**
>
> - 커넥터 및 와이어링이 손상되지 않도록 주의하여 분리한다.

1. 12V 배터리 (-) 터미널을 분리한다.
   (차량 제어 시스템 - "보조 배터리 (12V)" 참조)
2. 리어 언더 커버를 탈거한다.
   (모터 및 감속기 시스템 - "리어 언더 커버" 참조)
3. 후륜 모터 및 감속기 오일을 배출한다.
   (모터 및 감속시 시스템 - "후륜 모터 및 감속기 오일" 참조)
4. 전동식 오일 펌프 (EOP) 커넥터(A)를 분리한다.

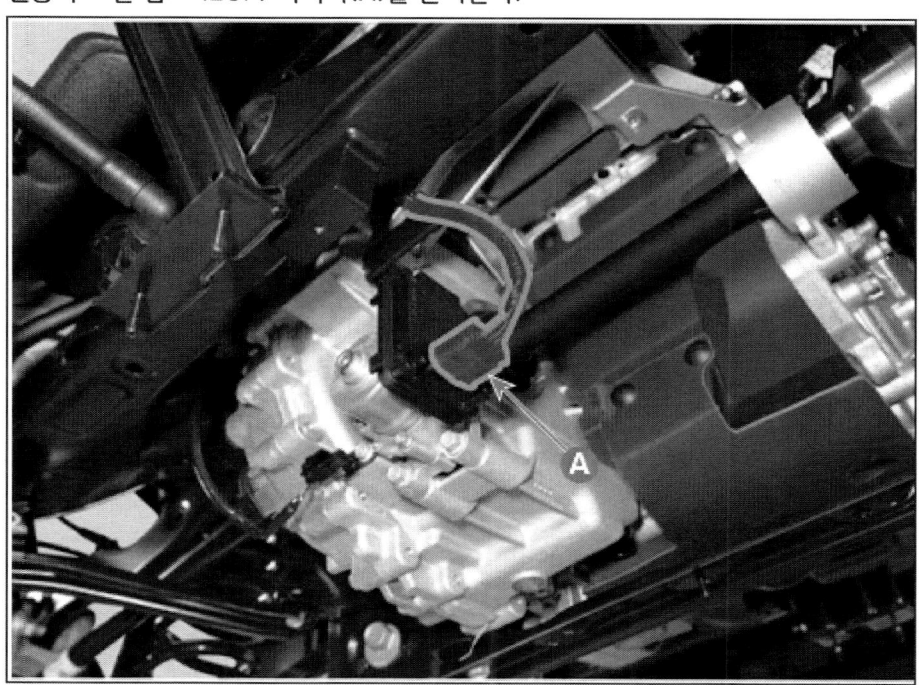

5. 볼트를 풀어 전동식 오일 펌프 (EOP)(A)를 탈거한다.

   체결토크 : 2.0 ~ 2.7 kgf.m

장착

1. 장착은 탈거의 역순으로 실시한다.

   > **유 의**
   >
   > - 오일 씰(A)을 신품으로 교환한다.
   >
   >
   >
   > - O-링(A)을 신품으로 교환한다.
   >
   >

2. 후륜 모터 및 감속기 오일을 보충한다.
   (모터 및 감속기 시스템 - "후륜 모터 및 감속기 오일" 참조)

인버터 어셈블리 탈장착

	작업	H/W	체결토크 (kgf.m)	SST/장비	케미컬	기타
•	탈거					
1	고전압 차단 절차 실시	-	-	진단 기기	-	매뉴얼 참고
2	리어 크로스 멤버 탈거 (서스펜션 시스템 - "리어 크로스 멤버" 참조)	-	-	-	-	-
3	리어 고전압 정션 블록 탈거 (배터리 제어 시스템 - "고전압 정션 블록" 참조)	-	-	-	-	-
4	인버터 커넥터 분리	-	-	-	-	-
5	인버터 인렛 워터 호스 및 오일 쿨러 인렛 호스 분리	-	-	-	-	-
6	와이어링 브라켓 볼트 탈거	볼트	0.7 ~ 1.0	-	-	-
7	볼트를 풀어 인버터 어셈블리 탈거	-	-	-	-	볼트 재사용 금지
•	장착					
탈거의 역순으로 실시						매뉴얼 참고
•	부가기능					
- 진단 기기 및 장비를 사용하여 후륜모터 및 감속기 어셈블리 기밀 점검 실시						

탈거

> **⚠ 경 고**
> - 고전압 시스템 관련 작업 시, 반드시 "안전사항 및 주의, 경고" 내용을 숙지하고 준수해야 한다. 미준수 시, 감전 또는 누전 등으로 인한 심각한 사고를 초래할 수 있다.
> - 고전압 시스템 관련 작업 시, "고전압 차단절차"에 따라 반드시 고전압을 먼저 차단해야 한다. 미준수 시, 감전 또는 누전 등으로 인한 심각한 사고를 초래할 수 있다.

> **⚠ 주 의**
> - 리프트를 사용하여 차량을 들어 올릴 경우에는 차량의 하부 부품(플로어 언더 커버, 배터리)에 손상이 없도록 주의한다.
> (일반 사항 - "리프트 포인트" 참조)

> **유 의**
> - 차체 도장부의 손상을 방지하기 위해 펜더 커버를 사용한다.
> - 커넥터 및 와이어링이 손상되지 않도록 주의하여 분리한다.

> **ⓘ 참 고**
> - 와이어링 커넥터 및 호스의 잘못된 연결을 방지하기 위해 표시를 해둔다.

1. 고전압 차단 절차를 실시한다.
   (모터 및 감속기 시스템 - "고전압 차단 절차" 참조)
2. 리어 크로스 멤버를 탈거한다.
   (서스펜션 시스템 - "리어 크로스 멤버" 참조)
3. 리어 고전압 정션 블록(A)을 탈거한다.
   (배터리 제어 시스템 - "고전압 정션 블록" 참조)
4. 인버터 커넥터(A)를 분리한다.

5. 인버터 인렛 워터 호스(A) 및 오일 쿨러 인렛 호스(B)를 분리한다.

6. 와이어링 브라켓 볼트(A)를 탈거한다.

체결 토크 : 0.7 ~ 1.0 kgf.m

7. 볼트를 풀어 인버터 어셈블리(A)를 탈거한다.

> **유 의**
>
> - 인버터 어셈블리 장착 시, 인버터 어셈블리 볼트는 재사용 하지 않는다.

장착

1. 장착은 탈거의 역순으로 실시한다.

   > **유 의**
   > - 인버터 어셈블리 개스킷은 메탈 개스킷 이므로 휘어지지 않도록 주의한다.
   > - 개스킷은 항상 신품을 사용한다.

   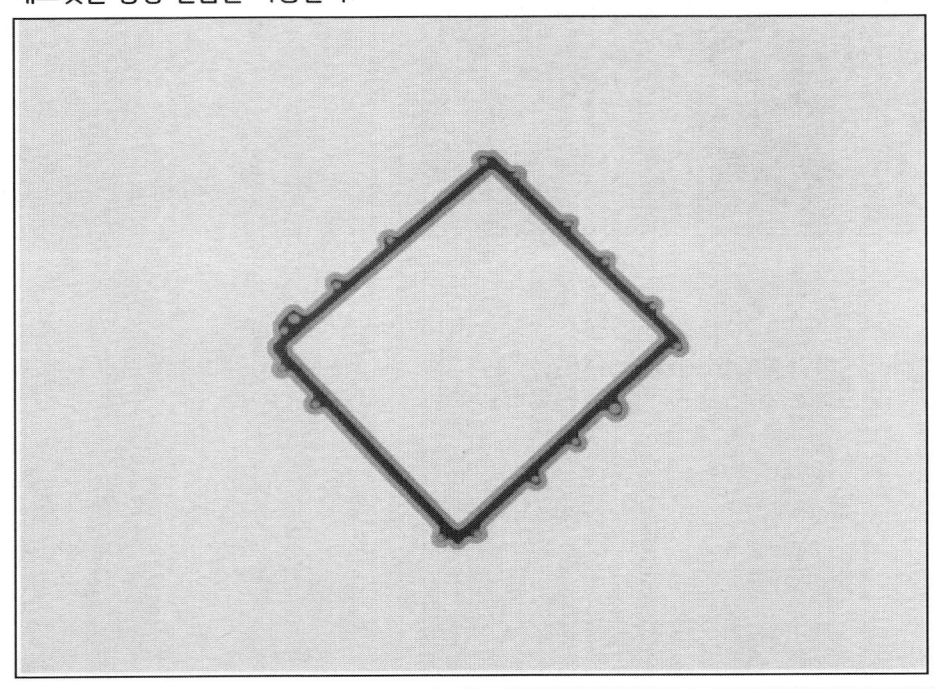

2. 인버터 어셈블리를 장착 후, 기밀점검을 실시한다.
   (모터 및 감속기 시스템 - "기밀점검" 참조)

냉각 시스템

- 서비스 정보 ·· 428
- 체결토크 ·· 429
- 냉각수 흐름도 ·· 430
- 냉각 시스템 ·· 431
- 모터 냉각 시스템 ·· 461
- 고전압 배터리 냉각 시스템 ························ 490

서비스 정보

전자식 워터 펌프(EWP)

전자식 워터 펌프(EWP)(전장)

항목	제원	비고
형식	원심 펌프	전자식 (BLDC)
작동 전압	9 ~ 16 V	-
작동 조건	LIN control	-
용량	1.43 kgf/cm² / 14 LPM(분당 리터) / 13.5 ~ 14.5 V	1.43 kgf/cm² / 13.5 ~ 14.5 V
정격 전류	Max 10 A	-
최대 전류	Max 15 A	-
작동 온도 조건	-40 ~ 135 °C	-40 ~ 275 °F

전자식 워터 펌프(EWP)(고전압 배터리)

항목	제원	비고
형식	원심 펌프	전자식 (BLDC)
작동 전압	9 ~ 16 V	-
작동 조건	LIN control	1000 ~ 4000 RPM
용량	0.663 kgf/cm²	0.663 kgf/cm²
정격 전류	Max 6.5 A	-
작동 온도 조건	-40 ~ 135 °C	-40 ~ 275 °F

냉각수

모터 냉각수 용량

냉각수		제원	
		160kW (2WD)	70kW+160kW (4WD)
일반형	히트 펌프 미적용 사양	약 6.26 L	-
일반형	히트 펌프 적용 사양	약 6.26 L	-
항속형	히트 펌프 미적용 사양	약 6.26 L	약 6.54 L
항속형	히트 펌프 적용 사양	약 6.26 L	약 6.54 L

고전압 배터리 냉각수 용량

저전도 냉각수		제원	
		160kW (2WD)	70kW+160kW (4WD)
일반형	히트 펌프 미적용 사양	약 10.5 L	-
일반형	히트 펌프 적용 사양	약 11.1 L	-
항속형	히트 펌프 미적용 사양	약 12.5 L	약 12.6 L
항속형	히트 펌프 적용 사양	약 13.1 L	약 13.1 L

체결토크

냉각시스템

항목	체결 토크 (kgf.m)
쿨링 팬 어셈블리 장착 볼트	0.5 ~ 0.8
라디에이터 상부 에어 가드	0.8 ~ 1.2
라디에이터 하부 에어 가드	0.8 ~ 1.2
A/C 파이프 장착 볼트	0.5 ~ 0.8
라디에이터 마운팅 브라켓 장착 볼트	0.8 ~ 1.2
고전압 배터리 라디에이터 및 모터 라디에이터 장착 볼트	0.5 ~ 0.8
리저버 탱크 장착 볼트	0.8 ~ 1.2
리저버 탱크 브라켓 장착 볼트	0.8 ~ 1.2

모터 냉각 시스템

항목	체결 토크 (kgf.m)
전자식 워터 펌프 장착 볼트	0.20 ~ 0.25
프런트 모터 & 감속기 오일 쿨러 장착 볼트	2.0 ~ 2.4
3웨이 밸브 어셈블리 장착 볼트	0.9 ~ 1.4

고전압 배터리 냉각 시스템

항목	체결 토크 (kgf.m)
전자식 워터 펌프 #1 어셈블리 장착 볼트	0.20 ~ 0.25
전자식 워터 펌프 #2 어셈블리 장착 볼트	1.8 ~ 2.2
3웨이 밸브 어셈블리 장착 볼트	0.9 ~ 1.4
냉각수 분배 파이프 장착 볼트	0.8 ~ 1.2
PTC 히트 펌프 장착 볼트	1.0 ~ 1.2

냉각수 흐름도

■ Heat Pump 사양

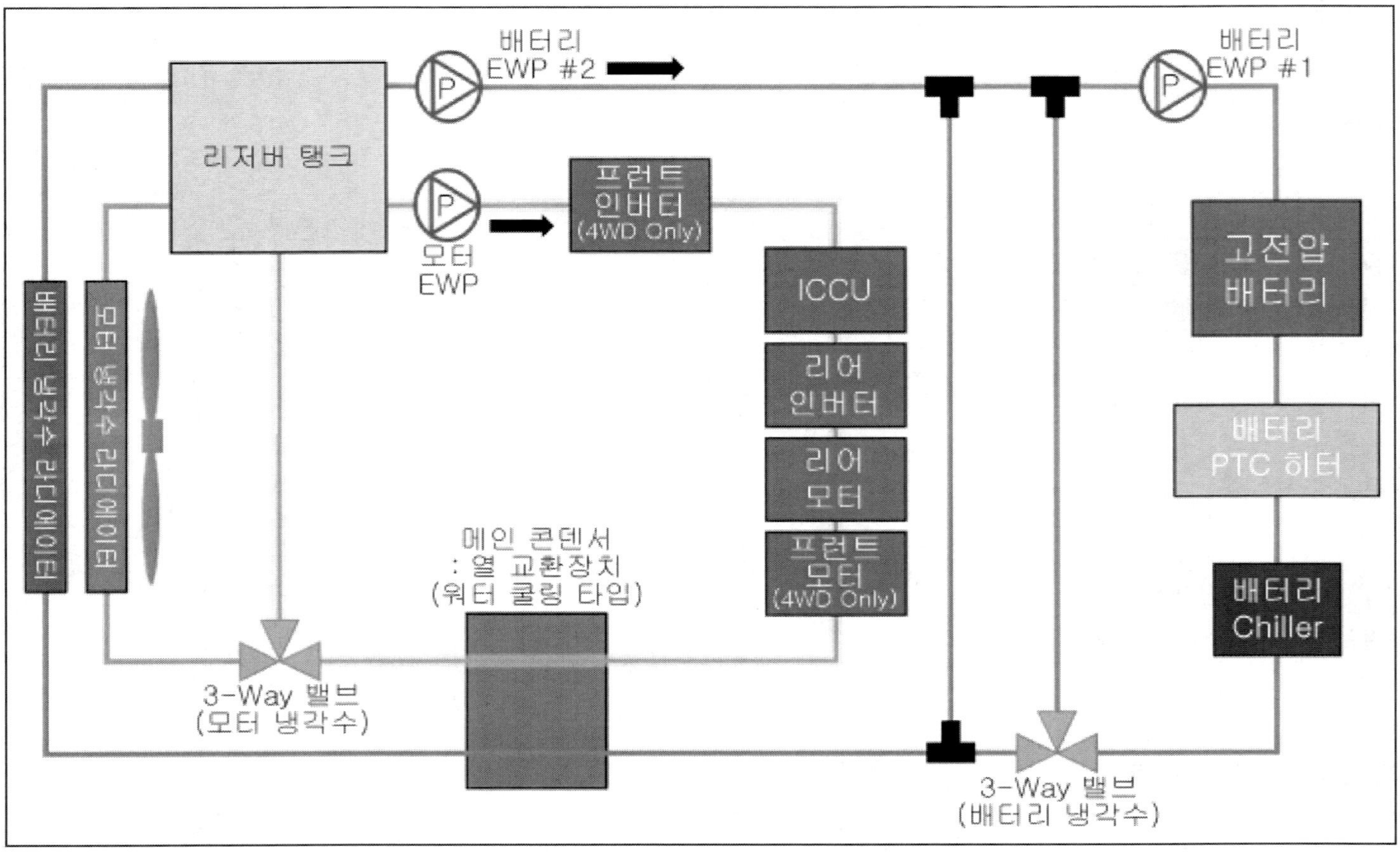

■ Heat Pump 미 적용

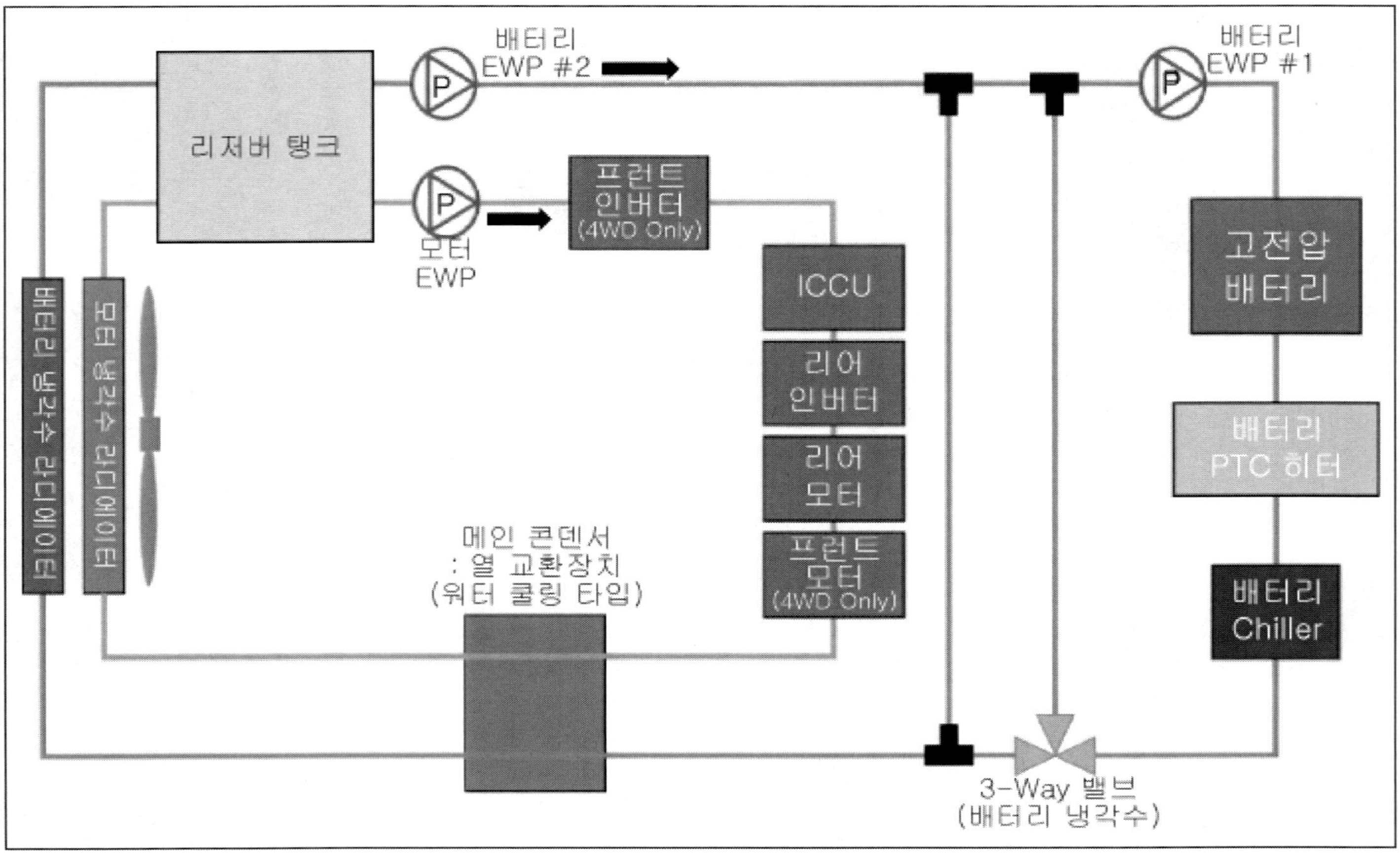

쿨링 팬 탈장착

	작업	H/W	체결토크 (kgf.m)	SST/장비	케미컬	기타
•	탈거					
1	12V 배터리 (-) 터미널 분리 (차량 제어 시스템 - "보조 배터리 (12V)" 참조)	-	-	-	-	-
2	프런트 트렁크 탈거 (바디 (내장 / 외장 / 전장) - "프런트 트렁크" 참조)	-	-	-	-	-
3	프런트 언더 커버 탈거 (모터 및 감속기 시스템 - "언더 커버" 참조)	-	-	-	-	-
4	쿨링 팬 커넥터 분리	-	-	-	-	-
5	볼트를 풀어 쿨링 팬 어셈블리 탈거	볼트	0.5 ~ 0.8	-	-	-
•	장착					
탈거의 역순으로 진행						-

2023 > 엔진 > 160kW > 냉각 시스템 > 냉각 시스템 > 쿨링 팬 > 구성부품 및 부품위치

구성부품

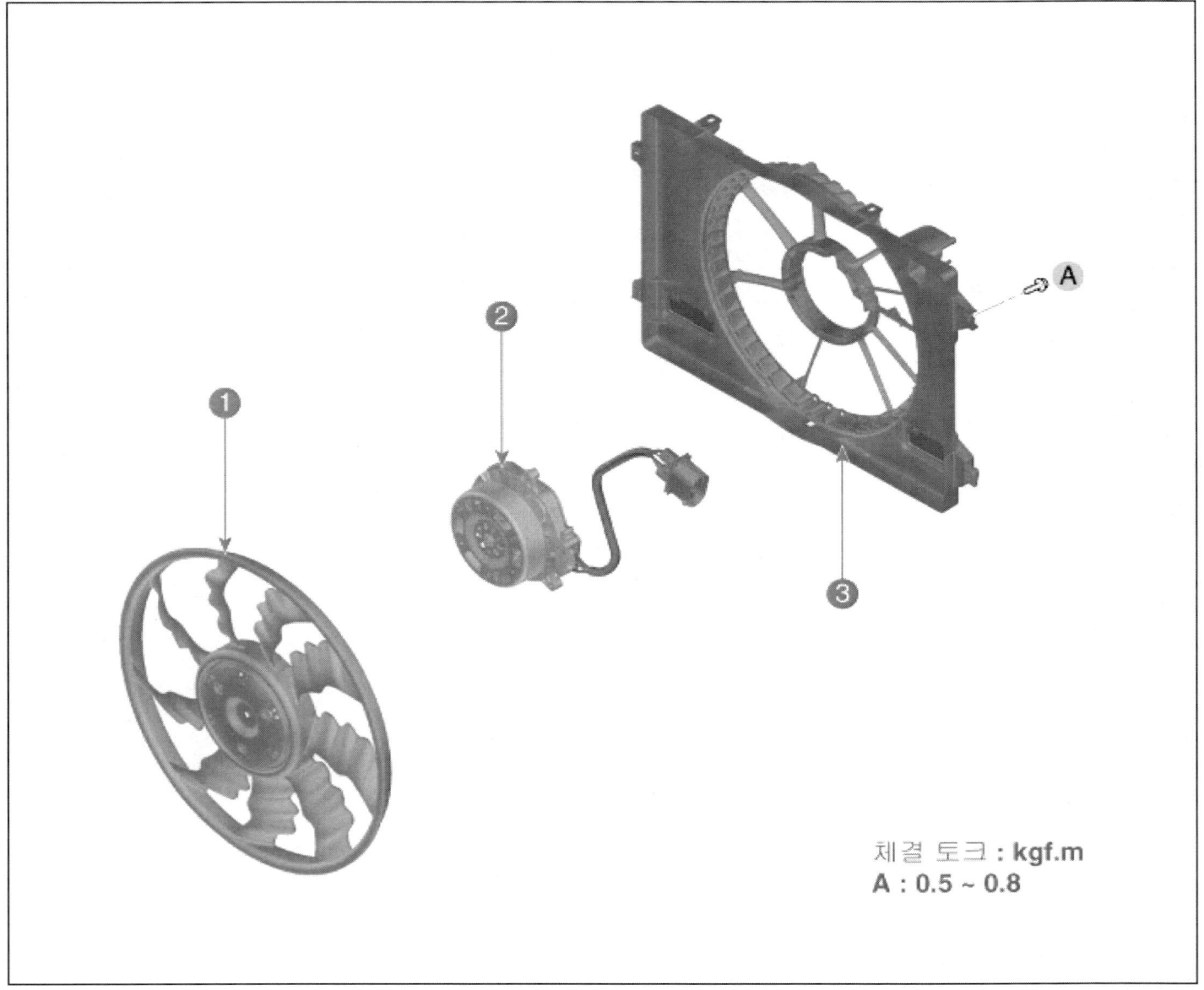

체결 토크 : kgf.m
A : 0.5 ~ 0.8

1. 쿨링 팬
2. 쿨링 팬 모터

3. 쿨링 팬 슈라우드

탈거 및 장착

쿨링 팬 어셈블리

1. 12V 배터리 (-) 터미널을 분리한다.
   (차량 제어 시스템 - "보조 배터리 (12V)" 참조)
2. 프런트 트렁크를 탈거한다.
   (바디 (내장 / 외장 / 전장) - "프런트 트렁크" 참조)
3. 프런트 언더 커버를 탈거한다.
   (모터 및 감속기 시스템 - "언더 커버" 참조)
4. 쿨링 팬 커넥터(A)를 분리한다.

5. 볼트를 풀어 쿨링 팬 어셈블리(A)를 탈거한다.

   체결 토크 : 0.5 ~ 0.8 kgf.m

6. 장착은 탈거의 역순으로 진행한다.

점검

팬 모터

1. 점화스위치 "OFF", 자기진단 커넥터에 진단 기기를 연결한다.
2. 변속단 P 위치 & 점화스위치 "ON"(Power 버튼 LED "Red"), "강제구동" 기능을 선택한다.
3. 쿨링 팬 모터를 강제구동 시킨다.

> **참 고**
> - 팬 모터 강제구동에는 저속 및 고속 2가지 기능이 있다.

[팬 모터 저속]

(1) 강제구동 기능의 "팬 모터 저속" 항목을 수행한다.

(2) 시작버튼을 눌러 강제구동을 실행한다.

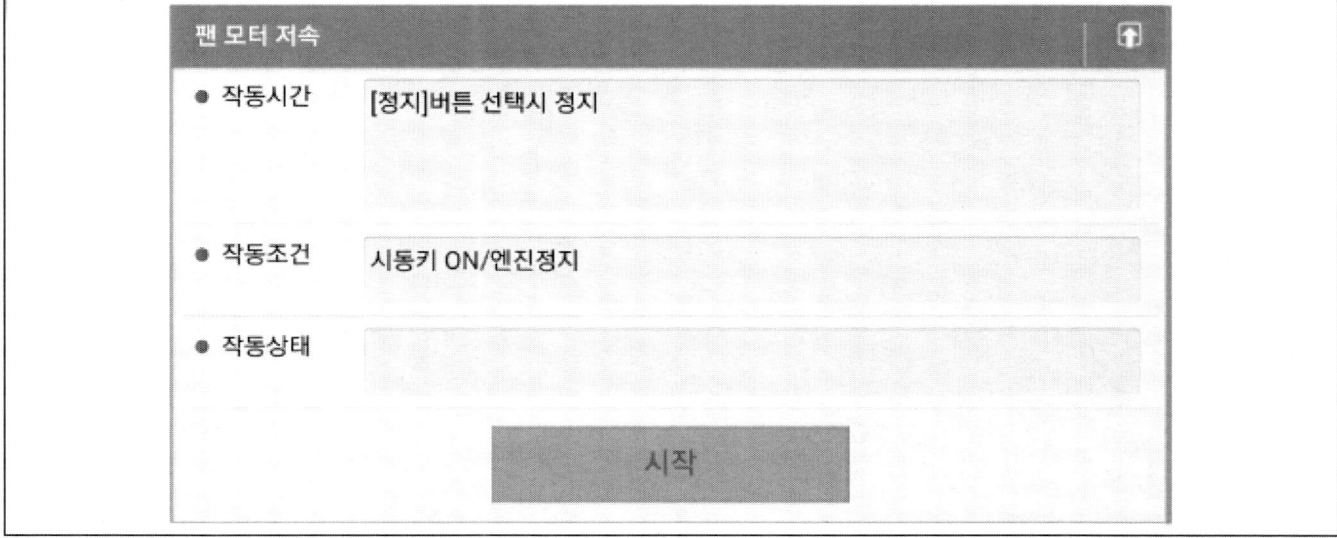

(3) 쿨링 팬의 작동을 육안으로 확인한다.
(4) 정지버튼을 눌러 강제구동을 정지 시킨다.

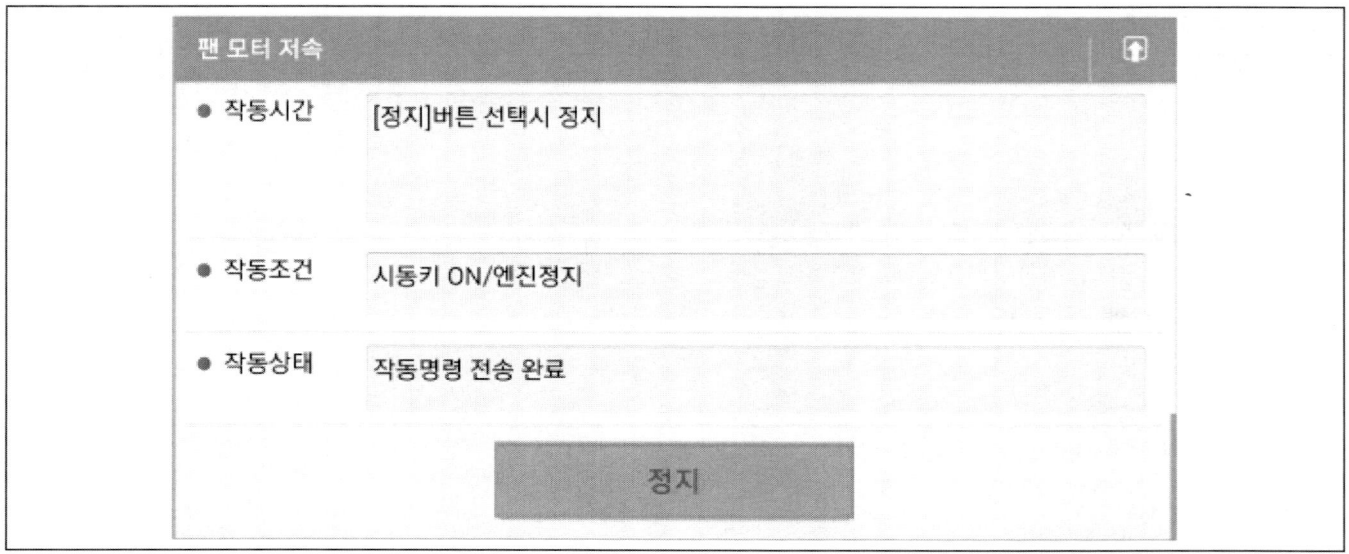

[팬 모터 고속]

(1) 강제구동 기능의 "팬 모터 고속" 항목을 수행한다.

(2) 시작버튼을 눌러 강제구동을 실행한다.

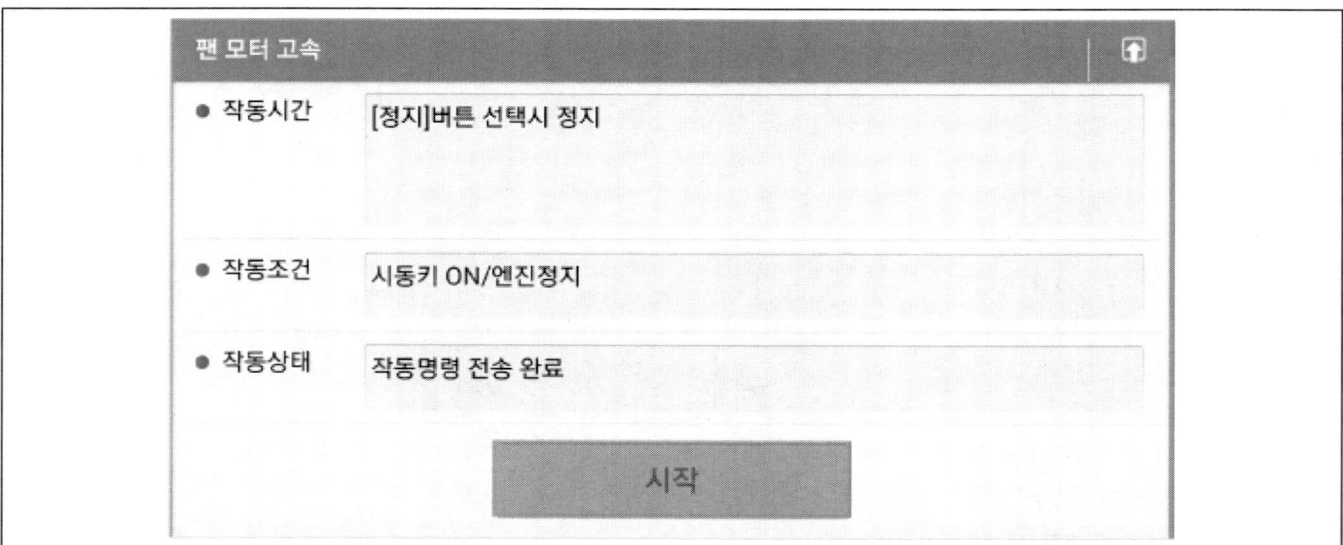

(3) 쿨링 팬의 작동을 육안으로 확인한다.

(4) 정지버튼을 눌러 강제구동을 정지 시킨다.

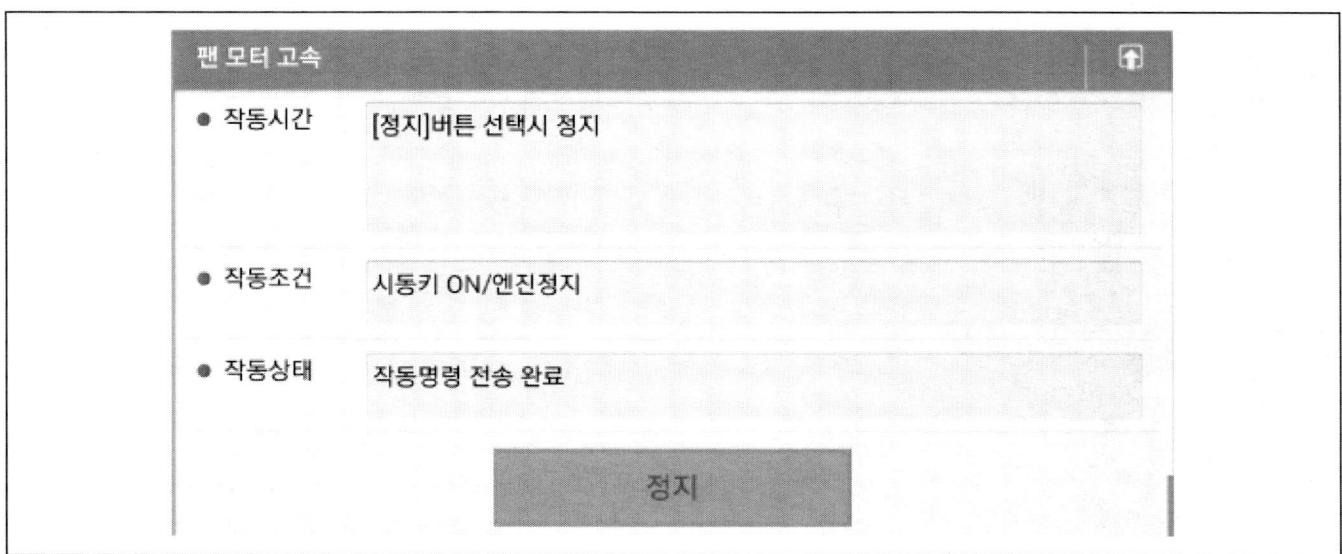

라디에이터 탈장착

작업		H/W	체결토크 (kgf.m)	SST/장비	케미컬	기타
• 탈거						
1	12V 배터리 (-) 터미널 분리 (차량 제어 시스템 - "보조 배터리 (12V)" 참조)	-	-	-	-	-
2	쿨링 팬 어셈블리 탈거 (냉각 시스템 - "쿨링 팬" 참조)	-	-	-	-	-
3	모터 냉각수 배출 (모터 냉각 시스템 - "냉각수" 참조)	-	-	-	냉각수	-
4	고전압 배터리 냉각수 배출 (고전압 배터리 냉각 시스템 - "냉각수" 참조)	-	-	-	냉각수	-
5	볼트를 풀어 라디에이터 하부 에어 가드 탈거	볼트	0.8 ~ 1.2	-	-	-
6	프런트 범퍼 빔 탈거 (바디 (내장 / 외장 / 전장) - "프런트 범퍼 빔 어셈블리" 참조)	-	-	-	-	-
7	볼트를 풀어 라디에이터 상부 에어 가드 탈거	볼트	0.8 ~ 1.2	-	-	-
8	에어컨 냉매 파이프 마운팅 볼트 탈거	볼트	0.5 ~ 0.8	-	-	-
9	라디에이터에서 콘덴서 분리 (히터 및 에어컨 장치 - "콘덴서" 참조)	-	-	-	-	-
10	모터 라디에이터 상부 호스 분리	-	-	-	-	-
11	모터 라디에이터 하부 호스 분리	-	-	-	-	-
12	고전압 배터리 라디에이터 아웃렛 호스 분리	-	-	-	-	-
13	고전압 배터리 라디에이터 인렛 호스 분리	-	-	-	-	-
14	볼트를 풀어 라디에이터 상부 마운팅 브라켓 탈거 [LH/RH]	볼트	0.8 ~ 1.2	-	-	-
15	모터 라디에이터 및 고전압 배터리 라디에이터 탈거	-	-	-	-	-
16	볼트를 풀어 고전압 배터리 라디에이터 및 모터 라디에이터 분리	볼트	0.5 ~ 0.8	-	-	-
• 장착						
탈거의 역순으로 진행						-
• 부가기능						
• 진단기능 - 냉각수 주입 시, 진단 기기를 사용하여 공기빼기 작업 진행						

구성부품

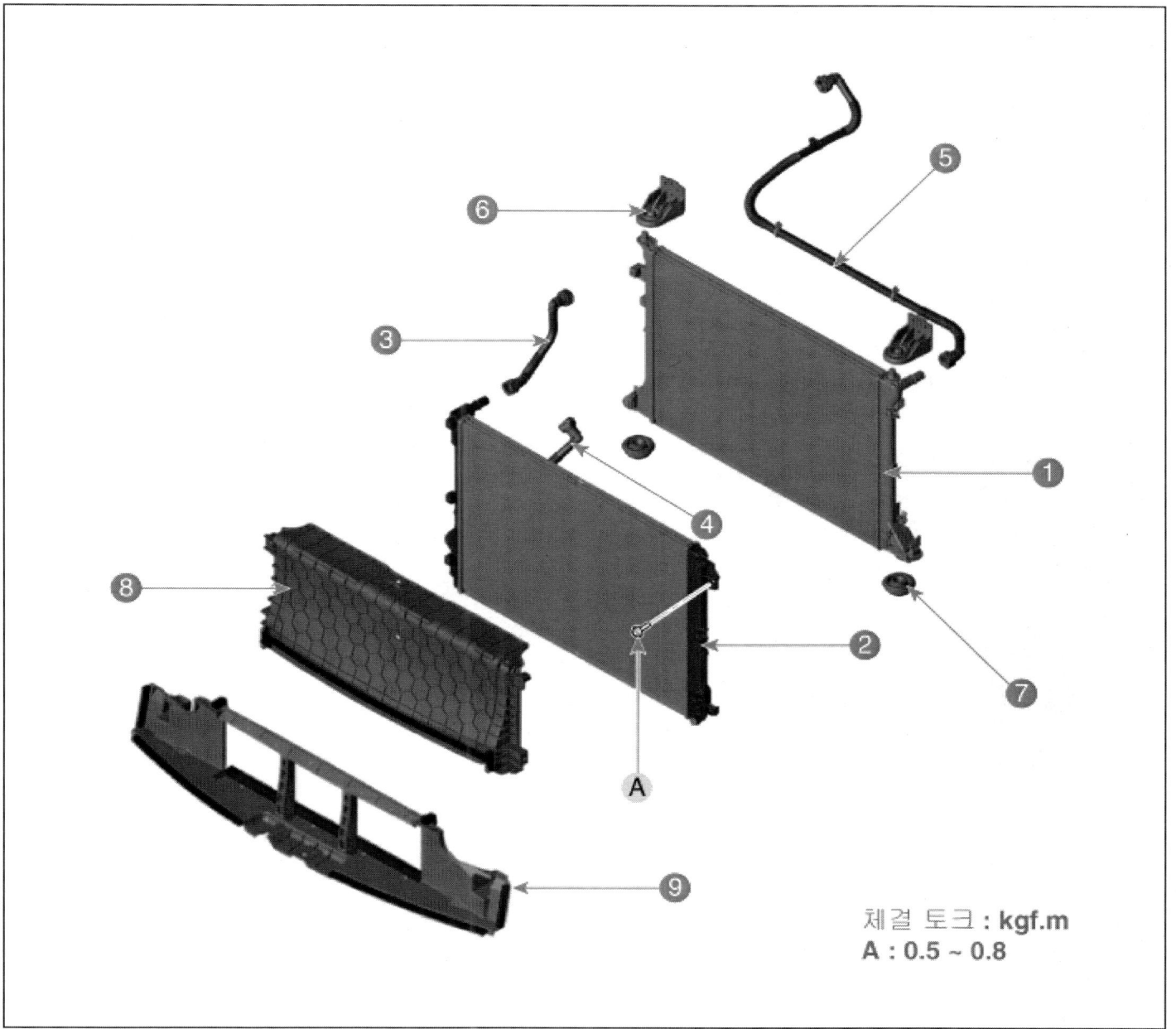

체결 토크 : kgf.m
A : 0.5 ~ 0.8

1. 모터 라디에이터
2. 고전압 배터리 라디에이터
3. 고전압 배터리 라디에이터 아웃렛 호스
4. 고전압 배터리 라디에이터 인렛 호스
5. 모터 라디에이터 상부 호스

6. 라디에이터 상부 마운팅 브라켓
7. 라디에이터 하부 마운팅 인슐레이터
8. 라디에이터 상부 에어 가드
9. 라디에이터 하부 에어 가드

탈거

1. 12V 배터리 (-) 터미널을 분리한다.
   (차량 제어 시스템 - "보조 배터리 (12V)" 참조)
2. 쿨링 팬 어셈블리를 탈거한다.
   (냉각 시스템 - "쿨링 팬" 참조)
3. 모터 라디에이터 드레인 플러그를 열어 냉각수를 배출한다.
   (모터 냉각 시스템 - "냉각수" 참조)
4. 고전압 배터리 라디에이터 드레인 플러그를 열어 냉각수를 배출한다.
   (고전압 배터리 냉각 시스템 - "냉각수" 참조)
5. 볼트를 풀어 라디에이터 하부 에어 가드(A)를 탈거한다.

   체결 토크 : 0.8 ~ 1.2 kgf.m

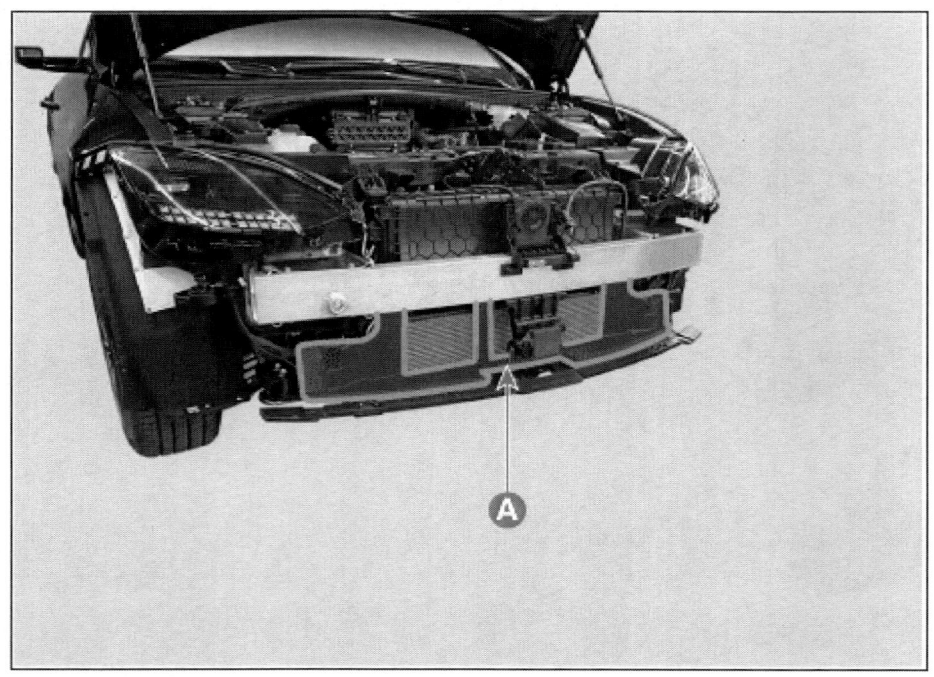

6. 프런트 범퍼 빔을 탈거한다.
   (바디 (내장 / 외장 / 전장) - "프런트 범퍼 빔 어셈블리" 참조)
7. 볼트를 풀어 라디에이터 상부 에어 가드(A)를 탈거한다.

   체결 토크 : 0.8 ~ 1.2 kgf.m

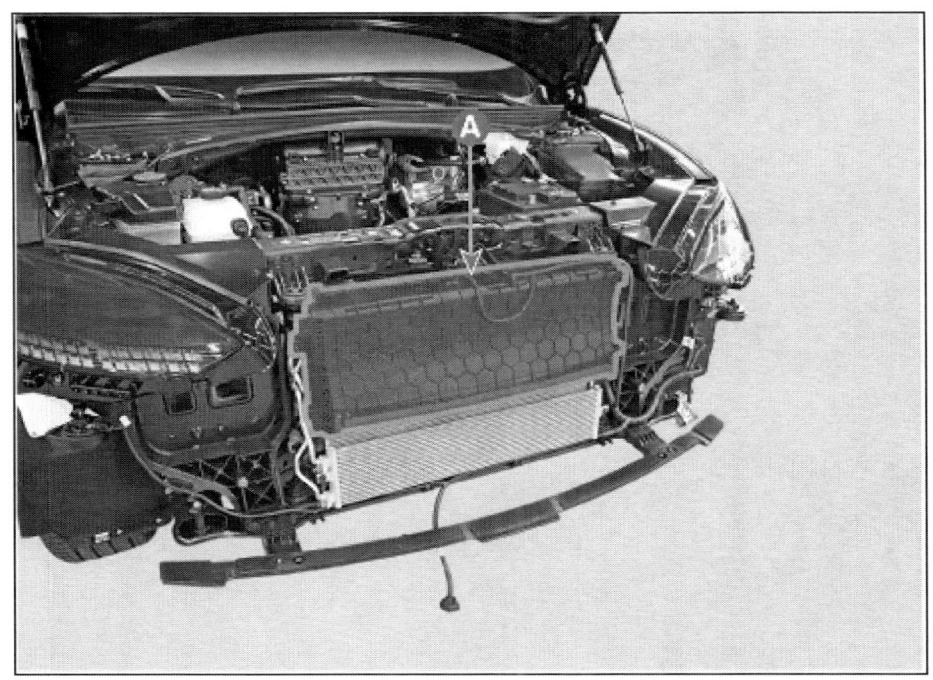

8. 에어컨 냉매 파이프 마운팅 볼트(A)를 푼다.

  체결 토크 : 0.5 ~ 0.8 kgf.m

9. 라디에이터에서 콘덴서를 분리한다.
   (히터 및 에어컨 장치 - "콘덴서" 참조)
10. 모터 라디에이터 상부 호스(A)를 분리한다.

11. 모터 라디에이터 하부 호스(A)를 분리한다.

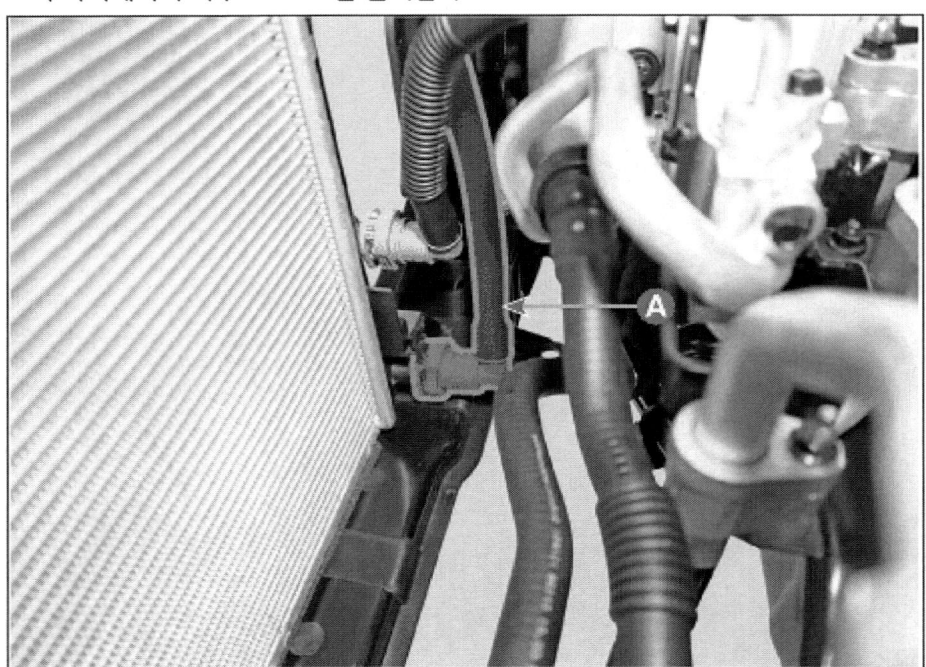

12. 고전압 배터리 라디에이터 아웃렛 호스(A)를 분리한다.

13. 고전압 배터리 라디에이터 인렛 호스(A)를 분리한다.

14. 볼트를 풀어 라디에이터 상부 마운팅 브라켓(A)을 탈거한다.

체결 토크 : 0.8 ~ 1.2 kgf.m

[LH]

[RH]

15. 모터 라디에이터와 고전압 배터리 라디에이터(A)를 탈거한다.

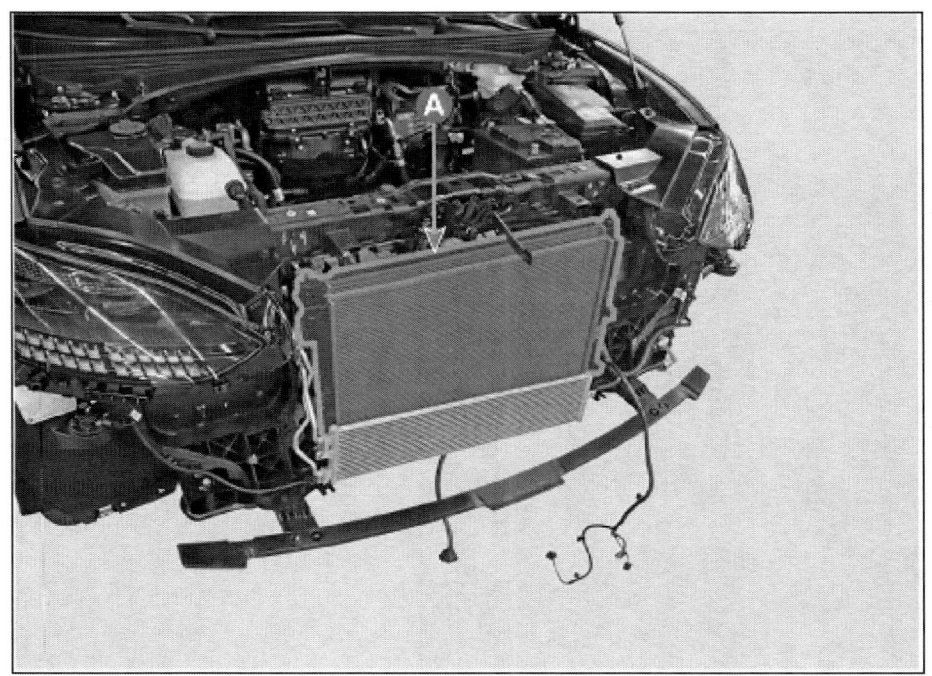

16. 볼트를 풀어 고전압 배터리 라디에이터(A) 및 모터 라디에이터(B)를 분리한다.

체결 토크 : 0.5 ~ 0.8 kgf.m

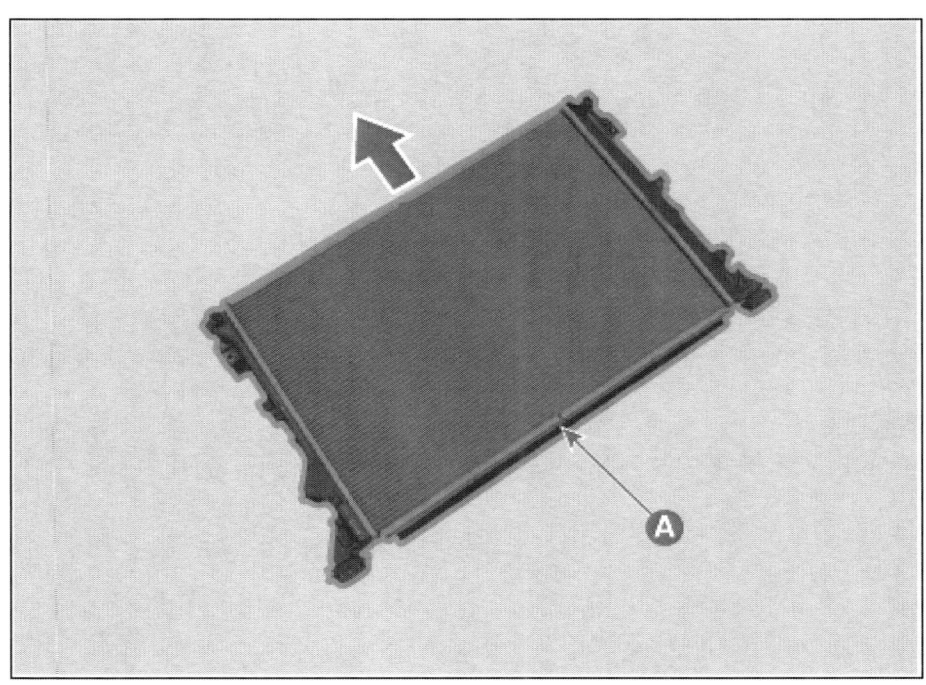

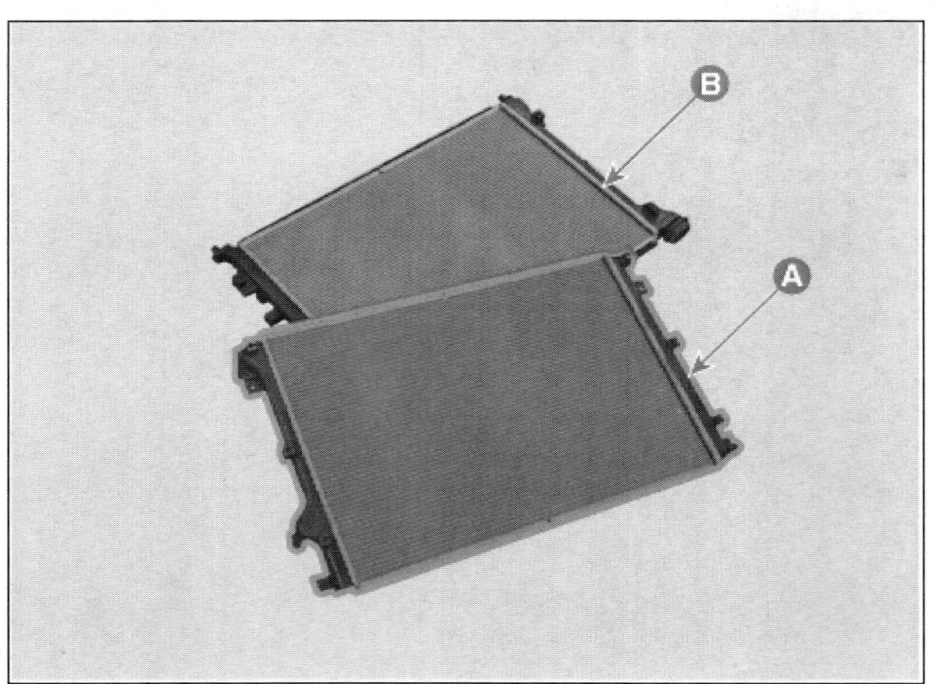

장착

1. 장착은 탈거의 역순으로 진행한다.
2. 모터 냉각수를 주입한다.
   (모터 냉각 시스템 - "냉각수" 참조)
3. 고전압 배터리 냉각수를 주입한다.
   (고전압 배터리 냉각 시스템 - "냉각수" 참조)

> **유 의**
>
> - 냉각수 주입 시, 진단 기기를 사용하여 공기빼기 작업을 진행한다.

액티브 에어 플랩(AAF) 탈장착

액티브 에어 플랩(AAF)

	작업	H/W	체결토크 (kgf.m)	SST/장비	케미컬	기타
•	탈거					
1	12V 배터리 (-) 터미널 분리 (차량 제어 시스템 - "보조 배터리 (12V)" 참조)	-	-	-	-	-
2	프런트 범퍼 탈거 (바디 (내장 / 외장 / 전장)) - "프런트 범퍼 어셈블리" 참조	-	-	-	-	-
3	액티브 에어 플랩(AAF) 컨트롤 유닛 커넥터 분리 [LH/RH]	-	-	-	-	-
4	스크류를 풀어 액티브 에어 플랩(AAF) 탈거 [LH/RH]	스크류	0.8 ~ 1.0	-	-	-
•	장착					
탈거의 역순으로 진행						-

액티브 에어 플랩(AAF) 액추에이터

	작업	H/W	체결토크 (kgf.m)	SST/장비	케미컬	기타
•	탈거					
1	스크류를 풀어 액티브 에어 플랩(AAF) 액추에이터 탈거 [LH/RH]	-	-	-	-	-
•	장착					
탈거의 역순으로 진행						-

2023 > 엔진 > 160kW > 냉각 시스템 > 냉각 시스템 > 액티브 에어 플랩(AAF) > 탈거 및 장착

탈거 및 장착

> **유 의**
> - 외부 이물질이 플랩 사이에 끼여 있는지 점검한다.

액티브 에어 플랩(AAF)

1. 12V 배터리 (-) 터미널을 분리한다.
   (차량 제어 시스템 - "보조 배터리 (12V)" 참조)
2. 프런트 범퍼를 탈거한다.
   (바디 (내장 / 외장 / 전장)) - "프런트 범퍼 어셈블리" 참조)
3. 액티브 에어 플랩(AAF) 컨트롤 유닛 커넥터(A)를 분리한다.

[LH]

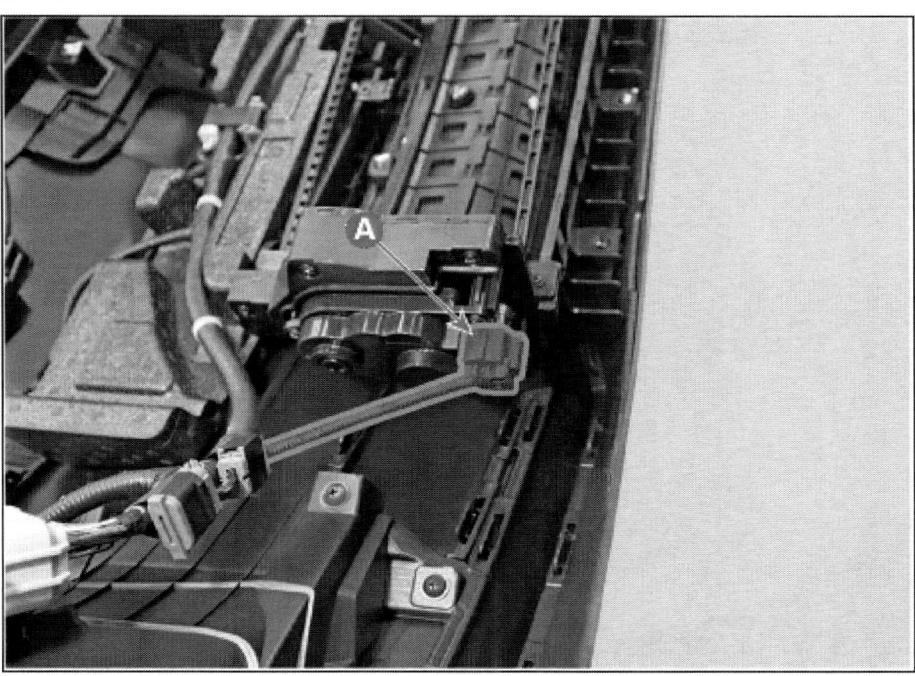

[RH]

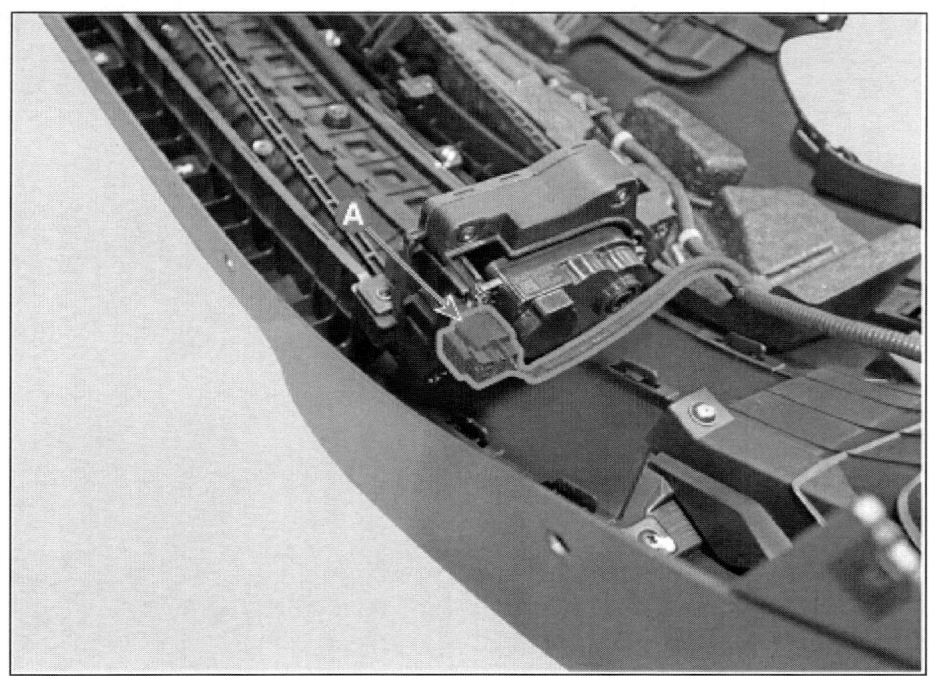

4. 스크류를 풀어 액티브 에어 플랩(AAF)(A)를 탈거한다.

   체결 토크 : 0.8 ~ 1.0 kgf.m

[LH]

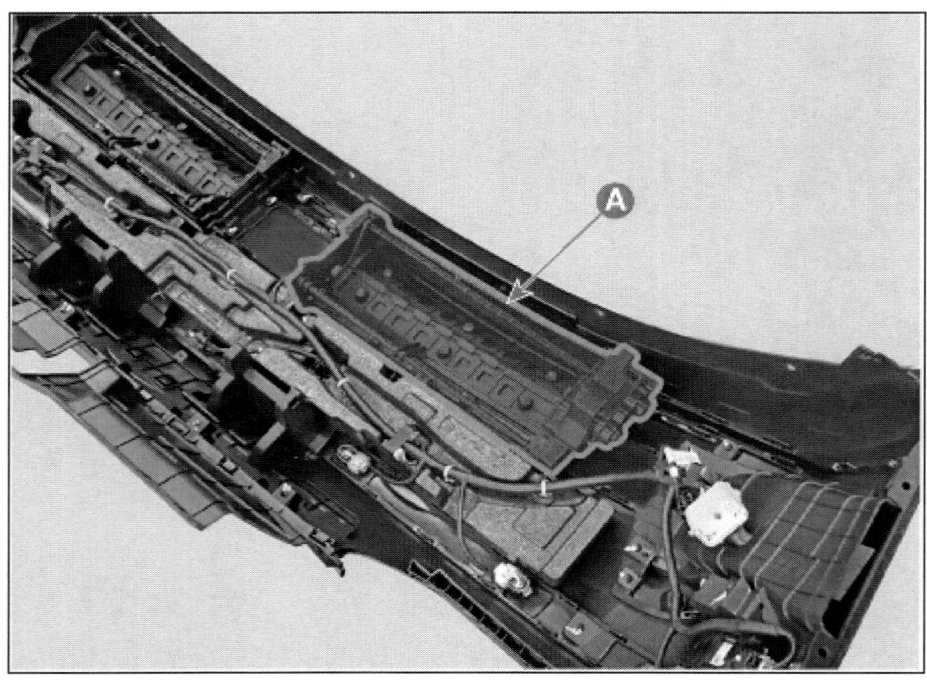

[RH]

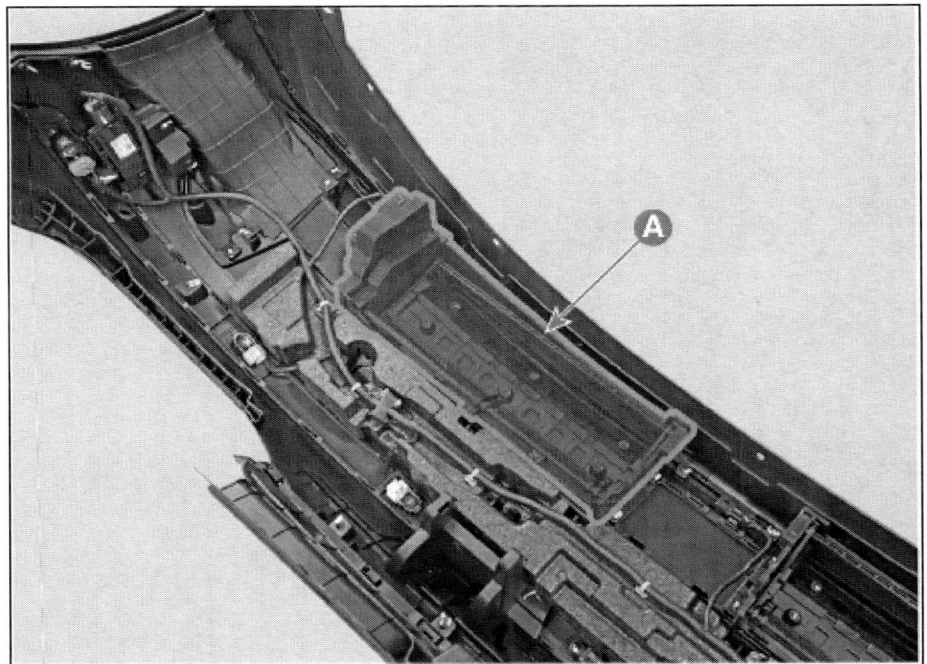

5. 장착은 탈거의 역순으로 진행한다.

액티브 에어 플랩(AAF) 액추에이터

1. 스크류를 풀어 액티브 에어 플랩(AAF) 액추에이터(A)를 탈거한다.

[LH]

[RH]

2. 장착은 탈거의 역순으로 진행한다.

리저버 탱크 탈장착

작업		H/W	체결토크 (kgf.m)	SST/장비	케미컬	기타
• 탈거						
1	12V 배터리 (-) 터미널 분리 (차량 제어 시스템 - "보조 배터리 (12V)" 참조)	-	-	-	-	-
2	프런트 트렁크 탈거 (바디 (내장 / 외장 / 전장) - "프런트 트렁크" 참조)	-	-	-	-	-
3	모터 라디에이터 드레인 플러그를 열어 냉각수 배출 (모터 냉각 시스템 - "냉각수" 참조)	-	-	-	냉각수	-
4	고전압 배터리 라디에이터 드레인 플러그를 열어 냉각수 배출 (고전압 배터리 냉각 시스템 - "냉각수" 참조)	-	-	-	냉각수	-
5	3웨이 밸브 탈거 (모터 냉각 시스템 - "3웨이 밸브" 참조)	-	-	-	-	-
6	고전압 배터리 라디에이터 상부 호스 분리	-	-	-	-	-
7	고전압 배터리 전자식 워터 펌프 (EWP) 커넥터 분리	-	-	-	-	-
8	워셔 리저버 탱크 탈거 (바디 (내장 / 외장 / 전장) - "와이퍼 워셔 모터" 참조)	-	-	-	-	-
9	고전압 배터리 전자식 워터 펌프 (EWP) 아웃렛 호스 분리	-	-	-	-	-
10	모터 전자식 워터 펌프(EWP) 커넥터 분리	-	-	-	-	-
11	모터 전자식 워터 펌프(EWP) 아웃렛 호스 분리	-	-	-	-	-
12	볼트를 풀어 리저버 탱크 어셈블리 탈거	볼트	0.8 ~ 1.2	-	-	-
13	볼트를 풀어 고전압 배터리 전자식 워터 펌프(EWP) 탈거	볼트	0.20 ~ 0.25	-	-	-
14	볼트를 풀어 모터 전자식 워터 펌프 (EWP) 탈거	볼트	0.20 ~ 0.25	-	-	-
15	볼트를 풀어 리저버 탱크 브라켓 탈거	볼트	0.8 ~ 1.2	-	-	-
• 장착						
탈거의 역순으로 진행						-
• 부가기능						
• 진단기능 - 냉각수 주입 시, 진단 기기를 사용하여 공기빼기 작업 진행						

2023 > 엔진 > 160kW > 냉각 시스템 > 냉각 시스템 > 리저버 탱크 > 구성부품 및 부품위치

부품 위치

[1]

1. 리저버 탱크

탈거

1. 12V 배터리 (-) 터미널을 분리한다.
   (차량 제어 시스템 - "보조 배터리 (12V)" 참조)
2. 프런트 트렁크를 탈거한다.
   (바디 (내장 / 외장 / 전장) - "프런트 트렁크" 참조)
3. 모터 라디에이터 드레인 플러그를 열어 냉각수를 배출한다.
   (모터 냉각 시스템 - "냉각수" 참조)
4. 고전압 배터리 라디에이터 드레인 플러그를 열어 냉각수를 배출한다.
   (고전압 배터리 냉각 시스템 - "냉각수" 참조)
5. 3웨이 밸브를 탈거한다.
   (모터 냉각 시스템 - "3웨이 밸브" 참조)
6. 고전압 배터리 라디에이터 상부 호스(A)를 분리한다.

7. 고전압 배터리 전자식 워터 펌프(EWP) 커넥터(A)를 분리한다.

8. 워셔 리저버 탱크를 탈거한다.
   (바디 (내장 / 외장 / 전장) - "와이퍼 워셔 모터" 참조)
9. 고전압 배터리 전자식 워터 펌프(EWP) 아웃렛 호스(A)를 분리한다.

10. 모터 전자식 워터 펌프(EWP) 커넥터(A)를 분리한다.

11. 모터 전자식 워터 펌프(EWP) 아웃렛 호스(A)를 분리한다.

12. 볼트를 풀어 리저버 탱크 어셈블리(A)를 탈거한다.

    체결 토크 : 0.8 ~ 1.2 kgf.m

13. 볼트를 풀어 고전압 배터리 전자식 워터 펌프(EWP)(A)를 탈거한다.

    체결 토크 : 0.20 ~ 0.25 kgf.m

14. 볼트를 풀어 모터 전자식 워터 펌프(EWP)(A)를 탈거한다.

    체결 토크 : 0.20 ~ 0.25 kgf.m

15. 볼트를 풀어 리저버 탱크 브라켓(A)을 탈거한다.

    체결 토크 : 0.8 ~ 1.2 kgf.m

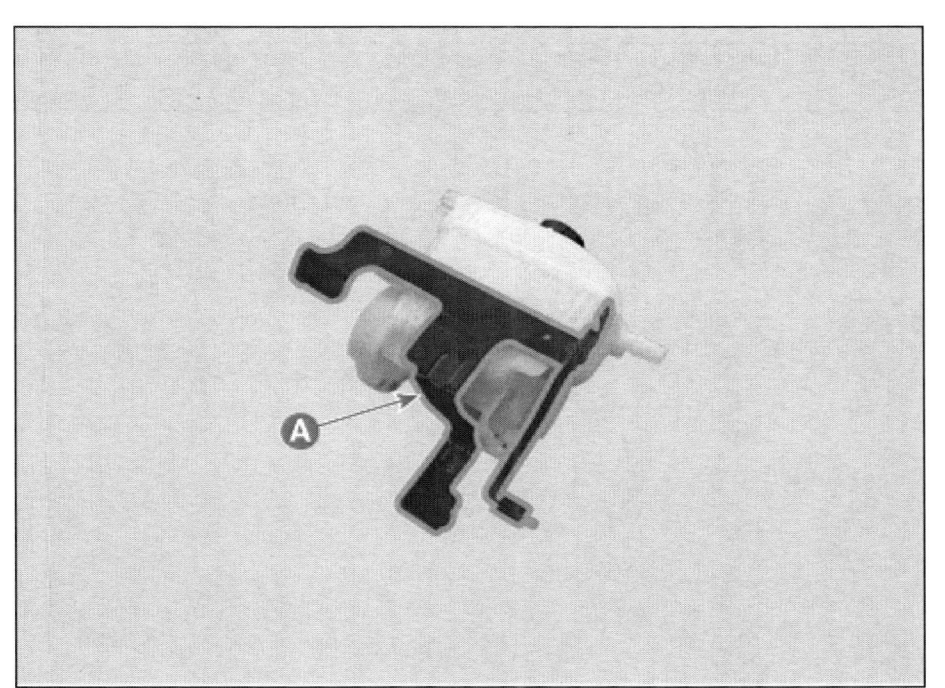

장착

1. 장착은 탈거의 역순으로 진행한다.
2. 고전압 배터리 냉각수를 주입한다.
   (고전압 배터리 냉각 시스템 - "냉각수" 참조)

   > **유 의**
   > - 냉각수 주입 시, 진단 기기를 사용하여 공기빼기 작업을 진행한다.

3. 모터 냉각수를 주입한다.
   (모터 냉각 시스템 - "냉각수" 참조)

   > **유 의**
   > - 냉각수 주입 시, 진단 기기를 사용하여 공기빼기 작업을 진행한다.

냉각수 교환 및 공기 빼기

	작업	H/W	체결토크 (kgf.m)	SST/장비	케미컬	기타
•	교환					
1	모터와 모터 라디에이터의 열이 식었는지 확인	-	-	-	-	매뉴얼 참고
2	리저버 탱크 압력 캡 탈거	-	-	-	-	-
3	프런트 언더 커버 탈거 (모터 및 감속기 시스템 - "언더 커버" 참조)	-	-	-	-	-
4	드레인 플러그를 열어 냉각수 배출	-	-	-	냉각수	-
5	냉각수 배출이 완료되면 라디에이터 드레인 플러그 잠금	-	-	-	-	-
6	부동액과 물 혼합액(45 ~ 50%)을 모터 리저버 탱크에 천천히 채움	-	-	-	냉각수	매뉴얼 참고
7	진단 기기 부가기능의 "전자식 워터 펌프 구동" 항목 수행	-	-	진단 기기	-	매뉴얼 참고
8	전자식 워터 펌프(EWP)가 작동하고 냉각수가 순환하면 냉각수 리저버 탱크를 통해 냉각수 보충	-	-	-	냉각수	매뉴얼 참고
9	전자식 워터 펌프(EWP) 작동 중 소음이 적어지고 리저버 탱크에서 더 이상 공기방울이 발생하지 않으면 냉각 시스템의 공기빼기는 완료	-	-	-	-	매뉴얼 참고
10	공기빼기가 완료되면 전자식 워터 펌프(EWP)의 작동을 멈추고, 리저버 탱크의 "MAX" 선까지 냉각수를 채운 후 압력 캡 잠금	-	-	-	냉각수	매뉴얼 참고
11	차량시동 후, 냉각 호수 및 파이프 연결 부위 누수여부 점검	-	-	-	-	-
12	프런트 언더 커버 장착 (모터 및 감속기 시스템 - "언더 커버" 참조)	-	-	-	-	-

냉각수 교환 및 공기 빼기

⚠ 경 고

- 전기차 관련 냉각 시스템과 라디에이터가 뜨거울 때는 고온, 고압의 냉각수가 분출되어 화상을 입을 수 있으니 압력 캡을 절대로 열지 않는다. 관련 장치들이 충분히 냉각된 상태일 때 개방한다.

⚠ 주 의

- 냉각수 교환시 냉각수가 전기 장치 등에 묻지 않도록 주의한다.
- 서로 다른 상표의 냉각수를 혼합하여 사용하지 않는다.
- 냉각수를 보충하거나 교환 시 압력 캡 라벨과 리저버 탱크의 냉각수 색깔을 확인하고, 현대자동차 순정 냉각수를 사용한다. (순정부품은 품질과 성능을 당사가 보증하는 부품이다.)
- 저전도 냉각수 압력 캡은 정비사만 탈거하도록 한다.
- 저전도 냉각수는 물과 희석하여 사용하지 않는다.
  ※물과 섞이지 않도록 주의한다.
- 녹방지제를 첨가하여 사용하지 않는다.

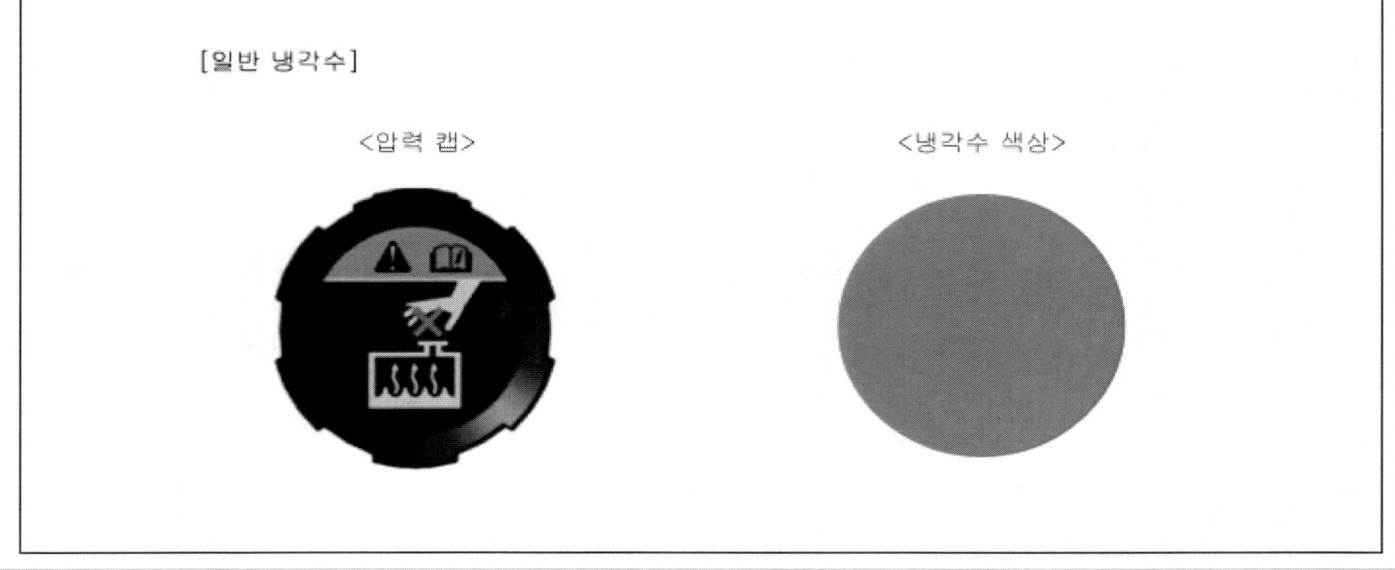

1. 모터와 모터 라디에이터의 열이 식었는지 확인한다.
2. 리저버 탱크 압력 캡(A)을 연다.

3. 프런트 언더 커버를 탈거한다.
   (모터 및 감속기 시스템 - "언더 커버" 참조)
4. 드레인 플러그(A)를 열어 냉각수를 배출한다.

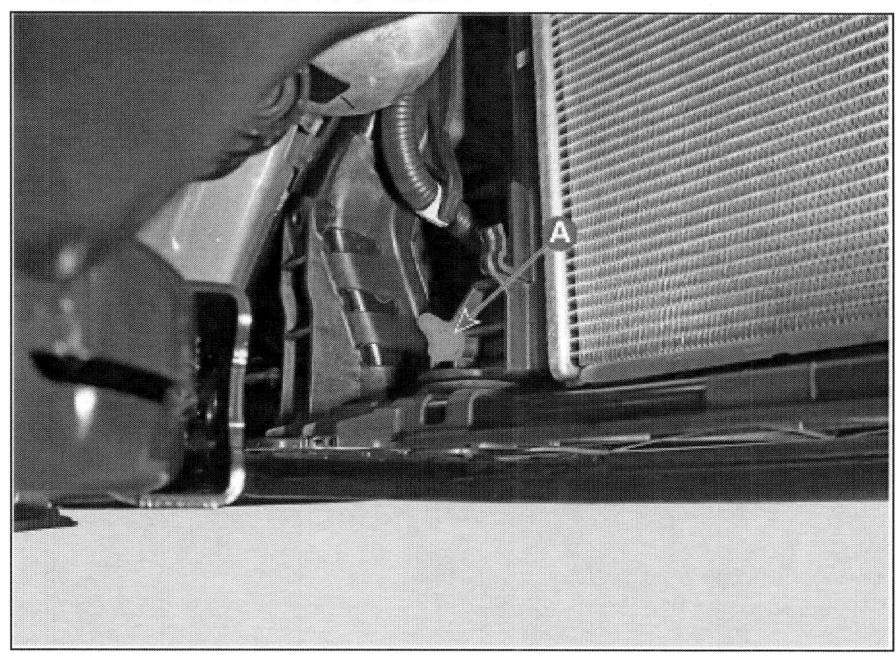

5. 냉각수 배출이 완료되면 라디에이터 드레인 플러그를 잠근다.
6. 부동액과 물 혼합액(45 ~ 50%)을 모터 리저버 탱크에 천천히 채운다.

모터 냉각수 용량

냉각수		제원	
		160kW (2WD)	70kW+160kW (4WD)
일반형	히트 펌프 미적용 사양	약 6.26 L	-
	히트 펌프 적용 사양		
항속형	히트 펌프 미적용 사양		약 6.54 L
	히트 펌프 적용 사양		

유 의

- 서로 다른 상표의 냉각수를 혼합하여 사용하지 않는다.

- 냉각수의 농도가 60% 이상인 경우 냉각 효과를 감소시킬 수 있으므로 권장하지 않는다.

7. 진단 기기 부가기능의 "전자식 워터 펌프 구동" 항목을 수행한다.

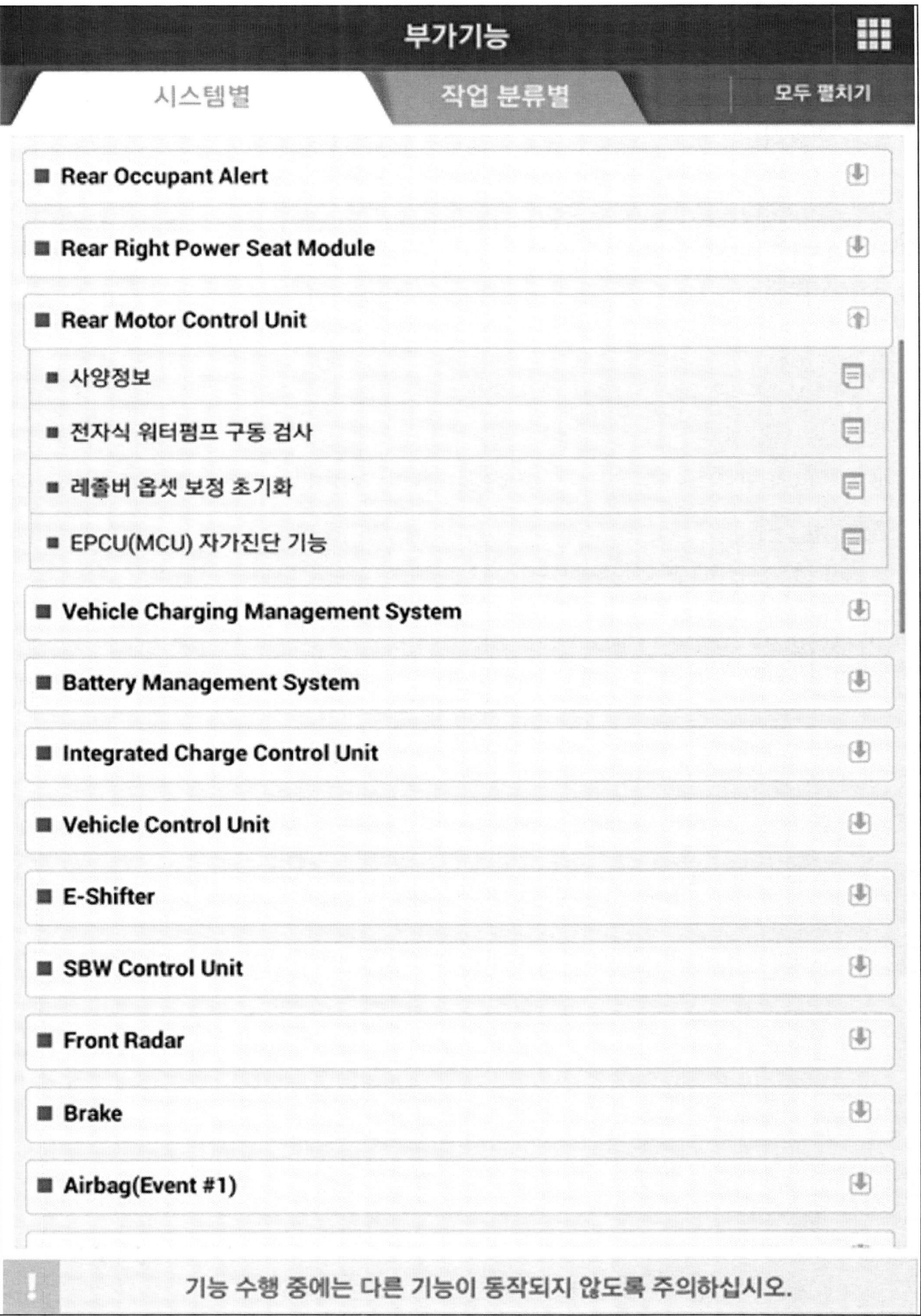

⚠ 주 의

- 전자식 워터 펌프(EWP) 강제구동시, 배터리 방전을 막기 위해 12V 배터리를 충전시키면서 작업한다.

8. 전자식 워터 펌프(EWP)가 작동하고 냉각수가 순환하면 냉각수 리저버 탱크를 통해 냉각수를 보충한다.

유 의

- 전자식 워터 펌프(EWP)가 냉각수 없는 상태에서 작동되면 베어링 마찰로 인해 손상될수 있으므로 주의한다.

9. 전자식 워터 펌프(EWP) 작동 중 소음이 적어지고 리저버 탱크에서 더 이상 공기방울이 발생하지 않으면 냉각 시스템의 공기빼기는 완료된 것이다.

유 의

- 전자식 워터 펌프(EWP)는 1회 강제구동으로 약 30분간 작동되나 필요시, 공기빼기가 완료될 때까지 수회 반복하여 작동시켜야 한다.
- 공기빼기가 완료된 후, 전자식 워터 펌프(EWP)가 작동하는 동안 리저버 탱크의 냉각수가 공기방울 발생없이 잘 순환되는지 육안으로 리저버 탱크 내부를 확인한다.
  만일 냉각수 흐름이 원활하지 않거나 공기방울이 여전히 발생되면 6 ~ 8 항을 반복한다.

10. 공기빼기가 완료되면 전자식 워터 펌프(EWP)의 작동을 멈추고, 리저버 탱크의 "MAX" 선까지 냉각수를 채운 후 압력 캡을 잠근다.

유 의

- 냉각수가 완전히 식었을 때, 냉각 시스템 내부공기 배출 및 냉각수 보충이 가장 용이하게 이루어지므로, 냉각수 교환 후 2 ~ 3일 정도는 리저버 탱크의 냉각수 용량을 재확인한다.

11. 차량시동 후, 냉각 호수 및 파이프 연결부위 누수여부를 점검한다.
12. 프런트 언더 커버를 장착한다.
    (모터 및 감속기 시스템 - "언더 커버" 참조)

전자식 워터 펌프(EWP) 탈장착

	작업	H/W	체결토크 (kgf.m)	SST/장비	케미컬	기타
• 탈거						
1	12V 배터리 (-) 터미널 분리 (차량 제어 시스템 - "보조 배터리 (12V)" 참조)	-	-	-	-	-
2	프런트 트렁크 탈거 (바디 (내장 / 외장 / 전장) - "프런트 트렁크" 참조)	-	-	-	-	-
3	프런트 언더 커버 탈거 (모터 및 감속기 시스템 - "언더 커버" 참조)	-	-	-	-	-
4	모터 냉각수 배출 (모터 냉각 시스템 - "냉각수" 참조)	-	-	-	냉각수	-
5	고전압 배터리 냉각수 배출 (고전압 배터리 냉각 시스템 - "냉각수" 참조)	-	-	-	냉각수	-
6	3웨이 밸브 탈거 (모터 냉각 시스템 - "3웨이 밸브" 참조)	-	-	-	-	-
7	고전압 배터리 라디에이터 상부 호스 분리	-	-	-	-	-
8	고전압 배터리 전자식 워터 펌프 (EWP) 커넥터 분리	-	-	-	-	-
9	워셔 리저버 탱크 탈거 (바디 (내장 / 외장 / 전장) - "와이퍼 워셔 모터" 참조)	-	-	-	-	-
10	고전압 배터리 전자식 워터 펌프 (EWP) 아웃렛 호스 분리	-	-	-	-	-
11	모터 전자식 워터 펌프(EWP) 커넥터 분리	-	-	-	-	-
12	모터 전자식 워터 펌프(EWP) 아웃렛 호스 분리	-	-	-	-	-
13	볼트를 풀어 리저버 탱크 어셈블리 탈거	볼트	0.8 ~ 1.2	-	-	-
14	볼트를 풀어 모터 전동식 워터 펌프 (EWP) 탈거	볼트	0.20 ~ 0.25	-	-	-
• 장착						
탈거의 역순으로 진행						-
• 부가기능						

- 진단기능
  - 냉각수 주입 시, 진단 기기를 사용하여 공기빼기 작업 진행

부품위치

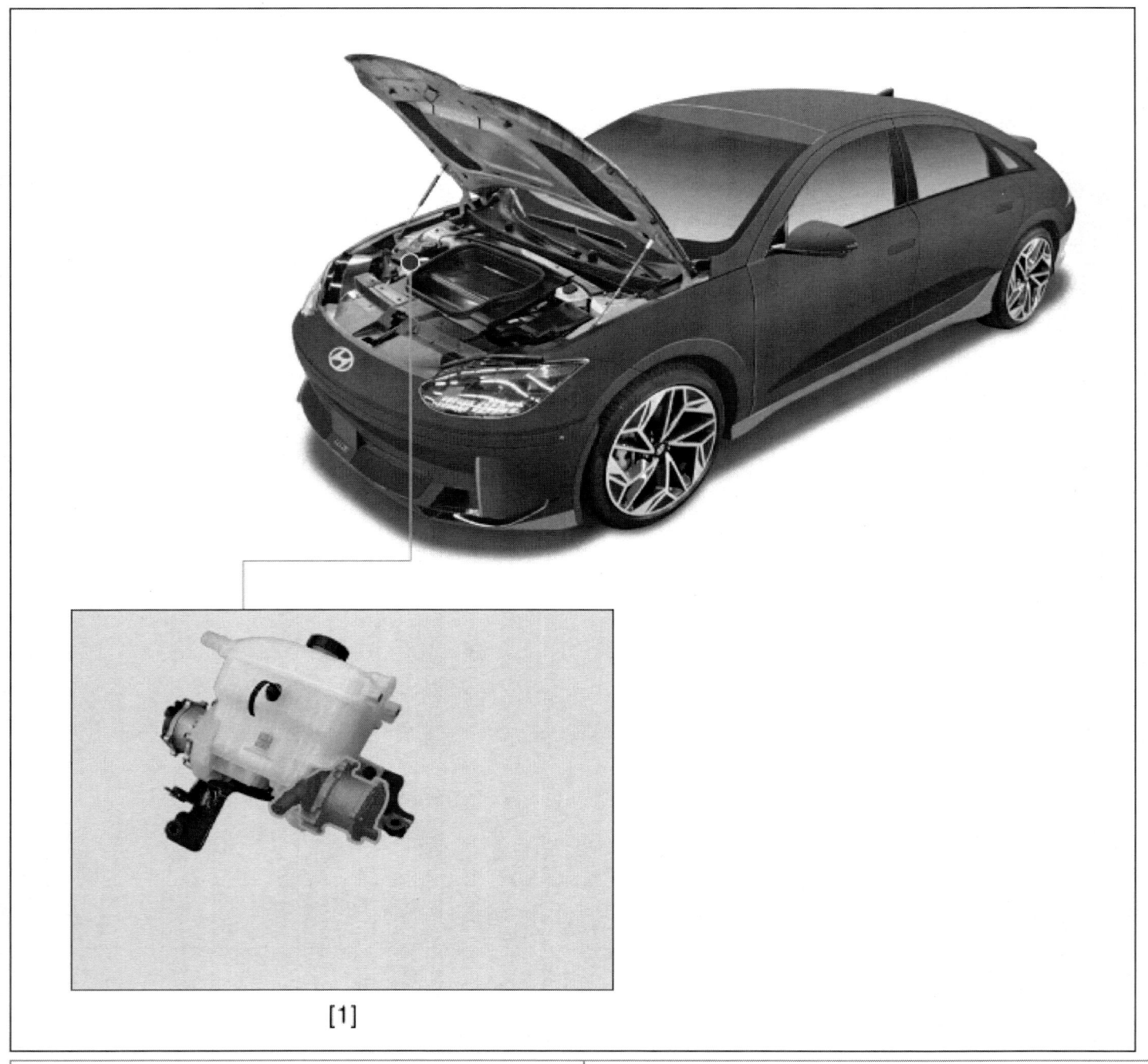

[1]

1. 전자식 워터 펌프 (EWP)

개요

전자식 워터 펌프(EWP)는 모터 시스템[통합 충전 및 컨버터 유닛(ICCU), 인버터, 모터 및 감속 기어 오일 쿨러]의 냉각 회로 냉각수를 순환시킨다.

서비스 정보

항목	제원	비고
형식	워터펌프	전기식 (BLDC)
작동 전압	9 ~ 16V	-
작동 조건	LIN control	-
용량	1.43 kgf/cm² / 14 LPM(분당 리터) / 13.5 ~ 14.5 V	1.43 kgf/cm² / 13.5 ~ 14.5 V
정격 전류	Max 10 A	-
최대 전류	Max 15 A	-
작동 온도 조건	-40 ~ 135°C	-40 ~ 275 °F

탈거

[EWP (전장 및 모터)]

1. 12V 배터리 (-) 터미널을 분리한다.
   (차량 제어 시스템 - "보조 배터리 (12V)" 참조)
2. 프런트 트렁크를 탈거한다.
   (바디 (내장 / 외장 / 전장) - "프런트 트렁크" 참조)
3. 프런트 언더 커버를 탈거한다.
   (모터 및 감속기 시스템 - "언더 커버" 참조)
4. 모터 라디에이터 드레인 플러그를 열어 냉각수를 배출한다.
   (모터 냉각 시스템 - "냉각수" 참조)
5. 고전압 배터리 라디에이터 드레인 플러그를 열어 냉각수를 배출한다.
   (고전압 배터리 냉각 시스템 - "냉각수" 참조)
6. 3웨이 밸브를 탈거한다.
   (모터 냉각 시스템 - "3웨이 밸브" 참조)
7. 고전압 배터리 라디에이터 상부 호스(A)를 분리한다.

8. 고전압 배터리 전자식 워터 펌프(EWP) 커넥터(A)를 분리한다.

9. 워셔 리저버 탱크를 탈거한다.
   (바디 (내장 / 외장 / 전장) - "와이퍼 워셔 모터" 참조)
10. 고전압 배터리 전자식 워터 펌프(EWP) 아웃렛 호스(A)를 분리한다.

11. 모터 전자식 워터 펌프(EWP) 커넥터(A)를 분리한다.

12. 모터 전자식 워터 펌프(EWP) 아웃렛 호스(A)를 분리한다.

13. 볼트를 풀어 리저버 탱크 어셈블리(A)를 탈거한다.

체결 토크 : 0.8 ~ 1.2 kgf.m

14. 볼트를 풀어 모터 전동식 워터 펌프(EWP)(A)를 탈거한다.

체결토크 : 0.20 ~ 0.25 kgf.m

장착

[EWP (전장 및 모터)]

1. 장착은 탈거의 역순으로 진행한다.
2. 모터 냉각수를 주입한다.
   (모터 냉각 시스템 - "냉각수" 참조)
3. 고전압 배터리 냉각수를 주입한다.
   (고전압 배터리 냉각 시스템 - "냉각수" 참조)

> **유 의**
> - 냉각수 주입 시, 진단 기기를 사용하여 공기빼기 작업을 진행한다.

모터 & 감속기 오일 쿨러 탈장착

작업		H/W	체결토크 (kgf.m)	SST/장비	케미컬	기타
• 탈거						
1	리어 언더 커버 탈거 (모터 및 감속기 시스템 - "언더 커버" 참조)	-	-	-	-	-
2	모터 냉각수 배출 (모터 냉각 시스템 - "냉각수" 참조)	-	-	-	냉각수	-
3	리어 모터 오일 쿨러 냉각수 인렛 호스 분리	-	-	-	-	매뉴얼 참고
4	오일 쿨러에서 오일 호스 분리	-	-	-	-	-
5	리어 모터 오일 쿨러 냉각수 아웃렛 호스 분리	-	-	-	-	-
6	볼트 및 너트를 풀어 리어 오일 쿨러 탈거	볼트/너트	2.0 ~ 2.4	-	-	-
• 장착						
탈거의 역순으로 진행						-
• 부가기능						
• 진단기능 - 냉각수 주입 시, 진단 기기를 사용하여 공기빼기 작업 진행						

부품위치

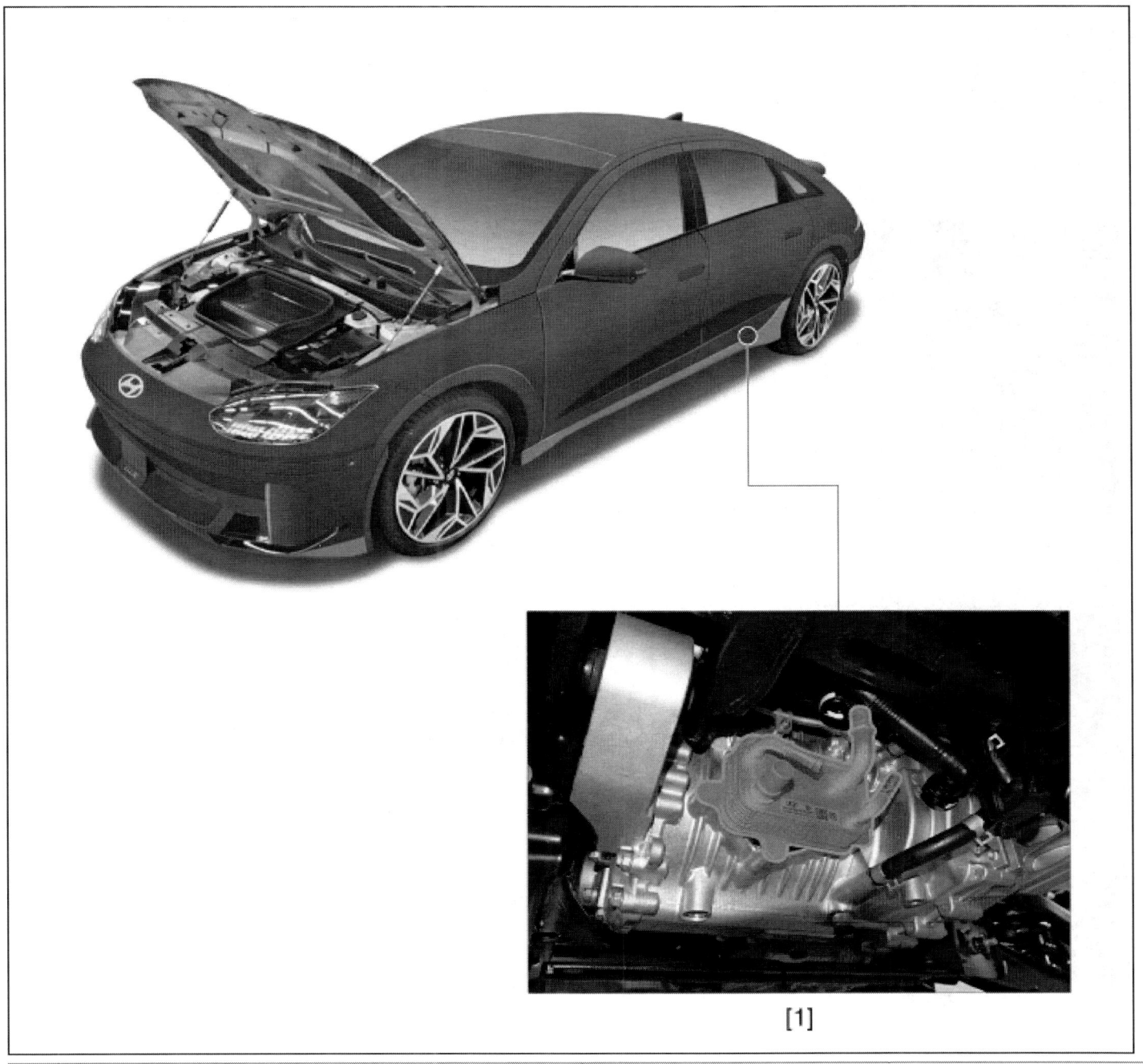

[1]

1. 리어 모터 및 감속기 오일 쿨러

탈거

리어 모터 및 감속기 오일 쿨러

1. 리어 언더 커버를 탈거한다.
   (모터 및 감속기 시스템 - "언더 커버" 참조)
2. 모터 라디에이터 드레인 플러그를 열어 냉각수를 배출한다.
   (모터 냉각 시스템 - "냉각수" 참조)
3. 리어 모터 오일 쿨러 냉각수 인렛 호스(A)를 분리한다.

> **유 의**
>
> - 호스 탈거 시, 퀵 커넥터의 클램프(A)를 누른 상태에서 탈거한다.
> - 퀵 커넥터 타입 호스 작업 시, 커넥터 내부의 고무 씰(B)을 만지거나 탈거하지 않는다.

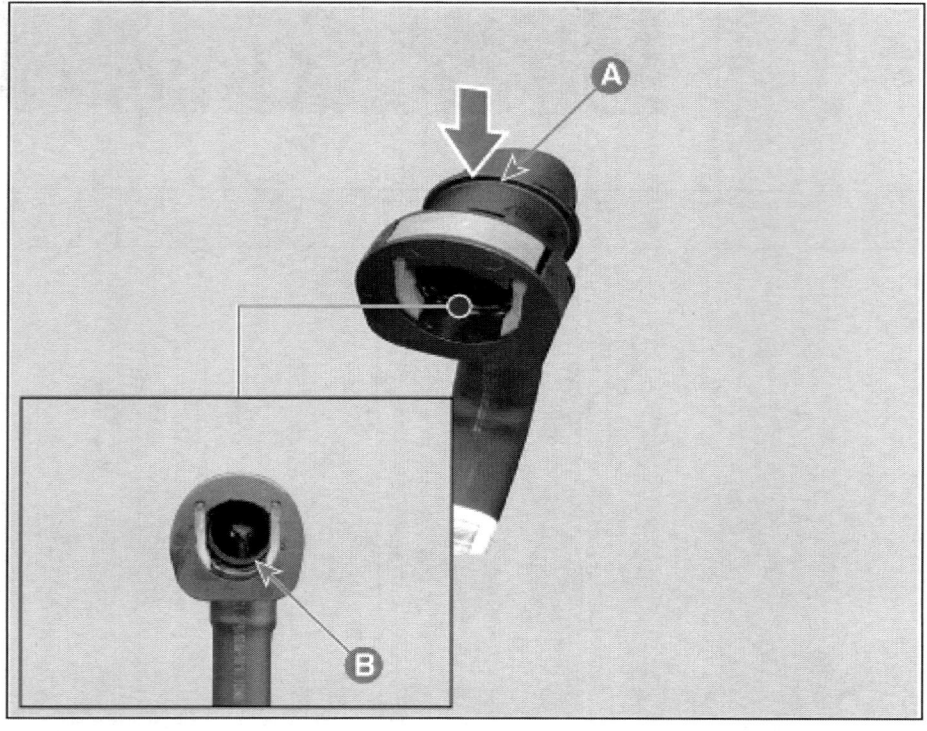

- 퀵 커넥터 장착 시, '클릭' 니플음이 들릴때까지 장착한다.

4. 오일 쿨러에서 오일 호스(A)를 분리한다.

5. 리어 모터 오일 쿨러 냉각수 아웃렛 호스(A)를 분리한다.

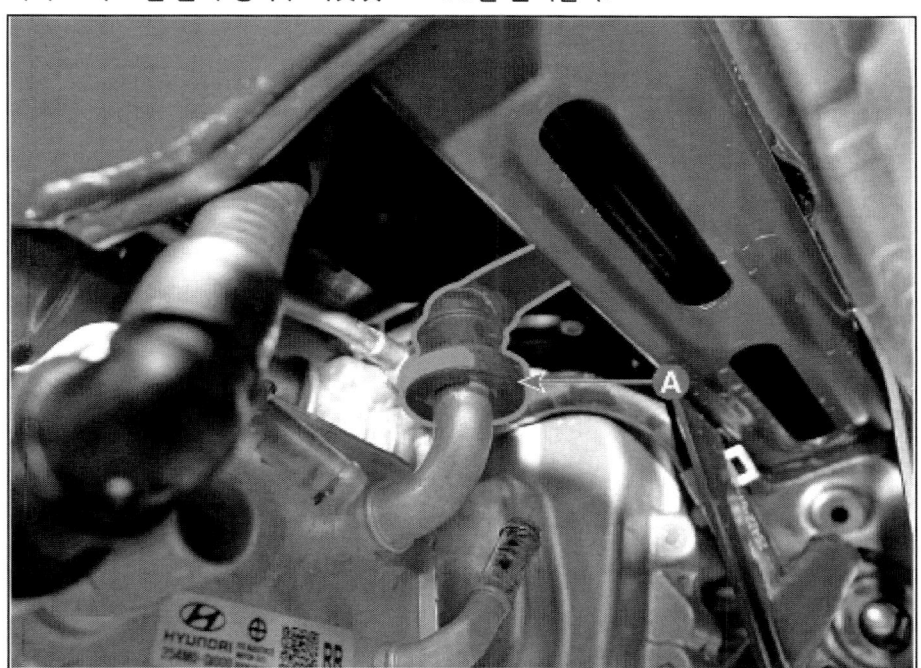

6. 볼트 및 너트를 풀어 리어 오일 쿨러(A)를 탈거한다.

체결 토크 : 2.0 ~ 2.4 kgf.m

장착

리어 모터 및 감속기 오일 쿨러

1. 장착은 탈거의 역순으로 진행한다.
2. 전장 및 모터 냉각수를 주입한다.
   (모터 냉각 시스템 - "냉각수" 참조)

   > **유 의**
   > - 냉각수 주입 시, 진단 기기를 사용하여 공기빼기 작업을 진행한다.

3. 모터 및 감속기 오일량을 확인 한다. 만약 부족한 경우 보충한다.
   (모터 및 감속기 시스템 - "후륜 모터 및 감속기 오일" 참조)

3웨이 밸브 탈장착

	작업	H/W	체결토크 (kgf.m)	SST/장비	케미컬	기타
•	탈거					
1	12V 배터리 (-) 터미널 분리 (차량 제어 시스템 - "보조 배터리 (12V)" 참조)	-	-	-	-	-
2	프런트 트렁크 탈거 (바디 (내장 / 외장 / 전장) - "프런트 트렁크" 참조)	-	-	-	-	-
3	프런트 언더 커버 탈거 (모터 및 감속기 시스템 - "언더 커버" 참조)	-	-	-	-	-
4	모터 냉각수 배출 (모터 냉각 시스템 - "냉각수" 참조)	-	-	-	냉각수	-
5	3웨이 밸브 호스 및 라디에이터 상부 호스 분리	-	-	-	-	매뉴얼 참고
6	3웨이 밸브 커넥터 분리	-	-	-	-	-
7	볼트를 풀어 3웨이 밸브 탈거	볼트	0.9 ~ 1.4	-	-	-
•	장착					
탈거의 역순으로 진행						-
•	부가기능					
•	진단기능 - 냉각수 주입 시, 진단 기기를 사용하여 공기빼기 작업 진행					

부품위치

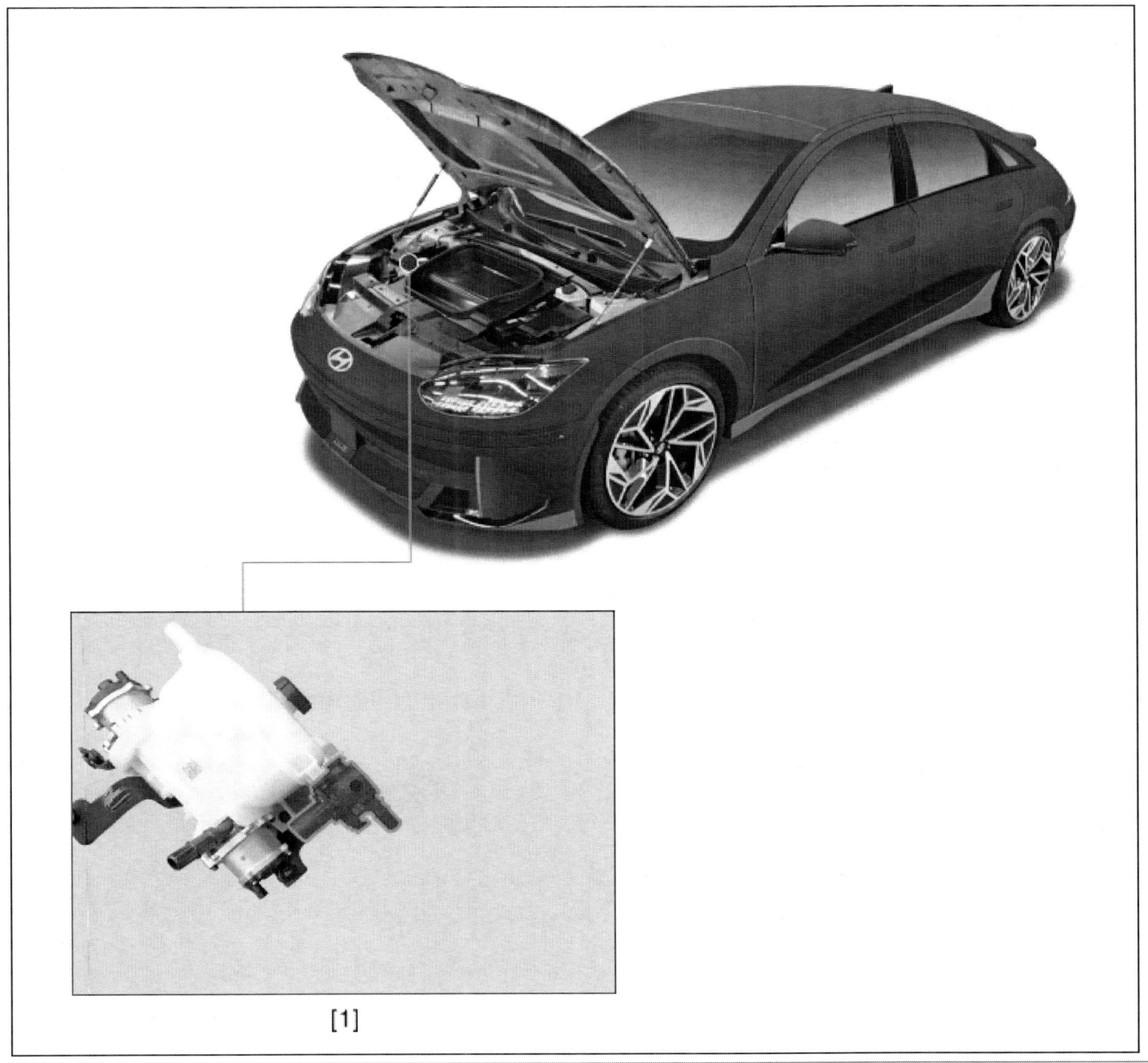

[1]

1. 3웨이 밸브

개요

히트펌프 작동시 라디에이터로 가는 냉각수를 바이패스시켜 히트펌프의 난방성능을 향상시킨다.

작동원리

히트펌프용 3 웨이 밸브는 전압인가 시, 전자식 액츄에이터가 볼 밸브를 회전시키고 볼의 각도에 따라 냉각수의 출입구가 결정된다

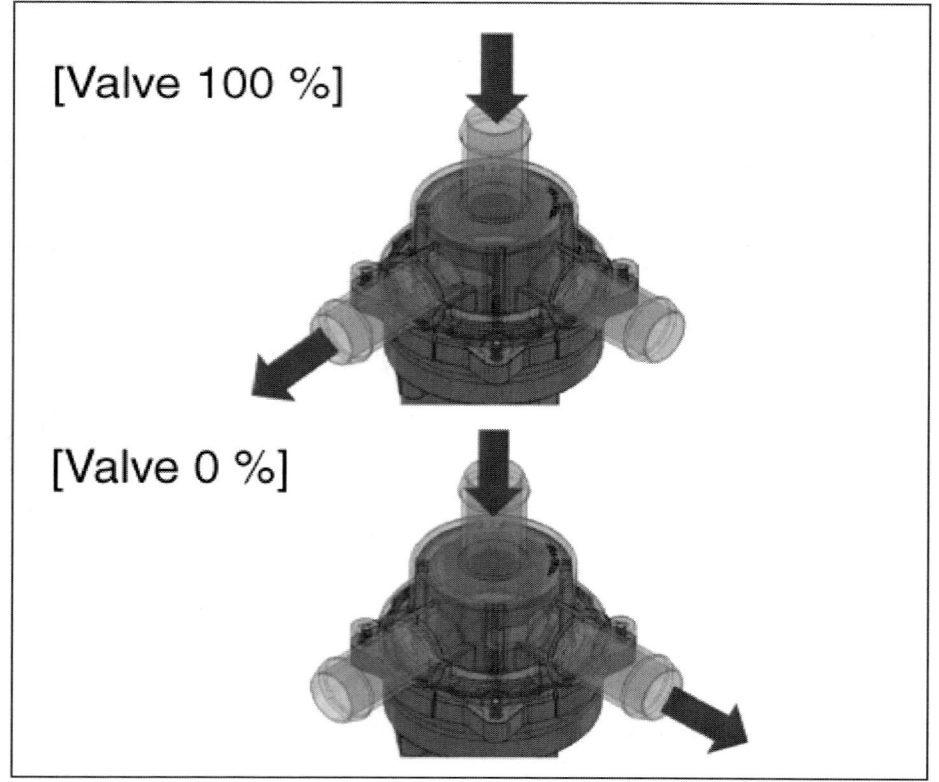

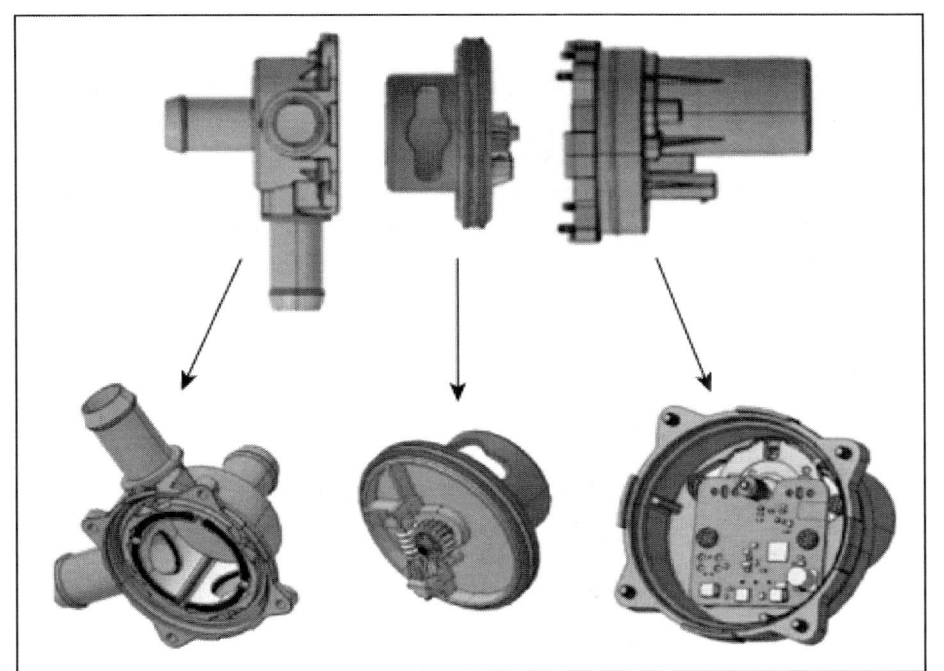

탈거

1. 12V 배터리 (-) 터미널을 분리한다.
   (차량 제어 시스템 - "보조 배터리 (12V)" 참조)
2. 프런트 트렁크를 탈거한다.
   (바디 (내장 / 외장 / 전장) - "프런트 트렁크" 참조)
3. 프런트 언더 커버를 탈거한다.
   (모터 및 감속기 시스템 - "언더 커버" 참조)
4. 모터 라디에이터 드레인 플러그를 열어 냉각수를 배출한다.
   (모터 냉각 시스템 - "냉각수" 참조)
5. 3웨이 밸브 호스(A) 및 라디에이터 상부 호스(B)를 분리한다.

> **유 의**
>
> - 호스 탈거 시, 퀵 커넥터 클램프(A)를 위로 잡아당기고 분리한다.

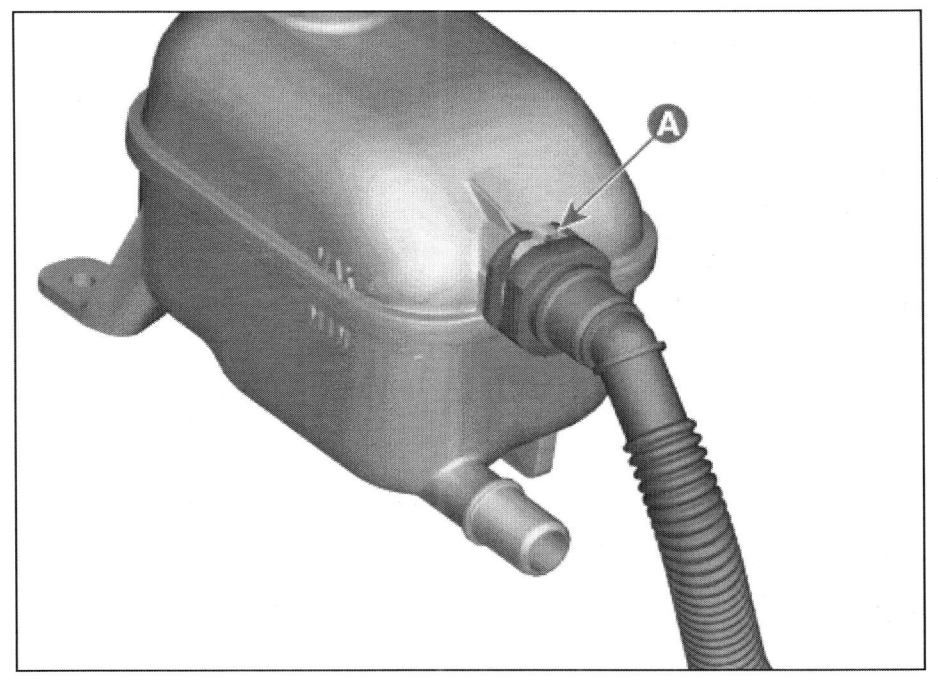

- 퀵 커넥터 타입 호스 작업 시, 커넥터 내부의 고무 씰(A)을 만지거나 탈거하지 않는다.

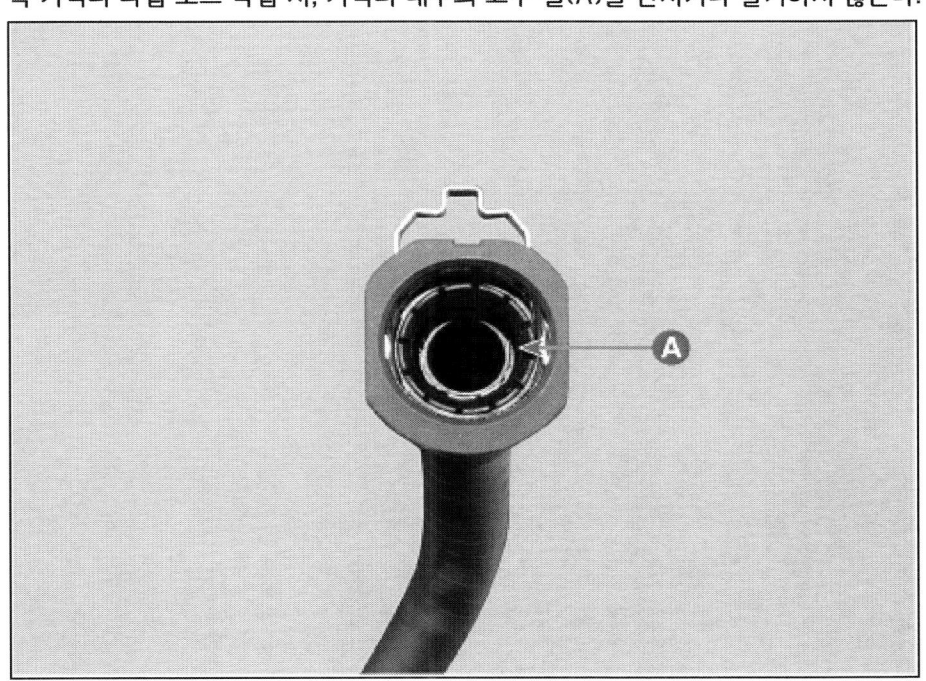

- 퀵 커넥터 장착 시, '클릭' 니플음이 들릴때까지 장착한다.

6. 3웨이 밸브 커넥터(A)를 분리한다.

7. 볼트를 풀어 3웨이 밸브(A)를 탈거한다.

   체결 토크 : 0.9 ~ 1.4 kgf.m

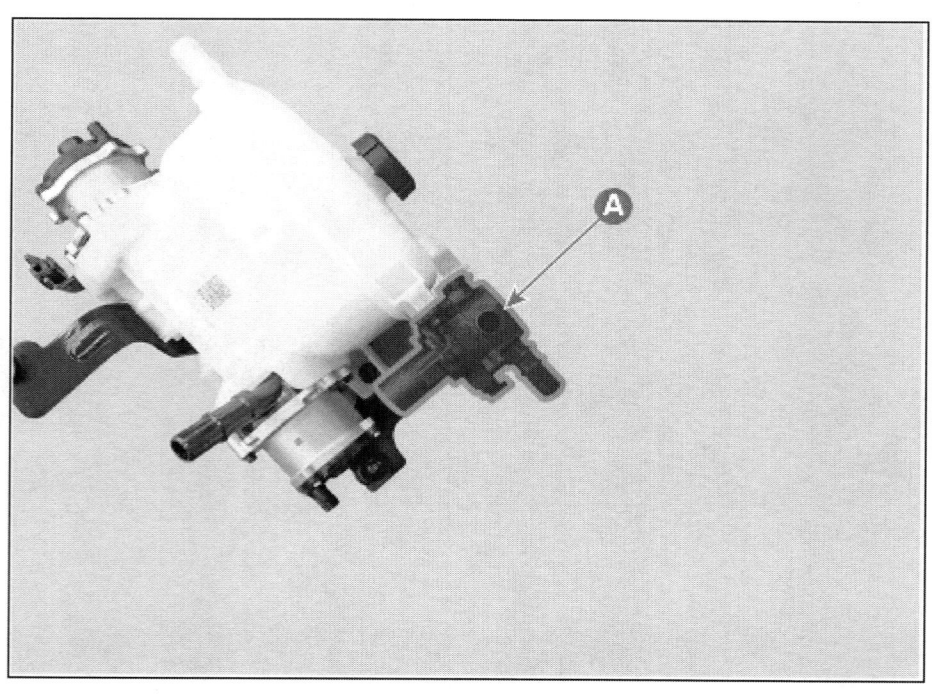

장착

1. 장착은 탈거의 역순으로 진행한다.
2. 전장 및 모터 냉각수를 주입한다.
   (모터 냉각 시스템 - "냉각수" 참조)

   > **유 의**
   > - 냉각수 주입 시, 진단 기기를 사용하여 공기빼기 작업을 진행한다.

냉각수 교환 및 공기 빼기

	작업	H/W	체결토크 (kgf.m)	SST/장비	케미컬	기타
•	교환					
1	배터리와 배터리 라디에이터가 식었는지 확인	-	-	-	-	매뉴얼 참고
2	리저버 탱크 압력 캡 탈거	-	-	-	-	-
3	프런트 언더 커버 탈거 (모터 및 감속기 시스템 - "언더 커버" 참조)	-	-	-	-	-
4	프런트 범퍼 어셈블리 탈거 (바디 (내장 / 외장 / 전장) - "프런트 범퍼 어셈블리" 참조)	-	-	-	-	-
5	볼트를 풀어 라디에이터 하부 에어가드 탈거	볼트	0.8 ~ 1.2	-	-	-
6	드레인 플러그를 풀어 냉각수 배출	-	-	-	냉각수	-
7	냉각수 배출이 완료되면 라디에이터 드레인 플러그를 잠금	-	-	-	-	-
8	냉각수 리저버 탱크를 통해 냉각수 채움	-	-	-	냉각수	매뉴얼 참고
9	진단 기기 강제구동의 "배터리 EWP구동" 항목 수행	-	-	진단 기기	-	매뉴얼 참고
10	전자식 워터 펌프(EWP)가 작동하고 냉각수가 순환하면 냉각수 리저버 탱크를 통해 냉각수 보충	-	-	-	냉각수	매뉴얼 참고
11	전자식 워터 펌프(EWP) 작동 중 소음이 적어지고 리저버 탱크에서 더 이상 공기방울이 발생하지 않으면 냉각 시스템의 공기빼기 완료	-	-	-	-	매뉴얼 참고
12	공기빼기가 완료되면 전자식 워터 펌프(EWP)의 작동을 멈추고 리저버 탱크의 "MAX" 선까지 냉각수를 채운 후 압력 캡을 잠금	-	-	-	냉각수	매뉴얼 참고
13	차량시동 후, 냉각 호수 및 파이프 연결 부위 누수여부 점검	-	-	-	-	-

냉각수 교환 및 공기 빼기

> ⚠️ **경 고**
> - 전기차 관련 냉각 시스템과 라디에이터가 뜨거울 때는 고온, 고압의 냉각수가 분출되어 화상을 입을 수 있으니 압력 캡 을 절대로 열지 않는다. 관련 장치들이 충분히 냉각된 상태일 때 개방한다.

> ⚠️ **주 의**
> - 냉각수 교환시 냉각수가 전기 장치 등에 묻지 않도록 주의한다.
> - 서로 다른 상표의 냉각수를 혼합하여 사용하지 않는다.
> - 냉각수를 보충하거나 교환 시 압력 캡 라벨과 리저버 탱크의 냉각수 색깔을 확인하고, 현대자동차 순정 냉각수를 사용한다. (순정부품은 품질과 성능을 당사가 보증하는 부품이다.)
> - 냉각수 압력 캡은 정비사만 탈거하도록 한다.
> - 부식방지를 위해서 냉각수의 농도를 최소 45 ~ 50%로 유지해야 한다. 냉각수의 농도가 45 ~ 50% 미만인 경우 부식 또는 동결에 위험이 있을 수 있다.
> - 냉각수의 농도가 60% 이상인 경우 냉각 효과를 감소시킬 수 있으므로 권장하지 않는다.
> - 녹방지제를 첨가하여 사용하지 않는다.

1. 배터리와 배터리 라디에이터가 식었는지 확인한다.
2. 리저버 탱크 압력 캡(A)을 연다.

3. 프런트 언더 커버를 탈거한다.
   (모터 및 감속기 시스템 - "언더 커버" 참조)
4. 프런트 범퍼 어셈블리를 탈거한다.
   (바디 (내장 / 외장 / 전장) - "프런트 범퍼 어셈블리" 참조)
5. 볼트를 풀어 라디에이터 하부 에어가드(A)를 탈거한다.

체결 토크 : 0.8 ~ 1.2 kgf.m

6. 드레인 플러그(A)를 풀어 냉각수를 배출한다.

7. 냉각수 배출이 완료되면 라디에이터 드레인 플러그를 잠근다.
8. 냉각수 리저버 탱크를 통해 냉각수를 채운다.

고전압 배터리 냉각수

저전도 냉각수		제원	
		160kW (2WD)	70kW+160kW (4WD)
일반형	히트 펌프 미적용 사양	약 10.5 L	-
	히트 펌프 적용 사양	약 11.1 L	
항속형	히트 펌프 미적용 사양	약 12.5 L	약 12.6 L
	히트 펌프 적용 사양	약 13.1 L	약 13.1 L

> **유 의**
>
> - 서로 다른 상표의 냉각수를 혼합하여 사용하지 않는다.

9. 진단 기기 강제구동의 "배터리 EWP구동" 항목을 수행한다.

센서데이터 진단
강제구동

● 구동항목(14)

메인 릴레이(-) ON

프리차지 릴레이 ON

메인릴레이(-) ON & 프리차지 릴레이 ON

프리차지 릴레이 ON & 메인 릴레이(-), (+) ON

급속충전 릴레이(-) ON

급속충전 릴레이(+) ON

급속충전 릴레이(-)(+) 동시 ON

고전압 배터리 히터 릴레이 ON

메인 릴레이(+) ON

급속충전 릴레이(+),(-) & 메인릴레이(-),(+) ON

전자 워터 펌프 최대 RPM 구동

배터리 밸브 통합모드 동작 ON

배터리 밸브 분리모드 동작 ON

배터리 EWP 구동(냉각유로 공기제거/냉각수 순환용)

> **⚠ 주 의**
> - 전자식 워터 펌프(EWP) 강제구동시, 배터리 방전을 막기 위해 12V 배터리를 충전시키면서 작업한다.

10. 전자식 워터 펌프(EWP)가 작동하고 냉각수가 순환하면 냉각수 리저버 탱크를 통해 냉각수를 보충한다.

> **유 의**
> - 전자식 워터 펌프(EWP)가 냉각수 없는 상태에서 작동되면 베어링 마찰로 인해 손상될수 있으므로 주의한다.

11. 전자식 워터 펌프(EWP) 작동 중 소음이 적어지고 리저버 탱크에서 더 이상 공기방울이 발생하지 않으면 냉각 시스템의 공기빼기는 완료된 것이다.

> **유 의**
> - 전자식 워터 펌프(EWP)는 1회 강제구동으로 약 30분간 작동되나 필요시, 공기빼기가 완료될 때까지 수회 반복하여 작동시켜야 한다.
> - 공기빼기가 완료된 후, 전자식 워터 펌프(EWP)가 작동하는 동안 리저버 탱크의 저전도 냉각수가 공기방울 발생없이 잘 순환되는지 육안으로 리저버 탱크 내부를 확인한다.
> 만일 저전도 냉각수 흐름이 원활하지 않거나 공기방울이 여전히 발생되면 6 ~ 8 항을 반복한다.

12. 공기빼기가 완료되면 전자식 워터 펌프(EWP)의 작동을 멈추고 리저버 탱크의 "MAX" 선까지 냉각수를 채운 후 압력 캡을 잠근다.

> **유 의**
> - 냉각수가 완전히 식었을 때, 냉각 시스템 내부공기 배출 및 냉각수 보충이 가장 용이하게 이루어지므로, 냉각수 교환 후 2 ~ 3일 정도는 리저버 탱크의 냉각수 용량을 재확인한다.

13. 차량시동 후, 냉각 호수 및 파이프 연결부위 누수여부를 점검한다.
14. 장착은 탈거의 역순으로 진행한다.

전자식 워터 펌프(EWP) 탈장착

고전압 배터리 EWP #1

	작업	H/W	체결토크 (kgf.m)	SST/장비	케미컬	기타
•	탈거					
1	12V 배터리 (-) 터미널 분리 (차량 제어 시스템 - "보조 배터리 (12V)" 참조)	-	-	-	-	-
2	프런트 트렁크 탈거 (바디 (내장 / 외장 / 전장) - "프런트 트렁크" 참조)	-	-	-	-	-
3	프런트 언더 커버 탈거 (모터 및 감속기 시스템 - "언더 커버" 참조)	-	-	-	-	-
4	모터 냉각수 배출 (모터 냉각 시스템 - "냉각수" 참조)	-	-	-	냉각수	-
5	고전압 배터리 냉각수 배출 (고전압 배터리 냉각 시스템 - "냉각수" 참조)	-	-	-	냉각수	-
6	3웨이 밸브 탈거 (모터 냉각 시스템 - "3웨이 밸브" 참조)	-	-	-	-	-
7	고전압 배터리 라디에이터 상부 호스 분리	-	-	-	-	-
8	고전압 배터리 전자식 워터 펌프 (EWP) 커넥터 분리	-	-	-	-	-
9	워셔 리저버 탱크 탈거 (바디 (내장 / 외장 / 전장) - "와이퍼 워셔 모터" 참조)	-	-	-	-	-
10	고전압 배터리 전자식 워터 펌프 (EWP) 아웃렛 호스 분리	-	-	-	-	-
11	모터 전자식 워터 펌프(EWP) 커넥터 분리	-	-	-	-	-
12	모터 전자식 워터 펌프(EWP) 아웃렛 호스 분리	-	-	-	-	-
13	볼트를 풀어 리저버 탱크 어셈블리 탈거	볼트	0.8 ~ 1.2	-	-	-
14	볼트를 풀어 고전압 배터리 전자식 워터 펌프(EWP) 탈거	볼트	0.20 ~ 0.25	-	-	-
•	장착					
탈거의 역순으로 진행						-
•	부가기능					
진단기기 사용 - 냉각수 주입 시, 진단 기기를 사용하여 공기빼기 작업 진행						

고전압 배터리 EWP #2

	작업	H/W	체결토크 (kgf.m)	SST/장비	케미컬	기타
• 탈거						
1	12V 배터리 (-) 터미널 분리 (차량 제어 시스템 - "보조 배터리 (12V)" 참조)	-	-	-	-	-
2	프런트 언더 커버 탈거 (모터 및 감속기 시스템 - "언더 커버" 참조)	-	-	-	-	-
3	고전압 배터리 냉각수 배출 (고전압 배터리 냉각 시스템 - "냉각수" 참조)	-	-	-	냉각수	-
4	고전압 배터리 전자식 워터 펌프 (EWP) 아웃렛 호스 분리	-	-	-	-	-
5	고전압 배터리 전자식 워터 펌프 (EWP) 커넥터 분리	-	-	-	-	-
6	고전압 배터리 전자식 워터 펌프 (EWP) 인렛 호스 분리	-	-	-	-	-
7	볼트를 풀어 고전압 배터리 전자식 워터 펌프(EWP) 탈거	볼트	1.8 ~ 2.2	-	-	-
• 장착						
탈거의 역순으로 진행						-
• 부가기능						
• 진단기기 사용 - 냉각수 주입 시, 진단 기기를 사용하여 공기빼기 작업 진행						

부품위치

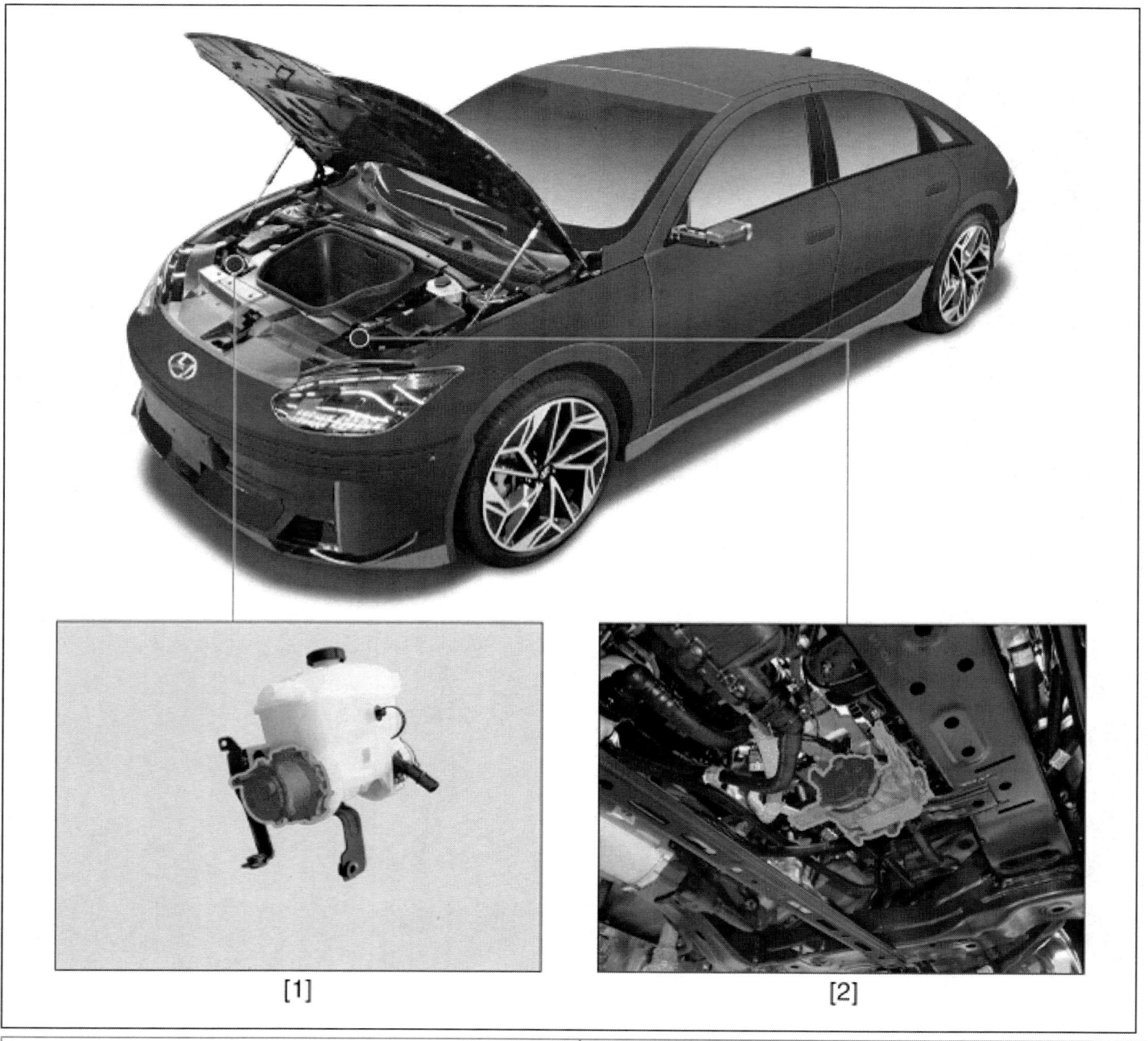

| 1. 전자식 워터 펌프(EWP) #1 | 2. 전자식 워터 펌프(EWP) #2 |

서비스 정보

항목	제원	비고
형식	원심펌프	전자식 (BLDC)
작동 전압	9 ~ 16V	-
작동 조건	LIN control	1000 - 4000 RPM
용량	0.663 kgf/cm²	0.663 kgf/cm²
정격 전류	Max 6.5 A	-
작동 온도 조건	-40 ~ 135°C	-40 ~ 275 °F

탈거

고전압 배터리 EWP #1

1. 12V 배터리 (-) 터미널을 분리한다.
   (차량 제어 시스템 - "보조 배터리 (12V)" 참조)
2. 프런트 트렁크를 탈거한다.
   (바디 (내장 / 외장 / 전장) - "프런트 트렁크" 참조)
3. 프런트 언더 커버를 탈거한다.
   (모터 및 감속기 시스템 - "언더 커버 " 참조)
4. 모터 라디에이터 드레인 플러그를 열어 냉각수를 배출한다.
   (모터 냉각 시스템 - "냉각수" 참조)
5. 고전압 배터리 라디에이터 드레인 플러그를 열어 냉각수를 배출한다.
   (고전압 배터리 냉각 시스템 - "냉각수" 참조)
6. 3웨이 밸브를 탈거한다.
   (모터 냉각 시스템 - "3웨이 밸브" 참조)
7. 고전압 배터리 라디에이터 상부 호스(A)를 분리한다.

8. 고전압 배터리 전자식 워터 펌프(EWP) 커넥터(A)를 분리한다.

9. 워셔 리저버 탱크를 탈거한다.
   (바디 (내장 / 외장 / 전장) - "와이퍼 워셔 모터" 참조)
10. 고전압 배터리 전자식 워터 펌프(EWP) 아웃렛 호스(A)를 분리한다.

11. 모터 전자식 워터 펌프(EWP) 커넥터(A)를 분리한다.

12. 모터 전자식 워터 펌프(EWP) 아웃렛 호스(A)를 분리한다.

13. 볼트를 풀어 리저버 탱크 어셈블리(A)를 탈거한다.

   체결 토크 : 0.8 ~ 1.2 kgf.m

14. 볼트를 풀어 고전압 배터리 전자식 워터 펌프(EWP)(A)를 탈거한다.

   체결 토크 : 0.20 ~ 0.25 kgf.m

고전압 배터리 EWP #2

1. 12V 배터리 (-) 터미널을 분리한다.
   (차량 제어 시스템 - "보조 배터리 (12V)" 참조)
2. 프런트 언더 커버를 탈거한다.
   (모터 및 감속기 시스템 - "언더 커버 " 참조)
3. 고전압 배터리 냉각수를 배출한다.
   (고전압 배터리 냉각 시스템 - "냉각수" 참조)
4. 고전압 배터리 전자식 워터 펌프(EWP) 아웃렛 호스(A)를 분리한다.

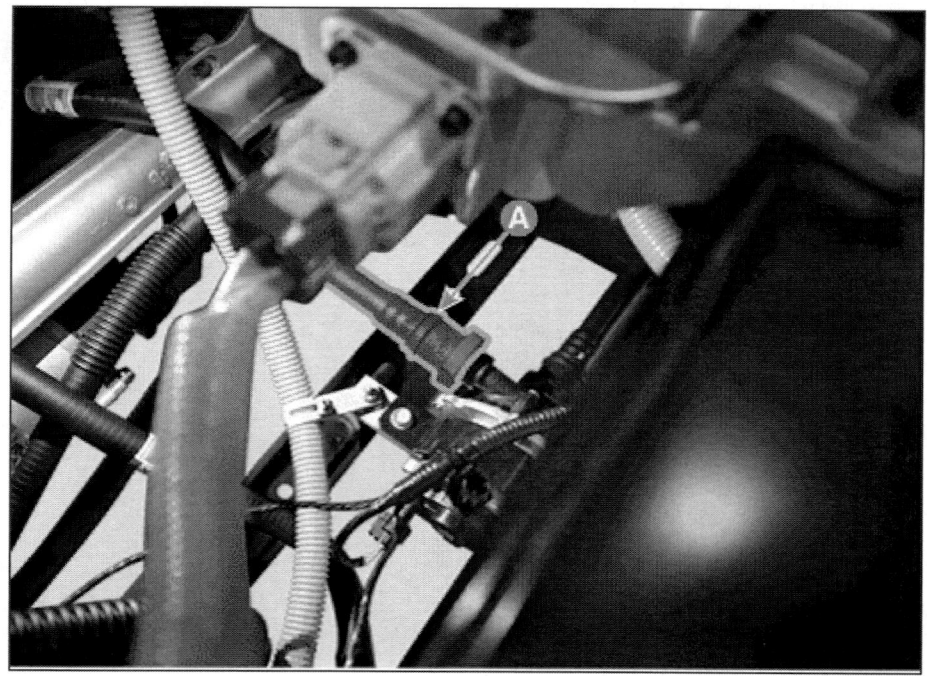

5. 고전압 배터리 전자식 워터 펌프(EWP) 커넥터(A)를 분리한다.

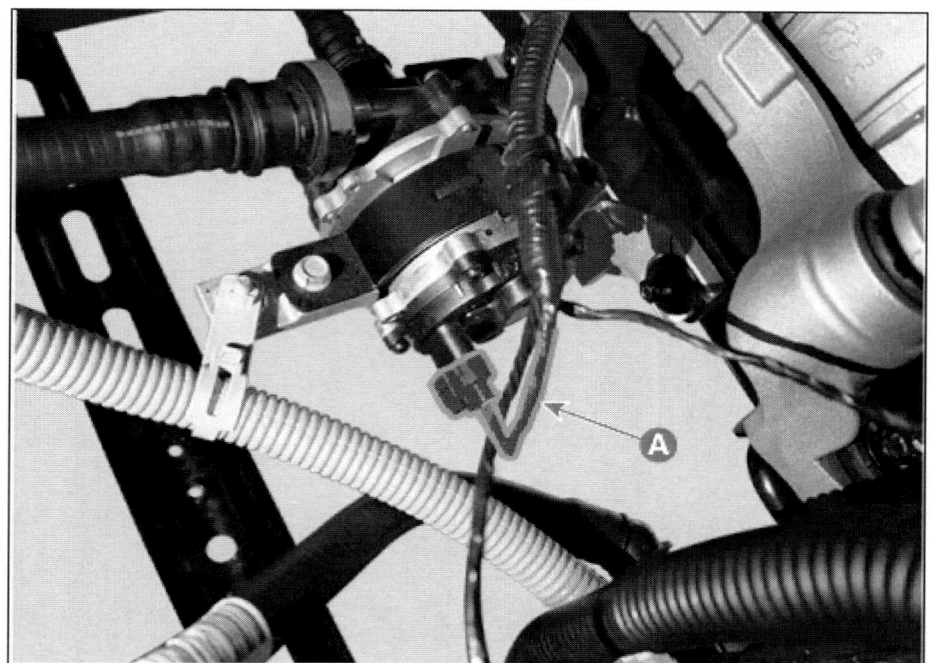

6. 고전압 배터리 전자식 워터 펌프(EWP) 인렛 호스(A)를 분리한다.

7. 볼트를 풀어 고전압 배터리 전자식 워터 펌프(EWP)(A)를 탈거한다.

체결 토크 : 1.8 ~ 2.2 kgf.m

장착

고전압 배터리 EWP #1
1. 장착은 탈거의 역순으로 진행한다.
2. 모터 냉각수를 주입한다.
   (모터 냉각 시스템 - "냉각수" 참조)

   > **유 의**
   > - 냉각수 주입 시, 진단 기기를 사용하여 공기빼기 작업을 진행한다.

3. 고전압 배터리 냉각수를 주입한다.
   (고전압 배터리 냉각 시스템 - "냉각수" 참조)

   > **유 의**
   > - 냉각수 주입 시, 진단 기기를 사용하여 공기빼기 작업을 진행한다.

고전압 배터리 EWP #2
1. 장착은 탈거의 역순으로 진행한다.
2. 고전압 배터리 냉각수를 주입한다.
   (고전압 배터리 냉각 시스템 - "냉각수" 참조)

   > **유 의**
   > - 냉각수 주입 시, 진단 기기를 사용하여 공기빼기 작업을 진행한다.

3웨이 밸브 탈장착

	작업	H/W	체결토크 (kgf.m)	SST/장비	케미컬	기타
•	탈거					
1	12V 배터리 (-) 터미널 분리 (차량 제어 시스템 - "보조 배터리 (12V)" 참조)	-	-	-	-	-
2	프런트 언더 커버 탈거 (모터 및 감속기 시스템 - "언더 커버" 참조)	-	-	-	-	-
3	고전압 배터리 냉각수 배출 (고전압 배터리 냉각 시스템 - "냉각수" 참조)	-	-	-	냉각수	-
4	3웨이 밸브 커넥터 분리	-	-	-	-	-
5	3웨이 밸브 인렛 호스 분리	-	-	-	-	-
6	3웨이 밸브 아웃렛 호스 분리	-	-	-	-	-
7	볼트를 풀어 고전압 배터리 3웨이 밸브 탈거	볼트	0.9 ~ 1.4	-	-	-
•	장착					
	탈거의 역순으로 진행					-
•	부가기능					
	진단기능 - 냉각수 주입 시, 진단 기기를 사용하여 공기빼기 작업 진행					

2023 > 엔진 > 160kW > 냉각 시스템 > 고전압 배터리 냉각 시스템 > 3웨이 밸브 > 구성부품 및 부품위치

부품위치

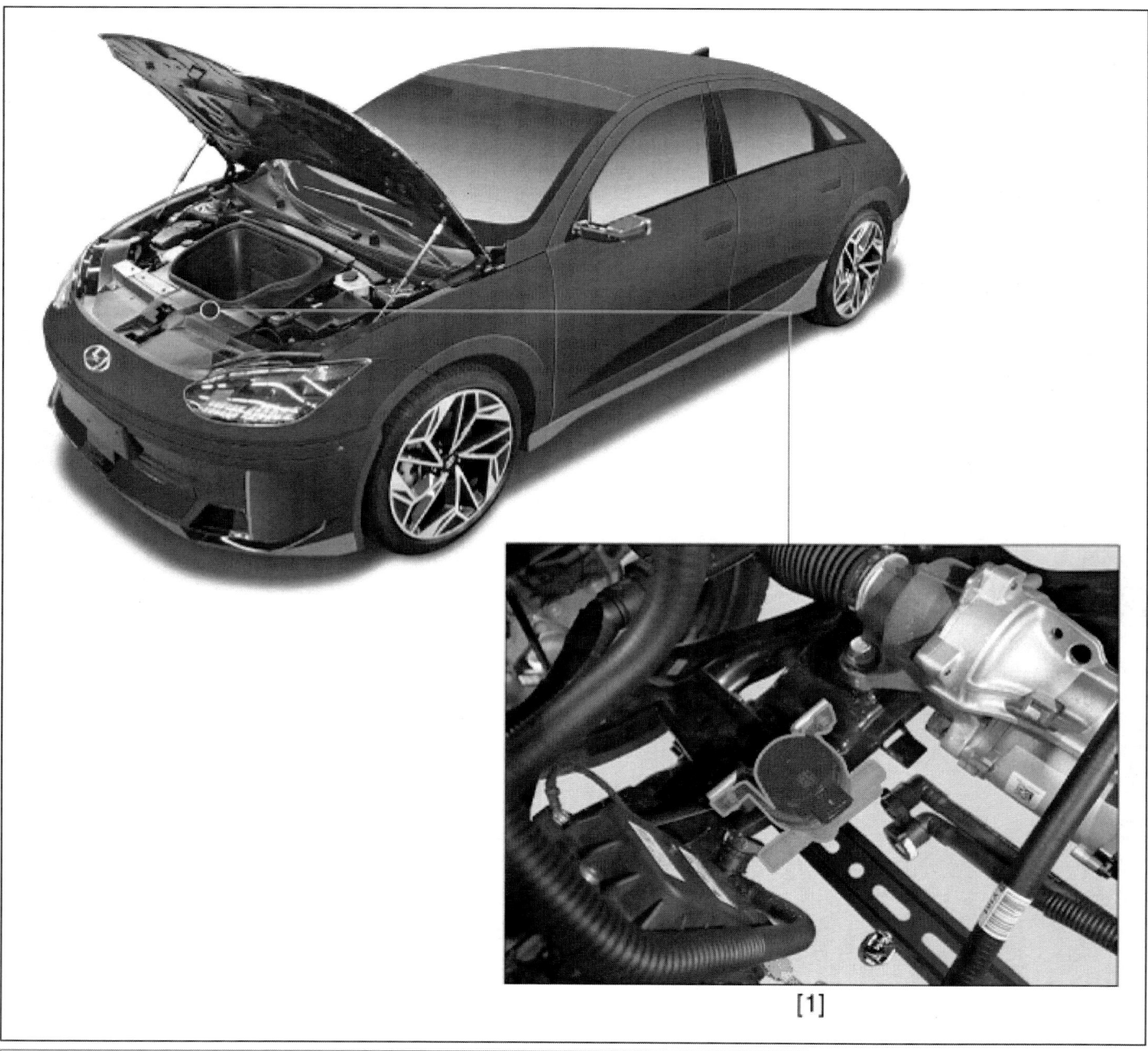

[1]

| 1. 3웨이 밸브 | |

탈거

1. 12V 배터리 (-) 터미널을 분리한다.
   (차량 제어 시스템 - "보조 배터리 (12V)" 참조)
2. 프런트 언더 커버를 탈거한다.
   (모터 및 감속기 시스템 - "언더 커버 " 참조)
3. 고전압 배터리 냉각수를 배출한다.
   (고전압 배터리 냉각 시스템 - "냉각수" 참조)
4. 3웨이 밸브 커넥터(A)를 분리한다.

5. 3웨이 밸브 인렛 호스(A)를 분리한다.

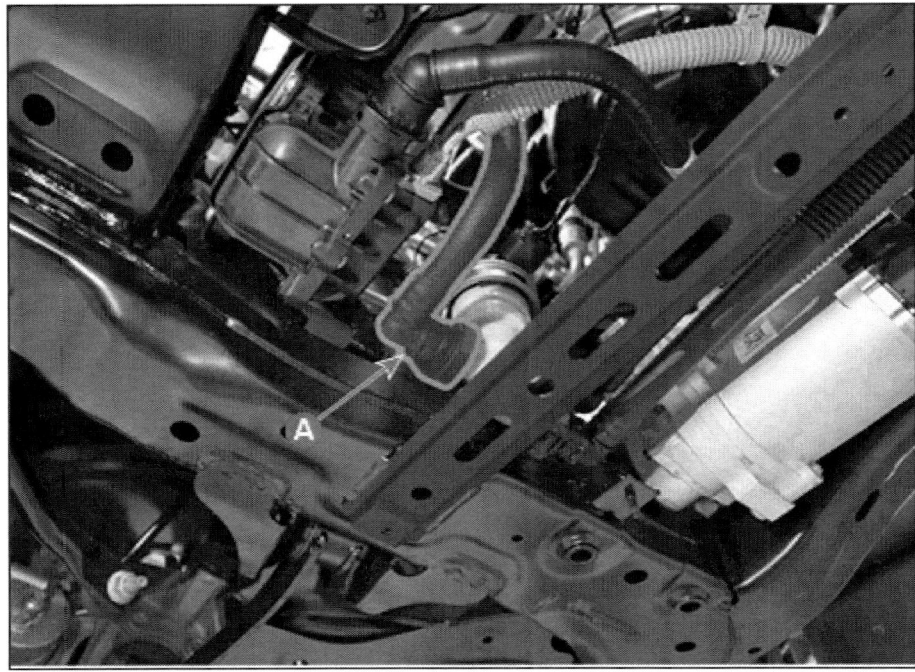

6. 3웨이 밸브 아웃렛 호스(A)를 분리한다.

7. 볼트를 풀어 고전압 배터리 3웨이 밸브(A)를 탈거한다.

체결 토크 : 0.9 ~ 1.4 kgf.m

장착

1. 장착은 탈거의 역순으로 진행한다.
2. 고전압 배터리 냉각수를 주입한다.
   (고전압 배터리 냉각 시스템 - "냉각수" 참조)

   > **유 의**
   > - 냉각수 주입 시, 진단 기기를 사용하여 공기빼기 작업을 진행한다.

냉각수 분배 파이프 탈장착

	작업	H/W	체결토크 (kgf.m)	SST/장비	케미컬	기타
• 탈거						
1	12V 배터리 (-) 터미널 분리 (차량 제어 시스템 - "보조 배터리 (12V)" 참조)	-	-	-	-	-
2	프런트 언더 커버 탈거 (모터 및 감속기 시스템 - "언더 커버" 참조)	-	-	-	-	-
3	고전압 배터리 냉각수 배출 (고전압 배터리 냉각 시스템 - "냉각수" 참조)	-	-	-	냉각수	-
4	고전압 배터리 전자식 워터 펌프 (EWP) 인렛 호스 분리	-	-	-	-	-
5	3웨이 밸브 아웃렛 호스 분리	-	-	-	-	-
6	고전압 배터리 냉각수 호스 분리	-	-	-	-	-
7	볼트를 풀어 냉각수 분배 파이프 탈거	볼트	0.8 ~ 1.2	-	-	-
• 장착						
탈거의 역순으로 진행						-
• 부가기능						
• 진단기능 - 냉각수 주입 시, 진단 기기를 사용하여 공기빼기 작업 진행						

부품위치

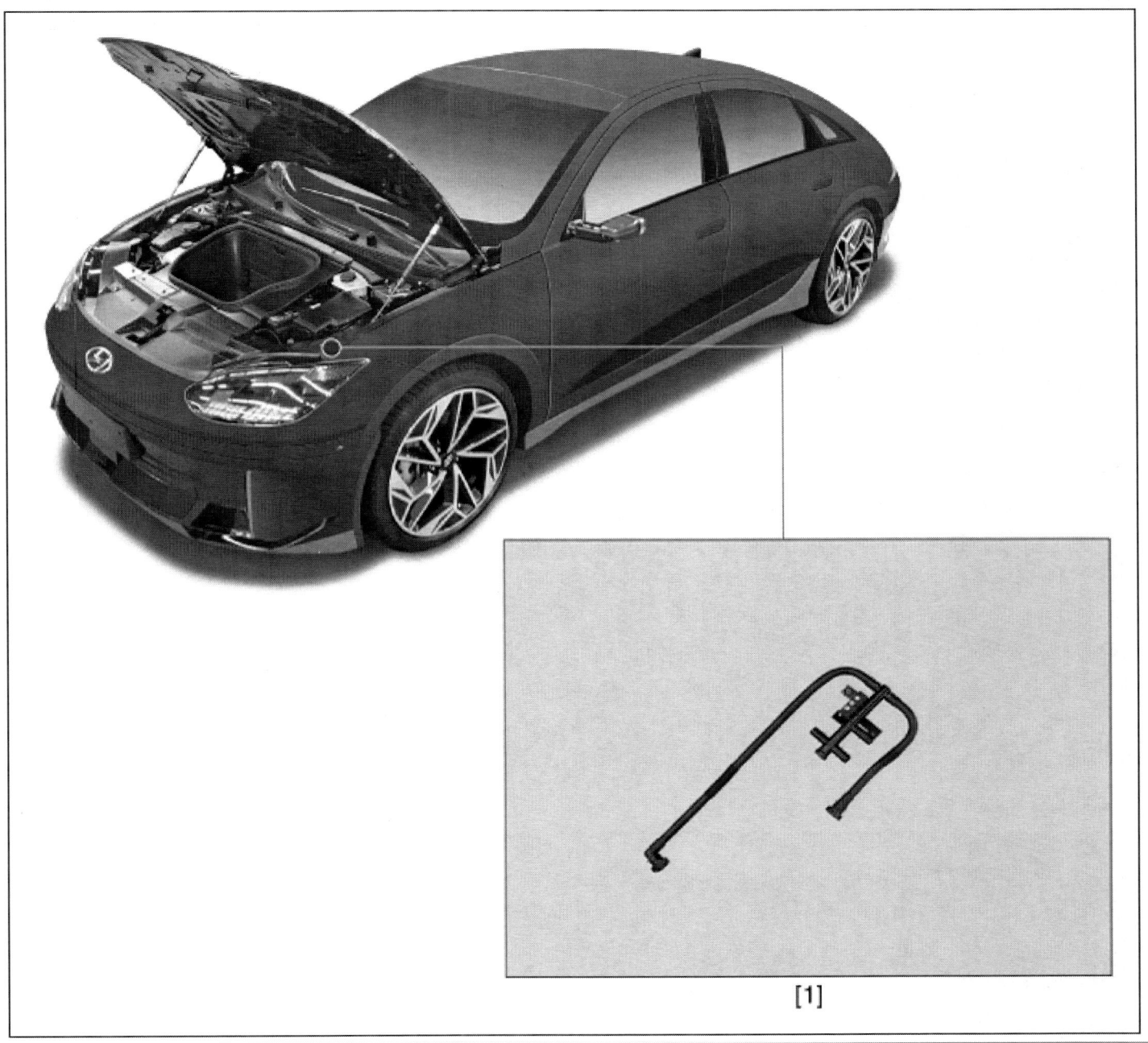

[1]

| 1. 냉각수 분배 파이프 | |

탈거

1. 12V 배터리 (-) 터미널을 분리한다.
   (차량 제어 시스템 - "보조 배터리 (12V)" 참조)
2. 프런트 언더 커버를 탈거한다.
   (모터 및 감속기 시스템 - "언더 커버 " 참조)
3. 고전압 배터리 냉각수를 배출한다.
   (고전압 배터리 냉각 시스템 - "냉각수" 참조)
4. 고전압 배터리 전자식 워터 펌프(EWP) 인렛 호스(A)를 분리한다.

5. 3웨이 밸브 아웃렛 호스(A)를 분리한다.

6. 고전압 배터리 냉각수 호스(A)를 분리한다.

7. 볼트를 풀어 냉각수 분배 파이프(A)를 탈거한다.

체결 토크 : 0.8 ~ 1.2 kgf.m

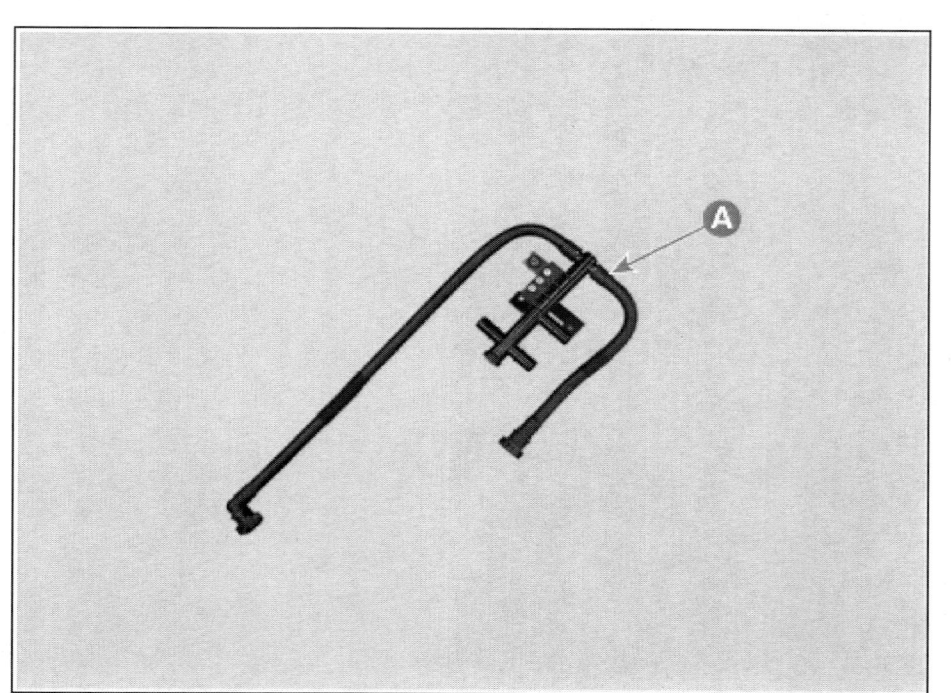

장착

1. 장착은 탈거의 역순으로 진행한다.
2. 고전압 배터리 냉각수를 충진한다.
   (고전압 배터리 냉각 시스템 - "냉각수" 참조)

   > **유 의**
   > - 냉각수 주입 시, 진단 기기를 사용하여 공기빼기 작업을 진행한다.

PTC 히트 펌프 탈장착

PTC 히트 펌프

	작업	H/W	체결토크 (kgf.m)	SST/장비	케미컬	기타
• 탈거						
1	고전압 차단 절차 실시	-	-	진단기기	-	매뉴얼 참고
2	12V 배터리 (-) 터미널 분리 (차량 제어 시스템 - "보조 배터리 (12V)" 참조)	-	-	-	-	-
3	프런트 트렁크 탈거 (바디 (내장 / 외장 / 전장) - "프런트 트렁크" 참조)	-	-	-	-	-
4	프런트 언더 커버 탈거 (모터 및 감속기 시스템 - "언더 커버" 참조)	-	-	-	-	-
5	고전압 배터리 라디에이터 드레인 플러그를 열어 냉각수 배출 (고전압 배터리 냉각 시스템 - "냉각수" 참조)	-	-	-	냉각수	-
6	프런트 고전압 정션 박스에서 PTC 히트 펌프 커넥터 분리	-	-	-	-	-
7	PTC 히트 펌프 냉각수 아웃렛 호스 분리	-	-	-	-	-
8	볼트를 풀어 PTC 히트 펌프 접지 케이블 분리	볼트	1.1 ~ 1.4	-	-	-
9	PTC 히트 펌프 냉각수 인렛 호스 분리	-	-	-	-	-
10	PTC 히트 펌프 온도 센서 커넥터 분리	-	-	-	-	-
11	볼트를 풀어 고전압 배터리 PTC 히트 펌프 탈거	볼트	1.0 ~ 1.2	-	-	-
• 장착						
탈거의 역순으로 진행						-
• 부가기능						
• 진단기능 - 냉각수 주입 시, 진단 기기를 사용하여 공기빼기 작업 진행						

고전압 정션 박스 PTC 히트 펌프 퓨즈

	작업	H/W	체결토크 (kgf.m)	SST/장비	케미컬	기타
• 탈거						
1	고전압 차단 절차 실시	-	-	진단기기	-	매뉴얼 참고
2	프런트 트렁크 탈거 (바디 (내장 / 외장 / 전장) - "프런트 트렁크" 참조)	-	-	-	-	-
3	배터리와 배터리 트레이 탈거 (차량 제어 시스템 - "보조 배터리	-	-	-	-	-

	(12V)" 참조))					
4	볼트를 풀어 고전압 정션 박스 커버 탈거	볼트	0.8 ~ 1.2	-	-	-
5	너트를 풀어 히트 펌프 퓨즈 탈거	너트	0.4 ~ 0.6	-	-	-

- 장착

탈거의 역순으로 진행	-

고전압 정션 박스 PTC 히트 펌프 릴레이

	작업	H/W	체결토크 (kgf.m)	SST/장비	케미컬	기타
• 탈거						
1	고전압 차단 절차 실시	-	-	진단기기	-	매뉴얼 참고
2	프런트 트렁크 탈거 (바디 (내장 / 외장 / 전장) - "프런트 트렁크" 참조)	-	-	-	-	-
3	배터리와 배터리 트레이 탈거 (차량 제어 시스템 - "보조 배터리 (12V)" 참조))	-	-	-	-	-
4	볼트를 풀어 고전압 정션 박스 커버 탈거	볼트	0.8 ~ 1.2	-	-	-
5	너트를 풀어 히트 펌프 퓨즈 탈거	너트	0.4 ~ 0.6	-	-	-
6	릴레이 버스 바 장착 볼트 탈거	볼트	0.8 ~ 1.2	-	-	-
7	릴레이 케이블 장착 볼트 탈거	볼트	0.8 ~ 1.2	-	-	-
8	PTC 히트 펌프 릴레이 커넥터 분리	-	-	-	-	-
9	너트를 풀어 PTC 히트 펌프 릴레이를 탈거	너트	0.8 ~ 1.2	-	-	-

- 장착

탈거의 역순으로 진행	-

2023 > 엔진 > 160kW > 냉각 시스템 > 고전압 배터리 냉각 시스템 > PTC 히트 펌프 > 구성부품 및 부품위치

부품위치

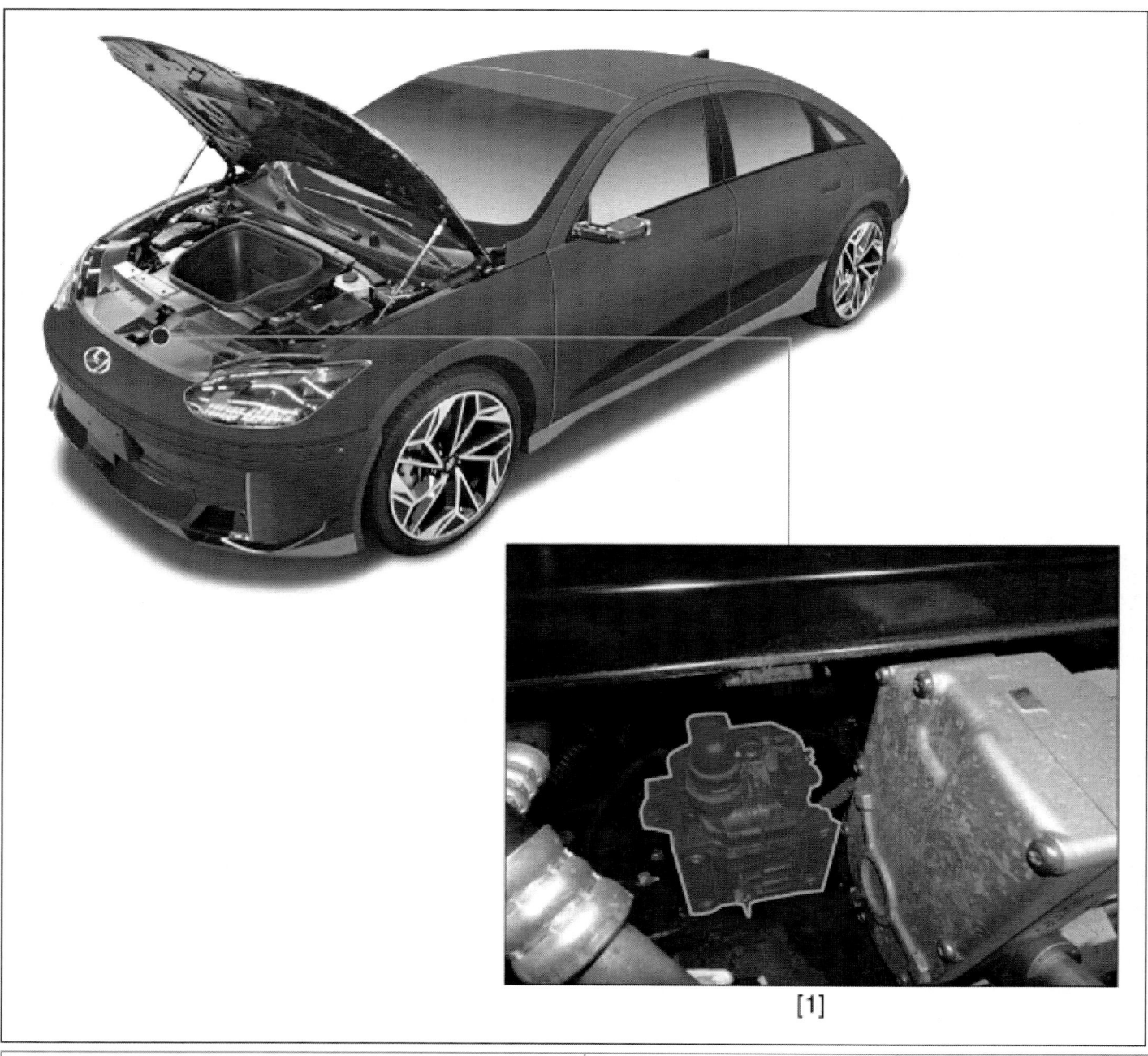

| 1. PTC 히트 펌프 | |

2023 > 엔진 > 160kW > 냉각 시스템 > 고전압 배터리 냉각 시스템 > PTC 히트 펌프 > 탈거

탈거

> **⚠ 경 고**
> - 고전압 시스템 관련 작업 시, 반드시 "안전사항 및 주의, 경고" 내용을 숙지하고 준수해야 한다. 미준수시, 감전 또는 누전 등으로 인한 심각한 사고를 초래할수 있다.
> - 고전압 시스템 관련 작업 시, "고전압 차단절차"에 따라 반드시 고전압을 먼저 차단해야 한다. 미준수 시, 감전 또는 누전 등으로 인한 심각한 사고를 초래할 수있다.

PTC 히트 펌프

1. 고전압 차단 절차를 실시한다.
   (냉각 시스템 - "고전압 차단 절차" 참조)
2. 12V 배터리 (-) 터미널을 분리한다.
   (차량 제어 시스템 - "보조 배터리 (12V)" 참조)
3. 프런트 트렁크를 탈거한다.
   (바디 (내장 / 외장 / 전장) - "프런트 트렁크" 참조)
4. 프런트 언더 커버를 탈거한다.
   (모터 및 감속기 시스템 - "언더 커버" 참조)
5. 고전압 배터리 라디에이터 드레인 플러그를 열어 냉각수를 배출한다.
   (고전압 배터리 냉각 시스템 - "냉각수" 참조)
6. 고전압 정션 박스에서 PTC 히트 펌프 커넥터(A)를 분리한다.

7. PTC 히트 펌프 냉각수 아웃렛 호스(A)를 분리한다.

8. 볼트를 풀어 PTC 히트 펌프 접지 케이블(A)을 분리한다.

   체결 토크 : 1.1 ~ 1.4 kgf.m

9. PTC 히트 펌프 냉각수 인렛 호스(A)를 분리한다.

10. PTC 히트 펌프 온도 센서 커넥터(A)를 분리한다.

11. 볼트를 풀어 PTC 히트 펌프(A)를 탈거한다.

체결 토크 : 1.0 ~ 1.2 kgf.m

고전압 정션 박스 PTC 히트 펌프 퓨즈

> ⚠ **경 고**
>
> - 고전압 시스템 관련 작업 시, 반드시 "안전사항 및 주의, 경고" 내용을 숙지하고 준수해야 한다. 미준수시, 감전 또는 누전 등으로 인한 심각한 사고를 초래할수 있다.
> - 고전압 시스템 관련 작업 시, "고전압 차단절차"에 따라 반드시 고전압을 먼저 차단해야 한다. 미준수 시, 감전 또는 누전 등으로 인한 심각한 사고를 초래할수있다.

1. 고전압 차단 절차를 실시한다.
   (냉각 시스템 - "고전압 차단 절차" 참조)
2. 프런트 트렁크를 탈거한다.

(바디 (내장 / 외장 / 전장) - "프런트 트렁크" 참조)

3. 배터리와 배터리 트레이를 탈거한다.
    (차량 제어 시스템 - "보조 배터리 (12V)" 참조)
4. 볼트를 풀어 고전압 정션 박스 커버(A)를 탈거한다.

체결 토크 : 0.8 ~ 1.2 kgf.m

5. 너트를 풀어 히트 펌프 퓨즈(A)를 탈거한다.

체결 토크 : 0.4 ~ 0.6 kgf.m

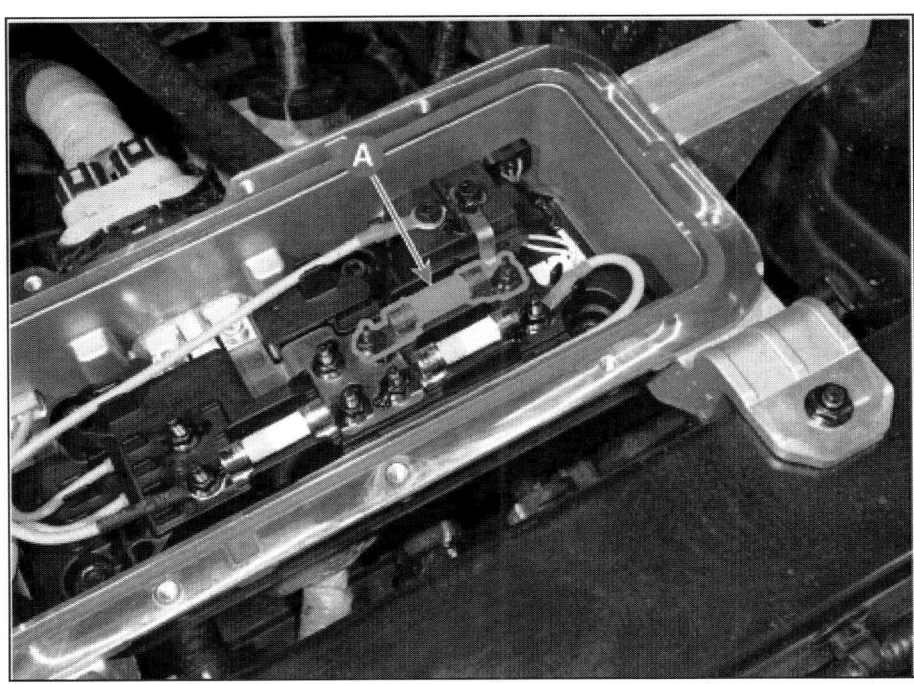

> ⚠ **주 의**
>
> - 버스 바 분리한 후, (-) 드라이버 또는 기타 공구를 사용하여 록타이트를 제거한다.

- 단자 간 접촉이 원활하도록 이물질을 제거한다.

고전압 정션 박스 PTC 히트 펌프 릴레이

1. 고전압 차단 절차를 실시한다.
   (냉각 시스템 - "고전압 차단 절차" 참조)
2. 프런트 트렁크를 탈거한다.
   (바디 (내장 / 외장 / 전장) - "프런트 트렁크" 참조)
3. 배터리와 배터리 트레이를 탈거한다.
   (차량 제어 시스템 - "보조 배터리 (12V)" 참조)
4. 볼트를 풀어 고전압 정션 박스 커버(A)를 탈거한다.

체결 토크 : 0.8 ~ 1.2 kgf.m

5. 너트를 풀어 히트 펌프 퓨즈(A)를 탈거한다.

체결 토크 : 0.4 ~ 0.6 kgf.m

> ⚠ **주 의**
> - 버스 바 분리한 후, (-) 드라이버 또는 기타 공구를 사용하여 록타이트를 제거한다.
> - 단자 간 접촉이 원활하도록 이물질을 제거한다.

6. 릴레이 버스 바 장착 볼트(A)를 푼다.
7. 릴레이 케이블 장착 볼트(B)를 푼다.

체결 토크 : 0.8 ~ 1.2 kgf.m

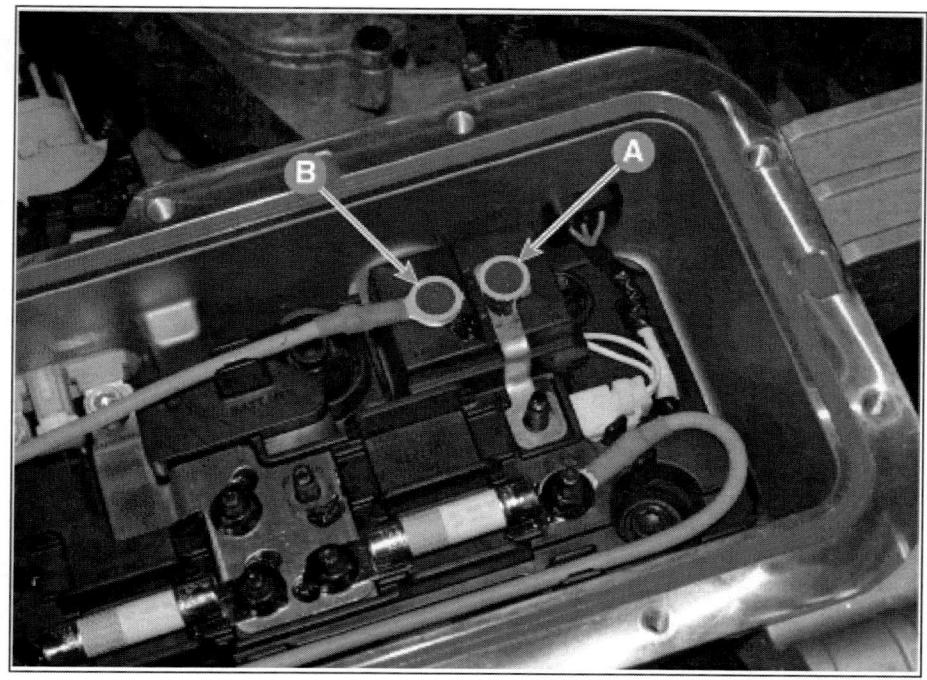

> ⚠ **주 의**
> - 버스 바 분리한 후, (-) 드라이버 또는 기타 공구를 사용하여 록타이트를 제거한다.
> - 단자 간 접촉이 원활하도록 이물질을 제거한다.
>
>

8. PTC 히트 펌프 릴레이 커넥터(A)를 분리한다.

9. 너트를 풀어 PTC 히트 펌프 릴레이(A)를 탈거한다.

체결 토크 : 0.8 ~ 1.2 kgf.m

장착

PTC 히트 펌프

1. 장착은 탈거의 역순으로 진행한다.
2. 고전압 배터리 냉각수를 주입한다.
   (고전압 배터리 냉각 시스템 – "냉각수" 참조)

> **유 의**
> - 냉각수 주입 시, 진단 기기를 사용하여 공기빼기 작업을 진행한다.

고전압 정션 박스 PTC 히트 펌프 퓨즈

1. 장착은 탈거의 역순으로 진행한다.

> **⚠ 주 의**
> - 퓨즈에 버스 바를 장착한 후 록타이트를 도포한다.
> - 규정 토크로 장착한다.
> - 부품을 떨어뜨리면 내부 손상이 발생할 수 있다. 이 경우 부품을 점검 후 사용한다.

고전압 정션 박스 PTC 히트 펌프 릴레이

1. 장착은 탈거의 역순으로 진행한다.

> **⚠ 주 의**
> - 퓨즈에 버스 바를 장착한 후 록타이트를 도포한다.
> - 규정 토크로 장착한다.
> - 부품을 떨어뜨리면 내부 손상이 발생할 수 있다. 이 경우 부품을 점검 후 사용한다.

냉각수 온도 센서 탈장착

냉각수 온도 센서 #1

	작업	H/W	체결토크 (kgf.m)	SST/장비	케미컬	기타
• 탈거						
1	12V 배터리 (-) 터미널 분리 (차량 제어 시스템 - "보조 배터리 (12V)" 참조)	-	-	-	-	-
2	프런트 언더 커버 탈거 (모터 및 감속기 시스템 - "언더 커버" 참조)	-	-	-	-	-
3	고전압 배터리 라디에이터 드레인 플러그를 열어 냉각수 배출 (고전압 배터리 냉각 시스템 - "냉각수" 참조)	-	-	-	냉각수	-
4	고전압 배터리 냉각수 온도 센서 커넥터 분리	-	-	-	-	-
5	고전압 배터리 냉각수 온도 센서 탈거	-	-	-	-	매뉴얼 참고
• 장착						
탈거의 역순으로 진행						-
• 부가기능						
• 진단기능 - 냉각수 주입 시, 진단 기기를 사용하여 공기빼기 작업 진행						

냉각수 온도 센서 #2

	작업	H/W	체결토크 (kgf.m)	SST/장비	케미컬	기타
• 탈거						
1	12V 배터리 (-) 터미널 분리 (차량 제어 시스템 - "보조 배터리 (12V)" 참조)	-	-	-	-	-
2	프런트 언더 커버 탈거 (모터 및 감속기 시스템 - "언더 커버" 참조)	-	-	-	-	-
3	고전압 배터리 라디에이터 드레인 플러그를 열어 냉각수 배출 (고전압 배터리 냉각 시스템 - "냉각수" 참조)	-	-	-	냉각수	-
4	고전압 배터리 냉각수 온도 센서 커넥터 분리	-	-	-	-	-
5	고전압 배터리 냉각수 온도 센서 탈거	-	-	-	-	매뉴얼 참고
• 장착						
탈거의 역순으로 진행						-
• 부가기능						

- 진단기능
  - 냉각수 주입 시, 진단 기기를 사용하여 공기빼기 작업 진행

냉각수 온도 센서 #3

	작업	H/W	체결토크 (kgf.m)	SST/장비	케미컬	기타
• 탈거						
1	12V 배터리 (-) 터미널 분리 (차량 제어 시스템 - "보조 배터리 (12V)" 참조)	-	-	-	-	-
2	프런트 언더 커버 탈거 (모터 및 감속기 시스템 - "언더 커버" 참조)	-	-	-	-	-
3	고전압 배터리 라디에이터 드레인 플러그를 열어 냉각수 배출 (고전압 배터리 냉각 시스템 - "냉각수" 참조)	-	-	-	냉각수	-
4	고전압 배터리 냉각수 온도 센서 탈거	-	-	-	-	매뉴얼 참고
• 장착						
탈거의 역순으로 진행						
• 부가기능						
• 진단기능 - 냉각수 주입 시, 진단 기기를 사용하여 공기빼기 작업 진행						

탈거

냉각수 온도 센서 #1

1. 12V 배터리 (-) 터미널을 분리한다.
   (차량 제어 시스템 - "보조 배터리 (12V)" 참조)
2. 프런트 언더 커버를 탈거한다.
   (모터 및 감속기 시스템 - "언더 커버" 참조)
3. 고전압 배터리 라디에이터 드레인 플러그를 열어 냉각수를 배출한다.
   (고전압 배터리 냉각 시스템 - "냉각수" 참조)
4. 고전압 배터리 냉각수 온도 센서 커넥터(A)를 분리한다.

5. 고전압 배터리 냉각수 온도 센서를 탈거한다.
   (1) 고전압 배터리 냉각수 온도 센서 고정핀(A)을 탈거한다.
   (2) 고전압 배터리 냉각수 온도 센서(B)를 탈거한다.

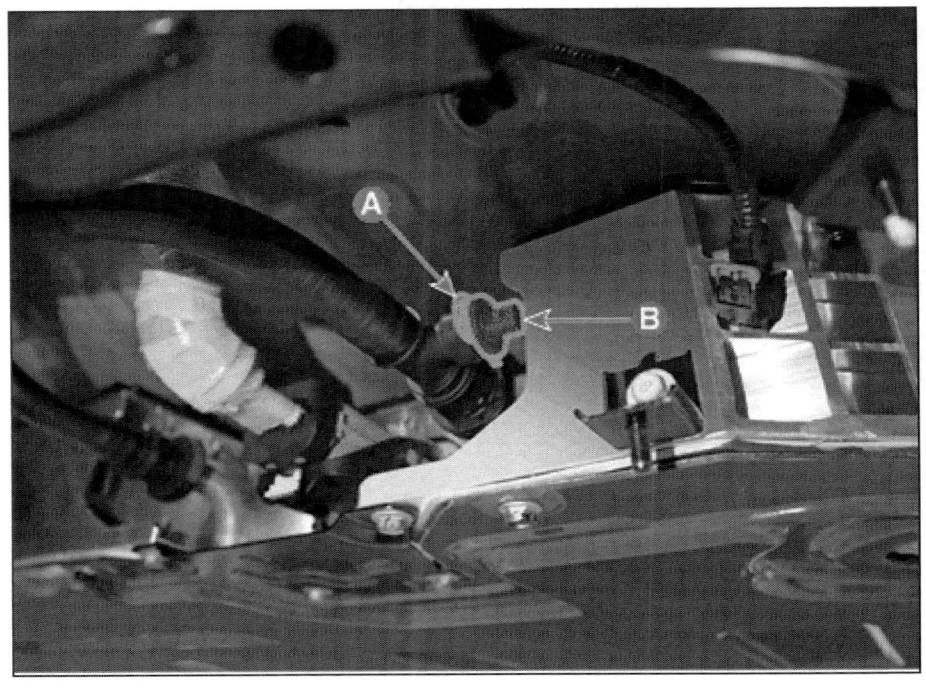

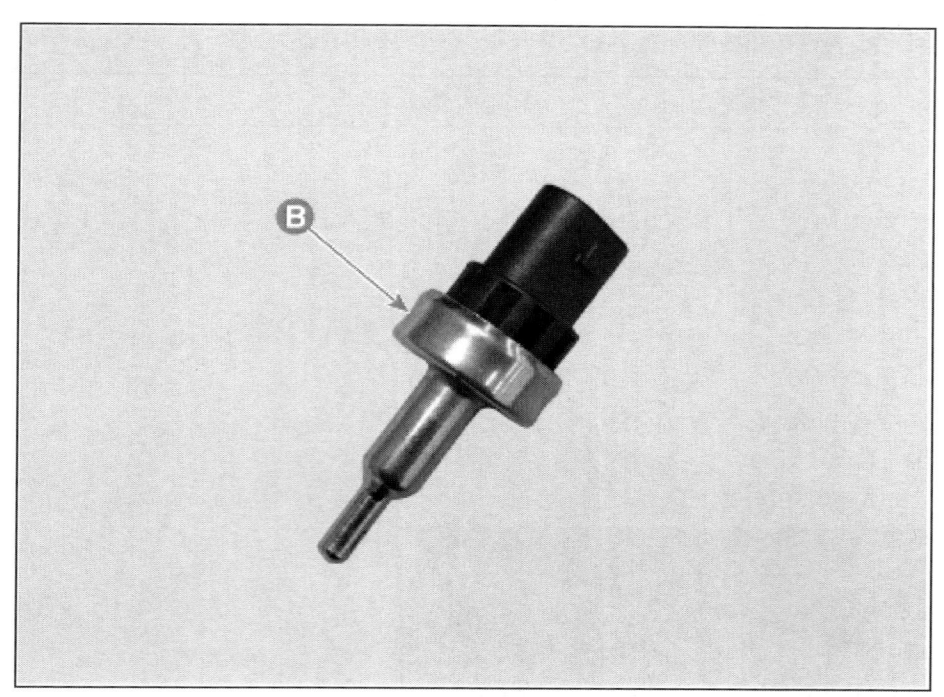

냉각수 온도 센서 #2

1. 12V 배터리 (-) 터미널을 분리한다.
   (차량 제어 시스템 - "보조 배터리 (12V)" 참조)
2. 프런트 언더 커버를 탈거한다.
   (모터 및 감속기 시스템 - "언더 커버" 참조)
3. 고전압 배터리 라디에이터 드레인 플러그를 열어 냉각수를 배출한다.
   (고전압 배터리 냉각 시스템 - "냉각수" 참조)
4. 고전압 배터리 냉각수 온도 센서 커넥터(A)를 분리한다.

5. 고전압 배터리 냉각수 온도 센서를 탈거한다.
   (1) 고전압 배터리 냉각수 온도 센서 고정핀(A)을 탈거한다.
   (2) 고전압 배터리 냉각수 온도 센서(B)를 탈거한다.

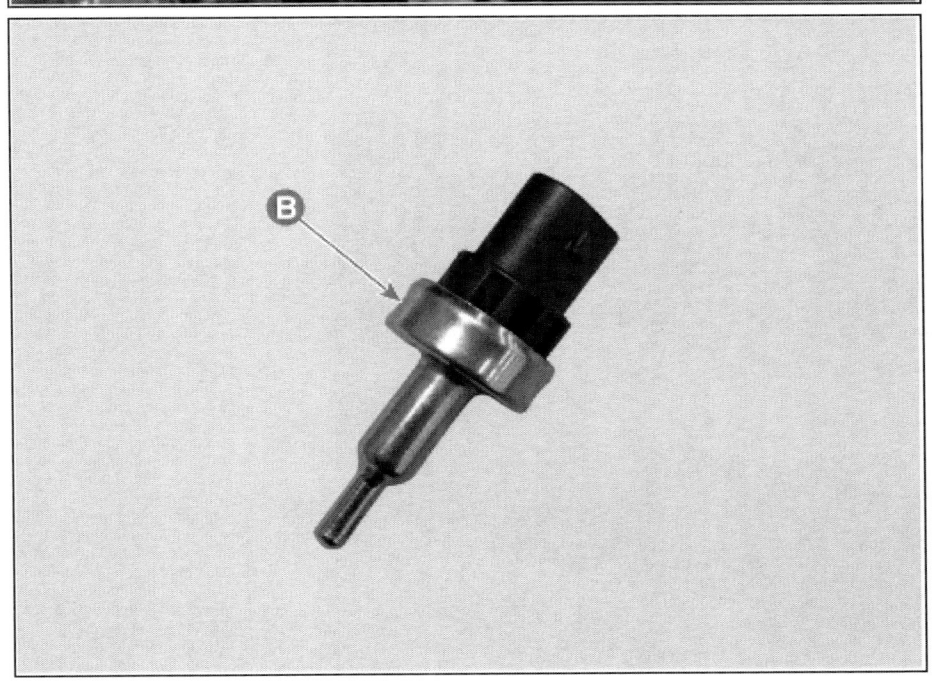

냉각수 온도 센서 #3

1. 12V 배터리 (-) 터미널을 분리한다.
   (차량 제어 시스템 - "보조 배터리 (12V)" 참조)
2. 프런트 언더 커버를 탈거한다.
   (모터 및 감속기 시스템 - "언더 커버" 참조)
3. 고전압 배터리 라디에이터 드레인 플러그를 열어 냉각수를 배출한다.
   (고전압 배터리 냉각 시스템 - "냉각수" 참조)
4. 고전압 배터리 냉각수 온도 센서를 탈거한다.
   (1) 고전압 배터리 냉각수 온도 센서 커넥터(A)를 분리한다.

(2) 고전압 배터리 냉각수 온도 센서 고정핀(A)을 탈거한다.

(3) 고전압 배터리 냉각수 온도 센서(B)를 탈거한다.

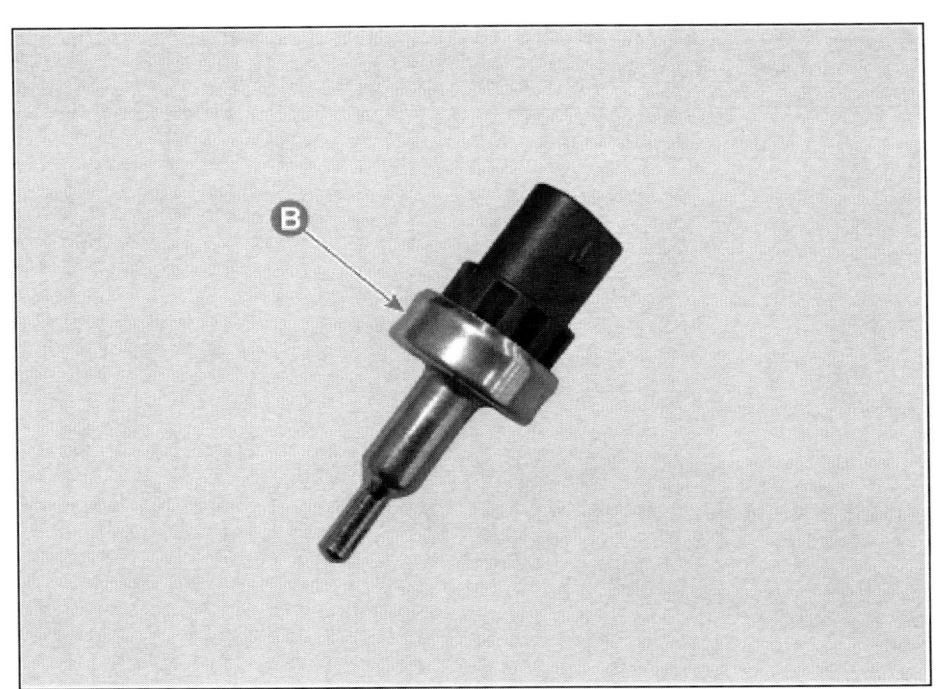

장착

냉각수 온도 센서 #1

1. 장착은 탈거의 역순으로 진행한다.
2. 고전압 배터리 냉각수를 주입한다.
   (고전압 배터리 냉각 시스템 - "냉각수" 참조)

> **유 의**
> - 냉각수 주입 시, 진단 기기를 사용하여 공기빼기 작업을 진행한다.

냉각수 온도 센서 #2

1. 장착은 탈거의 역순으로 진행한다.
2. 고전압 배터리 냉각수를 주입한다.
   (고전압 배터리 냉각 시스템 - "냉각수" 참조)

> **유 의**
> - 냉각수 주입 시, 진단 기기를 사용하여 공기빼기 작업을 진행한다.

냉각수 온도 센서 #3

1. 장착은 탈거의 역순으로 진행한다.
2. 고전압 배터리 냉각수를 주입한다.
   (고전압 배터리 냉각 시스템 - "냉각수" 참조)

> **유 의**
> - 냉각수 주입 시, 진단 기기를 사용하여 공기빼기 작업을 진행한다.

제 목	: 2023 IONIQ6(EV) 정비지침서(Ⅰ권) (일반사항 / 차량제어 시스템 / 배터리제어 시스템 / 모터 및 감속기 시스템 / 냉각 시스템)
발행일자	: 2023년 1월 10일 발 행
저 자	: 현대자동차(주) 디지털써비스컨텐츠팀
발 행 인	: 김 길 현
발 행 처	: (주) 골든벨 서울시 용산구 245(원효로1가 53-1) 골든벨빌딩 5~6F
등 록	: 제 1987-000018호
대표전화	: 02) 713-4135 / FAX : 02) 718-5510
홈페이지	: http : //www.gbbook.co.kr
ISBN	: 979-11-5806-625-3
정 가	: 28,000원